中国科学院科学出版基金资助项目

现代数学基础丛书·典藏版　39

丢番图逼近引论

朱尧辰　王连祥　著

科学出版社

北　京

内 容 简 介

本书论述了丢番图逼近的基本理论和方法，主要内容包括：实数的有理逼近的各种问题、代数数有理逼近的 Schmidt 定理、度量理论、一致分布、p-adic 结果及数的几何基本定理. 本书内容重点突出，论证计算详尽，是数学系高年级学生、研究生的一本入门书，本书也可供数论及数论应用方面的研究人员参考.

图书在版编目(CIP)数据

丢番图逼近引论/朱尧辰，王连祥著. —北京：科学出版社，1993.4 (2016.6 重印)
(现代数学基础丛书·典藏版；39)
ISBN 978-7-03-003161-7

I. ①丢… II. ①朱… ②王… III. ①丢番图逼近 IV. ①O156.7

中国版本图书馆 CIP 数据核字(2016) 第 113168 号

责任编辑：张 扬／责任校对：林青梅
责任印制：徐晓晨／封面设计：王 浩

科学出版社 出版
北京东黄城根北街 16 号
邮政编码：100717
http://www.sciencep.com

北京厚诚则铭印刷科技有限公司印刷
科学出版社发行 各地新华书店经销
*
1993 年 4 月第 一 版 开本：B5(720×1000)
2016 年 6 月印 刷 印张：25
字数：321 000

定价：178.00 元
(如有印装质量问题，我社负责调换)

前　言

丢番图逼近（Diophantine Approximation）是数论的一个历史悠久的重要分支。最近数十年来，这一分支取得了不少引人注目的进展。例如，W. M. Schmidt 推广了 Roth 定理，证明了关于实代数数联立有理逼近定理。我国数学家华罗庚、王元教授以及国外学者 H. M. Коробов 等人把丢番图逼近的成果成功地应用到高维数值积分的近似计算中，显示了数论方法的威力。自 70 年代初期起，我国一些学者在王元教授的倡导和组织下，对丢番图逼近和超越数论开展了研究，并且得到了一些有意义的结果，已陆续发表在国内外杂志上。近几年来，一些大学数学系在高年级学生及研究生中开设了丢番图逼近的专业课程。我们举办了几次专题讲座，它引起了更多人的兴趣。为了帮助人们系统地学习这个分支的理论，我们编写了这本丢番图逼近的入门书。

丢番图逼近的内容非常丰富，有关文献也相当浩繁。作为一本入门书，我们主要围绕实数的有理逼近来展开讨论。全书共分九章，各章内容大体如下：前四章介绍实数的有理逼近，包括单个实数的逼近与多个实数的联立逼近、齐次逼近与非齐次逼近，以及各种类型的逼近问题间的关系。这部分内容大多是线性丢番图逼近的古典结果。通过它们，我们可以大致领略到线性丢番图逼近的基本方法。第五、六两章是代数数的逼近问题，其中心是 W. M. Schmidt 关于实代数数的联立逼近定理。这是丢番图逼近论中一个非常重要的著名结果，我们给出了完整而详细的证明。此外，还给出用代数数逼近代数数的一些主要结果。第七章是丢番图逼近的度量性理论的导引，其主要内容是 Хинчин 定理，以及由此而发展产生的若干新问题，其中我们着重介绍了所谓 Duffin-Schaeffer 定理和猜想，以及 Schmidt 关于渐近丢番图逼近的结果。第八章是一致分布（mod 1）理论的初步知识，重点介绍了一致分布的 Weyl 判别法及其应用．在最后一章即第九章中，我们给出了 p-adic 分析的基本知识，以及本书前面几章中一些重要结果的 p-adic 类似．我们可以从中了解 p-adic 丢番图逼近的基本方面．各章间的关系大体如书末“各章关系图”所示．此外，每章末还附有少量习题，以供读者熟悉丢番图逼近的某些方法．

本书是作者在近几年来对大学数学系高年级学生、研究生讲课及有关这一分支的专题讲座的讲稿基础上多次反复修改编写而成．在成书过程中，得到了作者的老师王元教授的热情鼓舞和指导．潘承彪教授非常关心本书的编写和出版，提供了讲课条件．徐广善教授在共同教学中提出许多有益的建议．在这里作者对他们一并表示衷心的感谢．由于篇幅所限，本书没有系统、全面地介绍我国学者在丢番图逼近方面的工作，关于这些工作，请参见文献[1]和[107]．由于作者水平有限，书中谬误和不妥在所难免，恳切地希望读者批评指正．

朱尧辰　王连祥

1991 年 1 月于北京

目　　录

第一章　用有理数逼近实数

我们经常遇到无理数的近似计算问题，由此产生了用有理数逼近无理数的误差估计问题，这就是丢番图逼近论的一个最基本的课题。本章介绍抽屉原理和 Farey 序列、连分数的一些基本知识，并以此为工具证明了 Dirichlet 定理等几个逼近定理。最后两节还介绍了有关条件有理逼近和逼近阶的概念和定理。

§1.1　抽屉原理与 Dirichlet 定理

丢番图逼近的很多重要定理都是借助于抽屉原理来证明的。这个原理的主要内容是说，$n+1$ 个物体放入 n 个抽屉里，至少有一个抽屉里有两个或两个以上的物体。它可分为以下三种形式：

1°　$n+1$ 个元素分成 n 组，必有一组至少包含两个元素。

2°　m 个元素分成 n 组（$m>n$ 为正整数），必有一组至少包含 $\left[\frac{m-1}{n}\right]+1$ 个元素，这里[ ]表示整数部分。

3°　无限多个元素分成有限组，必有一组包含无限多个元素。

应用这个原理，我们可以证明某些存在性定理。

首先，我们考虑如何用有理数来逼近实数。设 ϑ 是实数，如果考虑具有固定分母 q（这里 q 是正整数）的所有有理数，那么实数 ϑ 必位于两个有理数之间，即存在整数 a，使得

$$\frac{a}{q}\leqslant\vartheta<\frac{a+1}{q}.$$

我们取 $\frac{p}{q}$ 是这两个分数 $\frac{a}{q}$ 和 $\frac{a+1}{q}$ 中距离 ϑ 最近的一个，则

有

$$\left|\vartheta-\frac{p}{q}\right| \leqslant \frac{1}{2q}. \tag{1}$$

用抽屉原理可以改进不等式(1)右边的常数 $\frac{1}{2}$. 这就是

定理 1 (Dirichlet, 1842)[33] 设 ϑ 和 Q 是任意实数,且 $Q>1$,则存在整数 p 和 q 满足

$$1 \leqslant q < Q, \tag{2}$$

$$\left|\vartheta-\frac{p}{q}\right| \leqslant \frac{1}{Qq}. \tag{3}$$

证明 首先假定 Q 是整数. 考虑下面 $Q+1$ 个实数:

$$0, \{\vartheta\}, \{2\vartheta\}, \cdots, \{(Q-1)\vartheta\}, 1, \tag{4}$$

这里{ }表示分数部分. 显然,这些数都位于单位区间[0,1]上.我们把单位区间分成 Q 个长度相同的子区间:

$$\left[\frac{u}{Q}, \frac{u+1}{Q}\right), u=0,1,\cdots,Q-2, \left[1-\frac{1}{Q}, 1\right]. \tag{5}$$

根据抽屉原理 1°, (4) 的 $Q+1$ 个点中至少有两个落在(5)中 Q 个子区间中的一个. 因此存在整数 r_1, r_2, s_1, s_2, 其中 $0 \leqslant r_i \leqslant Q-1$, $i=1,2$, 并且 $r_1 \neq r_2$, 使得

$$|(r_1\vartheta - s_1) - (r_2\vartheta - s_2)| \leqslant \frac{1}{Q}.$$

不失一般性,可以假定 $r_1 > r_2$. 因此,设 $q=r_1-r_2$, $p=s_1-s_2$, 便证明了不等式(2)和(3)对于整数 Q 成立.

如果 Q 不是整数,设 $Q'=[Q]+1$, 则由上述证明可知,不等式(2)和(3)对于整数 Q' 成立. 但是由不等式 $1 \leqslant q < Q'$, 并注意 q 是整数, 可推出 $1 \leqslant q \leqslant [Q] < Q$. 显然还有 $\frac{1}{Q'} < \frac{1}{Q}$.因此不等式(2)和(3)对于非整数 Q 也成立. 于是定理得证.

推论 1 如果 ϑ 是无理数, 则有无穷多对互素整数 p 和 q 满

足

$$\left|\vartheta-\frac{p}{q}\right|<\frac{1}{q^2}. \tag{6}$$

证明 根据定理 1，对任意 $Q>1$，存在整数 p' 和 q'，满足 $1\leqslant q'<Q$，$|q'\vartheta-p'|\leqslant Q^{-1}$. 假定 $(p',q')=d$，$d\geqslant 1$，又设 $p'=dp$，$q'=dq$，则 $(p,q)=1$，并且 $|q\vartheta-p|\leqslant(dQ)^{-1}\leqslant Q^{-1}$. 当 $Q\to\infty$ 时，必有无穷多个不同的整数 q 满足(2)和(3). 如果不然，根据抽屉原理 3°，则存在一个正整数 q_0 与一个趋于无穷的无穷序列 $\{Q_n\}$ 相对应，使得

$$|q_0\vartheta-p_0|\leqslant(Q_n)^{-1}\to 0\quad(当\ n\to\infty).$$

因此得到 $|q_0\vartheta-p_0|=0$，即 ϑ 是有理数，这与假设矛盾. 最后由(2)和(3)可直接推出(6)，故得推论.

注 1 (3)式中的不等号"$\leqslant$"不能用"$<$"来代替. 这是因为，当 Q 是整数时，如果取 $\vartheta=\frac{1}{Q}$，那么对于 $1\leqslant q<Q$，有

$$\left|\vartheta-\frac{1}{q}\right|\geqslant\frac{1}{Qq}.$$

注 2 推论 1 对于有理数 ϑ 不成立. 这是因为，假如

$$\vartheta=\frac{a}{b}\neq\frac{p}{q},$$

则有

$$\frac{1}{q^2}>\left|\vartheta-\frac{p}{q}\right|=\left|\frac{a}{b}-\frac{p}{q}\right|=\left|\frac{qa-pb}{bq}\right|\geqslant\frac{1}{bq}.$$

由此推出 $1\leqslant q<b$，因而不可能有无穷多对互素整数 p 和 q 满足(6).

注 3 不等式(6)中的 $\frac{1}{q^2}$ 不是最好的. 下面将会看到，它可以用 $\frac{1}{\sqrt{5}q^2}$ 来代替.

§1.2 和内插、Farey 序列与 Hurwitz 定理

定义 1 两个既约分数 p/q 和 p'/q'，如果满足

$$qp' - pq' = \pm 1,$$

则称它们为一对共轭分数。

定义 2 任意两个既约分数 $\frac{p}{q}$ 和 $\frac{p'}{q'}$，称

$$\frac{p+p'}{q+q'}$$

为其和内插。

例如，0 和 1，即 $\frac{0}{1}$ 和 $\frac{1}{1}$，是共轭分数，这两个分数的和内插是$\frac{1}{2}$。

定理 1 共轭分数的和内插为既约分数，并与原分数共轭．进一步，由 0,1 出发相继进行和内插，可产生 0,1 之间的一切既约分数．

证明 首先证明结论的第一部分．设 $\frac{p}{q}$ 和 $\frac{p'}{q'}$ 为共轭分数，不妨假定 $0 \leqslant \frac{p}{q} < \frac{p'}{q'}$，即满足

$$qp' - pq' = 1.$$

由此不难验证，它们的和内插位于它们之间，即

$$\frac{p}{q} < \frac{p+p'}{q+q'} < \frac{p'}{q'},$$

并且

$$p'(q+q') - (p+p')q' = (p+p')q - p(q+q') = p'q - pq' = 1.$$

所以 $\frac{p+p'}{q+q'}$ 为既约分数，并且 $\frac{p}{q}$ 和 $\frac{p+p'}{q+q'}$，$\frac{p'}{q'}$ 和 $\frac{p+p'}{q+q'}$ 分

别都是共轭分数。

下面我们用反证法来证明结论的第二部分．假定既约分数 $\frac{p}{q}\in(0,1)$ 不能由和内插产生，也就是说，必有由和内插产生的一对共轭分数 $\frac{a}{b}$ 和 $\frac{c}{d}$ 适合

$$\frac{a}{b}<\frac{p}{q}<\frac{c}{d}, \tag{1}$$

即不可能有等式出现．显然有

$$b\leqslant q \quad 并且 \quad d\leqslant q. \tag{2}$$

如果不然，当 $b>q$ 时，有

$$\frac{c}{d}-\frac{p}{q}=\frac{cq-dp}{dq}\geqslant\frac{1}{dq}>\frac{1}{db}=\frac{c}{d}-\frac{a}{b},$$

推出 $\frac{p}{q}<\frac{a}{b}$，这与(1)矛盾．当 $d>q$ 时，有

$$\frac{p}{q}-\frac{a}{b}=\frac{pb-qa}{qb}\geqslant\frac{1}{qb}>\frac{1}{db}=\frac{c}{d}-\frac{a}{b},$$

则 $\frac{p}{q}>\frac{c}{d}$，同样与(1)式矛盾．这时我们在 $\frac{a}{b}$ 和 $\frac{c}{d}$ 之间进行和内插，其分母将逐次增大，因新的和内插必然或落在 $\frac{a}{b}$ 和 $\frac{p}{q}$ 之间，或落在 $\frac{p}{q}$ 和 $\frac{c}{d}$ 之间，故必存在一对共轭分数满足不等式(1)，而不满足(2)式．因此 $\frac{p}{q}$ 必是某一对共轭分数的和内插．定理证完．

从 0,1 出发相继进行六次和内插，我们可以得到如下既约分数(第 k 次和内插简记作 I_k，$k=0,1,2,\cdots,6$)：

$$I_0 \quad 0 \qquad\qquad 1$$

$$I_1 \quad \frac{1}{2}$$

$$I_2 \quad \frac{1}{3} \quad \frac{2}{3}$$

$$I_3 \quad \frac{1}{4} \quad \frac{2}{5} \quad \frac{3}{5} \quad \frac{3}{4}$$

$$I_4 \quad \frac{1}{5} \quad \frac{2}{7} \quad \frac{3}{8} \quad \frac{3}{7} \quad \frac{4}{7} \quad \frac{5}{8} \quad \frac{5}{7} \quad \frac{4}{5}$$

$$I_5 \quad \frac{1}{6} \quad \frac{2}{9} \quad \frac{3}{11} \quad \frac{3}{10} \quad \frac{4}{11} \quad \frac{5}{13} \quad \frac{5}{12} \quad \frac{4}{9} \quad \frac{5}{9} \quad \frac{7}{12} \quad \frac{8}{13} \quad \frac{7}{11} \quad \frac{7}{10} \quad \frac{8}{11} \quad \frac{7}{9} \quad \frac{5}{6}$$

$$I_6 \quad \frac{1}{7} \quad \frac{2}{11} \frac{3}{14} \frac{3}{13} \frac{4}{15} \frac{5}{18} \frac{5}{17} \frac{4}{13} \frac{5}{14} \frac{7}{19} \frac{8}{21} \frac{7}{18} \frac{7}{17} \frac{8}{19} \frac{7}{16} \frac{5}{11} \frac{6}{11} \frac{9}{16} \frac{11}{19} \frac{10}{17} \frac{11}{18} \frac{13}{21} \frac{12}{19} \frac{9}{14} \frac{9}{13} \frac{12}{17} \frac{13}{18} \frac{11}{15} \frac{10}{13} \frac{11}{14} \frac{9}{11} \quad \frac{6}{7}$$

定义 3 在 0, 1 之间的既约分数中，把分母不超过 n 的分数按大小排成一序列称为 n 级 Farey 序列 ($n \geqslant 1$)，记作 $\mathscr{F}_n$。例如

$$\mathscr{F}_7:\ 0,\ \frac{1}{7},\ \frac{1}{6},\ \frac{1}{5},\ \frac{1}{4},\ \frac{2}{7},\ \frac{1}{3},\ \frac{2}{5},\ \frac{3}{7},\ \frac{1}{2},\ \frac{4}{7},\ \frac{3}{5},\ \frac{2}{3},$$

$$\frac{5}{7},\ \frac{3}{4},\ \frac{4}{5},\ \frac{5}{6},\ \frac{6}{7},\ 1.$$

n 级 Farey 序列具有如下性质：

定理 2 Farey 序列中任意相邻二数为共轭分数。

证明 假定 $\frac{a}{b} < \frac{a'}{b'}$ 为 $\mathscr{F}_n$ 中相邻二数。由于 $(a, b) = 1$，所以同余方程

$$ay \equiv 1 \pmod{b}$$

有唯一解 $(\bmod\ b)$。我们选择解 y 和相应的 x 满足

$$bx - ay = 1, \quad n - b + 1 \leqslant y \leqslant n. \tag{3}$$

因此

$$y > 0, \quad (x, y) = 1, \quad \frac{x}{y} = \frac{a}{b} + \frac{1}{by} > \frac{a}{b}. \tag{4}$$

如果我们能证明 $\frac{x}{y} = \frac{a'}{b'}$，则有 $x = a'$，$y = b'$，于是由(3)式便得定理。事实上，如果不然，假定 $\frac{x}{y} \neq \frac{a'}{b'}$，则必有 $\frac{a}{b} < \frac{a'}{b'} < \frac{x}{y}$。由(3)中右式不难看出

$$\frac{x}{y} - \frac{a}{b} = \left(\frac{x}{y} - \frac{a'}{b'}\right) + \left(\frac{a'}{b'} - \frac{a}{b}\right) \geqslant \frac{b}{b'y} + \frac{1}{b'b}$$

$$= \frac{b + y}{b'by} \geqslant \frac{n + 1}{b'by} > \frac{1}{by},$$

这与(3)中左边等式相矛盾。定理证完。

由此定理直接得到

推论 1 如果 $n \geqslant 2$，则 $\mathscr{F}_n$ 中任意相邻二数的分母不相等。

推论 2 Farey 序列中任意一数是左右相邻二数的和内插。

这里只给出推论 2 的证明。设 $\frac{a}{b} < \frac{a''}{b''} < \frac{a'}{b'}$ 是 $\mathscr{F}_n$ 中相邻三数，则由定理 2 可知

$$ba'' - ab'' = 1, \quad b''a' - a''b' = 1,$$

将两式相减得到 $a''(b + b') - b''(a + a') = 0$，因此

$$\frac{a''}{b''} = \frac{a + a'}{b + b'}.$$

于是推论得证。

定理 3 (Hurwitz, 1891)[48] 对每个无理数 ϑ，存在无穷多个不同的有理数 $\frac{p}{q}$ 满足

$$\left|\vartheta - \frac{p}{q}\right| < \frac{1}{\sqrt{5}\, q^2}. \tag{5}$$

这里的常数$\sqrt{5}$是最好的，换句话说，若常数 $A > \sqrt{5}$，则必有无理数 ϑ，使不等式

$$\left|\vartheta - \frac{p}{q}\right| < \frac{1}{Aq^2} \tag{6}$$

只有有限多个有理解 $\frac{p}{q}$.

证明 不失一般性，可以假定 $0 < \vartheta < 1$，又设 $\frac{a}{b}$ 和 $\frac{a'}{b'}$ 是 $\mathscr{F}_n$ 中适合 $\frac{a}{b} < \vartheta < \frac{a'}{b'}$ 的相邻二数。令 $a^* = a + a'$，$b^* = b + b'$，根据定理 1，则 $\frac{a}{b} < \frac{a^*}{b^*} < \frac{a'}{b'}$，并且 $\frac{a^*}{b^*}$ 不在 $\mathscr{F}_n$ 中。

首先，我们来证明下面三个不等式中至少有一个成立：

$$\left|\vartheta - \frac{a}{b}\right| < \frac{1}{\sqrt{5}\, b^2}, \quad \left|\vartheta - \frac{a^*}{b^*}\right| < \frac{1}{\sqrt{5}\, b^{*2}},$$

$$\left|\vartheta-\frac{a'}{b'}\right|<\frac{1}{\sqrt{5}\,b'^2}. \tag{7}$$

我们可以假定 $\vartheta>\frac{a^*}{b^*}$. 如果不然，可以用 $1-\vartheta$, $1-\frac{a'}{b'}$, $1-\frac{a^*}{b^*}$, $1-\frac{a}{b}$ 分别代替 ϑ, $\frac{a}{b}$, $\frac{a^*}{b^*}$, $\frac{a'}{b'}$.

假设(7)中每个不等式都不成立,即

$$\vartheta-\frac{a}{b}\geqslant\frac{1}{\sqrt{5}\,b^2},\ \vartheta-\frac{a^*}{b^*}\geqslant\frac{1}{\sqrt{5}\,b^{*2}},\ \frac{a'}{b'}-\vartheta\geqslant\frac{1}{\sqrt{5}\,b'^2}. \tag{8}$$

把其中第一、三不等式相加得

$$\frac{a'}{b'}-\frac{a}{b}=\frac{1}{b'b}\geqslant\frac{1}{\sqrt{5}}\left(\frac{1}{b'^2}+\frac{1}{b^2}\right),$$

这里左边等式是根据定理 2. 同理，把(8)中第二、三不等式相加得

$$\frac{a'}{b'}-\frac{a^*}{b^*}=\frac{1}{b'b^*}\geqslant\frac{1}{\sqrt{5}}\left(\frac{1}{b'^2}+\frac{1}{b^{*2}}\right).$$

由这两个不等式分别得到

$$\sqrt{5}\,b'b\geqslant b'^2+b^2 \quad 和 \quad \sqrt{5}\,b'b^*\geqslant b'^2+b^{*2},$$

两式相加有

$$\sqrt{5}\,b'(b+b^*)\geqslant b^2+2b'^2+b^{*2}.$$

由于 $b^*=b+b'$, 最后推出

$$\sqrt{5}\,b'(2b+b')\geqslant 2b^2+3b'^2+2b'b,$$

$$\left(2b-(\sqrt{5}-1)\,b'\right)^2\leqslant 0.$$

由于 b 和 b' 都是非零整数，上面不等式是不可能的. 所以(7)中至少有一个不等式成立.

其次,根据定理 2 的证明中的(3)式和 $2\leqslant b\leqslant n$ 可知

$$n\leqslant nb-b^2+b=(n-b+1)b\leqslant b'b,\ ba'-ab'=1.$$

因此有

$$\left|\frac{a}{b}-\frac{a'}{b'}\right|=\left|\frac{ab'-a'b}{b'b}\right|=\frac{1}{b'b}\leqslant\frac{1}{n}.$$

记 $\frac{p}{q}$ 是 $\frac{a}{b}$，$\frac{a^*}{b^*}$，$\frac{a'}{b'}$ 中使不等式(7)成立的一个有理数。由于 $\frac{a}{b}<\frac{a^*}{b^*}<\vartheta<\frac{a'}{b'}$，所以有

$$\left|\vartheta-\frac{p}{q}\right|\leqslant\frac{1}{n}.$$

因为 ϑ 是无理数，$\vartheta\neq\frac{p}{q}$，因此对每个固定的 $\frac{p}{q}$，这个不等式只对有限个自然数 $n\leqslant n_0(p,q)$ 成立，所以当 $n\to\infty$ 时，我们便得到无穷多个 $\frac{p}{q}$ 满足(5)。

最后，我们证明(5)式中的常数 $\sqrt{5}$ 是最好的。$\vartheta=\frac{\sqrt{5}-1}{2}$ 就是我们要找的无理数，它使得(6)式(其中 $A>\sqrt{5}$)只有有限多个有理解。事实上，如果不然，有无穷多个有理数 $\frac{p}{q}$ 满足(6)，则 q 趋于无穷。设 $\vartheta'=\frac{-1-\sqrt{5}}{2}$，则 $P(x)=x^2+x-1=(x-\vartheta)(x-\vartheta')$，我们有

$$\begin{aligned}\frac{1}{q^2}\leqslant\left|P\left(\frac{p}{q}\right)\right|=\left|\vartheta-\frac{p}{q}\right|\left|\vartheta'-\frac{p}{q}\right|\leqslant\left|\vartheta-\frac{p}{q}\right|\\ \cdot\left(|\vartheta'-\vartheta|+\left|\vartheta-\frac{p}{q}\right|\right)\leqslant\frac{\sqrt{5}}{Aq^2}\\ +\frac{1}{A^2q^4}.\end{aligned}$$

由于 $A>\sqrt{5}$，因此当 q 充分大时，这个不等式不成立，于是定理得证。

注 1 后来 E. Borel 用连分数方法也得到了上述定理.

§ 1.3 连分数与 Borel 定理

本章研究的连分数是在实数域上，为了将来讨论其他数域上的连分数，我们这里将给出连分数的代数理论(详见文献[75]).

定义 1 设 $x_0, x_1, \cdots, x_N$ 为$N+1$个变量,则称形如

$$x_0 + \cfrac{1}{x_1 + \cfrac{1}{x_2 + \cfrac{1}{x_3 + \ddots_{x_{N-1} + \cfrac{1}{x_N}}}}}$$

的有理函数为连分式,记作 $[x_0, x_1, \cdots, x_N]$. 容易计算

$$[x_0] = \frac{x_0}{1},\quad [x_0, x_1] = \frac{x_0 x_1 + 1}{1},$$

$$[x_0, x_1, x_2] = \frac{x_2 x_1 x_0 + x_2 + x_0}{x_2 x_1 + 1}.$$

一般地,记

$$\frac{p_n}{q_n} = [x_0, x_1, \cdots, x_n],\quad 0 \leqslant n \leqslant N,$$

其中 p_n 和 q_n 是 $x_0, x_1, \cdots, x_n$ 的多项式, $\frac{p_n}{q_n}$ 称为连分式 $[x_0, x_1, \cdots, x_N]$ 的第 n 个渐近分式. 我们有

性质 1 下列递推关系成立

$$p_0 = x_0,\ p_1 = x_1 x_0 + 1,\ p_n = x_n p_{n-1} + p_{n-2},\ 2 \leqslant n \leqslant N,$$

$$q_0 = 1,\ q_1 = x_1,\ q_n = x_n q_{n-1} + q_{n-2},\ 2 \leqslant n \leqslant N.$$

证明 当 $n = 0, 1, 2$ 时，可直接计算得出. 现在假定对于 $n-1$ 性质 1 成立，即

$$[x_0, x_1, \cdots, x_{n-1}] = \frac{p_{n-1}}{q_{n-1}} = \frac{x_{n-1} p_{n-2} + p_{n-3}}{x_{n-1} q_{n-2} + q_{n-3}}.$$

则有

$$\frac{p_n}{q_n}=[x_0,x_1,\cdots,x_{n-1},x_n]=\left[x_0,x_1,\cdots,x_{n-2},x_{n-1}+\frac{1}{x_n}\right]$$

$$=\frac{\left(x_{n-1}+\frac{1}{x_n}\right)p_{n-2}+p_{n-3}}{\left(x_{n-1}+\frac{1}{x_n}\right)q_{n-2}+q_{n-3}}=\frac{x_n(x_{n-1}p_{n-2}+p_{n-3})+p_{n-2}}{x_n(x_{n-1}q_{n-2}+q_{n-3})+q_{n-2}}$$

$$=\frac{x_np_{n-1}+p_{n-2}}{x_nq_{n-1}+q_{n-2}}.$$

这表明对于 n 性质 1 也成立。故性质 1 得证。

为方便起见,定义 $p_{-2}=0$, $p_{-1}=1$, $q_{-2}=1$, $q_{-1}=0$, 则递推关系对于所有 $n\geqslant 0$ 都成立。

性质 2 对于每个适合 $0\leqslant n\leqslant N-1$ 的 n, 设

$$\alpha_{n+1}=[x_{n+1},x_{n+2},\cdots,x_N],$$

则

$$[x_0,x_1,\cdots,x_N]=[x_0,x_1,\cdots,x_n,[x_{n+1},\cdots,x_N]]$$

$$=\frac{\alpha_{n+1}p_n+p_{n-1}}{\alpha_{n+1}q_n+q_{n-1}}. \tag{1}$$

证明 首先用数学归纳法证明(1)中第一个等式. 显然有

$$[x_0,x_1,\cdots,x_N]=x_0+\frac{1}{[x_1,\cdots,x_N]}=[x_0,[x_1,\cdots,x_N]],$$

这表明 $n=0$ 时第一个等式成立. 现在假定对于 $n-1$ 第一个等式成立,则

$$[x_0,x_1,\cdots,x_N]=x_0+\frac{1}{[x_1,\cdots,x_N]}$$

$$=x_0+\frac{1}{[x_1,\cdots,x_n,[x_{n+1},\cdots,x_N]]}$$

$$=[x_0,x_1,\cdots,x_n,[x_{n+1},\cdots,x_N]].$$

这表明对于 n 第一个等式也成立。最后,(1)中第二个等式可由性质 1 直接推出。故性质 2 得证。

由性质 2 立即可推出

性质 3 若

$$\frac{p_n}{q_n}=[x_0,x_1,\cdots,x_n],\quad \frac{r_m}{s_m}=[y_0,y_1,\cdots,y_m],$$

则

$$[x_0,x_1,\cdots,x_n,y_0,y_1,\cdots,y_m]=\frac{p_{n-1}s_m+p_nr_m}{q_{n-1}s_m+q_nr_m}.$$

性质 4 对于 $n\geqslant 1$，有

$$\frac{p_n}{p_{n-1}}=[x_n,x_{n-1},\cdots,x_1,x_0],$$

$$\frac{q_n}{q_{n-1}}=[x_n,x_{n-1},\cdots,x_1].$$

证明 用数学归纳法。因为

$$\frac{p_1}{p_0}=\frac{x_1x_0+1}{x_0}=x_1+\frac{1}{x_0}=[x_1,x_0],$$

$$\frac{q_1}{q_0}=\frac{x_1}{1}=[x_1],$$

所以对于 $n=1$ 性质 4 成立.现在假定对于 $n-1$ 性质 4 成立,则由性质 1 有

$$\frac{p_n}{p_{n-1}}=\frac{x_np_{n-1}+p_{n-2}}{p_{n-1}}=x_n+\left(\frac{p_{n-1}}{p_{n-2}}\right)^{-1}$$

$$=x_n+\frac{1}{[x_{n-1},\cdots,x_1,x_0]}=[x_n,\cdots,x_1,x_0],$$

$$\frac{q_n}{q_{n-1}}=\frac{x_nq_{n-1}+q_{n-2}}{q_{n-1}}=x_n+\left(\frac{q_{n-1}}{q_{n-2}}\right)^{-1}$$

$$=x_n+\frac{1}{[x_{n-1},\cdots,x_1]}=[x_n,\cdots,x_1].$$

于是对于 n 性质 4 也成立。故性质 4 得证。

性质 5 对于 $n\geqslant -1$，有

$$q_np_{n-1}-p_nq_{n-1}=(-1)^n, \tag{2}$$

$$q_{n+1}p_{n-1}-p_{n+1}q_{n-1}=(-1)^n x_{n+1}. \tag{3}$$

证明 由于 $q_{-1}p_{-2}-p_{-1}q_{-2}=0^2-1^2=(-1)^{-1}$，所以对于 $n=-1$，(2)式成立。现在假定对于 $n-1$，(2) 式成立，则我们有

$$\begin{aligned}q_np_{n-1}-p_nq_{n-1}&=(x_nq_{n-1}+q_{n-2})p_{n-1}\\&\quad-(x_np_{n-1}+p_{n-2})q_{n-1}\\&=-(q_{n-1}p_{n-2}-p_{n-1}q_{n-2})\\&=-(-1)^{n-1}=(-1)^n.\end{aligned}$$

故对于 n (2)式成立。于是(2)式得证。由性质 1 和(2)式直接可推出(3)式，即

$$\begin{aligned}q_{n+1}p_{n-1}-p_{n+1}q_{n-1}&=(x_{n+1}q_n+q_{n-1})p_{n-1}\\&\quad-(x_{n+1}p_n+p_{n-1})q_{n-1}\\&=(q_np_{n-1}-p_nq_{n-1})x_{n+1}\\&=(-1)^n x_{n+1}.\end{aligned}$$

故性质 5 得证。

性质 6 设 $\alpha=[x_0,\cdots,x_N]$，$\alpha_{n+1}=[x_{n+1},\cdots,x_N]$ $(0\leqslant n\leqslant N-1)$，则

$$\alpha-\frac{p_n}{q_n}=\frac{(-1)^n}{q_n(\alpha_{n+1}q_n+q_{n-1})}.$$

证明 由性质 1 和 2 及(2)式，有

$$\begin{aligned}\alpha-\frac{p_n}{q_n}&=\frac{\alpha_{n+1}p_n+p_{n-1}}{\alpha_{n+1}q_n+q_{n-1}}-\frac{p_n}{q_n}=\frac{q_np_{n-1}-p_nq_{n-1}}{q_n(\alpha_{n+1}q_n+q_{n-1})}\\&=\frac{(-1)^n}{q_n(\alpha_{n+1}q_n+q_{n-1})}.\end{aligned}$$

故性质 6 得证。

上述六性质是对于一般的连分式都成立的，当其中的变量 x_0，$x_1,\cdots$ 取确定的值时我们有

定义 2 对于连分式 $[x_0,x_1,\cdots,x_N]$，如果 $x_0=a_0$ 为实数，$x_i=a_i$ $(1\leqslant i\leqslant N)$ 为正数时，$[a_0,a_1,\cdots,a_N]$ 称为连分数。如果 a_0 为整数，a_i $(1\leqslant i\leqslant N)$ 为自然数，则 $[a_0,a_1,\cdots,a_N]$ 称

为简单连分数. 如果N为有限的自然数,则称 $[a_0,a_1,\cdots,a_N]$ 为有限连分数;如果N趋于无穷, 则称 $[a_0,a_1,a_2,\cdots]$ 为无限连分数.

定义 3 对于简单连分数 $\vartheta=[a_0,a_1,a_2,\cdots]$ (有限的或无限的),称

$$\frac{p_n}{q_n}=[a_0,a_1,\cdots,a_n]$$

为 ϑ 的第 n 个渐近分数,称 a_n 为 ϑ 的第 n 个不完全商, 称 $\vartheta_n=[a_n,a_{n+1},\cdots]$ 为 ϑ 的第 n 个完全商.

显然,对于连分数的 p_n,q_n,ϑ_n, 仍然具有性质 1—6, 不论连分数是有限的还是无限的. 对于连分数我们还有以下定理.

定理 1 (i) 有限连分数表示一个有理数. (ii) 反过来, 对任意有理数 a, 有且恰有两种方法展成有限连分数,即

$$a=[a_0,a_1,\cdots,a_{N-1},a_N],\quad 其中\ a_N\geqslant 2,$$

和

$$a=[a_0,a_1,\cdots,a_{N-1},a_N-1,1].$$

证明 (i) 显然. 为证明 (ii), 不失一般性, 可以假定 $a=\frac{u}{v},v>0,(u,v)=1$.对 v 用数学归纳法.当 $v=1$ 时, a 是整数, 则 $a=[a]$ (这里[ ]是简单连分数记号). 现在不妨假定 $a=[a_0,a_1,\cdots,a_N]$. 如果 $N=0$, 则 $a=[a_0]=[a]$. 如果$N>0$, 则

$$a=a_0+\frac{1}{[a_1,\cdots,a_N]},$$

并且 $[a_1,\cdots,a_N]\geqslant 1$. 因为 $a-a_0$ 是整数,所以 $[a_1,\cdots,a_N]=1$. 又因为 $a_1\geqslant 1$, 推出 $N=1$, $a_1=1$, 所以 $a_0=a-1$, 且 $a=[a-1,1]$. 于是对于 $v=1$ (ii) 成立.

对于 $v>1$, 根据 Euclid 除法, 存在整数 q,r 适合 $u=vq+r$, 其中 $1\leqslant r<v$. 由归纳假设, 有且恰有两种方法把 $\frac{v}{r}$ 展成简单连分数

$$\frac{v}{r}=[a_1,a_2,\cdots,a_{N-1},a_N],$$

其中 $a_2\geqslant 1,\cdots,a_{N-1}\geqslant 1,a_N\geqslant 2$,

和

$$\frac{v}{r}=[a_1,a_2,\cdots,a_{N-1},a_N-1,1].$$

因为 $\frac{v}{r}>1$，所以 $a_1\geqslant 1$，因此

$$a=\frac{u}{v}=q+\left(\frac{v}{r}\right)^{-1}=q+\frac{1}{[a_1,\cdots,a_{N-1},a_N]}$$
$$=[q,a_1,\cdots,a_{N-1},a_N]$$

和

$$a=[q,a_1,\cdots,a_{N-1},a_N-1,1].$$

这时取 $a_0=q$，于是 (ii) 得证．故定理 1 证完．

定理 2 (i) 对于无限连分数 $\vartheta=[a_0,a_1,a_2,\cdots],\lim_{n\to\infty}\frac{p_n}{q_n}$ 存在，并且为一无理数．(ii) 反过来，对任意无理数 ϑ，可以展成唯一的无限连分数 $[a_0,a_1,a_2,\cdots]$，使得 $\vartheta=\lim_{n\to\infty}\frac{p_n}{q_n}$.

证明 首先证明 (i)． 对于无限连分数 $[a_0,a_1,a_2,\cdots]$，由性质 5 可知，对于 $n\geqslant -1$ 有

$$\frac{p_{n-1}}{q_{n-1}}-\frac{p_n}{q_n}=\frac{(-1)^n}{q_{n-1}q_n} \tag{4}$$

和

$$\frac{p_{n-1}}{q_{n-1}}-\frac{p_{n+1}}{q_{n+1}}=\frac{(-1)^n a_{n+1}}{q_{n-1}q_{n+1}}. \tag{5}$$

由(5)推出，当 $m\geqslant 0$ 为偶数时，$\frac{p_m}{q_m}<\frac{p_{m+2}}{q_{m+2}}$；当 $n\geqslant 1$ 为奇数时，$\frac{p_{n+2}}{q_{n+2}}<\frac{p_n}{q_n}$. 并由(4)推出，当 $m\geqslant 1$ 为偶数时 $\frac{p_{m-1}}{q_{m-1}}>\frac{p_m}{q_m}$. 若偶数 $m>$奇数 n，则奇数 $m-1\geqslant n$ (奇数)．于是 $\frac{p_{m-1}}{q_{m-1}}\leqslant\frac{p_n}{q_n}$，所

以有 $\frac{p_m}{q_m}<\frac{p_n}{q_n}$. 类似地可以推出，对于偶数 $m<n$（奇数），有 $\frac{p_m}{q_m}<\frac{p_n}{q_n}$. 因此得到有理数序列

$$\frac{p_0}{q_0}<\frac{p_2}{q_2}<\frac{p_4}{q_4}<\cdots,\quad \cdots<\frac{p_5}{q_5}<\frac{p_3}{q_3}<\frac{p_1}{q_1}.$$

由于单调有界序列必有极限，所以极限

$$\lim_{\substack{m\to\infty\\ m\text{为偶数}}}\frac{p_m}{q_m}\quad 和\quad \lim_{\substack{n\to\infty\\ n\text{为奇数}}}\frac{p_n}{q_n}$$

都存在. 根据(4)式，$\lim\limits_{n\to\infty}\frac{(-1)^n}{q_{n-1}q_n}=0$（由性质 1 可知当 $n\to\infty$时 $q_n\to\infty$)，所以这两个极限相等. 令 $\vartheta=\lim\limits_{n\to\infty}\frac{p_n}{q_n}$. 因为 ϑ 位于 $\frac{p_{n+1}}{q_{n+1}}$ 和 $\frac{p_n}{q_n}$ 之间，所以由(4)得到

$$\left|\vartheta-\frac{p_n}{q_n}\right|<\frac{1}{q_nq_{n+1}}<\frac{1}{q_n^2},\quad (p_n,q_n)=1, \tag{6}$$

因此有无穷多对互素整数 p, q 满足不等式

$$\left|\vartheta-\frac{p}{q}\right|<\frac{1}{q^2}.$$

根据 § 1.1 的注 2 可知，ϑ 一定是无理数.

其次，证明 (ii). 假定 ϑ 是无理数，设 $a_0=[\vartheta]$(这里[ ]表示整数部分)，令 $\vartheta_1=(\vartheta-a_0)^{-1}$. 由于 ϑ 是无理数，所以 ϑ_1 是无理数，并且 $\vartheta_1>1$. 一般地，假如我们已经定义了整数 $a_0,a_1\geqslant 1,\cdots,a_{n-1}\geqslant 1$，和无理数 $\vartheta_1>1,\vartheta_2>1,\cdots,\vartheta_n>1$. 令 $a_n=[\vartheta_n]$，$\vartheta_{n+1}=(\vartheta_n-a_n)^{-1}$. 于是 $a_n\geqslant 1$，$\vartheta_{n+1}>1$，而且 ϑ_{n+1} 是无理数. 显然对于每个 $n\geqslant 0$ 有

$$\vartheta=[a_0,a_1,\cdots,a_n,\vartheta_{n+1}].$$

根据性质 6 得到

$$\left|\vartheta-\frac{p_n}{q_n}\right|\leqslant\frac{1}{q_n(\vartheta_{n+1}q_n+q_{n-1})}<\frac{1}{q_n^2}.$$

由此推出 $\lim_{n\to\infty}\frac{p_n}{q_n}=\vartheta$，所以 $\vartheta=[a_0,a_1,a_2,\cdots]$.

最后，我们证明无理数展成无限连分数的方法是唯一的. 假定无理数 ϑ 有两种方法展成无限连分数,即

$$\vartheta=[a_0,a_1,a_2,\cdots]=[b_0,b_1,b_2,\cdots].$$

显然 $a_0=[\vartheta]=b_0$. 同理可证 $a_1=b_1$. 现在假设 $a_0=b_0, a_1=b_1,\cdots,a_{n-1}=b_{n-1}$，我们来证明 $a_n=b_n$. 事实上,由于

$$\vartheta=[a_0,\cdots,a_{n-1},\vartheta_n]=[b_0,\cdots,b_{n-1},\gamma_n],$$

根据性质 2 可得

$$\vartheta=\frac{\vartheta_n p_{n-1}+p_{n-2}}{\vartheta_n q_{n-1}+q_{n-2}}=\frac{\gamma_n p_{n-1}+p_{n-2}}{\gamma_n q_{n-1}+q_{n-2}},$$

即

$$(\vartheta_n-\gamma_n)(p_{n-1}q_{n-2}-p_{n-2}q_{n-1})=0.$$

再由性质 5 立即得到 $\vartheta_n=\gamma_n$，所以 $a_n=[\vartheta_n]=[\gamma_n]=b_n$. 于是定理 2 得证.

注 1 由(6)式可知，无理数 ϑ 的每个渐近分数 $\frac{p_n}{q_n}$ 都满足不等式

$$\left|\vartheta-\frac{p}{q}\right|<\frac{1}{q^2}.$$

进一步,我们还可证明

定理 3 (i) ϑ 的两个相邻渐近分数中至少有一个满足

$$\left|\vartheta-\frac{p}{q}\right|<\frac{1}{2q^2}. \tag{7}$$

(ii) 反过来,如果互素整数 p,q，$q>0$，满足(7),则 $\frac{p}{q}$ 是 ϑ 的渐近分数.

证明 (i) 的证明 (Vahlen, 1895)[102]. 设 $\frac{p_{n-1}}{q_{n-1}}$，$\frac{p_n}{q_n}$ 是 ϑ 的两个相邻渐近分数,则数 $\vartheta-\frac{p_{n-1}}{q_{n-1}}$ 和 $\vartheta-\frac{p_n}{q_n}$ 的符号相反,因此

$$\left|\vartheta-\frac{p_n}{q_n}\right|+\left|\vartheta-\frac{p_{n-1}}{q_{n-1}}\right|=\left|\frac{p_n}{q_n}-\frac{p_{n-1}}{q_{n-1}}\right|$$

$$=\frac{1}{q_nq_{n-1}}<\frac{1}{2q_n^2}+\frac{1}{2q_{n-1}^2}.$$

这是因为 $(q_n-q_{n-1})^2>0$。因此下面两个不等式中至少有一个成立

$$\left|\vartheta-\frac{p_n}{q_n}\right|<\frac{1}{2q_n^2},\quad \left|\vartheta-\frac{p_{n-1}}{q_{n-1}}\right|<\frac{1}{2q_{n-1}^2}.$$

(ii) 的证明 (Legendre, 1893)[60]。 假定 $\vartheta\neq\frac{p}{q}$ $\Big($因为 $\vartheta=\frac{p}{q}$ 时 (ii) 显然成立$\Big)$。根据(7)式可记

$$\vartheta-\frac{p}{q}=\frac{\varepsilon\delta}{q^2},$$

其中 $0<\delta<1/2$, $\varepsilon=\pm1$。根据定理 1 的 (ii), $\frac{p}{q}$ 可展成有限连分数

$$\frac{p}{q}=[b_0,b_1,\cdots,b_{n-1}].$$

因为有两种表示法，可以选择 n 适合 $(-1)^{n-1}=\varepsilon$。我们用下式来定义 ω:

$$\vartheta=\frac{\omega p_{n-1}+p_{n-2}}{\omega q_{n-1}+q_{n-2}}.$$

所以有 $\vartheta=[b_0,b_1,\cdots,b_{n-1},\omega]$。由性质 6 可知

$$\frac{\varepsilon\delta}{q^2}=\vartheta-\frac{p}{q}=\vartheta-\frac{p_{n-1}}{q_{n-1}}=\frac{(-1)^{n-1}}{q_{n-1}(\omega q_{n-1}+q_{n-2})},$$

所以

$$\delta=\frac{q_{n-1}}{\omega q_{n-1}+q_{n-2}}.$$

由此解出

$$\omega=\frac{1}{\delta}+\frac{q_{n-2}}{q_{n-1}}.$$

显然 $\omega > 1$，于是 ω 可展成简单连分数(有限的或无限的)：$\omega = [b_n, b_{n+1}, \cdots]$，其中 $b_j \geqslant 1$，$j = n, n+1, \cdots$。因此，ϑ 展成简单连分数

$$\vartheta = [b_0, b_1, \cdots, b_{n-1}, b_n, b_{n+1}, \cdots].$$

因此

$$\frac{p}{q} = \frac{p_{n-1}}{q_{n-1}} = [b_0, b_1, \cdots, b_{n-1}]$$

是 ϑ 的渐近分数。于是定理 3 证完。

定理 4 (Borel, 1903)[20,21] ϑ 的三个相邻的渐近分数中至少有一个满足

$$\left|\vartheta - \frac{p}{q}\right| < \frac{1}{\sqrt{5}\, q^2}.$$

证明 设 $\vartheta = [a_0, a_1, a_2, \cdots]$，令

$$\vartheta_i = [a_i, a_{i+1}, \cdots], \quad \beta_i = \frac{q_{i-2}}{q_{i-1}}.$$

由性质 6 有

$$\left|\vartheta - \frac{p_i}{q_i}\right| = \frac{1}{q_i(\vartheta_{i+1}q_i + q_{i-1})} = \frac{1}{q_i^2(\vartheta_{i+1} + \beta_{i+1})}.$$

只须证明不可能有三个相邻的自然数 $i = n-1, n, n+1$，使

$$\vartheta_i + \beta_i \leqslant \sqrt{5}. \tag{8}$$

如果不然，假定对于 $i = n-1, n, n+1$ (8)式成立。由于

$$\vartheta_{i-1} = a_{i-1} + \frac{1}{\vartheta_i},$$

$$\frac{1}{\beta_i} = \frac{q_{i-1}}{q_{i-2}} = \frac{a_{i-1}q_{i-2} + q_{i-3}}{q_{i-2}} = a_{i-1} + \beta_{i-1},$$

则有

$$\frac{1}{\vartheta_i} + \frac{1}{\beta_i} = \vartheta_{i-1} + \beta_{i-1} \leqslant \sqrt{5}, \quad i = n, n+1, n+2.$$

于是

$$1 = \frac{1}{\vartheta_i} \cdot \vartheta_i \leqslant \left(\sqrt{5} - \frac{1}{\beta_i}\right)(\sqrt{5} - \beta_i), \ i = n, n+1,$$

由此推出

$$\beta_i + \frac{1}{\beta_i} \leqslant \sqrt{5}, \quad i = n, n+1. \tag{9}$$

因为 β_i 是有理数,所以上式不能取等号。因此有

$$\left(\beta_i - \frac{\sqrt{5}}{2}\right)^2 < \frac{1}{4}, \quad i = n, n+1.$$

由于 $\beta_i < 1$，因而得到

$$\beta_i > \frac{\sqrt{5}-1}{2}, \quad i = n, n+1. \tag{10}$$

由(9)和(10)不难看出

$$a_n = \frac{1}{\beta_{n+1}} - \beta_n \leqslant (\sqrt{5} - \beta_{n+1}) - \beta_n < \sqrt{5} - (\sqrt{5} - 1)$$
$$= 1.$$

这是不可能的。故定理得证。

注 2 显然,由 Borel 定理同样得到 Hurwitz 定理。

注 3 Hurwitz (1891)[48] 还证明了,对无理数

$\vartheta = [a_0, a_1, a_2, \cdots]$ （这里有无穷多个 n 适合 $a_n \geqslant 2$),

有无穷多个不同的有理数 $\frac{p}{q}$ 适合

$$\left|\vartheta - \frac{p}{q}\right| < \frac{1}{\sqrt{8}\, q^2}.$$

§1.4 周期连分数与 Legendre 定理

定义 1 对于无理连分数 $[a_0, a_1, a_2, \cdots]$，如果存在整数 $k \geqslant 0$，$m \geqslant 1$ 适合 $a_{n+m} = a_n$ 当 $n \geqslant k$，那么这个连分数称为具有周期长 m 的周期连分数,记作

$$[a_0, a_1, \cdots, a_{k-1}, \overline{a_k, a_{k+1}, \cdots, a_{k+m-1}}]. \tag{1}$$

当 $k = 0$ 时,(1)式称为纯周期连分数；当 $k = 1$ 时,(1)式称为拟纯周期连分数。

定理 1 实数 ϑ 可展成周期连分数的充分必要条件是：ϑ 为二次无理数(即有理数域上二次不可约多项式的根)。

证明 必要性 (Euler ,1737)[40]. 假设

$$\vartheta = [a_0, a_1, \cdots, a_{k-1}, \overline{a_k, \cdots, a_{k+m-1}}].$$

令

$$\vartheta_k = [\overline{a_k, \cdots, a_{k+m-1}}],$$

则 $\vartheta_k = [a_k, \cdots, a_{k+m-1}, \vartheta_k]$. 根据 § 1.3 中的性质 2 有

$$\vartheta_k = \frac{p'\vartheta_k + p''}{q'\vartheta_k + q''},$$

其中 $\frac{p'}{q'}$ 和 $\frac{p''}{q''}$ 是 $[a_k, \cdots, a_{k+m-1}]$ 的最后两个渐近分数，于是 ϑ_k 满足

$$q'\vartheta_k^2 + (q'' - p')\vartheta_k - p'' = 0.$$

由于 ϑ_k 是无理数，上式表明 ϑ_k 是一个二次无理数. 设 ϑ_k' 是 ϑ_k 的共轭数，则 $\vartheta_k + \vartheta_k'$ 和 $\vartheta_k\vartheta_k'$ 是有理数. 我们将

$$\vartheta = \frac{p_{k-1}\vartheta_k + p_{k-2}}{q_{k-1}\vartheta_k + q_{k-2}}$$

分母有理化，再根据 § 1.3 的性质 5 得到

$$\vartheta = \frac{(p_{k-1}\vartheta_k + p_{k-2})(q_{k-1}\vartheta_k' + q_{k-2})}{s} = \frac{(-1)^k\vartheta_k + r}{s},$$

式中 r, s 都是有理数. 所以 ϑ 是一个二次无理数.

充分性 (Lagrange, 1770)[55]. 设 ϑ 满足一个二次不可约方程

$$a\vartheta^2 + b\vartheta + c = 0,\ a \neq 0,\ b^2 - 4ac \neq 0.$$

令 $\vartheta = [a_0, a_1, \cdots, a_n, \cdots]$，则

$$\vartheta = \frac{p_{n-1}\vartheta_n + p_{n-2}}{q_{n-1}\vartheta_n + q_{n-2}},$$

把它代入上面的方程，得到

$$A_n\vartheta_n^2 + B_n\vartheta_n + C_n = 0,$$

其中

$$A_n = ap_{n-1}^2 + bp_{n-1}q_{n-1} + cq_{n-1}^2,$$
$$B_n = 2ap_{n-1}p_{n-2} + b(q_{n-1}p_{n-2} + q_{n-2}p_{n-1}) + 2cq_{n-1}q_{n-2},$$
$$C_n = ap_{n-2}^2 + bp_{n-2}q_{n-2} + cq_{n-2}^2.$$

容易计算

$$B_n^2 - 4A_nC_n = (b^2 - 4ac)(q_{n-1}p_{n-2} - q_{n-2}p_{n-1})^2 = b^2 - 4ac.$$

显然 A_n, B_n, C_n 不能同时为零，并且 $A_n \neq 0$. 如果不然，则有 $B_n\vartheta_n + C_n = 0$. 因为 ϑ_n 是无理数，所以这是不可能的。ϑ_n 是方程

$$A_nx^2 + B_nx + C_n = 0$$

的一个根。由 § 1.3 性质 6 可知

$$p_{n-1} = \vartheta q_{n-1} + \frac{\delta}{q_{n-1}}, \quad |\delta| < 1.$$

所以

$$\begin{aligned} A_n &= a\left(\vartheta q_{n-1} + \frac{\delta}{q_{n-1}}\right)^2 + bq_{n-1}\left(\vartheta q_{n-1} + \frac{\delta}{q_{n-1}}\right) + cq_{n-1}^2 \\ &= (a\vartheta^2 + b\vartheta + c)q_{n-1}^2 + 2a\vartheta\delta + \frac{a\delta^2}{q_{n-1}^2} + b\delta \\ &= 2a\vartheta\delta + \frac{a\delta^2}{q_{n-1}^2} + b\delta. \end{aligned}$$

由此得

$$|A_n| < 2|a\vartheta| + |a| + |b|.$$

由于 $C_n = A_{n-1}$，则有

$$|C_n| < 2|a\vartheta| + |a| + |b|.$$

而

$$\begin{aligned} B_n^2 &\leqslant 4|A_n||C_n| + |b^2 - 4ac| \\ &< 4(2|a\vartheta| + |a| + |b|)^2 + |b^2 - 4ac|. \end{aligned}$$

因此，A_n, B_n, C_n 的绝对值小于一个与 n 无关的数。于是有无穷多个 ϑ_n 只对应于有限组 (A_n, B_n, C_n)。根据抽屉原理，至少有三

个 ϑ_n，比如说 $\vartheta_{n_1},\vartheta_{n_2},\vartheta_{n_3}$，是同一个二次方程

$$Ax^2+Bx+C=0$$

的根，所以至少有两个根相等．不妨设 $\vartheta_{n_1}=\vartheta_{n_2}$ $(n_1<n_2)$．因此，

$$\vartheta_{n_1}=[a_{n_1},\cdots,a_{n_2-1},\vartheta_{n_2}]=\vartheta_{n_2}=[\overline{a_{n_1},\cdots,a_{n_2-1}}].$$

所以 ϑ 是周期连分数．

例 1

$$\sqrt{3}=1+(\sqrt{3}-1)=1+\cfrac{1}{1+\cfrac{2-\sqrt{3}}{\sqrt{3}-1}}$$

$$=1+\cfrac{1}{1+\cfrac{1}{\cfrac{\sqrt{3}-1}{2-\sqrt{3}}}}$$

$$=1+\cfrac{1}{1+\cfrac{1}{(\sqrt{3}-1)(2+\sqrt{3})}}$$

$$=1+\cfrac{1}{1+\cfrac{1}{\sqrt{3}+1}}$$

$$=1+\cfrac{1}{1+\cfrac{1}{2+(\sqrt{3}-1)}}=[1,\overline{1,2}].$$

例 2

$$\frac{\sqrt{5}+1}{2}=1+\frac{\sqrt{5}-1}{2}=1+\cfrac{1}{\cfrac{\sqrt{5}+1}{2}}=[\overline{1}],$$

这是周期长为 1 的纯周期连分数．

定理 2 二次无理数 ϑ 可展成纯周期连分数的充分必要条件是 $\vartheta>1$，$-1<\vartheta'<0$，这里 ϑ' 是 ϑ 的共轭数．

证明 必要性．假定二次无理数 ϑ 可表为

$$\vartheta = [\overline{a_0, a_1, \cdots, a_{m-1}}],$$

则 ϑ 满足方程

$$P(x) = q_{m-1}x^2 + (q_{m-2} - p_{m-1})x - p_{m-2} = 0,$$

其二根为 ϑ 和 ϑ'. 显然 $\vartheta > 1$. 由 $P(0) = -p_{m-2} < 0$ 及

$$P(-1) = (q_{m-1} - q_{m-2}) + (p_{m-1} - p_{m-2}) > 0$$

可知，在区间$(-1,0)$中，有且恰有一个根，但 $\vartheta > 1$，所以必有 $-1 < \vartheta' < 0$.

充分性. 假设二次无理数 ϑ 适合 $\vartheta > 1$, $-1 < \vartheta' < 0$，并可展成周期连分数

$$\vartheta = [a_0, a_1, \cdots, a_{k-1}, \overline{a_k, \cdots, a_{k+m-1}}], \quad a_0 \geqslant 1.$$

我们有

$$\vartheta_n = a_n + \frac{1}{\vartheta_{n+1}}, \quad a_n = [\vartheta_n], \quad n \geqslant 0,$$

$$\vartheta_0 = \vartheta, \quad \vartheta_k = \vartheta_{k+m}.$$

两边取共轭得

$$\vartheta'_n = a_n + \frac{1}{\vartheta'_{n+1}}, \quad \vartheta'_k = \vartheta'_{k+m}. \tag{2}$$

首先，我们用数学归纳法证明

$$-1 < \vartheta'_n < 0, \quad n \geqslant 0, \tag{3}$$

事实上，显然，$n = 0$ 时(3)式成立. 现在假定对于 n (3)式成立. 于是 $\vartheta'_n - a_n < -a_n \leqslant -1$，故由(2)可知

$$-1 < \vartheta'_{n+1} = \frac{1}{\vartheta'_n - a_n} < 0,$$

这表明对于 $n+1$(3)式也成立. 因此由(2)式看出：对于 $n \geqslant 0$，有

$$-1 < a_n + \frac{1}{\vartheta'_{n+1}} < 0, \text{ 即 } a_n < -\frac{1}{\vartheta'_{n+1}} < a_n + 1.$$

所以

$$a_n = \left[-\frac{1}{\vartheta'_{n+1}}\right], \quad n \geqslant 0.$$

再由 (2) 式中右边等式可得

$$a_{k-1}=\left[-\frac{1}{\vartheta'_k}\right]=\left[-\frac{1}{\vartheta'_{k+m}}\right]=a_{k+m-1}.$$

因而

$$\vartheta_{k-1}=a_{k-1}+\frac{1}{\vartheta_k}=a_{k+m-1}+\frac{1}{\vartheta_{k+m}}=\vartheta_{k+m-1}.$$

重复进行 k 次后，最后得到 $\vartheta_0=\vartheta_m$，于是

$$\vartheta=\vartheta_0=[\overline{a_0,a_1,\cdots,a_{m-1}}].$$

故定理 2 得证.

定理 3 二次无理数 ϑ 可展成拟纯周期连分数的充分必要条件是：$\vartheta'<[\vartheta]-1$，这里 ϑ' 是 ϑ 的共轭数.

证明 不失一般性，可以假定 $0<\vartheta<1$. 只须证明 ϑ 可展成 $[0,\overline{a_1,\cdots,a_m}]$ 当且仅当 $\vartheta'<-1$. 事实上，令 $\xi=\frac{1}{\vartheta}$，则 $\vartheta=[0,\xi]$，且 $\xi>1$，$\xi'=\frac{1}{\vartheta'}$. 根据定理 2，$\xi$ 可展成 $[\overline{a_1,\cdots,a_m}]$ 当且仅当 $-1<\xi'<0$，即 $\vartheta'<-1$. 证完.

定理 4 (Galois, 1828)[45] 若二次无理数 ϑ 展成纯周期连分数 $\vartheta=[\overline{a_0,a_1,\cdots,a_{m-1}}]$，则 $-\frac{1}{\vartheta'}$ 也可展成纯周期连分数，并且

$$-\frac{1}{\vartheta'}=[\overline{a_{m-1},a_{m-2},\cdots,a_1,a_0}],$$

这里 ϑ' 是 ϑ 的共轭数.

证明 假定 $\vartheta=[\overline{a_0,a_1,\cdots,a_{m-1}}]$. 设 $\vartheta_n=[a_n,a_{n+1},\cdots]$，则有 $\vartheta=\vartheta_0=\vartheta_m$，并且

$$\vartheta_n=a_n+\frac{1}{\vartheta_{n+1}},\quad n=0,1,\cdots,m,$$

$$\vartheta'_n=a_n+\frac{1}{\vartheta'_{n+1}},\quad n=0,1,\cdots,m. \tag{4}$$

由定理 2 可知，$-1 < \vartheta'_n < 0$. 令

$$\xi_n = -\frac{1}{\vartheta'_{m-n}}, \quad n = 0, 1, \cdots, m,$$

则 $\xi_n > 1$. 并且由(4)式得

$$\xi_n = -\frac{1}{\vartheta'_{m-n}} = a_{m-n-1} - \vartheta'_{m-n-1} = a_{m-n-1} + \frac{1}{\xi_{n+1}},$$
$$n = 0, 1, \cdots, m-1.$$

由于 $\vartheta_0 = \vartheta_m$，有

$$\xi_0 = -\frac{1}{\vartheta'_m} = -\frac{1}{\vartheta'_0} = -\frac{1}{\vartheta'_{m-m}} = \xi_m.$$

因此

$$\xi_0 = [\overline{a_{m-1}, a_{m-2}, \cdots, a_1, a_0}].$$

注意 $\xi_0 = -\frac{1}{\vartheta'}$，便得定理.

定理 5 (Legendre, 1893)[60] (i) 每个大于 1 的非完全平方的有理数 d 的平方根可展成拟纯周期连分数

$$\sqrt{d} = [a_0, \overline{a_1, a_2, \cdots, a_2, a_1, 2a_0}], \text{ 其中 } a_0 = [\sqrt{d}].$$

这里后面一个符号[ ]表示整数部分. (ii) 反过来,上述形式的连分数必为一个大于 1 的非完全平方的有理数 d 的平方根. 更进一步，若 $d = \frac{u}{v}$，其中 u, v 是互素自然数,则 (i) 中的连分数展开式的不完全商 $a_n \leqslant [2\sqrt{uv}]$.

证明 (i)的证明. 设 d 是大于 1 的非完全平方的有理数,则 $\vartheta = \sqrt{d}$ 是二次无理数,并满足 $\vartheta' = -\sqrt{d} < [\sqrt{d}] - 1 = [\vartheta] - 1$. 根据定理 3，$\vartheta$ 可展成拟纯周期连分数,即

$$\sqrt{d} = [a_0, \overline{a_1, \cdots, a_m}], \quad a_0 = [\sqrt{d}]. \tag{5}$$

因此

$$\frac{1}{\sqrt{d} - a_0} = [\overline{a_1, a_2, \cdots, a_m}].$$

根据定理 4，我们有

$$\sqrt{d}+a_0=[\overline{a_m,a_{m-1},\cdots,a_1}]=[a_m,\overline{a_{m-1},\cdots,a_1,a_m}].\tag{6}$$

但由(5)式可知 $\sqrt{d}+a_0=[2a_0,\overline{a_1,\cdots,a_m}]$。这与(6)式相比较得到

$$a_m=2a_0,\ a_{m-1}=a_1,\ a_{m-2}=a_2,\cdots,$$

于是有

$$\sqrt{d}=[a_0,\overline{a_1,a_2,\cdots,a_2,a_1,2a_0}].$$

(ii)的证明. 假定 ϑ 可表成

$$\vartheta=[a_0,\overline{a_1,a_2,\cdots,a_2,a_1,2a_0}].$$

根据定理4,有

$$a_0-\vartheta'=[\overline{2a_0,a_1,a_2,\cdots,a_2,a_1}],$$

则

$$-\vartheta'=[a_0,\overline{a_1,a_2,\cdots,a_2,a_1,2a_0}].$$

所以 $\vartheta+\vartheta'=0$。于是 ϑ 满足方程 $v\vartheta^2-u=0$,其中 u,v 是互素自然数,则 $\vartheta=\sqrt{\frac{u}{v}}$. 显然,$\vartheta>1$,不然,有 $a_0=0$,$a_m=2a_0=0$,这与连分数的定义相矛盾. 我们不难看出,$\frac{u}{v}$ 不可能是某有理数的平方.

最后,我们来确定 a_n 的上界. 设 $d=\frac{u}{v}>1$,它不是一个有理数的平方,$(u,v)=1$. 记 $D=uv$,则 $\sqrt{d}=\frac{\sqrt{D}}{v}$. 由(i)可知 $\vartheta=\sqrt{d}$ 可展成拟纯周期连分数. 我们用数学归纳法来证明 ϑ 的第 n 个完全商

$$\vartheta_n=a_n+\frac{1}{\vartheta_{n+1}}\quad(n\geqslant 1)$$

可表成

$$\vartheta_n=\frac{P_n+\sqrt{D}}{Q_n}\tag{7}$$

其中 P_n, Q_n 为自然数，并且满足

$$P_n < \sqrt{D}, \quad P_n^2 \equiv D \pmod{Q_n}. \tag{8}$$

事实上，当 $n = 1$ 时，

$$\vartheta_1 = \frac{1}{\frac{\sqrt{D}}{v} - \left[\frac{\sqrt{D}}{v}\right]} = \frac{v\left[\frac{\sqrt{D}}{v}\right] + \sqrt{D}}{\frac{D}{v} - v\left[\frac{\sqrt{D}}{v}\right]^2}$$

$$= \frac{P_1 + \sqrt{D}}{Q_1}.$$

显然 P_1, Q_1 满足(8)。现在假定对于 n，(7)和(8)成立：

$$\frac{P_n + \sqrt{D}}{Q_n} = \vartheta_n = a_n + \frac{1}{\vartheta_{n+1}} = a_n + \frac{Q_{n+1}}{P_{n+1} + \sqrt{D}}.$$

可以验证，

$$P_{n+1} = a_n Q_n - P_n, \quad Q_{n+1} = \frac{D - P_{n+1}^2}{Q_n}. \tag{9}$$

根据归纳假设，由(9)式可知 P_{n+1} 是整数。并由(8)式得到

$$P_{n+1}^2 \equiv P_n^2 \equiv D \pmod{Q_n}.$$

由(9)式可知 Q_{n+1} 是整数，并且 $P_{n+1}^2 \equiv D \pmod{Q_{n+1}}$。根据定理2可知，$\vartheta_{n+1} > 1$ 且 $-1 < \vartheta'_{n+1} < 0$。因此

$$\frac{P_{n+1} + \sqrt{D}}{Q_{n+1}} > 1, \tag{10}$$

$$-1 < \frac{P_{n+1} - \sqrt{D}}{Q_{n+1}} = \frac{P_{n+1} - \sqrt{D}}{(D - P_{n+1}^2)/Q_n}$$

$$= -\frac{Q_n}{P_{n+1} + \sqrt{D}} < 0. \tag{11}$$

因为 $Q_n > 0$，所以 $P_{n+1} + \sqrt{D} > 0$。再由(10)式可知 $Q_{n+1} > 0$。由(11)左边的不等式得到 $Q_{n+1} > -P_{n+1} + \sqrt{D}$。再由(10)式得到 $Q_{n+1} < P_{n+1} + \sqrt{D}$。于是有 $P_{n+1} > 0$。由(11)式可知 $P_{n+1} < \sqrt{D}$。所以对于 $n+1$ (8)式成立。最后我们得到

$$a_n = [\vartheta_n] = \left[\frac{P_n+\sqrt{D}}{Q_n}\right] < [2\sqrt{D}] = [2\sqrt{uv}],\ n \geqslant 1.$$

故定理 5 证完.

§ 1.5 最佳逼近与不可很好逼近

定义 1 如果对于所有适合 $0 < q' \leqslant q$ 的 q' 有

$$\left|\vartheta - \frac{p}{q}\right| < \left|\vartheta - \frac{p'}{q'}\right|,$$

则称 $\frac{p}{q}$ 为 ϑ 的最佳逼近. 这表明, 在分母不大于 q 的一切有理数中, $\frac{p}{q}$ 是最接近 ϑ 的一个有理数.

特别,对于 $q' = q = 1$, 存在某整数 $p = p'$ 使得 $|\vartheta - p| \leqslant \frac{1}{2}$, 所以 p 是 ϑ 的最佳逼近.

定理 1 (最佳逼近定律) ϑ 的渐近分数是 ϑ 的最佳逼近. 这就是说,对于 $n \geqslant 1$, 如果 $0 < q \leqslant q_n$, 且 $\frac{p}{q} \neq \frac{p_n}{q_n}$, 则

$$\left|\vartheta - \frac{p_n}{q_n}\right| < \left|\vartheta - \frac{p}{q}\right|.$$

证明 (Lagrange, 1770)[55] 只须证明

$$|q_n\vartheta - p_n| < |q\vartheta - p|. \tag{1}$$

我们用数学归纳法. 容易验证,当 $\vartheta < [\vartheta] + \frac{1}{2}$ 时,对于 $n = 0$, (1)式成立;当 $\vartheta \geqslant [\vartheta] + \frac{1}{2}$ 时,对于 $n = 1$, (1) 式成立. 现在假定对于 $n-1$ (1)式成立,我们来证明对于 n (1)式也成立.

根据 § 1.3 性质 6, 有

$$|q_n\vartheta - p_n| = \frac{1}{\vartheta_{n+1}q_n + q_{n-1}} < \frac{1}{q_n + q_{n-1}}$$

$$< \frac{1}{(a_n+1)q_{n-1}+q_{n-2}}$$

$$< \frac{1}{\vartheta_n q_{n-1}+q_{n-2}}$$

$$= |q_{n-1}\vartheta - p_{n-1}|, \quad n \geqslant 1. \tag{2}$$

不失一般性，我们可以假定整数 p,q 满足

$$(p,q)=1, \quad 0<q_{n-1}<q\leqslant q_n,$$

$$\frac{p}{q}\neq\frac{p_n}{q_n}, \quad \frac{p}{q}\neq\frac{p_{n-1}}{q_{n-1}}. \tag{3}$$

如果不然，则由 $\frac{p}{q}=\frac{p_{n-1}}{q_{n-1}}$ 和(2)式可直接推出(1)式。如果 $0<q\leqslant q_{n-1}$，$\frac{p}{q}\neq\frac{p_{n-1}}{q_{n-1}}$，则由归纳假设可知 $|q_{n-1}\vartheta-p_{n-1}|<|q\vartheta-p|$，再由(2)式可推出(1)式，现在考虑方程组

$$\lambda p_n+\mu p_{n-1}=p,$$

$$\lambda q_n+\mu q_{n-1}=q.$$

由于方程组的系数行列式等于 ±1，所以方程组必有整数解 λ 和 μ。显然 λ 和 μ 全都不为零。如果不然，由 $\mu=0$ 可推出 $\frac{p}{q}=\frac{p_n}{q_n}$，由 $\lambda=0$ 可推出 $\frac{p}{q}=\frac{p_{n-1}}{q_{n-1}}$，这些都与(3)式矛盾。由于 $0<q\leqslant q_n$，λ 和 μ 必异号。又因为 ϑ 位于 $\frac{p_n}{q_n}$ 和 $\frac{p_{n-1}}{q_{n-1}}$ 之间，所以 $\lambda(q_n\vartheta-p_n)$ 与 $\mu(q_{n-1}\vartheta-p_{n-1})$ 必同号。因此

$$|q\vartheta-p|=|\lambda(q_n\vartheta-p_n)|+|\mu(q_{n-1}\vartheta-p_{n-1})|$$

$$>|q_{n-1}\vartheta-p_{n-1}|.$$

最后，由(2)式可知，对于 n (1)式也成立。故定理 1 得证。

定义 2 对于无理数 ϑ，如果存在常数 $c=c(\vartheta)>0$，使得对于每个有理数 $\frac{p}{q}$ 都有

$$\left|\vartheta-\frac{p}{q}\right|>\frac{c}{q^2},$$

则称 ϑ 不可很好逼近.

定理 2 实数 ϑ 不可很好逼近当且仅当 ϑ 的连分数的不完全商有界.

证明 由 § 1.3 性质 6 和 4 得到

$$\begin{aligned}\left|\vartheta-\frac{p_n}{q_n}\right| &= \frac{1}{q_n^2\left(\vartheta_{n+1}+\frac{q_{n-1}}{q_n}\right)} \\ &= \frac{1}{q_n^2\left([a_{n+1},a_{n+2},\cdots]+\frac{1}{[a_n,\cdots,a_1]}\right)}.\end{aligned}$$

因此

$$\frac{1}{q_n^2(a_{n+1}+2)}\leqslant\left|\vartheta-\frac{p_n}{q_n}\right|\leqslant\frac{1}{q_n^2a_{n+1}}.$$

由此不等式不难推出定理 2.

§ 1.6 条件有理逼近

定义 1 设 M 为已知自然数, τ 为适合 $0<\tau<1$ 的实数. 如果既约分数 $\frac{p}{q}$ 满足

$$0<p\leqslant M,\quad 0<q\leqslant M,\quad (p,q)=1, \tag{1}$$

并且 p,q 的最大素因子不超过 M^τ, 则称 $\frac{p}{q}$ 为 M-分数.

对任意给定的实数 θ, 求一个 M-分数 $\frac{p}{q}$, 使得差 $\left|\theta-\frac{p}{q}\right|$ 为最小. 这就是一类条件有理逼近问题. 对于不同的问题, 可以更换不同的条件.

为解决这个问题,我们可以借助于 § 1.2 有关和内插的定理 1 和 § 1.3 有关连分数的定理 2. 具体步骤如下:

1° 首先将 θ 展成简单连分数

$$\theta = [a_0, a_1, a_2, \cdots],$$

并计算出各渐近分数 $\frac{p_0}{q_0}, \frac{p_1}{q_1}, \frac{p_2}{q_2}, \cdots, \frac{p_k}{q_k}$, 这里的 k 是满足 $p_k \leqslant M$, $q_k \leqslant M$ 的最大自然数。当 k 为偶数时,有不等式序列

$$\frac{p_0}{q_0} < \frac{p_2}{q_2} < \cdots < \frac{p_{2n}}{q_{2n}} < \cdots < \frac{p_k}{q_k} < \theta < \frac{p_{k-1}}{q_{k-1}} < \cdots$$

$$< \frac{p_{2n-1}}{q_{2n-1}} < \cdots < \frac{p_3}{q_3} < \frac{p_1}{q_1};$$

当 k 为奇数时,有不等式序列

$$\frac{p_0}{q_0} < \frac{p_2}{q_2} < \cdots < \frac{p_{2n}}{q_{2n}} < \cdots < \frac{p_{k-1}}{q_{k-1}} < \theta < \frac{p_k}{q_k} < \cdots$$

$$< \frac{p_{2n-1}}{q_{2n-1}} < \cdots < \frac{p_3}{q_3} < \frac{p_1}{q_1}.$$

2° 我们以包含 θ 的最小区间

$$\left[\frac{p_k}{q_k}, \frac{p_{k-1}}{q_{k-1}}\right] \text{ 或 } \left[\frac{p_{k-1}}{q_{k-1}}, \frac{p_k}{q_k}\right]$$

作为出发点，开始寻找 M-分数。必要时我们可以把包含 θ 的区间放大,即可以确定一个自然数 $m(\leqslant k)$, 使得在以 $\frac{p_m}{q_m}$ 和 $\frac{p_{m-1}}{q_{m-1}}$ 为端点的更大的区间上存在 M-分数，在这些 M-分数中找出一个与 θ 最接近的,记作 $\frac{p}{q}$。

3° 检验

$$\left|\theta - \frac{p}{q}\right| \leqslant \left|\theta - \frac{p_m}{q_m}\right| \tag{2}$$

是否成立。如果(2)式成立,则 $\frac{p}{q}$ 即为所求的 M- 分数。如果(2)式不成立,则在以 $\frac{p_{m-1}}{q_{m-1}}, \frac{p_{m-2}}{q_{m-2}}$ 为端点的区间上继续寻找 M-分数 $\frac{p'}{q'}$。如果满足不等式

$$\left|\theta-\frac{p'}{q'}\right|<\left|\theta-\frac{p}{q}\right|,$$

则 $\frac{p'}{q'}$ 即为所求的 M-分数;否则, $\frac{p}{q}$ 就是所求的 M-分数.

下面举一个数值实例. 设 $\theta=0.56938$, $M=650$, $\tau=0.5$, 则 $M^{\tau}\geqslant 25$. 为求一个 M-分数 $\frac{p}{q}$, 使得 $\left|\theta-\frac{p}{q}\right|$ 为最小, 我们首先将 θ 展成连分数,即

$$0.56938=[0,1,1,3,9,1,2,11,21],$$

并计算出各渐近分数为

$$\frac{0}{1},\ \frac{1}{1},\ \frac{1}{2},\ \frac{4}{7},\ \frac{37}{65},\ \frac{41}{72},\ \frac{119}{209},$$

在这里,由于最后两个渐近分数 $\frac{1350}{2371}$ 和 $\frac{28469}{50000}$ 的分子和分母都超过 M, 所以都已略去了. 于是 $k=6$.

因为

$$\frac{p_6}{q_6}=\frac{119}{209}=\frac{7\times 17}{11\times 19},$$

显然它是一个 M-分数, 所以 $m=6$. 为了寻找更接近 θ 的 M-分数,在 $\left(\frac{119}{209},\ \frac{41}{72}\right)$ 中求出和内插 $\frac{160}{281}$, 即

$$\frac{119}{209}<\frac{160}{281}<\frac{41}{72}.$$

容易检验 $\frac{160}{281}$ 和 $\frac{41}{72}$ 都不是 M-分数. 继续在上面三个分数之间进行和内插,即

$$\frac{119}{209}<\frac{279}{490}<\frac{160}{281}<\frac{201}{353}<\frac{41}{72}.$$

又可检验, $\frac{279}{490}$ 和 $\frac{201}{353}$ 不是 M-分数. 这时只能在 $\left(\frac{201}{353},\ \frac{41}{72}\right)$ 内插入 $\frac{242}{425}$. 由于

$$\frac{242}{425}=\frac{11\times 22}{17\times 25}>\theta,$$

它是一个大于ϑ的M-分数，因而不需考察它右边的M-分数．而$\left(\frac{201}{353},\ \frac{242}{425}\right)$中又不可能插入新的$M$-分数．因为

$$\left|\frac{242}{425}-\theta\right|>\left|\frac{119}{209}-\theta\right|,$$

所以$\frac{119}{209}$就是所求的最接近于$\theta=0.56938$的M-分数．

§1.7 逼近阶与逼近常数

为深入研究实数的有理逼近，我们引进逼近阶和逼近常数的概念．

定义1 设$\theta\in\mathbf{R}$，$\varphi(x)$是对自然数x定义的正函数．如果存在常数$c=c(\theta,\varphi)$，使不等式

$$0<\left|\theta-\frac{p}{q}\right|<\frac{c}{\varphi(q)}$$

有无穷多个有理数解$\frac{p}{q}$，其中$p\in\mathbf{Z}$，$q\in\mathbf{N}$，则称$\varphi(q)$为实数θ的有理逼近阶(在不引起混淆时，简称为逼近阶)．

注意，定义中要求有理数解$\frac{p}{q}\neq\theta$．因此，当$\theta=\frac{a}{b}\in\mathbf{R}$时，$\frac{p}{q}=\frac{an}{bn}$ $(n\in\mathbf{N})$不是不等式的有理数解．

定义2 如果$\varphi(q)$是实数θ的有理逼近阶，并且存在常数$c_1=c_1(\theta,\varphi)$，使不等式

$$0<\left|\theta-\frac{p}{q}\right|<\frac{c_1}{\varphi(q)}$$

只有有限个有理数解，其中$p\in\mathbf{Z}$，$q\in\mathbf{N}$，则称$\varphi(q)$是实数θ的最佳有理逼近阶(有时简称为最佳逼近阶)．

由定义 2 可知，如果 θ 的最佳逼近阶是 $\varphi(q)$，则存在常数 $c_2=c_2(\theta,\varphi)$，使得对任何 $p\in Z$，$q\in\mathrm{N}$，且 $\frac{p}{q}\neq\theta$，有不等式

$$\left|\theta-\frac{p}{q}\right|>\frac{c_2}{\varphi(q)}$$

成立。

定义 3 如果在定义 1 及定义 2中 $\varphi(x)=x^{\mu}$，$\mu>0$，则分别称 μ 为实数 θ 的逼近阶次数及最佳逼近阶次数。

例 1 由 § 1.1 的(1)式可知，任意实数具有逼近阶为 q，其逼近阶次数为 1。

例 2 由 § 1.1 的注 2 可知，任意有理数具有最佳逼近阶为 q，其最佳逼近阶次数为 1。

例 3 由 §1.1 的推论 1 可知，任意无理数具有逼近阶为 q^2，其逼近阶次数为 2。

例 4 由 § 1.5 的定理 2 可知，无理数具有最佳逼近阶次数为 2 当且仅当该无理数的连分数的不完全商有界(显然，最佳逼近阶次数为 2 的无理数不可很好逼近)。

关于逼近阶，我们有下面的定理

定理 1 设 $\varphi(x)$ 是定义在 N 上的任意已知递增函数，则存在实数 θ，以 $\varphi(q)$ 为其有理逼近阶。

证明 由上面的例 1 和例 2 看出，只须对 $\varphi(x)\geqslant x^2$ (当 $x\geqslant x_0\geqslant 1$) 的情形证明。我们令

$$a_1=2^{[x_0]},\quad a_m=2^{[\log_2\varphi(a_{m-1})]+1},\quad m\geqslant 2,$$

$$\theta=\sum_{m=1}^{\infty}(-1)^{m+1}a_m^{-1}.$$

那么显然有 $a_m\in\mathrm{N}$，$m\geqslant 1$，$\{a_m\}$ 为单调递增无界序列，且 $a_m\mid a_{m+1}, m\geqslant 1$。于是可记

$$\sum_{m=1}^{n}(-1)^{m+1}a_m^{-1}=\frac{b_n}{a_n},\quad a_n,b_n\in\mathrm{Z}.$$

取 $p_n=b_n$，$q_n=a_n$，则得不等式

$$0<\frac{1}{a_{n+1}}-\frac{1}{a_{n+2}}<\left|\theta-\frac{p_n}{q_n}\right|<\frac{1}{a_{n+1}}<\frac{1}{\varphi(q_n)}.$$

故得定理 1.

注 1 容易看出 p_n, q_n 互素. 并且由例 2 看出, θ 是无理数.

为方便起见,对任意实数 θ, 记

$$\|\theta\|=\min_{z\in Z}|\theta-z|,$$

称为 θ 的差,即 θ 到距它最近的整数的距离.今后我们常用$\|q\theta\|$来代替 $\left|\theta-\frac{p}{q}\right|$ 进行研究.

定义 4 对于无理数 θ, 令

$$\nu(\theta)=\varliminf_{q\to\infty}q\|q\theta\|,$$

则称 $\nu(\theta)$ 为 θ 的逼近常数.

显然,由此可知,无理数 θ 的逼近常数是 $\nu(\theta)$ 当且仅当不等式

$$q\|q\theta\|<\nu'$$

当 $\nu'>\nu(\theta)$ 时有无穷多个解 $q>0$; 当 $\nu'<\nu(\theta)$ 时只有有限多个解 $q>0$.因此, § 1.1 中的推论 1 表明 $0\leqslant\nu(\theta)\leqslant 1$, §1.2 的定理 3 表明

$$\nu(\theta)\leqslant\frac{1}{\sqrt{5}} \text{ 并且 } \nu\left(\frac{\sqrt{5}-1}{2}\right)=\frac{1}{\sqrt{5}}. \qquad (1)$$

很自然,我们会问,是否存在无理数,其逼近常数小于 $\frac{1}{\sqrt{5}}$? Hurwitz 解决了这个问题,回答是肯定的. 为此我们首先引进下面的概念和引理.

定义 5 对于两个实数 α 和 β, 如果存在 $a,b,c,d\in Z$

$$\alpha=\frac{a\beta+b}{c\beta+d},\quad ad-bc=\pm 1, \qquad (2)$$

则称 α 与 β 相似(或等价),记作 $\alpha\sim\beta$.

引理 1 若两个实数 α 和 β 相似，即(2)式成立，则 α 可表成连分数

$$\alpha = [a_0, a_1, \cdots, a_{k-1}, \beta], \quad k \geqslant 2, \tag{3}$$

当且仅当整数 c 和 d 满足

$$c > d > 0. \tag{4}$$

证明 必要性．由(3)式可得

$$\alpha = \frac{p_{k-1}\beta + p_{k-2}}{q_{k-1}\beta + q_{k-2}}.$$

由于 $q_{k-1} > q_{k-2} > 0$，显然(4)式成立．

充分性．对 d 用数学归纳法．当 $d = 1$ 时，有 $a = bc \pm 1$，且 $c > 1$，则我们得到

$$\alpha = \frac{(bc+1)\beta + b}{c\beta + 1} = \frac{bc\beta + b}{c\beta + 1} + \frac{\beta}{c\beta + 1} = [b, c, \beta],$$

或

$$\alpha = \frac{(bc-1)\beta + b}{c\beta + 1} = \frac{bc\beta - c\beta + b - 1}{c\beta + 1} + \frac{c\beta - \beta + 1}{c\beta + 1}$$

$$= [b-1, 1, c-1, \beta],$$

所以(3)式成立．当 $d > 1$ 时，我们假定(2)式中的 α 对于较小的 d 都可表成(3)的形式．由于 $(c, d) = 1$，所以必存在自然数 q 适合 $0 < c - dq < d$．令

$$a' = b, \quad b' = a - bq, \quad c' = d, \quad d' = c - dq,$$

则有 $c' = d > d'$．显然由(2)式可知

$$\alpha = \frac{a'\eta + b'}{c'\eta + d'}, \quad 其中\ \eta = q + \frac{1}{\beta} = [q, \beta],$$

由归纳假设可得

$$\alpha = [a_0, a_1, \cdots, a_{k-1}, \eta] = [a_0, a_1, \cdots, a_{k-1}, q, \beta],$$

于是(3)式成立．引理 1 证完．

引理 2 两个无理数 α 和 β 相似当且仅当

$$\begin{aligned} \alpha &= [a_0, a_1, \cdots, a_m, c_0, c_1, \cdots], \\ \beta &= [b_0, b_1, \cdots, b_n, c_0, c_1, \cdots]. \end{aligned} \tag{5}$$

换句话说，α 和 β 的连分数展开式中，从某一项起以后相应的不完全商都相同。

证明 必要性．假定 $\alpha \sim \beta$，则 (2) 式成立．不妨设 $c\beta + d > 0$．我们把 β 展成连分数

$$\beta = [b_0, b_1, \cdots, b_n, b_{n+1}, \cdots] = [b_0, \cdots, b_n, \beta_{n+1}]$$
$$= \frac{\beta_{n+1} p_n + p_{n-1}}{\beta_{n+1} q_n + q_{n-1}},$$

式中 β_{n+1} 是 β 的第 $n+1$ 个完全商，$\frac{p_n}{q_n}$ 是 β 的第 n 个渐近分数．把上式代入(2)式得到

$$\alpha = \frac{P\beta_{n+1} + Q}{R\beta_{n+1} + S},$$

式中

$$P = ap_n + bq_n, \quad Q = ap_{n-1} + bq_{n-1},$$
$$R = cp_n + dq_n, \quad S = cp_{n-1} + dq_{n-1}.$$

显然 P, Q, R, S 都为整数，并适合 $PS - QR = \pm 1$．

根据 § 1.3 中定理 2 的证明((6)式)可知，

$$p_n = \beta q_n + \frac{\delta}{q_n}, \quad p_{n-1} = \beta q_{n-1} + \frac{\delta'}{q_{n-1}},$$
$$|\delta| < 1, |\delta'| < 1.$$

则有

$$R = (c\beta + d)q_n + \frac{c\delta}{q_n}, \quad S = (c\beta + d)q_{n-1} + \frac{c\delta'}{q_{n-1}}.$$

由于 $c\beta + d > 0$，$q_n > n$，$q_n \geqslant q_{n-1} + 1$，容易验证，当 n 充分大时有 $R > S > 0$．根据引理 1 可得

$$\alpha = [a_0, a_1, \cdots, a_m, \beta_{n+1}],$$

于是(5)成立．

充分性．若(5)式成立，令 $\omega = [c_0, c_1, \cdots]$，则

$$\alpha = [a_0, a_1, \cdots, a_m, \omega] = \frac{\omega p_m + p_{m-1}}{\omega q_m + q_{m-1}},$$
$$p_m q_{m-1} - q_m p_{m-1} = \pm 1.$$

因此，$\alpha\sim\omega$，同理可证 $\beta\sim\omega$，所以 $\alpha\sim\beta$. 故引理得证.

引理 3 若 $\alpha,\beta\in\mathrm{R}$，且 $\alpha\sim\beta$，则 $\nu(\alpha)=\nu(\beta)$.

证明 先证 $\nu(\beta)\leqslant\nu(\alpha)$. 如果不然，则可取实数 λ 和 μ 适合 $\nu(\beta)>\mu>\lambda>\nu(\alpha)$，于是

$$q'\|q'\beta\|<\mu$$

只有有限多个解 $q'>0$. 另一方面，

$$q|q\alpha-p|<\lambda$$

有无穷多组解 (p,q)，$q>0$. 因为 $\alpha\sim\beta$，所以(2)式成立. 我们令

$$q'=aq-cp,\quad p'=-bq+dp. \tag{6}$$

不妨设 $ad-cb=1$，于是

$$q=dq'+cp',\quad p=bq'+ap'. \tag{7}$$

由(6)和(7)式得

$$\begin{aligned}q'\beta-p'&=q'\frac{-d\alpha+b}{c\alpha-a}-p'\\&=\frac{-(dq'+cp')\alpha+(bq'+ap')}{c\alpha-a}\\&=\frac{q\alpha-p}{a-c\alpha}.\end{aligned}$$

并注意 $q'=aq-cp=q(a-c\alpha)+c(q\alpha-p)$，于是得

$$\begin{aligned}q'|q'\beta-p'|&\leqslant q|a-c\alpha||q'\beta-p'|\\&\quad+|c||q\alpha-p||q'\beta-p'|\\&=q|q\alpha-p|+\frac{|c|}{|a-c\alpha|}|q\alpha-p|^2\\&<\lambda+\frac{|c|}{|a-c\alpha|}\left(\frac{\lambda}{q}\right)^2.\end{aligned}$$

因此，当 q 充分大时，可使 $q'\|q'\beta\|<\mu$ 有无穷多个解 $q'>0$，显然，这与 μ 的取法相矛盾. 所以 $\nu(\beta)\leqslant\nu(\alpha)$. 交换 α 和 β 的位置可得 $\nu(\alpha)\leqslant\nu(\beta)$. 因此 $\nu(\alpha)=\nu(\beta)$. 引理证完.

引理 4 若 $\dfrac{p_n}{q_n}$ 是 θ 的渐近分数，则

$$\nu(\theta)=\varliminf_{n\to\infty}q_n\|q_n\theta\|.$$

证明 显然 $\varliminf_{n\to\infty}q_n\|q_n\theta\|\geqslant\nu(\theta)$. 另一方面，根据 § 1.5 定理 1 的证明可知，对于 $n\geqslant 1$，当 $q_n<q\leqslant q_{n+1}$ 时有

$$\|q_n\theta\|<\|q\theta\|.$$

所以对于 $n\geqslant 1$ 有 $q_n\|q_n\theta\|<q\|q\theta\|$，于是

$$\varliminf_{n\to\infty}q_n\|q_n\theta\|\leqslant\varliminf_{q\to\infty}q\|q\theta\|=\nu(\theta).$$

故引理得证。

定理 2 (Hurwitz, 1891)[48] (i) 若 $\theta\sim\frac{\sqrt{5}-1}{2}$，则 $\nu(\theta)=\frac{1}{\sqrt{5}}$；否则 $\nu(\theta)\leqslant\frac{1}{\sqrt{8}}$. (ii) 若 $\theta\sim\sqrt{2}+1$，则 $\nu(\theta)=\frac{1}{\sqrt{8}}$.

证明 定理中 (i) 的前半部分可由 (1) 式和引理 3 直接推出。为证明 (i) 的后半部分，令

$$A_n=q_n\|q_n\theta\|,\quad \lambda=\frac{q_{n+1}}{q_n},\quad \mu=\frac{q_{n-1}}{q_n}.$$

由 § 1.3 中连分数的性质 5 及定理 2 的证明可知，$q_n\theta-p_n$ 与 $q_{n+1}\theta-p_{n+1}$ 异号，并且

$$\begin{aligned}&q_n|q_{n+1}\theta-p_{n+1}|+q_{n+1}|q_n\theta-p_n|\\&=|q_n(q_{n+1}\theta-p_{n+1})-q_{n+1}(q_n\theta-p_n)|\\&=|q_{n+1}p_n-q_np_{n+1}|=1.\end{aligned}\tag{8}$$

注意，§ 1.5 定理 1 的证明中(1)式表明

$$\|q_n\theta\|=|q_n\theta-p_n|.$$

由此，(8)式可改写为

$$q_n\|q_{n+1}\theta\|+q_{n+1}\|q_n\theta\|=1$$

或

$$q_{n-1}\|q_n\theta\|+q_n\|q_{n-1}\theta\|=1.$$

分别以 λ 和 μ 去乘上面二式可得

$$\lambda^2 A_n - \lambda + A_{n+1} = 0, \tag{9}$$

$$\mu^2 A_n - \mu + A_{n-1} = 0. \tag{10}$$

注意

$$\lambda - \mu = \frac{q_{n+1} - q_{n-1}}{q_n} = a_n, \tag{11}$$

将(9)和(10)两式相减,并把(11)式代入,可得

$$\lambda + \mu = \frac{a_n + A_{n-1} - A_{n+1}}{a_n A_n}. \tag{12}$$

将(11)和(12)两式平方相加得

$$\lambda^2 + \mu^2 = \frac{a_n^4 A_n^2 + (a_n + A_{n-1} - A_{n+1})^2}{2a_n^2 A_n^2}, \tag{13}$$

再将(9)和(10)两式相加,并把(12)代入,类似地可得

$$\lambda^2 + \mu^2 = \frac{a_n + A_{n-1} - A_{n+1} - a_n A_n(A_{n-1} + A_{n+1})}{a_n A_n^2}. \tag{14}$$

由(13)和(14)两式得到

$$a_n^2 A_n^2 + 2A_n(A_{n-1} + A_{n+1}) = 1 - a_n^{-2}(A_{n-1} - A_{n+1})^2 \leqslant 1.$$

由此可知

$$(a_n^2 + 4)\min(A_n^2, A_{n-1}^2, A_{n+1}^2)$$
$$\leqslant a_n^2 A_n^2 + 2A_n(A_{n-1} + A_{n+1}) \leqslant 1. \tag{15}$$

容易计算出 $\frac{\sqrt{5}-1}{2} = [0, \bar{1}]$. 如果 θ 不与 $\frac{\sqrt{5}-1}{2}$ 相似,则有无穷多个不完全商 $a_n > 1$. 如果不然,存在自然数 n_0 使得当 $n > n_0$ 时有 $a_n = 1$, 根据引理 2 可知 $\alpha \sim \frac{\sqrt{5}-1}{2}$, 故得矛盾. 下面分两种情况讨论.

1° 若有无穷多个 n 满足 $a_n > 2$, 则由(15)可得

$$\min(A_n^2, A_{n-1}^2, A_{n+1}^2) < \frac{1}{8}. \tag{16}$$

因此,A_n, A_{n-1}, A_{n+1} 中至少有一个小于 $\frac{1}{\sqrt{8}}$.

2° 若有无穷多个 n 满足 $a_n = 2$, 则(15)式中两个等号不能

同时成立．如果不然，则由第一个等式推出 $A_n=A_{n-1}=A_{n+1}$，由第二个等式推出 $4A_n^2+2A_n(A_{n-1}+A_{n+1})=1$，因而有 $A_n=A_{n-1}=A_{n+1}=\frac{1}{\sqrt{8}}$．将这些值代入(9)式得到

$$\lambda=\sqrt{2}\pm 1,$$

这与 λ 是有理数相矛盾．所以 $a_n=2$ 时，(16)式仍然正确．

综上所述，有无穷多个 n 满足 $A_n<\frac{1}{\sqrt{8}}$．根据引理 4 得到 $\nu(\theta)\leqslant\frac{1}{\sqrt{8}}$．于是 (i) 证完．

最后证明 (ii)．设 $\theta=1+\sqrt{2}$，则 $\theta'=1-\sqrt{2}$，令 $P(x)=x^2-2x-1=(x-\theta)(x-\theta')$．我们只须指出，当 $\nu'<\frac{1}{\sqrt{8}}$ 时，$q\|q\theta\|<\nu'$ 只有有限多个解 $q>0$．事实上，如果不然，有无穷多个有理数 $\frac{p}{q}$ 满足

$$\left|\theta-\frac{p}{q}\right|<\frac{\nu'}{q^2},$$

于是我们有

$$\begin{aligned}\frac{1}{q^2}\leqslant\left|P\left(\frac{p}{q}\right)\right|&=\left|\theta-\frac{p}{q}\right|\left|\theta'-\frac{p}{q}\right|\\&\leqslant\left|\theta-\frac{p}{q}\right|\left(|\theta-\theta'|+\left|\theta-\frac{p}{q}\right|\right)\\&\leqslant\frac{\nu' 2\sqrt{2}}{q^2}+\frac{\nu'^2}{q^4}.\end{aligned}$$

由于 $\nu'<\frac{1}{\sqrt{8}}$，所以当 q 充分大时，上式不等式不成立．于是定理得证．

注 2 关于逼近常数的进一步结果，可参考[89]的第二章．

习　　题

1. 设 $\theta_1, \theta_2, \theta$ 是任意实数，n 是整数，则

$\|\theta_1 + \theta_2\| \leqslant \|\theta_1\| + \|\theta_2\|$，$\|\theta\| = \|-\theta\|$，$\|n\theta\| \leqslant |n|\|\theta\|$.

2. 证明：存在整数 a, b, c，不全为零，并且它们的绝对值均小于 10^6，适合不等式

$$|a + b\sqrt{2} + c\sqrt{3}| < 10^{-11}.$$

3. 设 $\alpha_1, \cdots, \alpha_m \in \mathbf{R}$，$m, X \in \mathbf{N}$，则存在 $x_0, x_1, \cdots, x_m \in \mathbf{Z}$ 适合不等式

$$|x_0 + x_1\alpha_1 + \cdots + x_m\alpha_m| \leqslant X^{-m}, 0 < \max_{1 \leqslant k \leqslant m} |x_k| < X.$$

4. 不利用连分数来证明：如果 $\theta \notin \mathbf{Q}$，那么存在无限自然数序列 $k_1 < k_2 < k_3 < \cdots$ 适合

$$k_{n+1}\|k_n\theta\| < 1 \quad (n \geqslant 1).$$

5. 证明：对任何整数 p, q，$q \neq 0$，有

$$\left|\sqrt{2} - \frac{p}{q}\right| > \frac{1}{3q^2}.$$

6. 设 α 是一个实二次无理数，D 是它所满足的整系数不可约多项式的判别式。如果常数 $c < \dfrac{1}{\sqrt{D}}$，则不等式

$$\left|\alpha - \frac{p}{q}\right| < \frac{c}{q^2}$$

只有有限多个解 $\dfrac{p}{q}$ $(p, q \in \mathbf{Z}, (p, q) = 1)$.

7. 对于每个无理数 α，存在无穷多个整数 $Q > 1$，使得不存在 $(x, y) \in \mathbf{Z}^2$ 适合

$$\left|\alpha - \frac{y}{x}\right| < \frac{1}{Qx}, \quad 1 \leqslant x \leqslant \frac{Q}{2}.$$

第二章　实数的联立有理逼近

本章主要内容是联立逼近情形的 Dirichlet 定理及其改进. 在 § 2.1 中应用抽屉原理给出 Dirichlet 定理的多变量推广. 为了改进逼近常数,我们在 § 2.2 中介绍了数的几何第一基本定理. 这不仅对本章 § 2.3 的讨论是必要的,而且对于本书以后各章也是一个基本工具. 在 § 2.4 中应用代数数论的知识给出联立逼近的一个反结果.

§ 2.1　联立逼近的 Dirichlet 定理

现在考虑用同分母的一组分数 $\left(\frac{p_1}{q}, \cdots, \frac{p_n}{q}\right)$ 来逼近一组实数 $(\vartheta_1, \cdots, \vartheta_n)$, 使 $\|q\vartheta_1\|, \cdots, \|q\vartheta_n\|$ 同时很小. 首先来推广第一章的 Dirichlet 定理,这就是下面的定理 1 和 2.

定理 1　设 $\vartheta_1, \cdots, \vartheta_n$ 是 n 个实数, $Q > 1$ 是一个整数, 则存在整数 q 满足不等式组

$$\|q\vartheta_i\| \leqslant Q^{-1} (1 \leqslant i \leqslant n), \quad 0 < q < Q^n. \tag{1}$$

推论 1　如果 $\vartheta_1, \cdots, \vartheta_n$ 中至少有一个是无理数, 则有无穷多组 $\left(\frac{p_1}{q}, \cdots, \frac{p_n}{q}\right) \in \mathbb{Q}^n$ 满足不等式组

$$\left|\vartheta_i - \frac{p_i}{q}\right| < \frac{1}{q^{1+\frac{1}{n}}} \quad (1 \leqslant i \leqslant n). \tag{2}$$

注 1　可以限制 $q, p_1, \cdots, p_n$ 的最大公约数 d 为 1. 如果不然, 则用 $\frac{q}{d}, \frac{p_1}{d}, \cdots, \frac{p_n}{d}$ 分别代替 $q, p_1, \cdots, p_n$, 此时 (2) 式仍然成立.

证明 由(1)式可知,存在 $(q,p_1,\cdots,p_n)\in\mathbf{Z}^{n+1}$ 适合条件

$$|q\vartheta_i-p_i|=\|q\vartheta_i\|\leqslant Q^{-1}(1\leqslant i\leqslant n),\quad 0<q<Q^n.$$

于是得到

$$\left|\vartheta_i-\frac{p_i}{q}\right|\leqslant\frac{1}{Qq}<\frac{1}{q^{\frac{1}{n}}q}=\frac{1}{q^{1+\frac{1}{n}}}\quad(1\leqslant i\leqslant n),$$

即(2)式成立. 假定(例如) $\vartheta_1\notin\mathbf{Q}$,当 $Q\to\infty$ 时, (1)式只有有限多组解 $\left(\frac{p_1}{q},\cdots,\frac{p_n}{q}\right)$. 根据抽屉原理,必存在 $\frac{p_{10}}{q_0}\in\mathbf{Q}$, 使得

$$|q_0\vartheta_1-p_{10}|\leqslant Q^{-1},\quad 其中\ Q\to\infty.$$

于是推出 $|q_0\vartheta_1-p_{10}|=0$, 从而 ϑ_1 是有理数, 故得矛盾. 因此得到(2)的解数的无穷性. 推论证完.

定理 2 设 $\vartheta_1,\cdots,\vartheta_n$ 是 n 个实数, $Q>1$ 是一个整数,则存在整数 $q_1,\cdots,q_n$ 满足不等式组

$$\begin{aligned}&\|q_1\vartheta_1+\cdots+q_n\vartheta_n\|\leqslant Q^{-1},\\&0<\max(|q_1|,\cdots,|q_n|)<Q^{\frac{1}{n}}.\end{aligned}\tag{3}$$

推论 2 如果 $1,\vartheta_1,\cdots,\vartheta_n$ 在 $\mathbf{Q}$ 上线性无关[1], 则存在无穷多组解 $(q_1,\cdots,q_n,p)\in\mathbf{Z}^{n+1}$ 满足不等式组

$$|q_1\vartheta_1+\cdots+q_n\vartheta_n-p|\leqslant\frac{1}{q^n},\tag{4}$$

其中

$$q=\max(|q_1|,\cdots,|q_n|).$$

证明 显然(3)式蕴涵(4)式. 现在来证明解的无穷性. 假定当 $Q\to\infty$ 时,(4)式只有有限多组解 $(q_1,\cdots,q_n,p)\in\mathbf{Z}^{n+1}$, 根据抽屉原理,则必有一组解 $(q_{10},\cdots,q_{n0},p_0)\neq\vec{0}\in\mathbf{Z}^{n+1}$ 满足无穷多个不等式

$$|q_{10}\vartheta_1+\cdots+q_{n0}\vartheta_n-p_0|\leqslant Q^{-1},\quad 其中\ Q\to\infty.$$

因此推出 $q_{10}\vartheta_1+\cdots+q_{n0}\vartheta_n-p_0=0$. 因为 $1,\vartheta_1,\cdots,\vartheta_n$ 在 $\mathbf{Q}$ 上线性无关,所以推出 $q_{10}=\cdots=q_{n0}=p_0=0$, 得出矛盾. 故

---

1) 关于实数在 $\mathbf{Q}$ 上线性无关的概念与性质,见本节末的附录.

推论得证。

定理 3 (Dirichlet 联立逼近定理，1842)[33] 设有 m 个 n 变元的实系数线性型

$$L_i(\vec{x}) = \sum_{j=1}^{n} \vartheta_{ij} x_j, \quad i = 1, \cdots, m, \tag{5}$$

其中 $\vec{x} = (x_1, \cdots, x_n)$，$\vartheta_{ij}(1 \leqslant i \leqslant m; 1 \leqslant j \leqslant n) \in \mathbf{R}$。则对每个整数 $Q > 1$，存在非零整点 $\vec{x}$ (即 $\vec{x} \neq \vec{0}$，$\vec{x} \in \mathbf{Z}^n$) 满足

$$\|L_i(\vec{x})\| \leqslant Q^{-1} \quad (1 \leqslant i \leqslant m), \tag{6}$$

$$|x_j| < Q^{\frac{m}{n}} \quad (1 \leqslant j \leqslant n). \tag{7}$$

证明 考虑 $\mathbf{R}^m$ 中的点

$$(\underbrace{1, \cdots, 1}_{m\text{个}}), \quad (\{\vartheta_{11}x_1 + \cdots + \vartheta_{1n}x_n\}, \cdots,$$
$$\{\vartheta_{m1}x_1 + \cdots + \vartheta_{mn}x_n\}), \tag{8}$$

其中 $(x_1, \cdots, x_n) \in \mathbf{Z}^n$，并且

$$0 \leqslant x_j \leqslant \begin{cases} [Q^{\frac{m}{n}}], & \text{当 } Q^{\frac{m}{n}} \notin \mathbf{Z}, \\ Q^{\frac{m}{n}} - 1, & \text{当 } Q^{\frac{m}{n}} \in \mathbf{Z}, \end{cases} \quad 1 \leqslant j \leqslant n.$$

因此(8)式中表示的点的个数为

$$([Q^{\frac{m}{n}}] + 1)^n + 1 > (Q^{\frac{m}{n}})^n + 1 = Q^m + 1,$$

或等于 $Q^m + 1$，它们都属于 m 维单位正方体 $U_m = [0,1]^m$。将 U_m 各边 Q 等分，则得 Q^m 个边长为 Q^{-1} 的 m 维正方体。根据抽屉原理，(8)式中至少有两点落在同一个小正方体中。那么存在适当的整向量 $(y_1^{(i)}, \cdots, y_m^{(i)}) \in \mathbf{Z}^m, (i = 1, 2)$ 和

$$(x_1^{(1)}, \cdots, x_n^{(1)}) \neq (x_1^{(2)}, \cdots, x_n^{(2)}) \in \mathbf{Z}^n$$

使得点

$$(\vartheta_{11}x_1^{(i)} + \cdots + \vartheta_{1n}x_n^{(i)} - y_1^{(i)}, \cdots, \vartheta_{m1}x_1^{(i)} + \cdots$$
$$+ \vartheta_{mn}x_n^{(i)} - y_m^{(i)}) \quad (i = 1, 2)$$

在同一小正方体中。令

$$y_i = y_i^{(1)} - y_i^{(2)} \quad (1 \leqslant i \leqslant m),$$
$$x_j = x_j^{(1)} - x_j^{(2)} \quad (1 \leqslant j \leqslant n).$$

显然 $(x_1,\cdots,x_n)\neq\vec{0}$，适合不等式(6)和(7)．于是定理证完．

注 2 在下节我们将会看到，定理中对于 Q 是整数的限制可以去掉．

注 3 显然定理 1 和定理 2 分别是定理 3 当 $n=1$ 和 $m=1$ 时的特殊情形．

关于 Dirichlet 联立逼近的进一步结果，请参阅文献 [27]，[58]，[79]．

§2.2 Minkowski 第一凸体定理与线性型定理

本节介绍有关数的几何的一些基本结果．数的几何是数论的一个重要分支，它不仅在丢番图逼近论中有广泛的用途，而且在代数数论中也是一种强有力的工具．

我们把 $\mathbb{R}^n$ 中任意一个向量 $\vec{x}=(x_1,\cdots,x_n)$ 称为一个点．如果诸分量 x_i 属于 $\mathbb{Z}(i=1,\cdots,n)$，则称 $\vec{x}$ 为整点．如果 $\mathscr{R}$ 是 $\mathbb{R}^n$ 中任一点集，$\vec{u}=(u_1,\cdots,u_n)\in\mathbb{R}^n$，则用 $\mathscr{R}+\vec{u}$ 表示下列形式的点集

$$\mathscr{R}+\vec{u}=\{\vec{r}+\vec{u}=(r_1+u_1,\cdots,r_n+u_n)\mid\vec{r}=(r_1,\cdots,r_n)\in\mathscr{R}\}.$$

又设 $\lambda\in\mathbb{R}$，则

$$\lambda\mathscr{R}=\{\lambda\vec{r}=(\lambda r_1,\cdots,\lambda r_n)\mid\vec{r}=(r_1,\cdots,r_n)\in\mathscr{R}\}.$$

定义 1 设集 $\mathscr{R}\subset\mathbb{R}^n$．若 $\mathscr{R}=-\mathscr{R}$（也就是说，由 $\vec{x}\in\mathscr{R}$ 可推出 $-\vec{x}\in\mathscr{R}$），则称 $\mathscr{R}$ 是关于原点对称的(简称对称)．如果对任意 $\vec{x},\vec{y}\in\mathscr{R}$，及任意适合 $\lambda+\mu=1$ 的非负实数 λ 和 μ，总有 $\lambda\vec{x}+\mu\vec{y}\in\mathscr{R}$（也就是说，连接 $\mathscr{R}$ 中任意两点的线段都在 $\mathscr{R}$ 中)，则称 $\mathscr{R}$ 是凸的．如果存在正常数 R 使得对任意 $\vec{x}=(x_1,\cdots,x_n)$ 有

$$|x_i|\leqslant R,\quad i=1,\cdots,n,$$

则称 $\mathscr{R}$ 是有界的．如果 $\mathscr{R}$ 中任意一个无穷点列 $\{\vec{x}_m\}_{m=1}^{\infty}$ 的

极限点 $\vec{x}_0=\lim\limits_{m\to\infty}\vec{x}_m$ (按通常的欧氏距离收敛)也在 $\mathscr{R}$ 中，则称 $\mathscr{R}$ 是闭的.

例 1 由不等式组

$$|a_{i1}x_1+\cdots+a_{in}x_n|\leqslant c_i\ (\text{或}<c_i),\quad i=1,\cdots,m \tag{1}$$

其中 $a_{ij},c_i(1\leqslant i\leqslant m,1\leqslant j\leqslant n)$ 都是实数

定义的集是对称凸集，记作 $\mathscr{R}$. 对称性是显然的，我们只须验证凸性. 设 $\vec{x},\vec{y}\in\mathscr{R}$，又设

$$\vec{z}=\lambda\vec{x}+\mu\vec{y},\ \text{其中}\ \lambda\geqslant 0,\mu\geqslant 0,\lambda+\mu=1.$$

则

$$\begin{aligned}&|a_{i1}z_1+\cdots+a_{in}z_n|\\&\leqslant\lambda|a_{i1}x_1+\cdots+a_{in}x_n|+\mu|a_{i1}y_1+\cdots+a_{in}y_n|\\&\leqslant(\lambda+\mu)\max(|a_{i1}x_1+\cdots+a_{in}x_n|,|a_{i1}y_1+\cdots\\&\quad+a_{in}y_n|).\end{aligned}$$

由于 $\vec{x},\vec{y}$ 都满足不等式(1)，所以 $\vec{z}$ 也满足(1)式，即 $\vec{z}\in\mathscr{R}$. 所以 $\mathscr{R}$ 是凸的.

特别地，如果(1)式中全是“$\leqslant$”号，则 $\mathscr{R}$ 是闭的. 如果(1)式中取 $m=n$，且 $d=|\det(a_{ij})|>0$，则 $\mathscr{R}$ 有界，且有体积

$$V(\mathscr{R})=d^{-1}2^n c_1\cdots c_n.$$

事实上，闭性是显然的. 为证有界性，设

$$\xi_i=\sum_{j=1}^{n}a_{ij}x_j,\quad i=1,\cdots,n,$$

又设系数矩阵 (a_{ij}) 的逆矩阵是 (α_{ij}). 如果 $\vec{x}=(x_1,\cdots,x_n)\in\mathscr{R}$，则 $|\xi_i|\leqslant c_i(1\leqslant i\leqslant n)$. 因此

$$|x_i|=\left|\sum_{j=1}^{n}\alpha_{ij}\xi_j\right|\leqslant\sum_{j=1}^{n}|\alpha_{ij}|c_j\leqslant\max_{1\leqslant i,j\leqslant n}|\alpha_{ij}|\sum_{j=1}^{n}c_j=R,$$

这里 R 是与 $\vec{x}$ 无关的正常数，所以 $\mathscr{R}$ 有界，并且容易算出 $\mathscr{R}$ 的体积

$$V(\mathscr{R})=\int\limits_{|\xi_1|\leqslant c_1,\cdots,|\xi_n|\leqslant c_n}\cdots\int dx_1\cdots dx_n$$

$$= \int\cdots\int_{|\xi_1|\leqslant c_1,\cdots,|\xi_n|\leqslant c_n} \frac{\partial(x_1,\cdots,x_n)}{\partial(\xi_1,\cdots,\xi_n)} d\xi_1\cdots d\xi_n$$

$$= d^{-1}2^n c_1\cdots c_n.$$

一般地,对称凸集具有下列性质,这就是

引理 1 如果 $\mathscr{R}$ 是对称凸集,则有

(i) 对任意 $\lambda\in\mathrm{R}$, $\lambda\mathscr{R}$ 也是对称凸集.

(ii) 当 $|\lambda|\leqslant 1$ 时, $\lambda\mathscr{R}\subset\mathscr{R}$.

(iii) 对于任意 $\vec{x},\vec{y}\in\mathscr{R}$ 和适合 $|\lambda|+|\mu|\leqslant 1$ 的任意 λ 和 μ 有 $\lambda\vec{x}+\mu\vec{y}\in\mathscr{R}$.

证明 (i)是显然的. 为证明 (ii), 我们注意

$$\lambda\vec{x} = \frac{1}{2}(1+\lambda)\vec{x} + \frac{1}{2}(1-\lambda)(-\vec{x}),$$

而 $\vec{x}$, $-\vec{x}\in\mathscr{R}$, $\frac{1}{2}(1+\lambda)$ 和 $\frac{1}{2}(1-\lambda)$ 是其和为 1 的非负实数, 由 $\mathscr{R}$ 的凸性可推出 $\lambda\vec{x}\in\mathscr{R}$. 最后来证明 (iii). 根据 (ii) 可知

$$\pm(|\lambda|+|\mu|)\vec{x},\ \pm(|\lambda|+|\mu|)\vec{y}\in\mathscr{R}.$$

由此及 $\mathscr{R}$ 的凸性可推出

$$\lambda\vec{x}+\mu\vec{y} = \frac{|\lambda|}{|\lambda|+|\mu|}(\operatorname{sgn}\lambda(|\lambda|+|\mu|)\vec{x}) + \frac{|\mu|}{|\lambda|+|\mu|}(\operatorname{sgn}\mu(|\lambda|+|\mu|)\vec{y})\in\mathscr{R}.$$

这里 $\operatorname{sgn}x$ 表示实数 x 的符号. 故引理 1 得证.

引理 2 (Blichfeldt, 1914)[18] 假定 $\mathscr{R}$ 是 R^n 中体积 $V>1$ (可以是无穷)的点集,则 $\mathscr{R}$ 中存在两个不同的点 $\vec{x}'$ 和 $\vec{x}''$ 使得 $\vec{x}'-\vec{x}''\in\mathrm{Z}^n$.

证明 设 $\vec{u}=(u_1,\cdots,u_n)$ 是一整点,用 $\mathscr{R}_{\vec{u}}$ 表示点集 $\mathscr{R}$ 落在超立方体

$$u_i\leqslant x_i<u_i+1,\quad i=1,\cdots,n$$

中的部分. 令 $\mathscr{S}_{\vec{u}}=\mathscr{R}_{\vec{u}}-\vec{u}$, 于是 $\mathscr{S}_{\vec{u}}$ 便落在超立方体 $0\leqslant$

$x_i < 1(i = 1,\cdots,n)$ 之中．显然超立方体的体积是 1．设 $V_{\vec{u}}$ 表示 $\mathscr{S}_{\vec{u}}$ 的体积，则当 $\vec{u}$ 遍取 $\mathscr{R}$ 中全部整点时有

$$\sum_{\vec{u}} V_{\vec{u}} = V > 1,$$

所以在所有的 $\mathscr{S}_{\vec{u}}$ 中至少有两个集 $\mathscr{S}_{\vec{u}'}$ 和 $\mathscr{S}_{\vec{u}''}$ 相迭，因而在 $\mathscr{R}_{\vec{u}'}$ 和 $\mathscr{R}_{\vec{u}''}$ 中分别存在点 $\vec{x}'$ 和 $\vec{x}''$，使得 $\vec{x}' - \vec{u}' = \vec{x}'' - \vec{u}''$．因此，$\vec{x}' - \vec{x}'' = \vec{u}' - \vec{u}'' \in \mathbf{Z}^n$．故引理 2 证完．

定理 1 (Minkowski 第一凸体定理，1896)[69] 如果 $\mathscr{R} \subset \mathbf{R}^n$ 是对称凸集，并且

(i) 体积 $V > 2^n$ (可能是无穷)，或者

(ii) 体积 $V \geqslant 2^n$，而 $\mathscr{R}$ 是闭，有界的，

则 $\mathscr{R}$ 中必包含非零整点．

证明 显然，$\frac{1}{2}\mathscr{R}$ 的体积是 $2^{-n}V$，在条件 (i) 下其值大于 1．根据引理 2，存在不同的两点 $\vec{x}'$ 和 $\vec{x}'' \in \frac{1}{2}\mathscr{R}$，使得 $\vec{x}' - \vec{x}'' = \vec{u} \in \mathbf{Z}^n$ 是非零整点．再根据引理 1 的 (iii) 可知 $\frac{1}{2}\vec{u} = \frac{1}{2}\vec{x}' - \frac{1}{2}\vec{x}'' \in \frac{1}{2}\mathscr{R}$．于是 $\vec{u} \in \mathscr{R}$ 即为所求．

如果 (ii) 的条件成立，即 $\mathscr{R}$ 是对称有界闭凸集，则对任意实数 $0 < \varepsilon < 1$，凸集 $(1+\varepsilon)\mathscr{R}$ 具有体积 $(1+\varepsilon)^n V > 2^n$，满足条件 (i)，因此存在非零整点

$$\vec{x}^{(\varepsilon)} \in (1+\varepsilon)\mathscr{R} \subset 2\mathscr{R}.$$

因为 $2\mathscr{R}$ 是有界的，所以对任意小的 ε，在 $(1+\varepsilon)\mathscr{R}$ 中只有有限多个非零整点 $\vec{x}$．根据抽屉原理，有无穷多个 $\vec{x}^{(\varepsilon)}$ (相应的 ε 可以任意小)是相同的，记作 $\vec{x}^{(0)}$．于是对任意小的 $\varepsilon > 0$，有

$$(1+\varepsilon)^{-1}\vec{x}^{(0)} \in \mathscr{R}.$$

由于 $\mathscr{R}$ 是闭的，所以当 $\varepsilon \to 0$ 时，其极限点 $\vec{x}^{(0)} \in \mathscr{R}$．故定理得证．

注 1 在定理的条件 (i) 中,如果减弱为 $V = 2^n$, 则定理的结论不成立. 例如,我们考虑由 $|x_i| < 1$ $(i = 1, \cdots, n)$ 定义的对称凸集,其体积恰是 2^n . 显然它不包含非零整点.

注 2 在定理 1 的条件下,如果 $\mathscr{R}$ 有界,则 $\frac{1}{2}\mathscr{R}$ 之外必有整点. 事实上,设 ρ 是原点到 $\mathscr{R}$ 的边界的最大距离,取一自然数 N 适合

$$2^{N-1} \leqslant \rho < 2^N,$$

则 $2^{-N}\mathscr{R}$ 的边界点与原点的距离小于 1,所以 $2^{-N}\mathscr{R}$ 中无非零整点,也就是说, 定理 1 中所得的非零整点必在 $2^{-N}\mathscr{R}$ 之外. 因此有一自然数 $m < N$, 使得在 $2^{-m}\mathscr{R}$ 中或其边界上,且在 $2^{-m-1}\mathscr{R}$ 之外有一整点 $\vec{x} = (x_1, \cdots, x_n)$. 从而整点 $2^m \vec{x}$ 便在 $\frac{1}{2}\mathscr{R}$ 之外.

定理 2 (Minkowski 线性型定理, 1896)[69] 假定 a_{ij} $(1 \leqslant i \leqslant n, 1 \leqslant j \leqslant n)$ 是实数,设 $c_1, \cdots, c_n$ 是正实数,如果

$$c \cdots c_n \geqslant |\det(a_{ij})|,$$

则存在非零整点 $\vec{x} = (x_1, \cdots, x_n)$ 满足

$$\left|\sum_{j=1}^{n} a_{1j}x_j\right| \leqslant c_1, \quad \left|\sum_{j=1}^{n} a_{ij}x_j\right| < c_i \quad (2 \leqslant i \leqslant n). \qquad (2)$$

证明 如果 $\det(a_{ij}) = 0$, 那么由(2)式确定一个无限平行六面体,其体积 $V = \infty$. 根据定理 1 可知,(2)式必有非零整解. 如果 $|\det(a_{ij})| = d \neq 0$, 则由 (2) 式确定的平行六面体的体积 $V = d^{-1}2^n c_1 \cdots c_n$ (参见本节例1). 若 $c_1 \cdots c_n > d$, 则 $V > 2^n$. 根据定理 1, (2)式有非零整解. 若 $c_1 \cdots c_n = d$, 则对任意适合 $0 < \varepsilon < 1$ 的实数 ε, 存在非零整点 $\vec{x}^{(\varepsilon)} = (x_1^{(\varepsilon)}, \cdots, x_n^{(\varepsilon)})$ 满足

$$\left|\sum_{j=1}^{n} a_{1j}x_j^{(\varepsilon)}\right| \leqslant c_1 + \varepsilon, \quad \left|\sum_{j=1}^{n} a_{ij}x_j^{(\varepsilon)}\right| < c_i \quad (2 \leqslant i \leqslant n), \qquad (3)$$

并且 $\vec{x}^{(\varepsilon)}$ 的诸分量有界(见本节例1). 所以对任意小的 $\varepsilon > 0$, 只有有限多个非零整点 $\vec{x}$ 满足(3)式, 根据抽屉原理, 有无穷多个

$\vec{x}^{(\varepsilon)}$ 是相同的，记作 $\vec{x}^{(0)}$. 因此在(3)式中令 $\varepsilon \to 0$，我们得到

$$\left|\sum_{j=1}^{n} a_{1j}x_j^{(0)}\right| \leqslant c_1, \quad \left|\sum_{j=1}^{n} a_{ij}x_j^{(0)}\right| < c_i \quad (2 \leqslant i \leqslant n).$$

于是定理证完.

注 3 值得注意的是，由(2)式确定的凸集不是闭的，不满足定理 1 的条件 (ii)，所以用定理 1 并不能证明非零整点的存在性.

作为 Minkowski 线性型定理的一个应用，我们给出 § 2.1 定理 3 的另一个证明(并去掉 Q 是整数的限制):

我们考虑线性不等式组

$$|L_i(\vec{x}) - y_i| \leqslant Q^{-1}, \quad (1 \leqslant i \leqslant m), \tag{4}$$

$$|x_j| < Q^{\frac{m}{n}}, \quad (1 \leqslant j \leqslant n), \tag{5}$$

其中

$$L_i(\vec{x}) = \sum_{j=1}^{n} a_{ij}x_j \quad (1 \leqslant i \leqslant m), \ a_{ij} \in \mathbb{R}, \ Q \in \mathbb{R}, \ Q > 1.$$

把(4)和(5)一起看作 $m+n$ 个变量的线性型，显然系数行列式的绝对值等于 1，不等式组右边的常数之积也等于 1. 因此根据定理 2，在 $\mathbf{Z}^{n+m}$ 中存在

$$(x_1, \cdots, x_n, y_1, \cdots, y_m) \neq \vec{0}, \tag{6}$$

满足(4)和(5). 进一步可以看出 $(x_1, \cdots, x_n) \neq \vec{0} \in \mathbf{Z}^n$. 如果不然，把 $(x_1, \cdots, x_n) = \vec{0}$ 代入(4)式，则得到 $|y_i| \leqslant Q^{-1}$ $(1 \leqslant i \leqslant m)$，因为 $Q > 1$，所以 $(y_1, \cdots, y_m) = \vec{0} \in \mathbf{Z}^m$，这与 (6) 式矛盾. 于是 $\vec{x} = (x_1, \cdots, x_n)$ 即为所求的非零整点. 故定理证完.

§ 2.3 联立逼近常数的改进

由 § 2.1 定理 3 可知不等式

$$(\max_{1\leqslant i\leqslant m}\|L_i(\vec{x})\|)^m(\max_{1\leqslant j\leqslant n}|x_j|)^n<1 \tag{1}$$

有非零解 $\vec{x}\in\mathbf{Z}^n$。现在来改进(1)式右边的常数。

定理 1 设

$$L_i(\vec{x})=\sum_{j=1}^{n}a_{ij}x_j,\quad i=1,\cdots,m,$$

$$\vec{x}=(x_1,\cdots,x_n),\ a_{ij}\in\mathbb{R}\quad(1\leqslant i\leqslant m,1\leqslant j\leqslant n).$$

又设常数

$$\gamma_{m,n}=\frac{m^m n^n}{(m+n)^{m+n}}\frac{(m+n)!}{m!n!},$$

则不等式

$$(\max_{1\leqslant i\leqslant m}\|L_i(\vec{x})\|)^m(\max_{1\leqslant j\leqslant n}|x_j|)^n<\gamma_{m,n} \tag{2}$$

有非零整解 $\vec{x}$. 此外，如果对任何非零矢量 $\vec{x}\in\mathbf{Z}^n$ 都使得 $(L_1(\vec{x}),\cdots,L_m(\vec{x}))\notin\mathbf{Z}^m$，则不等式(2)有无穷多非零整解 $\vec{x}$.

推论 1 如果对某个 $i(1\leqslant i\leqslant m)$，使 $1,a_{i1},\cdots,a_{in}$ 在 $\mathbf{Q}$ 上线性无关，则(2)式有无穷多非零整解。

证明 此时，对任何非零矢量 $\vec{x}\in\mathbf{Z}^n$，都有 $L_i(\vec{x})\notin\mathbf{Z}$，$i=1,\cdots,m$. 根据定理1，(2)式有无穷多非零整解。

推论 2 不等式

$$q^{\frac{1}{m}}\max(\|q\vartheta_1\|,\cdots,\|q\vartheta_m\|)<\frac{m}{m+1} \tag{3}$$

有无穷多个整数解 $q>0$.

证明 如果 $\vartheta_1,\cdots,\vartheta_m$ 中有一个是无理数，则在定理 1 中取 $n=1$，即得结论. 如果诸 ϑ_i 全是有理数，则存在 $d\in\mathbf{N}$，使 $d\vartheta_i\in\mathbf{Z}(1\leqslant i\leqslant m)$. 于是 $q=td(t=1,2,\cdots)$ 即是(3)的无穷多个解.

推论 3 不等式

$$\|x_1\vartheta_1+\cdots+x_n\vartheta_n\|(\max(|x_1|,\cdots,|x_n|))^n<\left(\frac{n}{n+1}\right)^n \tag{4}$$

有无穷多非零整解 $\vec{x}=(x_1,\cdots,x_n)$.

证明 如果 $1,\vartheta_1,\cdots,\vartheta_n$ 在 Q上线性无关,则在推论 1 中取 $m=1$, 即得结论. 不然的话,则存在数组 $(u_0,u_1,\cdots,u_n)\in Q^{n+1}$, $u_0,u_1,\cdots,u_n$ 不全为零,使得 $u_0+u_1\vartheta_1+\cdots+u_n\vartheta_n=0$. 设 d 是 $u_0,u_1,\cdots,u_n$ 的最小公分母, 记 $x_i=du_i$ $(0\leqslant i\leqslant n)$, 则 $x_1\vartheta_1+\cdots+x_n\vartheta_n\in\mathbf{Z}$. 显然 $(x_1,\cdots,x_n)\neq\vec{0}$, 且满足不等式 (4). 于是推论得证.

为证明定理 1, 我们先证明

引理 1 设 $t>1$, $\beta>0$ 为实数,则在 R^{n+m} 中, 由满足不等式

$$t^{-m}\max_{1\leqslant j\leqslant n}|x_j|+t^n\max_{1\leqslant i\leqslant m}|L_i(\vec{x})-y_i|\leqslant\beta \tag{5}$$

的点 $(\vec{x},\vec{y})=(x_1,\cdots,x_n,y_1,\cdots,y_m)$ 所组成的点集 $\mathscr{R}(\beta)$ 是一个关于原点对称的闭凸集, 且其体积为

$$V(\beta)=\frac{m!n!}{(m+n)!}(2\beta)^{m+n}.$$

证明 显然 $\mathscr{R}(\beta)$ 是对称闭集. 现在证明 $\mathscr{R}(\beta)$ 是凸集. 设 $(\vec{x}^{(k)},\vec{y}^{(k)})(k=1,2)$ 是 $\mathscr{R}(\beta)$ 中任意两点,则它们的分量满足不等式 (5). 对于适合 $0\leqslant\lambda\leqslant1$, $0\leqslant\mu\leqslant1$, $\lambda+\mu=1$ 的任意实数 λ 和 μ, 记

$$\begin{aligned}(\vec{x},\vec{y})&=\lambda(\vec{x}^{(1)},\vec{y}^{(1)})+\mu(\vec{x}^{(2)},\vec{y}^{(2)})\\&=(\lambda\vec{x}^{(1)}+\mu\vec{x}^{(2)},\lambda\vec{y}^{(1)}+\mu\vec{y}^{(2)})\\&=(x_1,\cdots,x_n,y_1,\cdots,y_m),\end{aligned}$$

我们有

$$\begin{aligned}\max_{1\leqslant j\leqslant n}|x_j|&=\max_{1\leqslant j\leqslant n}|\lambda x_j^{(1)}+\mu x_j^{(2)}|\\&\leqslant\max_{1\leqslant j\leqslant n}(\lambda|x_j^{(1)}|+\mu|x_j^{(2)}|)\\&\leqslant\lambda\max_{1\leqslant j\leqslant n}|x_j^{(1)}|+\mu\max_{1\leqslant j\leqslant n}|x_j^{(2)}|,\end{aligned}$$

$$\begin{aligned}\max_{1\leqslant i\leqslant m}|L_i(\vec{x})-y_i|&=\max_{1\leqslant i\leqslant m}|L_i(\lambda\vec{x}^{(1)}+\mu\vec{x}^{(2)})\\&\qquad-(\lambda y_i^{(1)}+\mu y_i^{(2)})|\\&=\max_{1\leqslant i\leqslant m}|(L_i(\lambda\vec{x}^{(1)})-\lambda y_i^{(1)})\end{aligned}$$

$$
\begin{aligned}
&+ (L_i(\mu\vec{x}^{(2)}) - \mu y_i^{(2)})| \\
&\leqslant \lambda \max_{1\leqslant i\leqslant m} |L_i(\vec{x}^{(1)}) - y_i^{(1)}| \\
&\quad + \mu \max_{1\leqslant i\leqslant m} |L_i(\vec{x}^{(2)}) - y_i^{(2)}|.
\end{aligned}
$$

因此得到

$$
\begin{aligned}
&t^{-m}\max_{1\leqslant j\leqslant n}|x_j| + t^n \max_{1\leqslant i\leqslant m}|L_i(\vec{x}) - y_i| \\
&\leqslant \lambda(t^{-m}\max_{1\leqslant j\leqslant n}|x_j^{(1)}| + t^n\max_{1\leqslant i\leqslant m}|L_i(\vec{x}^{(1)}) - y_i^{(1)}|) \\
&\quad + \mu(t^{-m}\max_{1\leqslant j\leqslant n}|x_j^{(2)}| + t^n\max_{1\leqslant i\leqslant m}|L_i(\vec{x}^{(2)}) - y_i^{(2)}|) \\
&\leqslant \lambda\beta + \mu\beta = (\lambda + \mu)\beta = \beta,
\end{aligned}
$$

于是 $(\vec{x},\vec{y}) \in \mathscr{R}(\beta)$。这表明 $\mathscr{R}(\beta)$ 是凸集。

最后，我们来计算 $\mathscr{R}(\beta)$ 的体积。作变量替换

$$
\begin{cases}
u_j = t^{-m}x_j, j = 1, \quad \cdots, n, \\
v_i = t^n(L_i(\vec{x}) - y_i), \quad i = 1, \cdots, m,
\end{cases}
$$

则(5)式化为

$$
\max_{1\leqslant j\leqslant n}|u_j| + \max_{1\leqslant i\leqslant m}|v_i| \leqslant \beta. \tag{6}
$$

容易计算，该变换的 Jacobi 行列式等于 1。我们用 $\mathscr{R}_0$ 表示不等式(6)及 $u_j \geqslant 0(1 \leqslant j \leqslant n)$，$v_i \geqslant 0(1 \leqslant i \leqslant m)$ 所确定的点集，其体积为 V_0。显然有

$$
V(\beta) = 2^{m+n}V_0.
$$

再用 $\mathscr{R}_{0k}$ 表示 $\mathscr{R}_0$ 中满足 $\max\limits_{1\leqslant j\leqslant n} u_j = u_k$ 的那部分，于是

$$
V_0 = \sum_{k=1}^{n}\int\cdots\int_{\mathscr{R}_{0k}} du_1\cdots du_n dv_1\cdots dv_m.
$$

注意，由(6)式看出 $\mathscr{R}_{01}$ 是由下列不等式定义：

$$
\begin{aligned}
&0 \leqslant u_1 \leqslant \beta, \quad 0 \leqslant u_j \leqslant u_1 \ (2 \leqslant j \leqslant n), \\
&0 \leqslant v_i \leqslant \beta - u_1 \ (1 \leqslant i \leqslant m),
\end{aligned}
$$

所以

$$
V_0 = n\int\cdots\int_{\mathscr{R}_{01}} du_1\cdots du_n dv_1\cdots dv_m
$$

$$= n\int_0^{\beta} u_1^{n-1}(\beta - u_1)^m du_1$$

$$= n\beta^{m+n}\frac{(n-1)!\,m!}{(m+n)!}$$

$$= \frac{m!\,n!}{(m+n)!}\beta^{m+n}.$$

故得

$$V(\beta) = \frac{m!\,n!}{(m+n)!}(2\beta)^{m+n}.$$

引理证完.

定理 1 的证明 考察 $\mathbb{R}^{n+m}$ 中由下列不等式定义的集

$$t^{-m}\max_{1\le j\le n}|x_j| + t^n\max_{1\le i\le m}|L_i(\vec{x}) - y_i| \le C, \tag{7}$$

其中

$$C = \left(\frac{m!\,n!}{(m+n)!}\right)^{-\frac{1}{m+n}}.$$

由引理 1 可知它是对称闭凸集,其体积 $V = 2^{m+n}$. 根据 Minkowski 第一凸体定理(§ 2.2 定理 1), 存在非零矢量 $(\vec{x},\vec{y})\in \mathbf{Z}^{n+m}$ 适合不等式(7), 并且 $\vec{x}\ne\vec{0}$(因为由(7)式可知 $\vec{x}=\vec{0}$ 蕴涵着 $\vec{y}=\vec{0}$).

对于任一固定的 $(\vec{x},\vec{y})\in \mathbf{Z}^{n+m}$, 使(5)中等号成立的 t 值(正值)只有有限多个,而 $\mathbf{Z}^{n+m}$ 中的点数是可数无穷的, 因此有无穷多个实数 t, 使得相应的非零整点 $(\vec{x},\vec{y})\in \mathbf{Z}^{n+m}$ 满足不等式

$$t^{-m}\max_{1\le j\le n}|x_j| + t^n\max_{1\le i\le m}|L_i(\vec{x}) - y_i| < C. \tag{8}$$

下面我们只考虑这种 t 值. 将(8)式左边表示为

$$\underbrace{\frac{1}{n}t^{-m}\max_{1\le j\le n}|x_j| + \cdots + \frac{1}{n}t^{-m}\max_{1\le j\le n}|x_j|}_{n\text{项}}$$

$$+\underbrace{\frac{1}{m}t^{n}\max_{1\le i\le m}|L_i(\vec{x}) - y_i| + \cdots + \frac{1}{m}t^{n}\max_{1\le i\le m}}_{m\text{项}}$$

$$\cdot\,|L_i(\vec{x}) - y_i|.$$

由算术平均-几何平均不等式可得

$$n^{-n}m^{-m}(\max_{1\leqslant j\leqslant n}|x_j|)^n(\max_{1\leqslant i\leqslant m}|L_i(\vec{x})-y_i|)^m<\left(\frac{C}{m+n}\right)^{m+n}. \tag{9}$$

于是我们推出

$$(\max_{1\leqslant j\leqslant n}|x_j|)^n(\max_{1\leqslant i\leqslant m}\|L_i(\vec{x})\|)^m<\gamma_{m,n},$$

这就证明了定理 1 的前半部分．如果对于非零矢量 $\vec{x}\in\mathbf{Z}^n$，总有 $(L_1(\vec{x}),\cdots,L_m(\vec{x}))\notin\mathbf{Z}^m$，那么在(8)式中让 $t\to\infty$，由于 $t^m\to\infty$，所以必有无穷多个不同的非零矢量 $(\vec{x},\vec{y})$ 满足(8)式，因而也满足(9)式．并且正如证明一开始时所指出的，$\vec{x}\neq\vec{0}$．于是定理证完．

注 1 当 $m=n=1$ 时，常数 $\gamma_{m,n}=\frac{1}{2}$．但由 § 1.2 定理 3，这个常数可改进为 $\frac{1}{\sqrt{5}}$，而且是最好的．对于一般情形，相应的最佳常数还不知道．

§ 2.4 反 结 果

定理 1 对于任意自然数 m 和 n，存在常数 $\gamma>0$ 和实系数线性型 $L_i(\vec{x})=\sum_{j=1}^{n}a_{ij}x_j\ (1\leqslant i\leqslant m)$，使得对于所有非零矢量 $\vec{x}=(x_1,\cdots,x_n)\in\mathbf{Z}^n$ 有

$$(\max_{1\leqslant j\leqslant n}|x_j|)^n(\max_{1\leqslant i\leqslant m}\|L_i(\vec{x})\|)^m\geqslant\gamma.$$

注 1 由 § 2.3 推论 2 和 3 可知，当 $n=1$ 时 $\gamma<\left(\frac{m}{m+1}\right)^m$，当 $m=1$ 时，$\gamma<\left(\frac{n}{n+1}\right)^n$．

为证明定理 1，首先给出

引理 1 设 $l>1$ 是整数，则存在一组 l 次实共轭代数整数

$\varphi_1,\cdots,\varphi_l$, 即 $\varphi_1,\cdots,\varphi_l$ 是同一个 l 次首项系数为 1 的不可约整系数多项式的根.

证明 例如,考虑多项式

$$f(x)=(x-2)(x-2^2)\cdots(x-2^l)+(-1)^{l-1}2.$$

由 Eisenstein 不可约准则(例如参见[10], § 1.13 定理3)可知 $f(x)$ 在 Q 上不可约. 不妨设 $l>2$ (不然可直接验证),考虑 $f(x)$ 的第一个加项

$$g(x)=\prod_{k=1}^{l}(x-2^k).$$

不难验证 $|g(2^\nu\pm1)|>2,\nu=1,2,\cdots,l$. 所以 $f(2^\nu\pm1)$ 的符号由 $g(2^\nu\pm1)$ 的符号所决定(相同). 但是由于 $2,2^2,\cdots,2^l$ 是 $g(x)$ 的根, 所以 $g(2^\nu+1)$ 与 $g(2^\nu-1)$ 异号 ($\nu=1,2,\cdots,l$). 因此 $f(x)$ 有 l 个异根分别落在区间 $(2^\nu-1,2^\nu+1)$ ($\nu=1,2,\cdots,l$) 中,故得引理.

定理 1 的证明 首先,令 $l=m+n$.根据引理 1,可取$\varphi_1,\cdots,\varphi_l\in\mathbf{R}$ 是一组 l 次共轭代数整数. 作 l 个线性型

$$Q_k(\vec{x},\vec{y})=\sum_{i=1}^{m}\varphi_k^{i-1}y_i+\sum_{j=1}^{n}\varphi_k^{m+j-1}x_j,\quad k=1,\cdots,l,\tag{1}$$

其中 $(\vec{x},\vec{y})=(x_1,\cdots,x_n,y_1,\cdots,y_m)$.

当 $(\vec{x},\vec{y})\neq\vec{0}\in\mathbf{Z}^{n+m}$ 时, $Q_k(\vec{x},\vec{y})(1\leqslant k\leqslant l)$ 是 l 个共轭代数整数, 其范数是一个非零有理整数,所以

$$\prod_{k=1}^{l}|Q_k(\vec{x},\vec{y})|\geqslant 1.\tag{2}$$

其次,解关于 $(\xi_1,\cdots,\xi_m)$ 的方程组

$$\sum_{i=1}^{m}\varphi_k^{i-1}\xi_i=-\sum_{j=1}^{n}\varphi_k^{m+j-1}x_j,k=1,\cdots,m.$$

因方程组的系数行列式是 $\varphi_1,\cdots,\varphi_m$ 的 Vandermonde 行列式, 而 $\varphi_1,\cdots,\varphi_m$ 互不相同,所以行列式不等于零,故可以解出

$$\xi_i=L_i(\vec{x}),\quad i=1,\cdots,m,$$

这里 $L_i(\vec{x})$ $(1\leqslant i\leqslant m)$ 是 $\vec{x}=(x_1,\cdots,x_n)$ 的线性型. 因此可将(1)式改写为

$$Q_k(\vec{x},\vec{y})=\sum_{i=1}^{m}\varphi_k^{i-1}y_i-\sum_{i=1}^{m}\varphi_k^{i-1}L_i(\vec{x})$$

$$=\sum_{i=1}^{m}\varphi_k^{i-1}(y_i-L_i(\vec{x})),\quad k=1,\cdots,m, \tag{3}$$

$$Q_k(\vec{x},\vec{y})=\sum_{i=1}^{m}\varphi_k^{i-1}(y_i-L_i(\vec{x}))+\sum_{j=1}^{n}\varphi_k^{m+j-1}x_j$$

$$+\sum_{i=1}^{m}\varphi_k^{i-1}L_i(\vec{x})$$

$$=\sum_{i=1}^{m}\varphi_k^{i-1}(y_i-L_i(\vec{x}))$$

$$+\sum_{j=1}^{n}\omega_{kj}x_j,\quad k=m+1,\cdots,m+n, \tag{4}$$

其中 ω_{kj} 是只与 $\varphi_1,\cdots,\varphi_l$ 有关的常数.

最后,对于任何非零向量 $\vec{x}\in\mathbf{Z}^n$, 令

$$X=\max_{1\leqslant j\leqslant n}|x_j|,\quad C=\max_{1\leqslant i\leqslant m}\|L_i(\vec{x})\|,$$

则有 $C<1\leqslant X$, 且存在整数 $y_1,\cdots,y_m$ 满足

$$\|L_i(\vec{x})\|=|L_i(\vec{x})-y_i|,\quad i=1,\cdots,m.$$

由(3)和(4)式可推出

$$|Q_k(\vec{x},\vec{y})|\leqslant\begin{cases}\gamma_1C, & k=1,\cdots,m,\\ \gamma_2C+\gamma_3X\leqslant\gamma_4X, & k=m+1,\cdots,m+n,\end{cases} \tag{5}$$

其中常数 $\gamma_1,\gamma_2,\gamma_3,\gamma_4$ 只与 $\varphi_1,\cdots,\varphi_l$ 有关. 由(2)和(5)式可知

$$1\leqslant\prod_{k=1}^{l}|Q_k(\vec{x},\vec{y})|\leqslant\gamma_1^m\gamma_4^nC^mX^n.$$

取 $\gamma=\gamma_1^{-m}\gamma_4^{-n}$ 即得结论,于是定理证完.

附录　实数在有理数域 Q 上线性无关性

已知 n 个实数 $\vartheta_1,\cdots,\vartheta_n$，如果由关系式

$$\sum_{i=1}^{n} t_i\vartheta_i = 0,\quad t_i \in Q,\quad i = 1,\cdots,n$$

能推出 $t_i = 0$ $(1 \leqslant i \leqslant n)$，则称实数 $\vartheta_1,\cdots,\vartheta_n$ 在 Q 上线性无关，或称为 Q 线性无关. 否则称 $\vartheta_1,\cdots,\vartheta_n$ 在 Q 上线性相关,或称为 Q 线性相关.

如果实数 λ 可以表成

$$\lambda = \sum_{i=1}^{n} t_i\vartheta_i,\quad \text{其中}\ t_i \in Q,\ i = 1,\cdots,n,$$

则称 λ 可由 $\vartheta_1,\cdots,\vartheta_n$ Q 线性表示.

今后我们需要下列重要性质:

性质 1　设 $\lambda_1,\cdots,\lambda_m \in R$，不全为零，则存在一组 Q 线性无关的实数 $\vartheta_1,\cdots,\vartheta_n$ $(n \leqslant m)$，使每个 λ_i 都可由 $\vartheta_1,\cdots,\vartheta_n$ Q 线性表示.

证明　如果 $\lambda_1,\cdots,\lambda_m$ Q 线性无关,则可取 $\vartheta_i = \lambda_i (1 \leqslant i \leqslant n = m)$.

如果 $\lambda_1,\cdots,\lambda_m$ Q 线性相关,则有关系式

$$t_1\lambda_1 + \cdots + t_m\lambda_m = 0,$$

其中 $t_i \in Q$ $(1 \leqslant i \leqslant m)$，且不全为零. 适当改变下标编号，可以认为 $t_m \neq 0$. 于是 λ_m 可由 $\lambda_1,\cdots,\lambda_{m-1}$ Q 线性表示,此时若 $\lambda_1,\cdots,\lambda_{m-1}$ Q 线性无关,则可取 $\vartheta_i = \lambda_i (1 \leqslant i \leqslant m-1)$. 如果不然,又有关系式

$$t_1'\lambda_1 + \cdots + t_{m-1}'\lambda_{m-1} = 0,$$

其中 $t_i' \in Q (1 \leqslant i \leqslant m-1)$，且不全为零. 适当改变下标编号，可以认为 $t_{m-1}' \neq 0$.从而 λ_{m-1} 可由 $\lambda_1,\cdots,\lambda_{m-2}$ Q 线性表示.因为 λ_m 可由 $\lambda_1,\cdots,\lambda_{m-1}$ Q 线性表示,所以 λ_m 也可由 $\lambda_1,\cdots,$

λ_{m-2} Q 线性表示．此时若 $\lambda_1,\cdots,\lambda_{m-2}$ Q 线性无关，则可取 $\vartheta_i=\lambda_i(1\leqslant i\leqslant m-2)$，$n=m-2$．不然的话，又可继续上述过程，重复有限次以后，必存在下标 l，使得 $\lambda_1,\cdots,\lambda_l$Q 线性无关，而 $\lambda_{l+1},\cdots,\lambda_m$ 均可由 $\lambda_1,\cdots,\lambda_l$Q 线性表示．于是令 $\vartheta_i=\lambda_i(1\leqslant i\leqslant l)$，此时 $n=l\leqslant m$．证完．

习　　题

1. 设 $N_i,X_j\in\mathbb{N}(i=1,\cdots,m;j=1,\cdots,n)$，满足

$$\prod_{j=1}^{m}N_i<\prod_{j=1}^{n}(X_j+1).$$

又记

$$L_i(\vec{x})=\sum_{j=1}^{n}a_{ij}x_j,\quad i=1,\cdots,m,$$

其中 $\vec{x}=(x_1,\cdots,x_n)$，$a_{ij}\in\mathbb{R}(1\leqslant i\leqslant m,1\leqslant j\leqslant n)$．如果

$$\sum_{j=1}^{n}|a_{ij}|\leqslant A_i,\quad i=1,\cdots,m,$$

则存在非零向量 $\vec{x}^{(0)}=(x_{01},\cdots,x_{0n})\in\mathbb{Z}^n$ 满足不等式组

$$|L_i(\vec{x}^{(0)})|\leqslant\frac{A_iX}{N_i},\quad i=1,\cdots,m$$

$$|x_{0j}|\leqslant X_j,\quad j=1,\cdots,n,$$

其中 $X=\max\limits_{1\leqslant j\leqslant n}X_j$．

2. 设 $X\in\mathbb{N}$，m，$n\in\mathbb{N}$ 且 $n>m\geqslant1$，又设 $L_i(\vec{x})=\sum\limits_{j=1}^{n}a_{ij}x_j$，其中 $\vec{x}=(x_1,\cdots,x_n)$，$a_{ij}\in\mathbb{R}$，$1\leqslant i\leqslant m$，$1\leqslant j\leqslant n$．如果

$$\sum_{j=1}^{n}|a_{ij}|\leqslant A_i,\quad i=1,\cdots,m,$$

则存在非零向量 $\vec{x}^{(0)}=(x_{01},\cdots,x_{0n})\in\mathbb{Z}^n$ 满足不等式组

$$|L_i(\vec{x}^{(0)})| < A_i X^{1-n/m}, \quad i = 1,\cdots,m,$$

$$|x_{0j}| \leqslant X, \quad j = 1,\cdots,n.$$

3. 对于任何 $\vartheta_1,\cdots,\vartheta_n \in \mathbf{R}$，$Q \in \mathbf{N}$，存在 $p_1,\cdots,p_n \in \mathbf{Z}, q \in \mathbf{N}$ 满足不等式

$$\left|\vartheta_k - \frac{p_k}{q}\right| < \frac{1}{Qq}, \quad k = 1,\cdots,n, q \leqslant Q^n.$$

4. 设 $a,b,n \in \mathbf{N}$，适合 $ab > n, n \geqslant b > 1$，又设 $m \in \mathbf{Z}$，满足 $(m,n) = 1$. 则存在 $x \in \mathbf{N}$，$y \in \mathbf{Z}$ 适合 $x < a, 0 < |y| < b$，且 n 整除 $mx + y$.

5. 设 $a_1,\cdots,a_n \in \mathbf{Z}$，$m \in \mathbf{N}$，则存在 $x_1,\cdots,x_n \in \mathbf{Z}$ 满足

$$|x_1| + \cdots + |x_n| \neq 0, \quad |x_k| \leqslant \sqrt[n]{m}, \ k = 1,\cdots,n,$$

且 m 整除 $a_1x_1 + \cdots + a_nx_n$.

6. 设 $m,n \in \mathbf{N}$ 满足 $m \geqslant 2$，$n \geqslant 1$，$\vec{\vartheta} = (\vartheta_1,\cdots,\vartheta_n) \in \mathbf{R}^n$，$q \in \mathbf{N}$，令

$$f(m,n) = \sup_{\vec{\vartheta} \in \mathbf{R}^n} \min_{1 \leqslant q < m} \max_{1 \leqslant i \leqslant n} \|q\vartheta_i\|,$$

则有

$$\text{(i)} \ f(m,n) \leqslant m^{-\frac{1}{n}}. \quad \text{(ii)} \ f(m,1) = m^{-1}.$$

7. 设 $m,n,q \in \mathbf{N}$，$\vartheta_1,\cdots,\vartheta_n \in \mathbf{R}$，令

$$C(\vartheta_1,\cdots,\vartheta_n) = \varlimsup_{m \to \infty} \min_{1 \leqslant q < m} \max_{1 \leqslant i \leqslant n} m^{\frac{1}{n}} \|q\vartheta_i\|,$$

则 $C(\vartheta_1,\cdots,\vartheta_n) \leqslant 1$.

8. 设 $1,\vartheta_1,\cdots,\vartheta_n$ 是一个 $n+1$ 次实代数数域的一组基底，则存在常数 $\gamma = \gamma(n) > 0$，使得对任何非零向量 $(q_1,\cdots,q_n) \in \mathbf{Z}^n$ 都有

$$(\max_{1 \leqslant i \leqslant n} |q_i|)^n \|q_1\vartheta_1 + \cdots + q_n\vartheta_n\| \geqslant \gamma.$$

第三章　非齐次逼近

前面两章研究的问题只涉及变量的齐次线性型，例如，$q\theta$ 或 $q\theta_i(i=1,\cdots,n)$ 以及 $L(\vec{x})=\sum_{i=1}^{n}\theta_i x_i$. 本章考虑另一类逼近问题，即非齐次式 $q\alpha-\beta$ 或 $q\alpha_i-\beta_i(i=1,\cdots,n)$，或更一般的 $L_i(\vec{x})-\beta_i$（其中 $L_i(\vec{x})$ 是 $\vec{x}=(x_1,\cdots,x_n)$ 的齐次线性型）$(i=1,\cdots,m)$ 的逼近问题，我们将看到，非齐次问题比齐次问题有许多本质上的差别. 例如，对于任何实数 α 和实数 $Q>1$，不等式组 $\|q\alpha\|\leqslant Q^{-1}$, $0<q<Q$ 总有无穷多个解 $q\in\mathrm{N}$; 但是对于非齐次情形，存在实数 α 和 β，使不等式组 $\|q\alpha-\beta\|<Q^{-1}$, $|q|<Q$，对无穷多个 Q 无解.

本章分三部分，§§ 3.1—3.2 介绍一维非齐次逼近. 中心内容是 Minkowski 逼近定理. §§ 3.3—3.4 研究联立非齐次逼近问题，即证明 Kronecker 定理. 定理的证明比较长，这里只给出它的定性形式. 限于篇幅，略去了它的定量形式. 为此，可参考文献[24]. 最后 § 3.5 中我们简要介绍了关于线性型乘积的 Minkowski 猜想.

§ 3.1　一维非齐次逼近的 Minkowski 定理

定理 1 (Minkowski, 1907)[70]　如果 α 是无理数，β 是实数，但不等于 $m\alpha+n(m,n\in\mathbf{Z})$，那么存在无穷多个整数 q 满足不等式

$$|q|\|q\alpha-\beta\|<\frac{1}{4}.$$

注 1　如果 $\beta=m\alpha+n\,(m,n\in\mathbf{Z})$，则 $\|q\alpha-\beta\|=\|(q-$

$m)\alpha\|$，从而归结为齐次逼近问题。

为证明定理 1，我们首先证明如下几个引理。

引理 1 设 $\vartheta, \varphi, \psi, \omega$ 是四个实数，$M > 0$ 是一个已知常数。如果

$$|\vartheta\omega - \varphi\psi| \leqslant \frac{1}{2}M, \quad |\psi\omega| \leqslant M, \quad \psi > 0, \tag{1}$$

则存在 $u \in \mathbf{Z}$ 满足不等式

$$|\vartheta + \psi u||\varphi + \omega u| \leqslant \frac{1}{4}M, \tag{2}$$

$$|\vartheta + \psi u| < \psi. \tag{3}$$

证明 不失一般性，我们可以假定

$$-\psi \leqslant \vartheta < 0, \quad \varphi \geqslant 0.$$

这是因为，如果 $\varphi < 0$，则可用 $-\varphi$ 代替 φ，用 $-\omega$ 代替 ω。这时(1)和(2)的表达式不变。再者，如果 $-\psi \leqslant \vartheta < 0$ 不成立，由于 $\psi > 0$，则可取整数 u_0 适合不等式

$$-1 - \frac{\vartheta}{\psi} \leqslant u_0 < -\frac{\vartheta}{\psi}.$$

于是 $-\psi \leqslant \vartheta + u_0\psi < 0$。如果用 $\vartheta + u_0\psi$ 和 $\varphi + u_0\omega$ 分别代替 ϑ 和 φ，则(1)式不变。而(2)和(3)式可以分别改写为

$$|(\vartheta + u_0\psi) + (u - u_0)\psi| \cdot |(\varphi + u_0\omega) + (u - u_0)\omega| \leqslant \frac{1}{4}M,$$

$$|(\vartheta + u_0\psi) + (u - u_0)\psi| \leqslant \psi.$$

这样，只须证明 $u' = u - u_0$ 的存在性。

进一步，当 $\vartheta = -\psi$ 时，显然 $u = 1$ 满足不等式(2)和(3)，因此我们又可假定

$$-\psi < \vartheta < 0, \varphi \geqslant 0. \tag{4}$$

于是我们有 $|\vartheta| < \psi$ 和 $|\vartheta + \psi| < \psi$。从而 $u = 0, 1$ 都满足不等式(3)，现在我们来证明，对于 $u = 0$ 或 1，总有一个使(2)式也成立。

首先，若 $\varphi+\omega\leqslant 0$，则由几何平均-算术平均不等式得

$$\begin{aligned}&16|\vartheta\varphi||(\vartheta+\psi)(\varphi+\omega)|\\&\quad=(4|\vartheta||\vartheta+\psi|)(4|\varphi||\varphi+\omega|)\\&\quad\leqslant(|\vartheta|+|\vartheta+\psi|)^2(|\varphi|+|\varphi+\omega|)^2.\end{aligned}$$

因为由(4)式看出，

$$|\vartheta|+|\vartheta+\psi|=-\vartheta+(\psi+\vartheta)=\psi,$$
$$|\varphi|+|\varphi+\omega|=\varphi-(\varphi+\omega)=-\omega.$$

所以

$$16|\vartheta\varphi||(\vartheta+\psi)(\varphi+\omega)|\leqslant\psi^2\omega^2\leqslant M^2.$$

故得

$$\min(|\vartheta\varphi|,|(\vartheta+\psi)(\varphi+\omega)|)\leqslant\frac{1}{4}M. \tag{5}$$

其次，若 $\varphi+\omega>0$，则与上面论述类似，并注意由(4)式看出 $\vartheta(\varphi+\omega)<0$，$\varphi(\vartheta+\psi)\geqslant 0$，有

$$\begin{aligned}&2(|\vartheta\varphi||(\vartheta+\psi)(\varphi+\omega)|)^{\frac{1}{2}}\\&\quad\leqslant|\varphi(\vartheta+\psi)|+|\vartheta(\varphi+\omega)|\\&\quad=|\varphi(\vartheta+\psi)-\vartheta(\varphi+\omega)|\\&\quad=|\varphi\psi-\vartheta\omega|.\end{aligned}$$

从而由(1)式和上式得到

$$\min(|\vartheta\varphi|,|(\vartheta+\psi)(\varphi+\omega)|)\leqslant\frac{1}{4}M. \tag{6}$$

最后，由(5)和(6)式可知，不等式

$$|\vartheta\varphi|\leqslant\frac{1}{4}M,\quad|(\vartheta+\psi)(\varphi+\omega)|\leqslant\frac{1}{4}M$$

中总有一个能成立. 故引理得证.

引理 2 设 $L_i=L_i(x,y)=\lambda_i x+\mu_i y(i=1,2)$ 是两个实系数线性型，$\Delta=\lambda_1\mu_2-\lambda_2\mu_1\neq 0$，并且 $\frac{\mu_1}{\lambda_1}$ 是无理数，则对任何 $\rho_1,\rho_2\in\mathbf{R}$ 和任何 $\varepsilon>0$，存在 $(x,y)\in\mathbf{Z}^2$ 满足不等式组

$$|L_1+\rho_1||L_2+\rho_2|\leqslant\frac{1}{4}|\Delta|, \tag{7}$$

$$|L_1+\rho_1|<\varepsilon. \tag{8}$$

证明 由 Minkowski 线性型定理（§2.2 定理 2）可知，存在非零整点 $(x_0,y_0)\in\mathbf{Z}^2$ 满足不等式

$$|\lambda_1x_0+\mu_1y_0|<\varepsilon,\ |\lambda_2x_0+\mu_2y_0|\leqslant\varepsilon^{-1}|\Delta|. \tag{9}$$

可以假定 x_0,y_0 互素$\left(\text{如果不然，它们的最大公约数 } d>1\text{，则可分别用 } \frac{x_0}{d},\ \frac{y_0}{d} \text{ 代替 } x_0,y_0.\right)$. 又因为 $\frac{\lambda_1}{\mu_1}$ 是无理数，所以 $\lambda_1x_0+\mu_1y_0\neq0$. 必要时可分别用 $-x_0,-y_0$ 代替 x_0,y_0. 可将(9)式改写为

$$0<\lambda_1x_0+\mu_1y_0<\varepsilon,\ |\lambda_2x_0+\mu_2y_0|\leqslant\varepsilon^{-1}|\Delta|. \tag{10}$$

因为 x_0,y_0 互素，所以存在 $(x_1,y_1)\in\mathbf{Z}^2$ 满足 $x_0y_1-x_1y_0=1$. 作变换

$$(x,y)=(x',y')\begin{pmatrix}x_0 & y_0\\ x_1 & y_1\end{pmatrix}, \tag{11}$$

则

$$\begin{aligned}(L_1(x,y),L_2(x,y))&=(x,y)\begin{pmatrix}\lambda_1 & \lambda_2\\ \mu_1 & \mu_2\end{pmatrix}\\ &=(x',y')\begin{pmatrix}x_0 & y_0\\ x_1 & y_1\end{pmatrix}\begin{pmatrix}\lambda_1 & \lambda_2\\ \mu_1 & \mu_2\end{pmatrix}\\ &=(x',y')\begin{pmatrix}\lambda_1' & \lambda_2'\\ \mu_1' & \mu_2'\end{pmatrix}\\ &=(L_1'(x',y'),L_2'(x',y')),\end{aligned} \tag{12}$$

其中

$$\begin{pmatrix}\lambda_1' & \lambda_2'\\ \mu_1' & \mu_2'\end{pmatrix}=\begin{pmatrix}x_0 & y_0\\ x_1 & y_1\end{pmatrix}\begin{pmatrix}\lambda_1 & \lambda_2\\ \mu_1 & \mu_2\end{pmatrix}, \tag{13}$$

$$L_i'(x',y')=\lambda_i'x'+\mu_i'y',\quad i=1,2,$$

并且

$$\det\begin{pmatrix}\lambda_1' & \lambda_2'\\ \mu_1' & \mu_2'\end{pmatrix}=\det\begin{pmatrix}\lambda_1 & \lambda_2\\ \mu_1 & \mu_2\end{pmatrix}=\Delta.$$

由(10)和(13)式得

$$0 < \lambda_1' < \varepsilon, \quad |\lambda_2'| \leqslant \varepsilon^{-1}|\Delta|. \tag{14}$$

根据(12)式可将(7)和(8)式改写为

$$|L_1'(x',y') + \rho_1||L_2'(x',y') + \rho_2| \leqslant \frac{1}{4}|\Delta|, \tag{15}$$

$$|L_1'(x',y') + \rho_1| < \varepsilon. \tag{16}$$

于是只须证明存在 $(x',y') \in \mathbf{Z}^2$ 满足(15)和(16)二式.

我们在引理 1 中取

$$\vartheta = \mu_1'y' + \rho_1, \ \varphi = \mu_2'y' + \rho_2, \ \psi = \lambda_1', \ \omega = \lambda_2',$$

其中 y' 满足

$$\left|\frac{\rho_1\lambda_2' - \rho_2\lambda_1'}{\Delta} - y'\right| = \left\|\frac{\rho_1\lambda_2' - \rho_2\lambda_1'}{\Delta}\right\| \leqslant \frac{1}{2}.$$

因此

$$\begin{aligned}|\vartheta\omega - \psi\varphi| &= |(\mu_1'y' + \rho_1)\lambda_2' - (\mu_2'y' + \rho_2)\lambda_1'| \\ &= |\rho_1\lambda_2' - \rho_2\lambda_1' - \Delta y'| \leqslant \frac{1}{2}|\Delta|.\end{aligned}$$

由(14)式看出，$|\psi\omega| = |\lambda_1'\lambda_2'| < |\Delta|, \psi > 0$. 因此引理 1 的各条件都满足,根据引理 1,必存在整数 $u = x'$ 使得

$$|(\mu_1'y' + \rho_1) + \lambda_1'x'||(\mu_2'y' + \rho_2) + \lambda_2'x'| \leqslant \frac{1}{4}|\Delta|,$$

$$|(\mu_1'y' + \rho_1) + \lambda_1'x'| < \lambda_1'.$$

由(14)式可知,(15),(16)式成立. 故得引理.

定理 1 的证明 在引理 2 中取

$$L_1 + \rho_1 = \alpha x - y - \beta, \quad L_2 + \rho_2 = x,$$

则 $|\Delta| = 1$. 于是存在整数 $x = q, y = p$ 适合

$$|q||q\alpha - p - \beta| \leqslant \frac{1}{4}. \ |q\alpha - p - \beta| < \varepsilon. \tag{17}$$

根据定理的假设，$\beta \neq q\alpha - p$ (对任何 $p, q \in \mathbf{Z}$)，因此当 $\varepsilon \to 0$ 时,得到无穷多组 $(p,q) \in \mathbf{Z}^2$ 满足(17)式.

现在我们来证明,在这无穷多组 (p,q) 中,至多有一组 (p,q)

使得(17)中第一式的等号成立. 如果不然,有 $(p,q)\neq(p',q')$ 满足

$$|q||q\alpha-p-\beta|=\frac{1}{4},\quad |q||q'\alpha-p'-\beta|=\frac{1}{4},$$

则有

$$q\alpha-p-\beta=\pm\frac{1}{4}q^{-1},\quad q'\alpha-p'-\beta=\pm\frac{1}{4}q'^{-1}.$$

若 $q=q'$, 则 $p-p'=0$, 或 $\pm\frac{1}{2}q^{-1}$, 而这是不可能的;若 $q\neq q'$, 将上面二式相减得 $(q-q')\alpha\in\mathbf{Q}$, 这也不可能. 因此有无穷多组整数 (p,q) 满足不等式

$$|q||q\alpha-p-\beta|<\frac{1}{4}.$$

故定理得证.

在定理 2 中我们将指出定理 1 中的常数 $\frac{1}{4}$ 是最好的.

定理 2 (Minkowski) 对任意给定的 $\varepsilon>0$, 存在无理数 α 和实数 $\beta\neq m\alpha+n(m,n\in\mathbf{Z})$ 适合

$$|q|\|q\alpha-\beta\|>\frac{1}{4}-\varepsilon\quad(\text{对一切 } q\neq 0),\tag{18}$$

而且

$$\varliminf_{|q|\to\infty}|q|\|q\alpha-\beta\|=\frac{1}{4}.$$

证明 我们应用连分数理论构造合乎要求的实数 α 和 β. 不失一般性,假定 α 表为连分数

$$\alpha=[0,a_1,a_2,\cdots],$$

其中 $a_n\in\mathbf{N}$, $n=1,2,\cdots$, 为严格递增自然数序列. 令

$$\beta=\frac{1}{2}(1-\alpha).$$

我们按照下面给出的方法来确定 $a_1,a_2,\cdots$. 为此,令 $\frac{p_n}{q_n}$ 是 α 的

第 n 个渐近分数，设

$$\alpha_n = [a_n, a_{n+1}, \cdots], \tag{19}$$

$$\varphi_n = [a_n, a_{n-1}, \cdots, a_1]. \tag{20}$$

根据 § 1.3 性质 4,

$$\varphi_n = \frac{q_n}{q_{n-1}} \geqslant a_n, \quad n \geqslant 1. \tag{21}$$

由性质 1 推出

$$\begin{aligned} |q_{n-1}\alpha - p_{n-1}| &= |(q_{n+1} - a_{n+1}q_n)\alpha - (p_{n+1} - a_{n+1}p_n)| \\ &= |(q_{n+1}\alpha - p_{n+1}) - a_{n+1}(q_n\alpha - p_n)|. \end{aligned}$$

与 § 1.3 定理 2 的证明中所述理由一样，$q_{n+1}\alpha - p_{n+1}$ 与 $q_n\alpha - p_n$ 异号，因此得到

$$|q_{n-1}\alpha - p_{n-1}| = |q_{n+1}\alpha - p_{n+1}| + a_{n+1}|q_n\alpha - p_n|.$$

于是有递推公式

$$\frac{|q_{n-1}\alpha - p_{n-1}|}{|q_n\alpha - p_n|} = a_{n+1} + \cfrac{1}{\cfrac{|q_n\alpha - p_n|}{|q_{n+1}\alpha - p_{n+1}|}}.$$

因此我们有

$$\frac{|q_{n-1}\alpha - p_{n-1}|}{|q_n\alpha - p_n|} = [a_{n+1}, a_{n+2}, \cdots] = \alpha_{n+1} > a_{n+1}. \tag{22}$$

再根据 § 1.3 性质 5 和(22)式看出

$$\begin{aligned} 1 &= |q_{n+1}p_n - q_np_{n+1}| \\ &= |q_{n+1}(q_n\alpha - p_n) - q_n(q_{n+1}\alpha - p_{n+1})| \\ &= q_{n+1}|q_n\alpha - p_n| + q_n|q_{n+1}\alpha - p_{n+1}| \\ &= \varphi_{n+1}q_n|q_n\alpha - p_n| + \alpha_{n+2}^{-1}q_n|q_n\alpha - p_n| \\ &= q_n|q_n\alpha - p_n|(a_{n+1} + \varphi_n^{-1} + \alpha_{n+2}^{-1}). \end{aligned}$$

所以由(21),(22)式可知

$$q_n|q_n\alpha - p_n| = (a_{n+1} + O(1))^{-1}, \tag{23}$$

其中“O”中常数与 α, β, p_n, q_n 无关。同理，由(23)式得

$$\begin{aligned} q_{n+1}|q_n\alpha - p_n| &= \varphi_{n+1}q_n|q_n\alpha - p_n| \\ &= \varphi_{n+1}(\varphi_{n+1} + \alpha_{n+2}^{-1})^{-1} \end{aligned}$$

$$= (1 + \varphi_{n+1}^{-1}\alpha_{n+2}^{-1})^{-1}$$
$$= 1 + O(a_{n+1}^{-1}a_{n+2}^{-1}). \tag{24}$$

有了这些准备之后，我们只须考虑适合下式的 p 和 $q \neq 0$:

$$4|q||q\alpha - p - \beta| = |2q||(2q+1)\alpha - (2p+1)| \leqslant 1. \tag{25}$$

如果不然，(18)式自然满足。

首先，取 $a_1 \geqslant 4$。如果对于 $q \neq 0$，使

$$|2q+1| < a_1^{\frac{1}{2}} = a_1^{\frac{1}{2}}q_0,$$

则有

$$|(2q+1)\alpha| < a_1^{\frac{1}{2}}a_1^{-1} = a_1^{-\frac{1}{2}}.$$

于是

$$|2q||(2q+1)\alpha - (2p+1)| > 2(1 - a_1^{-\frac{1}{2}}) \geqslant 1.$$

这与(25)式矛盾。由于 $a_{n+1}^{\frac{1}{2}}q_n$ 的严格递增性 ($n \to \infty$)，对任意给定的 q，都存在自然数 n 适合

$$a_{n+1}^{\frac{1}{2}}q_n \leqslant |2q+1| \leqslant a_{n+2}^{\frac{1}{2}}q_{n+1}. \tag{26}$$

由(23)，(25)和(26)式，并注意 $|(2q+1)/(2q)| < 2$，我们得到

$$\frac{|(2q+1)\alpha - (2p+1)|}{|q_n\alpha - p_n|} \leqslant \frac{|2q+1|}{|2q|} \cdot \frac{q_n}{|2q+1|}$$
$$\cdot \frac{1}{q_n|q_n\alpha - p_n|} = O(a_{n+1}^{\frac{1}{2}}). \tag{27}$$

其次，由于 $|p_nq_{n+1} - q_np_{n+1}| = 1$，方程组

$$\begin{cases} p_nu + p_{n+1}v = 2p+1, \\ q_nu + q_{n+1}v = 2q+1 \end{cases} \tag{28}$$

有整数解 (u,v)，并且

$$u = (2p+1)q_{n+1} - (2q+1)p_{n+1}.$$

于是由(23)，(24)，(26)和(27)式推出

$$|u| = |(2q+1)(q_{n+1}\alpha - p_{n+1})$$
$$- q_{n+1}((2q+1)\alpha - (2p+1))|$$

$$= O(a_{n+2}^{\frac{1}{2}} q_{n+1} |q_{n+1}\alpha - p_{n+1}|) + O(a_{n+1}^{\frac{1}{2}} q_{n+1} |q_n\alpha - p_n|)$$

$$= O(a_{n+2}^{\frac{1}{2}} a_{n+2}^{-1}) + O(a_{n+1}^{\frac{1}{2}}(1 + a_{n+1}^{-1}a_{n+2}^{-1}))$$

$$= O(a_{n+1}^{\frac{1}{2}}).$$

由此及(21),(28)式看出

$$\frac{2q+1}{q_{n+1}} = v + \frac{q_n}{q_{n+1}} u = v + O(a_{n+1}^{-1} a_{n+1}^{\frac{1}{2}})$$

$$= v + O(a_{n+1}^{-\frac{1}{2}}). \tag{29}$$

由(26)和(29)推出

$$v = O(a_{n+2}^{\frac{1}{2}}).$$

再由(22)和(28)式得到

$$\frac{(2q+1)\alpha - (2p+1)}{q_n\alpha - p_n} = \frac{(q_n u + q_{n+1}v)\alpha - (p_n u + p_{n+1}v)}{q_n\alpha - p_n}$$

$$= u + v\frac{q_{n+1}\alpha - p_{n+1}}{q_n\alpha - p_n}$$

$$= u + O(a_{n+2}^{\frac{1}{2}} a_{n+2}^{-1})$$

$$= u + O(a_{n+1}^{-\frac{1}{2}}). \tag{30}$$

进一步,我们可以取 a_n 为偶数. 由 § 1.3 性质 5,用归纳法可以证明,或者 q_n, p_{n+1} 都为奇数而 p_n, q_{n+1} 都为偶数,或者 q_n, p_{n+1} 都为偶数而 p_n, q_{n+1} 都为奇数. 因此,由(28)式可知 u, v 都为奇数, 所以 $uv \neq 0$. 因而由(29)和(30)式推出

$$\frac{|2q+1| |(2q+1)\alpha - (2p+1)|}{q_{n+1}|q_n\alpha - p_n|}$$

$$= |v + O(a_{n+1}^{-\frac{1}{2}})| |u + O(a_{n+1}^{-\frac{1}{2}})|$$

$$\geqslant 1 - O(a_{n+1}^{-\frac{1}{2}}). \tag{31}$$

由(26)式看到

$$\frac{|2q|}{|2q+1|} = \left|1 - \frac{1}{2q+1}\right| \geqslant 1 - O(q_n^{-1} a_{n+1}^{-\frac{1}{2}}). \tag{32}$$

由(31),(32)和(24)式得到

$$\begin{aligned}&|4q||q\alpha-p-\beta|\\&=\frac{|2q|}{|2q+1|}\cdot\frac{|2q+1||(2q+1)\alpha-(2p+1)|}{q_{n+1}|q_n\alpha-p_n|}\\&\cdot q_{n+1}|q_n\alpha-p_n|\geqslant 1-O\left(a_{n+1}^{-\frac{1}{2}}\right).\end{aligned}$$

最后,对任意给定的 $\varepsilon>0$,由于 $a_n(n\to\infty)$的严格递增性,总存在 $n_0=n_0(\varepsilon)$,使得当 $n\geqslant n_0$ 时 $O\left(a_{n+1}^{-\frac{1}{2}}\right)<4\varepsilon$. 因此得到

$$|q||q\alpha-p-\beta|>\frac{1}{4}-\varepsilon. \tag{33}$$

在(26)式中,当 $n\to\infty$ 时,有 $|q|\to\infty$. 这时令 $\varepsilon\to 0$, 由(33)式则得

$$\varliminf_{|q|\to\infty}|q|\|q\alpha-\beta\|\geqslant\frac{1}{4}.$$

结合定理 1 我们有

$$\varliminf_{|q|\to\infty}|q|\|q\alpha-\beta\|=\frac{1}{4}.$$

于是定理全部证完.

§3.2 反 结 果

定理 1 设 $\varphi(q)$ 是整变量 q 的任意正值函数. 如果

$$\varphi(q)\to 0\quad(q\to\infty), \tag{1}$$

则存在无理数 α 和实数 β, 使不等式

$$\|q\alpha-\beta\|<\varphi(Q),\quad |q|\leqslant Q \tag{2}$$

对无穷多个自然数 Q 都无解.

注 1 若取 $\varphi(q)=q^{-1}$, 则由定理 1 可知, 存在无理数 α 和实数 β, 使对无穷多个 Q 不等式 $\|q\alpha-\beta\|<Q^{-1}|q|\leqslant Q$ 无解. 这与齐次逼近的情形(参看 §1.1 定理 1)是不同的.

注 2 如果 $\alpha=\frac{m}{n}\in\mathbb{Q}$, 那么

$$\|q\alpha-\beta\|=\left\|\frac{mq-n\beta}{n}\right\|\geqslant n^{-1}\left\|n\cdot\frac{mq-n\beta}{n}\right\|=n^{-1}\|n\beta\|.$$

若函数 $\varphi(q)$ 满足条件(1),则当 Q 充分大时，$n^{-1}\|n\beta\|>\varphi(Q)$. 因而对任何 $\beta\in\mathbb{R}$, (2)式无解.

证明 我们取 $\beta=\frac{1}{2}$, 并且构造出满足定理要求的无理数 α.

首先,归纳定义整数 Q_n,u_n,v_n 如下:

(i) 取 Q_1,u_1,v_1 适合条件

$$Q_1>0\ 任意,\ \frac{u_1}{v_1}=\frac{1}{3},\quad 2\nmid v_1; \tag{3}$$

(ii) 假定 $Q_m,u_m,v_m(m\leqslant n)$ 已定义，则取 Q_{n+1} 为满足下列不等式的任意正整数:

$$\begin{cases}\varphi(Q_{n+1})<(4v_n)^{-1},\ 如果\ n\geqslant 1,\\ Q_{n+1}>2Q_n,\ 如果\ n\geqslant 2\end{cases} \tag{4}$$

(不要求 $Q_2>2Q_1$)，然后取 u_{n+1}, v_{n+1} 为满足下列不等式的整数:

$$\begin{cases}2\nmid v_{n+1},\ v_{n+1}>2v_n,\\ \left|\dfrac{u_{n+1}}{v_{n+1}}-\dfrac{u_n}{v_n}\right|<\dfrac{1}{8v_nQ_{n+1}}.\end{cases} \tag{5}$$

显然,由(4),(5)式我们得到

$$\begin{aligned}\left|\frac{u_{n+s}}{v_{n+s}}-\frac{u_n}{v_n}\right|&\leqslant\sum_{k=1}^{s}\left|\frac{u_{n+k}}{v_{n+k}}-\frac{u_{n+k-1}}{v_{n+k-1}}\right|<\sum_{k=1}^{s}\frac{1}{8v_{n+k-1}Q_{n+k}}\\ &<\frac{1}{8v_nQ_{n+1}}\left(1+\frac{1}{2^2}+\frac{1}{2^4}+\cdots+\frac{1}{2^{2(s-1)}}\right)\\ &\to 0\ (当\ n,s\to\infty).\end{aligned}$$

因此下列极限存在,且令此极限为所求的 α:

$$\alpha=\lim_{n\to\infty}\frac{u_n}{v_n}=\sum_{n=1}^{\infty}\left(\frac{u_{n+1}}{v_{n+1}}-\frac{u_n}{v_n}\right)+\frac{u_1}{v_1}. \tag{6}$$

其次,我们可以证明上述 α 一定是无理数.如果不然,假定 $\alpha=$

$\frac{a}{b}$，其中 a，b 是互素整数．我们注意，由(6)式可推出

$$0<\left|\alpha-\frac{u_n}{v_n}\right|=\left|\alpha-\sum_{k=1}^{n-1}\left(\frac{u_{k+1}}{v_{k+1}}-\frac{u_k}{v_k}\right)-\frac{u_1}{v_1}\right|$$

$$=\left|\sum_{k=1}^{\infty}\left(\frac{u_{n+k}}{v_{n+k}}-\frac{u_{n+k-1}}{v_{n+k-1}}\right)\right|$$

$$<\sum_{k=1}^{\infty}\frac{1}{8v_{n+k-1}Q_{n+k}}$$

$$<\frac{1}{8v_nQ_{n+1}}\left(1+\frac{1}{4}+\frac{1}{16}+\cdots\right)$$

$$<\frac{1}{4v_nQ_{n+1}},\tag{7}$$

所以我们得到

$$1<|av_n-bu_n|<\frac{b}{4Q_{n+1}}\to 0\quad(n\to\infty).$$

但这是不可能的．

最后，由于 $2\nmid v_n$，对任何 $q\in\mathbf{Z}$ 有

$$\frac{1}{2}=\left\|qu_n-\frac{v_n}{2}\right\|=\left\|v_n\left(q\frac{u_n}{v_n}-\frac{1}{2}\right)\right\|\leqslant v_n\left\|q\frac{u_n}{v_n}-\frac{1}{2}\right\|.\tag{8}$$

但由(7)式可知，当 n 充分大时，$Q_{n+1}\geqslant|q|$，所以

$$\left|q\left(\alpha-\frac{u_n}{v_n}\right)\right|<|q|\frac{1}{4v_nQ_{n+1}}\leqslant\frac{1}{4v_n}<\frac{1}{2},$$

因此

$$\left|q\left(\alpha-\frac{u_n}{v_n}\right)\right|=\left\|q\left(\alpha-\frac{u_n}{v_n}\right)\right\|.\tag{9}$$

当 $Q_{n+1}\geqslant|q|$ 时，由(4)，(5)，(7)，(8)，(9)式得

$$\|q\alpha-\beta\|=\left\|q\alpha-\frac{1}{2}\right\|\geqslant\left\|q\frac{u_n}{v_n}-\frac{1}{2}\right\|-\left\|q\left(\alpha-\frac{u_n}{v_n}\right)\right\|$$

$$\geqslant\frac{1}{2v_n}-\frac{|q|}{4v_nQ_{n+1}}\geqslant\frac{1}{4v_n}>\varphi(Q_{n+1}).$$

这表明，对于 $Q=Q_{n+1},Q_{n+2},\cdots$，当 n 充分大时(2)式无解，于是定理 1 得证.

定理 2 设 $\varphi(q)$ 是整变量 q 的正值函数，如果当 $q\to+\infty$ 时，$\varphi(q)$ 单调趋于无穷，则存在无理数 α 和 β，使不等式

$$\|q\alpha-\beta\|<Q^{-1},\quad |q|\leqslant\varphi(Q) \tag{10}$$

对无穷多个自然数 Q 无解.

证明 根据 §1.7 定理 1 及注 1，存在无理数 α，使得有无穷多个 $\frac{a}{b}$ (其中 $a\in\mathbf{Z}$，$b\in\mathbf{N}$，$(a,b)=1$) 满足不等式

$$\left|\alpha-\frac{a}{b}\right|<\frac{1}{b^3\varphi(b^3)}. \tag{11}$$

再取 $\beta=\frac{\sqrt{5}-1}{2}$，令 $Q=b^3$. 则 α,β,Q 使(10)无解. 如果不然，则有 $p,q\in\mathbf{Z}$ 适合

$$|q\alpha-p-\beta|<\frac{1}{b^3},\quad |q|\leqslant\varphi(b^3). \tag{12}$$

注意

$$q\left(\alpha-\frac{a}{b}\right)+\frac{qa}{b}-p-\beta=q\alpha-p-\beta,$$

则由(11)和(12)式看出

$$\begin{aligned}\left|\beta-\frac{qa-pb}{b}\right|&\leqslant|q\alpha-p-\beta|+\left|q\left(\alpha-\frac{a}{b}\right)\right|\\&<\frac{1}{b^3}+\varphi(b^3)\cdot\frac{1}{b^3\varphi(b^3)}=\frac{2}{b^3}.\end{aligned}$$

由于 $\frac{qa-pb}{b}$ 有无穷多个值，而 $\beta=\frac{\sqrt{5}-1}{2}$，所以上式与 §1.2 定理 3(或 §1.7 定理 2)矛盾，于是定理证完.

§3.3 联立非齐次逼近的 Kronecker 定理

定理 1 (Kronecker 定理) 设 $\vec{\beta}=(\beta_1,\cdots,\beta_m)\in\mathbf{R}^m$，$\vec{x}=$

$(x_1,\cdots,x_n)$，$L_i(\vec{x})\ (i=1,\cdots,m)$ 是 m 个 n 变元的实系数齐次线性型，那么对任何 $\varepsilon>0$，不等式

$$\|L_i(\vec{a})-\beta_i\|<\varepsilon,\quad i=1,\cdots,m$$

有解 $\vec{a}=(a_1,\cdots,a_n)\in \mathbf{Z}^n$ 的充分必要条件是：对任何使 $u_1L_1(\vec{x})+\cdots+u_mL_m(\vec{x})$ 成为 $x_1,\cdots,x_n$ 的整系数线性型的 $\vec{u}=(u_1,\cdots,u_m)\in \mathbf{Z}^m$，有

$$\vec{u}\cdot\vec{\beta}^{1)}=u_1\beta_1+\cdots+u_m\beta_m\in \mathbf{Z}.$$

证明 必要性．设对任何 $\varepsilon>0$，存在 $\vec{a}=(a_1,\cdots,a_n)\in \mathbf{Z}^n$ 适合

$$\|L_i(\vec{a})-\beta_i\|<\varepsilon,\quad 1\leqslant i\leqslant m.$$

又设 $\vec{u}=(u_1,\cdots,u_m)\in \mathbf{Z}^m$ 使得 $u_1L_1(\vec{x})+\cdots+u_mL_m(\vec{x})$ 关于 $x_1,\cdots,x_n$ 有整系数，那么

$$\begin{aligned}
&\|u_1\beta_1+\cdots+u_m\beta_m\|\\
&\quad=\|u_1\beta_1+\cdots+u_m\beta_m-(u_1L_1(\vec{a})+\cdots\\
&\qquad+u_mL_m(\vec{a}))\|\\
&\quad=\|u_1(\beta_1-L_1(\vec{a}))+\cdots+u_m(\beta_m-L_m(\vec{a}))\|\\
&\quad\leqslant|u_1|\|\beta_1-L_1(\vec{a})\|+\cdots+|u_m|\|\beta_m-L_m(\vec{a})\|\\
&\quad<(|u_1|+\cdots+|u_m|)\varepsilon\to 0
\end{aligned}$$

故 $\|u_1\beta_1+\cdots+u_m\beta_m\|=0$，所以 $u_1\beta_1+\cdots+u_m\beta_m\in \mathbf{Z}$.

充分性．记

$$U_1=\left\{\vec{u}=(u_1,\cdots,u_m)\ \middle|\ \begin{array}{l}\vec{u}\in \mathbf{Z}^m,\quad \sum\limits_{i=1}^m u_iL_i(\vec{x})\\ \text{关于 } \vec{x}=(x_1,\cdots,x_n)\ \text{有整系数}\end{array}\right\}.$$

显然，我们只须证明下面的命题．

命题 I 若对任何 $\vec{u}\in U_1$，有 $\vec{u}\cdot\vec{\beta}\in \mathbf{Z}$，则对任何 $\varepsilon>0$，$\|L_i(\vec{a})-\beta_i\|<\varepsilon\ (1\leqslant i\leqslant m)$ 有解 $\vec{a}=(a_1,\cdots,a_n)\in \mathbf{Z}^n$.

下面我们给出它的另外两个等价命题，最后证明其中一个，就

---

1) $\vec{u}\cdot\vec{\beta}$ 或 $\vec{u}\vec{\beta}$ 表示 Euclid 空间 $\mathbf{R}^m$ 中向量 $\vec{u}$ 和 $\vec{\beta}$ 的内积．

完成了充分性的证明.

记

$$\Lambda=\left\{\vec{z}=(z_1,\cdots,z_m)\left|\begin{array}{l}z_i=L_i(\vec{a})-b_i\quad(1\leqslant i\leqslant m)\\\vec{a}=(a_1,\cdots,a_n)\in\mathbf{Z}^n\\\vec{b}=(b_1,\cdots,b_m)\in\mathbf{Z}^m\end{array}\right.\right\},$$

又记

$$U_2=\{\vec{u}=(u_1,\cdots,u_m)\,|\,\vec{u}\in\mathrm{R}^m,\text{ 且对所有 }\vec{z}\in\Lambda\text{ 有 }\vec{u}\vec{z}\in\mathbf{Z}\}.$$

命题 II 若对于任何 $\vec{u}\in U_2$, $\vec{u}\vec{\beta}\in\mathbf{Z}$, 则对于任何 $\varepsilon>0$, 存在 $\vec{z}^{(\varepsilon)}=(z_1^{(\varepsilon)},\cdots,z_m^{(\varepsilon)})\in\Lambda$ 满足 $|z_i^{(\varepsilon)}-\beta_i|<\varepsilon\,(1\leqslant i\leqslant m)$.

为证明命题 I 和 II 的等价性,我们首先证明

引理 1 集 Λ 具有下列性质:

(i) $\mathbf{Z}^m\subset\Lambda$; (ii) Λ 是一个模[1]; (iii) 若 $\vec{u}\in\mathbf{R}^m$, 对一切 $\vec{z}\in\Lambda$ 有 $\vec{u}\vec{z}\in\mathbf{Z}$, 则 $\vec{u}\in\mathbf{Z}^m$. (iv) $\vec{u}\in U_1\Longleftrightarrow\vec{u}\in\mathbf{Z}^m$ 且对所有 $\vec{z}\in\Lambda$ 有 $\vec{u}\vec{z}\in\mathbf{Z}$.

证明 (i) 若 $\vec{z}=(z_1,\cdots,z_m)\in\mathbf{Z}^m$, 则可表为 $z_i=L_i(\vec{0})-(-z_i)$. 因此 $\vec{z}\in\Lambda$, 所以 $\mathbf{Z}^m\subset\Lambda$.

(ii) 设 $z_i^{(k)}=L_i(\vec{a}^{(k)})-b_i^{(k)}$, $i=1,\cdots,m$, $k=1,2$, 其中 $\vec{a}^{(k)}=(a_1^{(k)},\cdots,a_n^{(k)})\in\mathbf{Z}^n$, $\vec{b}^{(k)}=(b_1^{(k)},\cdots,b_m^{(k)})\in\mathbf{Z}^m$, 则对任何 $\lambda,\mu\in\mathbf{Z}$ 有

$$\begin{aligned}\lambda z_i^{(1)}+\mu z_i^{(2)}&=\lambda(L_i(\vec{a}^{(1)})-b_i^{(1)})+\mu(L_i(\vec{a}^{(2)})-b_i^{(2)})\\&=L_i(\lambda\vec{a}^{(1)}+\mu\vec{a}^{(2)})-(\lambda b_i^{(1)}+\mu b_i^{(2)}),\\&\qquad\qquad i=1,\cdots,m.\end{aligned}$$

因为 $\lambda\vec{a}^{(1)}+\mu\vec{a}^{(2)}\in\mathbf{Z}^n$, $\lambda\vec{b}^{(1)}+\mu\vec{b}^{(2)}\in\mathbf{Z}^m$, 所以 $\lambda\vec{z}^{(1)}+\mu\vec{z}^{(2)}\in\Lambda$, 这表明 Λ 是一个模.

(iii) 依次取 $\vec{z}$ 为单位向量

$$\vec{e}_1=(1,0,\cdots,0),\cdots,\quad\vec{e}_m=(0,0,\cdots,0,1),$$

由 (i) 及假设条件可知 $u_i=\vec{u}\vec{e}_i\in\mathbf{Z}$ $(1\leqslant i\leqslant m)$, 所以 $\vec{u}\in\mathbf{Z}^m$.

---

1) 关于模的概念和性质,请参见本章附录.

(iv) 设 $\vec{u}\in U_1$，则 $\vec{u}\in \mathbf{Z}^m$ 且 $\sum\limits_i u_iL_i(\vec{x})$ 关于 $\vec{x}$ 有整系数.
因为任何 $\vec{z}\in \Lambda$ 可表为

$$\vec{z}=(L_1(\vec{a})-b_1,\cdots,L_m(\vec{a})-b_m),$$

其中 $\vec{a}\in \mathbf{Z}^n$，$\vec{b}=(b_1,\cdots,b_m)\in \mathbf{Z}^m$，因此 $\sum u_iL_i(\vec{a})$ 是 $\vec{a}\in \mathbf{Z}^n$ 的整系数线性型，所以它属于 Z. 于是

$$\begin{aligned}\vec{u}\vec{z}&=\sum_i u_0(L_i(\vec{a})-b_i)\\&=\sum_i u_0L_i(\vec{a})-\sum_i u_ib_i\in \mathbf{Z}.\end{aligned}$$

反过来，若 $\vec{u}\in \mathbf{Z}^m$，且对所有 $\vec{z}\in \Lambda$ 有 $\vec{u}\vec{z}\in \mathbf{Z}$，那么对一切 $\vec{a}\in \mathbf{Z}^n$ 和 $\vec{b}\in \mathbf{Z}^m$，

$$\sum_i u_i(L_i(\vec{a})-b_i)=\sum_i u_iL_i(\vec{a})-\sum_i u_ib_i\in \mathbf{Z}.$$

因为 $\sum\limits_i u_ib_i\in \mathbf{Z}$，所以 $\sum\limits_i u_iL_i(\vec{a})\in \mathbf{Z}$，特别取 $\vec{a}$ 为单位向量，可知 $\sum\limits_i u_iL_i(\vec{x})$ 是关于 $\vec{x}$ 的整系数线性型. 这表明 $\vec{u}\in U_1$. 于是引理 1 证完.

现在给出命题 I 和 II 的等价性的证明.

首先证明 $U_1=U_2$. 事实上，若 $\vec{u}\in U_2$，则由引理 1 (iii) 可知 $\vec{u}\in \mathbf{Z}^m$，再由引理 1(iv) 得 $\vec{u}\in U_1$. 反之，若 $\vec{u}\in U_1$，则由引理 1(iv) 可知 $\vec{u}\in U_2$.

命题 I ⇒ 命题 II. 假定命题 I 成立，并且命题 II 的条件被满足. 那么由 $U_1=U_2$ 可知，命题 I 的条件也被满足. 根据命题 I，对任何 $\varepsilon>0$，有 $\vec{a}=(a_1,\cdots,a_n)\in \mathbf{Z}^n$ 满足

$$\|L_i(\vec{a})-\beta_i\|<\varepsilon\quad(1\leqslant i\leqslant m)$$

或

$$|L_i(\vec{a})-b_i-\beta_i|<\varepsilon\quad(1\leqslant i\leqslant m).$$

其中 $\vec{b}=(b_1,\cdots,b_m)\in \mathbf{Z}^m$. 令

$$\vec{z}^{(\varepsilon)}=(L_1(\vec{a})-b_1,\cdots,L_m(\vec{a})-b_m),$$

则 $\vec{z}^{(\varepsilon)}\in\Lambda$，而且 $|z_i^{(\varepsilon)}-\beta_i|<\varepsilon\ (1\leqslant i\leqslant m)$. 故得命题 II 的结论部分.

命题 II ⇒ 命题 I. 现在假设命题 II 成立，并且命题 I 的条件被满足，即对任何 $\vec{u}\in U_1$，有 $\vec{u}\vec{\beta}\in\mathbf{Z}$. 由 $U_1=U_2$ 和命题 II 可知，对任何 $\varepsilon>0$，存在 $\vec{z}^{(\varepsilon)}\in\Lambda$ 满足 $|z_i^{(\varepsilon)}-\beta_i|<\varepsilon\ (1\leqslant i\leqslant m)$. 记 $\vec{z}^{(\varepsilon)}=(L_1(\vec{a})-b_1,\cdots,L_m(\vec{a})-b_m)$，其中 $\vec{a}\in\mathbf{Z}^n$，$\vec{b}=(b_1,\cdots,b_m)\in\mathbf{Z}^m$，也就是说，$\vec{a}$ 满足 $\|L_i(\vec{a})-\beta_i\|<\varepsilon\ (1\leqslant i\leqslant m)$. 这正是命题 I 的结论.

为简化定理 1 的证明，我们还将建立命题 III，首先我们来证明

引理 2 U_2 是一个模，并且存在 $s(\leqslant m)$ 个向量 $\vec{u}^{(t)}\in\mathbf{Z}^m\ (1\leqslant t\leqslant s)$，它们作为 U_2 的基底具有下列性质:

(i) $\vec{u}\in U_2\Longleftrightarrow\vec{u}=v_1\vec{u}^{(1)}+\cdots+v_s\vec{u}^{(s)}$ (诸 $v_i\in\mathbf{Z}$).

(ii) $\vec{u}^{(t)}=(0,\cdots,0,u_{tt},u_{t,t+1},\cdots,u_{tm})$，$1\leqslant t\leqslant s$，其中 $u_{tt}\neq0$，$u_{ij}\in\mathbf{Z}$，$1\leqslant i\leqslant s$，$1\leqslant j\leqslant m$.

(iii) 对任何一组整数 $\omega_1,\cdots,\omega_s$，方程组

$$\vec{u}^{(t)}\vec{z}=\omega_t,\quad 1\leqslant t\leqslant s\tag{1}$$

有解 $\vec{z}\in\Lambda$.

证明 容易验证 U_2 是一个模. 则 U_2 存在一组基底 $\vec{w}^{(1)},\cdots,\vec{w}^{(s)}$. 由本章附录引理 1 的推论 1 可知

$$\vec{w}^{(t)}=(0,\cdots,0,w_{tt},w_{t,t+1},\cdots,w_{tm}),\quad 1\leqslant t\leqslant s,$$

其中 $w_{tt}\neq0$，$w_{ij}\in\mathbf{Z}$ (必要时对 $L_i(\vec{x})$ 重新编号)，因此性质 (i) 和 (ii) 成立.

现在从这组基底出发，用归纳法构造出 U_2 的一组新基底 $\vec{u}^{(1)},\cdots,\vec{u}^{(s)}$，使它们仍保留性质 (i) 和 (ii). 还定义一组向量 $\vec{z}^{(1)},\cdots,\vec{z}^{(s)}\in\Lambda$，它满足方程

$$\vec{u}^{(t)}\vec{z}^{(t)}=1,\ \vec{u}^{(t)}\vec{z}^{(r)}=0\ (r\neq t,1\leqslant r,t\leqslant s).$$

显然，对任何一组整数 $\omega_1,\cdots,\omega_s$，

$$\vec{z}=\omega_1\vec{z}^{(1)}+\cdots+\omega_s\vec{z}^{(s)}$$

是方程组(1)的解．也就是说，这组新基底还具有性质（iii)．具体构造步骤如下:

1° 令 $D=\{d\mid d=\vec{w}^{(s)}\vec{z},\ \vec{z}\in\Lambda\}$．由性质（i）可知 $d\in\mathbf{Z}$，易见D是一个模．设其基底是 $d_0=\vec{w}^{(s)}\vec{z}^{(s)}$，其中$\vec{z}^{(s)}\in\Lambda$．于是对任何 $d\in D$，有 $d_0\mid d$，从而 $d_0^{-1}\vec{w}^{(s)}\vec{z}=d_0^{-1}d\in\mathbf{Z}$（对所有$\vec{z}\in\Lambda$)．根据性质（i)，

$$d_0^{-1}\vec{w}^{(s)}=v_1\vec{w}^{(1)}+\cdots+v_s\vec{w}^{(s)}.$$

因为 $\vec{w}^{(1)},\cdots,\vec{w}^{(s)}$ 线性无关,所以 $d_0v_s=1$，即 $d_0=1$．因此得到 $\vec{z}^{(s)}\in\Lambda$ 满足

$$\vec{w}^{(s)}\vec{z}^{(s)}=1. \tag{2}$$

记 $\vec{w}^{(s-1)}\vec{z}^{(s)}=g_s$，令 $\widetilde{\vec{w}}^{(s-1)}=\vec{w}^{(s-1)}-g_s\vec{w}^{(s)}$，则

$$\widetilde{\vec{w}}^{(s-1)}\vec{z}^{(s)}=\vec{w}^{(s-1)}\vec{z}^{(s)}-g_s\vec{w}^{(s)}\vec{z}^{(s)}=g_s-g_s\cdot 1=0. \tag{3}$$

显然,用 $\widetilde{\vec{w}}^{(s-1)}$ 代替 $\vec{w}^{(s-1)}$ 后，向量 $\vec{w}^{(1)},\cdots,\widetilde{\vec{w}}^{(s-1)},\vec{w}^{(s)}$ 仍然构成 U_2 的一组基底,并且具有性质(i)和(ii)，而且存在 $\vec{z}^{(s)}\in\Lambda$ 满足(2)和(3)式．

类似地，考虑集 $D_1=\{d\mid d=\widetilde{\vec{w}}^{(s-1)}\vec{z},\ \vec{z}\in\Lambda\}$．易知存在 $\widetilde{\vec{z}}^{(s-1)}\in\Lambda$ 适合 $\widetilde{\vec{w}}^{(s-1)}\widetilde{\vec{z}}^{(s-1)}=1$．记 $\vec{w}^{(s)}\widetilde{\vec{z}}^{(s-1)}=h_s$，令 $\vec{z}^{(s-1)}=\widetilde{\vec{z}}^{(s-1)}-h_s\vec{z}^{(s)}$，则 $\vec{z}^{(s-1)}\in\Lambda$，而且由(2)和(3)式可知

$$\widetilde{\vec{w}}^{(s-1)}\vec{z}^{(s-1)}=\widetilde{\vec{w}}^{(s-1)}\widetilde{\vec{z}}^{(s-1)}-h_s\widetilde{\vec{w}}^{(s-1)}\vec{z}^{(s)}=1, \tag{4}$$

$$\vec{w}^{(s)}\vec{z}^{(s-1)}=\vec{w}^{(s)}\widetilde{\vec{z}}^{(s-1)}-h_s\vec{w}^{(s)}\vec{z}^{(s)}=0. \tag{5}$$

于是得到 $\vec{z}^{(s-1)},\vec{z}^{(s)}\in\Lambda$，对于 U_2 的满足（i）和（ii）的一组基底 $\vec{w}^{(1)},\cdots,\widetilde{\vec{w}}^{(s-1)},\vec{w}^{(s)}$ 有关系式(2)—(5)成立．

2° 一般地,假定对于 $t>1$ 已构造出一组向量

$$\vec{z}^{(t)},\cdots,\vec{z}^{(s)}\in\Lambda$$

使其对于 U_2 的满足（i）和（ii）的一组基底 $\vec{w}^{(1)},\cdots,\vec{w}^{(s)}$（其中某些向量 $\vec{w}^{(r)}$ 可能是相应的线性组合 $\widetilde{\vec{w}}^{(r)}$)，有关系式

$$\vec{w}^{(r)}\vec{z}^{(r)} = 1,\quad t \leqslant r \leqslant s, \tag{6}$$

$$\vec{w}^{(l)}\vec{z}^{(r)} = 0,\quad r \neq l, t \leqslant r, l \leqslant s. \tag{7}$$

记 $g_l^{(t)} = \vec{w}^{(t-1)}\vec{z}^{(l)}$ $(t \leqslant l \leqslant s)$，令

$$\widetilde{\vec{w}}^{(t-1)} = \vec{w}^{(t-1)} - \sum_{l=t}^{s} g_l^{(t)}\vec{w}^{(l)},$$

则 $\vec{w}^{(1)},\cdots,\vec{w}^{(t-2)},\widetilde{\vec{w}}^{(t-1)},\vec{w}^{(t)},\cdots,\vec{w}^{(s)}$ 仍然构成 U_2 的一组基底，具有性质 (i) 和 (ii)，且由(6)和(7)式得到

$$\widetilde{\vec{w}}^{(t-1)}\vec{z}^{(r)} = 0,\quad r = t, t+1, \cdots, s. \tag{8}$$

考虑 $D_2 = \{d \mid d = \widetilde{\vec{w}}^{(t-1)}\vec{z},\ \vec{z} \in \Lambda\}$。类似于步骤 1° 可知，存在 $\widetilde{\vec{z}}^{(t-1)} \in \Lambda$ 适合 $\widetilde{\vec{w}}^{(t-1)}\widetilde{\vec{z}}^{(t-1)} = 1$。记 $h_l^{(t)} = \vec{w}^{(l)}\widetilde{\vec{z}}^{(t-1)}$ $(t \leqslant l \leqslant s)$，令

$$\vec{z}^{(t-1)} = \widetilde{\vec{z}}^{(t-1)} - \sum_{l=t}^{s} h_l^{(t)}\vec{z}^{(l)},$$

则 $\vec{z}^{(t-1)} \in \Lambda$。并且由(6),(7)式得

$$\vec{w}^{(r)}\vec{z}^{(t-1)} = 0,\quad r = t, t+1, \cdots, s. \tag{9}$$

于是得到一组向量 $\vec{z}^{(t-1)}, \cdots, \vec{z}^{(s)} \in \Lambda$，对于 U_2 的满足 (i) 和 (ii) 的基底 $\vec{w}^{(1)},\cdots,\vec{w}^{(t-2)},\widetilde{\vec{w}}^{(t-1)},\vec{w}^{(t)},\cdots,\vec{w}^{(s)}$，关系式 (6)—(9)成立。

3° 继续这一过程，最终得到一组基底，记作 $\vec{u}^{(1)},\cdots,\vec{u}^{(s)}$，具备所要求的全部性质。于是引理 2 证完。

根据引理 2，命题 II 中的条件“对于任何 $\vec{u} \in U_2$，$\vec{u}\vec{\beta} \in \mathbf{Z}$” 可以换为较弱的条件 “$\vec{u}^{(t)}\vec{\beta} = 0$，$1 \leqslant t \leqslant s$”。下面我们给出

命题 III 设 $\vec{u}^{(1)},\cdots,\vec{u}^{(s)}$ 是 U_2 的具有引理 2 中的性质 (i)，(ii) 和 (iii) 的一组基底。如果这组基底还满足 $\vec{u}^{(t)}\vec{\beta} = 0$ $(1 \leqslant t \leqslant s)$，则对任何 $\varepsilon > 0$，存在 $\vec{z}^{(\varepsilon)} \in \Lambda$，使得 $|z_i^{(\varepsilon)} - \beta_i| < \varepsilon$ $(1 \leqslant i \leqslant m)$。

命题 II 与 III 的等价性的证明。

命题 II ⇒ 命题 III。显然。

命题 III ⇒ 命题 II. 假设命题 III 成立，并且假定对任何 $\vec{u}\in U_2$，有 $\vec{u}\vec{\beta}\in \mathbf{Z}$. 记 $\vec{u}^{(t)}\vec{\beta}=\omega_t$，可知 $\omega_t\in \mathbf{Z}$. 由引理 2 (iii)，存在 $\vec{z}'\in\Lambda$ 满足方程 $\vec{u}^{(t)}\vec{z}'=\omega_t(1\leqslant t\leqslant s)$. 令 $\vec{\beta}'=\vec{\beta}-\vec{z}'$，则有 $\vec{u}^{(t)}\vec{\beta}'=0\ (1\leqslant t\leqslant s)$，故 $\vec{\beta}'$ 满足命题 III 的条件，从而对任何 $\varepsilon>0$，存在 $\vec{z}''\in\Lambda$ 适合

$$|z_i''-\beta_i'|<\varepsilon,\quad 1\leqslant i\leqslant m,$$

即

$$|z_i''+z_i'-\beta_i|<\varepsilon,\quad 1\leqslant i\leqslant m.$$

令 $\vec{z}^{(\varepsilon)}=\vec{z}''+\vec{z}'\in\Lambda$，即得到命题 II 的结论部分。

为证明命题 III，还需要下面几个引理.

对于 $\varepsilon>0$，我们令

$$\Lambda_\varepsilon=\{\vec{z}=(z_1,\cdots,z_m)|\vec{z}\in\Lambda,\max_{1\leqslant i\leqslant m}|z_i|<\varepsilon\}.$$

因为当 $\vec{z}\in\Lambda$ 时，$\vec{z}=(L_1(\vec{a})-b_1,\cdots,L_m(\vec{a})-b_m)$，其中 $\vec{a}\in\mathbf{Z}^n$，$\vec{b}=(b_1,\cdots,b_m)\in\mathbf{Z}^m$. 根据 § 2.1 定理 3，对任何 $Q>1$，存在非零矢量 $\vec{a}\in\mathbf{Z}^n$ 满足 $\|L_i(\vec{a})\|\leqslant Q^{-1}$ $(1\leqslant i\leqslant m)$，$|a_j|<Q^{\frac{m}{n}}(1\leqslant j\leqslant n)$. 取 Q 充分大，可使 $Q^{-1}<\varepsilon$. 因此集 Λ_ε 非空.

引理 3 存在 $\varepsilon_0>0$，使得对任何 $\vec{z}\in\Lambda_{\varepsilon_0}$，

$$\vec{u}^{(t)}\vec{z}=0,\quad 1\leqslant t\leqslant s.$$

证明 因为 $|\vec{u}^{(t)}\vec{z}|\leqslant\max\limits_i|z_i|\sum\limits_{i=1}^m|u_{ti}|$，现取

$$\varepsilon_0<\min_t(|u_{t1}|+\cdots+|u_{tm}|)^{-1},$$

即得 $|\vec{u}^{(t)}\vec{z}|<1$，因为 $\vec{u}^{(t)}\vec{z}\in\mathbf{Z}$，所以 $\vec{u}^{(t)}\vec{z}=0$. 证完.

引理 4 若存在 $\varepsilon_1>0$ 及 $\vec{\lambda}=(\lambda_1,\cdots,\lambda_m)\in\mathbf{R}^m$ 适合

$$\vec{\lambda}\vec{z}=0，对所有\ \vec{z}\in\Lambda_{\varepsilon_1},\tag{10}$$

则

$$\vec{\lambda}=\nu_1\vec{u}^{(1)}+\cdots+\nu_s\vec{u}^{(s)},\quad \nu_i\in\mathbf{R},\ 1\leqslant i\leqslant s.\tag{11}$$

证明 根据第二章附录中的性质 1，存在数 $\mu_1,\cdots,\mu_l\ (l\leqslant m)$ Q 线性无关，且 $\lambda_1,\cdots,\lambda_m$ 可由它们 Q 线性表示，即

$$\lambda_i=t_{i1}\mu_1+\cdots+t_{il}\mu_l,\quad i=1,\cdots,m,$$

其中 $t_{ik}\in Q$ $(1\leqslant i\leqslant m,\ 1\leqslant k\leqslant l)$. 记 $\vec{t}_k=(t_{1k},\cdots,t_{mk})$, 则

$$\vec{\lambda}=\mu_1\vec{t}_1+\cdots+\mu_l\vec{t}_l. \tag{12}$$

首先证明向量 $\vec{t}_1,\cdots,\vec{t}_k$ 也满足 $\vec{\lambda}$ 所满足的方程(10). 任取 $\vec{z}\in\Lambda_{\varepsilon_1}$, $\vec{z}\neq\vec{0}$, 及 $\varepsilon(0<\varepsilon<\varepsilon_1)$. 根据 § 2.1 定理 1, 存在整数 $\omega\neq 0$ 和 $\vec{t}=(t_1,\cdots,t_m)\in Z^m$ 满足

$$\max_i|\omega z_i-t_i|<\varepsilon<\varepsilon_1. \tag{13}$$

因为 $Z^m\subset\Lambda$, 所以 $\omega\vec{z}-\vec{t}\in\Lambda_{\varepsilon_1}$. 在 (10) 式中用 $\omega\vec{z}-\vec{t}$ 代替 $\vec{z}$, 便得

$$\vec{\lambda}(\omega\vec{z}-\vec{t})=0.$$

但是由(10)式知 $\vec{\lambda}\vec{z}=0$, 故得 $\vec{\lambda}\vec{t}=0$. 再注意(12)式, 就得到

$$\mu_1\vec{t}_1\vec{t}+\cdots+\mu_l\vec{t}_l\vec{t}=0.$$

因为 $\mu_1,\cdots,\mu_l$ Q 线性无关,而诸 $\vec{t}_k\in Q^m$, $\vec{t}_k t\in Q$,所以推出

$$\vec{t}_k\vec{t}=0,\quad k=1,\cdots,l. \tag{14}$$

又因为 $|\omega|\geqslant 1$, 所以由(13)和(14)式推出

$$|\vec{t}_k\vec{z}|\leqslant|\omega\vec{t}_k\vec{z}|=|\vec{t}_k(\omega\vec{z}-\vec{t})|$$

$$<\sum_{i=1}^{m}|t_{ik}|\cdot\varepsilon\to 0,\ \text{当}\ \varepsilon\to 0\ \text{时}.$$

于是对于 $k=1,\cdots,l$, 有

$$\vec{t}_k\vec{z}=0,\ \text{对一切}\ \vec{z}\in\Lambda_{\varepsilon_1}.$$

其次,因为 $\vec{t}_k$ 具有有理分量且满足(10)式, 所以由(12)式可知,只须证明诸 $\vec{t}_k$ 都具有(11)式右边那样的表达式. 于是只须在补充条件"$\vec{\lambda}\in Q^m$"下来证明(11)式. 为此,任取 $\vec{z}\in\Lambda$, 类似于上述论证,存在整数 $\omega>0$ 和 $\vec{t}=(t_1,\cdots,t_m)\in Z^m$ 满足

$$|\omega z_i-t_i|<\varepsilon_1\quad(1\leqslant i\leqslant m),$$

且 $\omega\vec{z}-\vec{t}\in\Lambda_{\varepsilon_1}$. 根据假设中的条件(10),有 $\vec{\lambda}(\omega\vec{z}-\vec{t})=0$. 所以 $\vec{\lambda}\vec{z}=\omega^{-1}\vec{\lambda}\vec{t}\in Q$, 即

$$\sum_{i=1}^{m}\lambda_i(L_i(\vec{a})-b_i)\in Q,\ \vec{a}=(a_1,\cdots,a_n)\in Z^n,$$

$$\vec{b}=(b_1,\cdots,b_m)\in Z^m, \tag{15}$$

特别取 $\vec{a}=\vec{e}_j^{(n)}$，$j=1,\cdots,n$（为 n 维单位向量），$\vec{b}=\vec{0}$，并注意 $\vec{\lambda}\in Q^m$，可知(15)左边式中 a_j,b_i 的系数都属于 Q，因而存在自然数 q 使得

$$\sum_i (q\lambda_i)(L_i(\vec{a})-b_i)$$

关于 a_j,b_i 有整系数. 可见 $(q\vec{\lambda})\vec{z}\in Z$（对所有 $\vec{z}\in\Lambda$），即 $q\vec{\lambda}\in U_2$. 由引理 2(i) 可知，

$$q\vec{\lambda}=p_1\vec{u}^{(1)}+\cdots+p_s\vec{u}^{(s)},$$

其中 $p_1,\cdots,p_s\in Z$. 令 $\nu_i=\frac{p_i}{q}$，$i=1,\cdots,s$，即得所要的表达式. 故引理 4 证完.

引理 5 对于任何 $\varepsilon>0$，存在 $m-s$ 个 R 线性无关的矢量 $\vec{z}^{(1)},\cdots,\vec{z}^{(m-s)}\in\Lambda_\varepsilon$.

证明 若 $s=m-1$，即 $m-s=1$，命题显然成立. 故可假定 $s<m-1$.

首先任取非零矢量 $\vec{z}^{(1)}\in\Lambda_\varepsilon$，考察 $\vec{\lambda}_1$ 的方程

$$\vec{\lambda}_1\vec{z}^{(1)}=0. \tag{16}$$

该方程的解空间的维数为 $m-1$，而 $\vec{u}^{(1)},\cdots,\vec{u}^{(s)}$ 张成的子空间 $\{\vec{u}^{(1)},\cdots,\vec{u}^{(s)}\}$ 的维数为 s，所以存在 $\vec{\lambda}_1\notin\{\vec{u}^{(1)},\cdots,\vec{u}^{(s)}\}$ 满足(16)式，根据引理 4，$\vec{\lambda}_1$ 不具有(11)的形式. 因此存在 $\vec{z}^{(2)}\in\Lambda_\varepsilon$ 适合

$$\vec{\lambda}_1\vec{z}^{(2)}\neq 0. \tag{17}$$

如果 $\vec{z}^{(1)}$ 和 $\vec{z}^{(2)}$ 满足关系式

$$v_1\vec{z}^{(1)}+v_2\vec{z}^{(2)}=\vec{0},v_1,v_2\in R, \tag{18}$$

则有

$$v_1\vec{\lambda}_1\vec{z}^{(1)}+v_2\vec{\lambda}_1\vec{z}^{(2)}=0. \tag{19}$$

把(16)和(17)式代入(19)可推出 $v_2=0$，再由(18)，并注意 $\vec{z}^{(1)}\neq\vec{0}$，可知 $v_1=0$. 因此 $\vec{z}^{(1)},\vec{z}^{(2)}$ R 线性无关.

继续考虑 $\vec{\lambda}_2$ 的方程组

$$\vec{\lambda}_2\vec{z}^{(1)} = 0, \quad \vec{\lambda}_2\vec{z}^{(2)} = 0. \tag{20}$$

若 $s < m - 2$，则类似于上述论证可知，存在 $\vec{z}^{(3)} \in \Lambda_\varepsilon$，与 $\vec{z}^{(1)}$，$\vec{z}^{(2)}$ R 线性无关，且满足 $\vec{\lambda}_2\vec{z}^{(3)} \neq 0$，这里 $\vec{\lambda}_2 \notin \{\vec{u}^{(1)}, \cdots, \vec{u}^{(s)}\}$.

上述过程重复进行有限次后可以定义出 $\vec{z}^{(1)}, \cdots, \vec{z}^{(q)} \in \Lambda_\varepsilon$，它们 R 线性无关，且 $m - q = s + 1$. 由 $\vec{\lambda}_q$ 的方程组

$$\vec{\lambda}_q\vec{z}^{(t)} = 0 \quad t = 1, \cdots, q$$

可以定义 $\vec{\lambda}_q \notin \{\vec{u}^{(1)}, \cdots, \vec{u}^{(s)}\}$. 根据引理4，存在 $\vec{z}^{(q+1)} \in \Lambda_\varepsilon$，且与 $\vec{z}^{(1)}, \cdots, \vec{z}^{(q)}$ R 线性无关，满足 $\vec{\lambda}_q\vec{z}^{(q+1)} \neq 0$. 此时方程组

$$\vec{\lambda}_{q+1}\vec{z}^{(t)} = 0, \quad t = 1, \cdots, q + 1$$

的解空间的维数是 $m - (q + 1) = s$. 于是过程终止. 最后在 Λ_ε 中得到 $q + 1 = m - s$ 个 R 线性无关的矢量 $\vec{z}^{(1)}, \cdots, \vec{z}^{(q+1)}$. 引理得证.

作了这些准备之后，最后我们来证明命题 III.

命题 III 的证明. 令

$$\mathscr{L} = \{\vec{\beta} \mid \vec{\beta} \in \mathbb{R}^m, \ \vec{u}^{(t)}\vec{\beta} = 0, \ 1 \leqslant t \leqslant s\}.$$

显然 $\mathscr{L}$ 是 $\mathbb{R}^m$ 的子空间. 对任给的 $\varepsilon > 0$，取

$$\varepsilon' < \min\left(\frac{2\varepsilon}{m}, \quad \varepsilon_0\right),$$

其中 ε_0 已在引理 3 中定义.

根据引理 5，存在 R 线性无关的向量

$$\vec{z}^{(1)}, \cdots, \vec{z}^{(m-s)} \in \Lambda_{\varepsilon'} \subset \Lambda_{\varepsilon_0}.$$

根据引理 3 可知

$$\vec{u}^{(t)}\vec{z}^{(k)} = 0, \quad 1 \leqslant t \leqslant s, \ 1 \leqslant k \leqslant m - s.$$

因此 $\vec{z}^{(k)} \in \mathscr{L}$，$k = 1, \cdots, m - s$. 但是方程组 $\vec{u}^{(t)}\vec{\beta} = 0 (1 \leqslant t \leqslant s)$ 的解空间是 $m - s$ 维的，所以 $\mathscr{L}$ 的维数是 $m - s$. 由于 $\vec{z}^{(1)}, \cdots, \vec{z}^{(m-s)}$ 是线性无关的，所以任何 $\vec{\beta} \in \mathscr{L}$ 都可由 $\vec{z}^{(1)}, \cdots, \vec{z}^{(m-s)}$ 线性表示，即

$$\vec{\beta} = \gamma_1\vec{z}^{(1)} + \cdots + \gamma_{m-s}\vec{z}^{(m-s)}, \quad \gamma_k \in \mathbb{R}, \ 1 \leqslant k \leqslant m - s. \tag{21}$$

现在取 $b_1, \cdots, b_{m-s} \in \mathbb{Z}$ 满足

$$|\gamma_k - b_k| \leqslant \frac{1}{2}, \quad 1 \leqslant k \leqslant m - s,$$

于是向量

$$\vec{z}^{(\varepsilon)} = b_1\vec{z}^{(1)} + \cdots + b_{m-s}\vec{z}^{(m-s)} \in \Lambda,$$

而且 $\vec{\beta} - \vec{z}^{(\varepsilon)} = (\gamma_1 - b_1)\vec{z}^{(1)} + \cdots + (\gamma_{m-s} - b_{m-s})\vec{z}^{(m-s)}$ 的每个分量的绝对值不超过

$$|\gamma_1 - b_1||z_i^{(1)}| + \cdots + |\gamma_{m-s} - b_{m-s}||z_i^{(m-s)}|$$

$$\leqslant \frac{1}{2}(m-s) \cdot \varepsilon' < \frac{m}{2}\varepsilon' < \varepsilon, \quad i = 1, \cdots, m.$$

所以 $\vec{z}^{(\varepsilon)}$ 合乎要求，于是命题 III 得证.

至此完成了定理 1 的证明.

§ 3.4 Kronecker 定理的一些推论

推论 1 对任何 $\varepsilon > 0$，存在 $Q = Q(\varepsilon) \in \mathbf{N}$，使得对任何满足

$$\vec{u}\vec{\beta} \in \mathbf{Z}, \quad \text{对一切 } \vec{u} \in U_1$$

的 $\vec{\beta} \in \mathbf{R}^m$，存在 $\vec{a} \in \mathbf{Z}^n$ 满足不等式组

$$\begin{cases} \|L_i(\vec{a}) - \beta_i\| < \varepsilon, & 1 \leqslant i \leqslant m, \\ \max(|a_1|, \cdots, |a_n|) \leqslant Q. \end{cases}$$

证明 不失一般性，我们可以假定 $0 \leqslant \beta_i < 1$ $(1 \leqslant i \leqslant m)$. 如果不然，可以用 $\{\beta_i\}$ (即 β_i 的分数部分)代替 β_i 而上式不变. 下面论述沿用 § 3.3 的记号.

首先假设 $\vec{\beta} \in \mathscr{L}$. 那么上节的(21)式成立. 但(21)的系数矩阵的秩为 $m - s$，由此可以解出 $\gamma_1, \cdots, \gamma_{m-s}$. 由 $0 \leqslant \beta_i < 1$ $(1 \leqslant i \leqslant m)$ 可知这些 γ_k $(1 \leqslant k \leqslant m - s)$ 有界 (其上界只与 ε 有关)，因此，适合不等式组 $|\gamma_k - b_k| \leqslant \frac{1}{2}$ $(1 \leqslant k \leqslant m - s)$ 的整数组 $b_1, \cdots, b_{m-s}$ 的组数有限. 对应地，按上节确定的解 $\vec{a} \in \mathbf{Z}^n$ 的个数有限. 因此可取

$$Q = Q^{(\varepsilon)} = \max_{\vec{a}=(a_1,\cdots,a_n)} \max(|a_1|,\cdots,|a_n|).$$

其次,如果 $\vec{\beta} \notin \mathscr{L}$, 则我们记 $\omega_t = \vec{u}^{(t)}\vec{\beta}$ $(1 \leqslant t \leqslant m-s)$. 根据引理 2(iii), 存在 $\vec{z}' \in \Lambda$ 满足

$$\vec{u}^{(t)}\vec{z}' = \omega_t, \quad 1 \leqslant t \leqslant m-s. \tag{1}$$

令 $\vec{\beta}' = \vec{\beta} - \vec{z}'$, 则 $\vec{\beta}' \in \mathscr{L}$. 于是可归结为上述情形. 还要注意 $0 \leqslant \beta_i < 1$ $(1 \leqslant i \leqslant m)$, 所以 $\omega_t = \vec{u}^{(t)}\vec{\beta}$ 有界,因而由(1)确定的 $\vec{z}'$ 只有有限个. 故 $\vec{\beta}'$ 的个数有限. 于是存在 $Q(\varepsilon)$ 具备所要的性质. 证完.

推论 2 设 $\beta_1,\cdots,\beta_m \in \mathbb{R}$, $\alpha_1,\cdots,\alpha_m \in \mathbb{R}$, 并且 $1,\alpha_1,\cdots,\alpha_m$ $\mathbb{Q}$ 线性无关,则对任何 $\varepsilon > 0$, 不等式

$$\|q\alpha_i - \beta_i\| < \varepsilon, \quad i = 1,\cdots,m$$

有解 $q \in \mathbb{Z}$.

证明 取 $L_i(\vec{x}) = \alpha_i x$ $(1 \leqslant i \leqslant m)$. 因为 $1,\alpha_1,\cdots,\alpha_m$ $\mathbb{Q}$ 线性无关,所以 $U_1 = \{\vec{0}\}$. 从而由推论 1 得到结论.

注 1 推论 2 的一些变体和不同证法, 请参见文献 [14] 和 [46]. 进一步的结果可参考文献[41].

§ 3.5 实系数线性型的乘积

我们从另一个角度来推广 § 1.1 的定理 1, 即把表达式 $q\|q\alpha-\beta\|$ 看成下列两个实系数线性型的乘积

$$|a_{11}x_1 + a_{12}x_2 + \rho_1|\,|a_{21}x_1 + a_{22}x_2 + \rho_2|$$

的特例. 下面给出一个一般性结果.

定理 1 (Minkowski) 设两个实系数线性型

$$L_i(\vec{x}) = L_i(x_1,x_2) = a_{i1}x_1 + a_{i2}x_2, \quad i = 1,2$$

的系数行列式 $\Delta = a_{11}a_{22} - a_{21}a_{12} \neq 0$, ρ_1,ρ_2 是两个任意实数,那么至少有一组 $\vec{x} = (x_1,x_2) \in \mathbb{Z}^2$ 满足不等式

$$|L_1(\vec{x}) + \rho_1|\,|L_2(\vec{x}) + \rho_2| \leqslant \frac{1}{4}|\Delta|. \tag{1}$$

注 1 不等式(1)中的常数 $\frac{1}{4}$ 是最好的. 这是因为, 对于任何 $(x_1,x_2)\in\mathbf{Z}^2$, $\left|x_1+\frac{1}{2}\right|\left|x_2+\frac{1}{2}\right|\geqslant\frac{1}{4}$.

注 2 本定理有多种证法, 下面给出的证法是直接引用了 § 3.1 的引理 2. 其他证法请参考文献[46]和[74].

证明 如果 $\frac{a_{i1}}{a_{i2}}$ $(i=1,2)$ 中有一个是无理数, 则根据 § 3.1 引理 2 可得结论. 现在假定 $\frac{a_{i1}}{a_{i2}}$ $(i=1,2)$ 均非无理数, 即 $\frac{a_{i1}}{a_{i2}}$ 是有理数或 $a_{i2}=0(i=1,2)$. 因为 $\Delta\neq 0$, 故可不妨设 $a_{11}\neq 0$, 并且存在互素整数 h,k 使得 $a_{12}=\frac{h}{k}a_{11}$ (当 $a_{12}=0$ 时, 取 $h=0,k=1$). 于是

$$a_{11}x_1+a_{12}x_2+\rho_1=\frac{a_{11}}{k}(kx_1+hx_2+\rho_1'),$$

其中 $\rho_1'=\frac{k}{a_{11}}\rho_1$. 由于当 x_1, x_2 遍历全体整数时, kx_1+hx_2 也遍历全体整数, 所以存在 $(x_1^{(0)},x_2^{(0)})\in\mathbf{Z}^2$, 使得

$$|kx_1^{(0)}+hx_2^{(0)}+\rho_1'|\leqslant\frac{1}{2}. \tag{2}$$

并且分别用 $x_1^{(0)}+ht$, $x_2^{(0)}-kt$ (其中 t 是任意整数) 代替 $x_1^{(0)}$, $x_2^{(0)}$ 时, (2)式仍然成立. 注意

$$\begin{aligned}&a_{21}(x_1^{(0)}+ht)+a_{22}(x_2^{(0)}-kt)+\rho_2\\&=t(ha_{21}-ka_{22})+(a_{21}x_1^{(0)}+a_{22}x_2^{(0)}+\rho_2).\end{aligned}$$

因为 $ha_{21}-ka_{22}=-\frac{k}{a_{11}}\Delta\neq 0$, 所以可取 t_0 为距离数

$$-\frac{a_{21}x_1^{(0)}+a_{22}x_2^{(0)}+\rho_2}{ha_{21}-ka_{22}}$$

最近的整数, 则有

$$|a_{21}(x_1^{(0)}+ht_0)+a_{22}(x_2^{(0)}-kt_0)+\rho_2|\leqslant\frac{1}{2}|ha_{21}-ka_{22}|. \tag{3}$$

由(2)和(3)式可知,数组 $(x_1^{(0)}+ht_0, x_2^{(0)}-kt_0)$ 满足不等式

$$
\begin{aligned}
&|k(x_1^{(0)}+ht_0)+h(x_1^{(0)}-kt_0)+\rho_1'| \\
&\quad\cdot|a_{21}(x_1^{(0)}+ht_0)+a_{22}(x_2^{(0)}-kt_0)+\rho_2| \\
&\quad\leqslant\frac{1}{2}\cdot\frac{1}{2}|ha_{21}-ka_{22}|,
\end{aligned}
$$

上式两边同乘 $\frac{a_{11}}{k}$,可知 $(x_1^{(0)}+ht_0, x_2^{(0)}-kt_0)$ 满足(1)式。于是定理证完。

更一般地,考虑 n 个 n 变量 $x_1,\cdots,x_n$ 的实系数线性型

$$L_i(\vec{x})=\sum_{j=1}^{n}a_{ij}x_j-\rho_i, i=1,\cdots,n.$$

设其系数行列式 $\Delta=\det(a_{ij})\neq 0$。那么对任何实数 $\rho_1,\cdots,\rho_n$,存在整向量 $\vec{x}=(x_1,\cdots,x_n)$ 满足

$$\prod_{i=1}^{n}|L_i(\vec{x})|\leqslant\frac{|\Delta|}{2^n}.$$

这就是著名的 Minkowski 猜想。

注 3 Remak[77] 证明了 $n=3$ 的情形,Dyson[38] 证明了 $n=4$ 的情形,Davenport[29] 还给出 $n=3$ 情形的一个简短证明。$n=5$ 的情形的证明可参见 Скубенко[119],Bambah and Woods[15]。进一步的结果可参考文献[116],[117],[118],[120],[121]。

定理 2 (Чеботарев) 当 $(x_1,\cdots,x_n)\in\mathbf{Z}^n$ 时,令

$$m=\inf_{\vec{x}\in Z^n}\left|\prod_{i=1}^{n}L_i(\vec{x})\right|,$$

则

$$m\leqslant\frac{|\Delta|}{2^{\frac{n}{2}}}.$$

证明 设

$$\xi_i=\sum_{j=1}^{n}a_{ij}x_j,\quad 1\leqslant i\leqslant n.$$

不失一般性,我们还可以假定 $m>0$,$\Delta=1$(否则,可用 $\xi_i|\Delta|^{-\frac{1}{n}}$

和 $\rho_i|\Delta|^{-\frac{1}{n}}$ 分别代替 ξ_i 和 $\rho_i(1 \leqslant i \leqslant n)$. 对任意实数 $\varepsilon > 0$, 必有一整向量 $\vec{x}^* = (x_1^*, \cdots, x_n^*)$ 使

$$\prod_{i=1}^{n} |\xi_i^* - \rho_i| = \left|\prod_{i=1}^{n} L_i(\vec{x}^*)\right| = \frac{m}{1-\vartheta}, \quad 0 \leqslant \vartheta < \varepsilon.$$

令

$$\xi_i' = \frac{\xi_i - \xi_i^*}{\xi_i^* - \rho_i}, \quad 1 \leqslant i \leqslant n,$$

则

$$\xi_i' = \sum_{j=1}^{n} b_{ij}(x_j - x_j^*), \quad 1 \leqslant i \leqslant n,$$

其系数行列式D的绝对值

$$|D| = \left(\prod_{i=1}^{n} |\xi_i^* - \rho_i|\right)^{-1} = \frac{1-\vartheta}{m}.$$

因为 $\prod_{i=1}^{n} |\xi_i - \rho_i| \geqslant m$, 所以

$$\prod_{i=1}^{n} |\xi_i' + 1| = \prod_{i=1}^{n} \left|\frac{\xi_i - \rho_i}{\xi_i^* - \rho_i}\right| \geqslant \frac{m}{\dfrac{m}{1-\vartheta}} = 1 - \vartheta.$$

同理有

$$\begin{aligned}\prod_{i=1}^{n} |\xi_i' - 1| &= \prod_{i=1}^{n} \left|\frac{\xi_i - 2\xi_i^* + \rho_i}{\xi_i^* - \rho_i}\right| \\ &= \frac{\prod_{i=1}^{n} |(2\xi_i^* - \xi_i) - \rho_i|}{\prod_{i=1}^{n} |\xi_i^* - \rho_i|} \geqslant \frac{m}{\dfrac{m}{1-\vartheta}} \\ &= 1 - \vartheta.\end{aligned}$$

于是得到

$$\prod_{i=1}^{n} |\xi_i'^2 - 1| \geqslant (1-\vartheta)^2. \tag{4}$$

现在我们考虑下面凸集

$$\mathscr{R}:\ |\xi_i'| < \sqrt{1+(1-\vartheta)^2},\ 1 \leqslant i \leqslant n.$$

这个凸集不包含非零整点．事实上，如果不然，$\mathscr{R}$ 中的非零整点所对应的 $(\xi_1', \cdots, \xi_n')$ 必须满足

$$-1 \leqslant \xi_i'^2 - 1 < (1-\vartheta)^2 \leqslant 1,\ 即\ |\xi_i'^2 - 1| \leqslant 1,\quad 1 \leqslant i \leqslant n.$$

更进一步还有

$$-1 \leqslant \xi_i'^2 - 1 \leqslant -(1-\vartheta)^2,\quad 1 \leqslant i \leqslant n. \tag{5}$$

如果不然，若有下标 i 使得 $\xi_i'^2 - 1 > -(1-\vartheta)^2$，则对此 i 有 $|\xi_i'^2 - 1| < (1-\vartheta)^2$，因此

$$\prod_{i=1}^{n} |\xi_i'^2 - 1| < (1-\vartheta)^2,$$

这与(4)式矛盾，因此(5)式成立．由(5)式得到

$$|\xi_i'| \leqslant \sqrt{1-(1-\vartheta)^2} \leqslant \sqrt{2\vartheta},\quad 1 \leqslant i \leqslant n. \tag{6}$$

根据§2.2定理1及其注2，$\mathscr{R}$ 中若有非零整点，则在 $\frac{1}{2}\mathscr{R}$ 之外必有整点 $(\xi_1'', \cdots, \xi_n'')$ 满足(6)式，所以有

$$\frac{1}{2}\sqrt{1+(1-\vartheta)^2} < |\xi_i'| \leqslant \sqrt{2\vartheta}.$$

当 $\vartheta \to 0$ 时，从上述不等式得出矛盾．

因为 $\mathscr{R}$ 中无非零整点，根据§2.2定理1，$\mathscr{R}$ 的体积不超过 2^n，即

$$V(\mathscr{R}) = \frac{2^n(1+(1-\vartheta)^2)^{\frac{n}{2}}}{|D|} \leqslant 2^n.$$

因此得到

$$(1+(1-\vartheta)^2)^{\frac{n}{2}} \leqslant \frac{1-\vartheta}{m}.$$

当 $\varepsilon \to 0$ 时，有 $\vartheta \to 0$，即得

$$m \leqslant 2^{-\frac{n}{2}}.$$

故定理得证．

附录 模的概念和性质

设集 $\mathfrak{M}\subset\mathbf{R}^n$. 如果对于任何 $\vec{x}^{(1)},\vec{x}^{(2)}\in\mathfrak{M}$, 总有 $\vec{x}^{(1)}\pm\vec{x}^{(2)}\in\mathfrak{M}$, 则称 $\mathfrak{M}$ 为一个模.

由定义可知,若 $\mathfrak{M}$ 为模, 则 $\vec{0}\in\mathfrak{M}$; 若 $\vec{x}^{(1)},\cdots,\vec{x}^{(m)}\in\mathfrak{M}$, $a_1,\cdots,a_m\in\mathbf{Z}$, 则 $a_1\vec{x}^{(1)}+\cdots+a_m\vec{x}^{(m)}\in\mathfrak{M}$.

设 $\vec{x}^{(1)},\cdots,\vec{x}^{(m)}\in\mathfrak{M}$. 如果

(i) 每个 $\vec{y}\in\mathfrak{M}$, 可表为

$$\vec{y}=\sum_{i=1}^{m}a_i\vec{x}^{(i)},\quad a_i\in\mathbf{Z},\ 1\leqslant i\leqslant m;$$

(ii) $\sum\limits_{i=1}^{m}a_i\vec{x}^{(i)}=\vec{0}\,(a_i\in\mathbf{Z},\ 1\leqslant i\leqslant m)\Longleftrightarrow a_i=0\ (1\leqslant i\leqslant m)$, 即 $\vec{x}^{(1)},\cdots,\vec{x}^{(m)}$ Q 线性无关.

则称 $\vec{x}^{(1)},\cdots,\vec{x}^{(m)}$ 为模 $\mathfrak{M}$ 的一组基底(或简称基).

由此定义可知, 模 $\mathfrak{M}$ 中的任一矢量 $\vec{y}$ 可以唯一地表示为

$$\vec{y}=\sum_{i=1}^{m}a_i\vec{x}^{(i)}\ (a_i\in\mathbf{Z},\ 1\leqslant i\leqslant m).$$

下面考虑模 $\mathfrak{M}\subset\mathbf{Z}^n$ 的一些基本性质.

性质 1 设 $\mathfrak{M}$ 是至少含有一个非零矢量的模,且 $\mathfrak{M}\subset\mathbf{Z}^n$, 则 $\mathfrak{M}$ 必有基底.

证明 对维数 n 用数学归纳法.

对于 $n=1$ 的情形,设 $\vec{x}^{(1)}=(x_1)$ 是 $\mathfrak{M}$ 的最小正坐标矢量(它显然存在), $\vec{x}$ 为 $\mathfrak{M}$ 的任一矢量. 若 $\vec{x}\neq\vec{x}^{(1)}$, 则必有 $\vec{x}=a\vec{x}^{(1)}$, 其中 $a\in\mathbf{Z}$. 事实上,设 $\vec{x}=(x)$, 由 Euclid 除法得知

$$x=ax_1+b,\quad 0\leqslant b<x_1,$$

于是向量 $(b)=\vec{x}-a\vec{x}^{(1)}\in\mathfrak{M}$. 由 $\vec{x}^{(1)}$ 的定义可知 $b=0$. 所以 $\vec{x}=a\vec{x}^{(1)}$, 从而 $\vec{x}^{(1)}$ 是 $\mathfrak{M}$ 的基底.

现在假定对 $n-1$ 维空间性质 1 成立, 来证明对 n 维空间性

质 1 也成立. 必要时改变向量的坐标顺序，不妨认为 $\mathfrak{M}\subset\mathbf{Z}^n$ 中含有具有下述性质的矢量:

$$\vec{x}=(x_1,\cdots,x_n),\ x_1\neq 0,\ 且\ |x_1|\ 为最小.$$

选取其一，记作 $\vec{x}^{(1)}=(x_{11},\cdots,x_{1n})$. 设 $\vec{y}=(y_1,\cdots,y_n)\in\mathfrak{M}$ 是一个任意向量,则存在 $a_1\in\mathbf{Z}$ 适合 $|y_1-a_1x_{11}|<|x_{11}|$. 显然 $\vec{y}'=\vec{y}'-a_1\vec{x}^{(1)}\in\mathfrak{M}$. 由于 $\vec{y}'$ 的第一坐标绝对值小于 $|x_{11}|$, 所以由 $\vec{x}^{(1)}$ 的定义可知 $\vec{y}'$ 的第一坐标必为零,即 $\vec{y}'=(0,y_2',\cdots,y_n')$, 其中 $y_i'\in\mathbf{Z}(2\leqslant i\leqslant n)$. 因此向量 $(y_2',\cdots,y_n')\in\mathbf{Z}^{n-1}$.

每个 $\vec{y}\in\mathfrak{M}$ 对应着一个向量 $(y_2',\cdots,y_n')$. 当 $\vec{y}$ 遍历 $\mathfrak{M}$ 时, $(y_2',\cdots,y_n')$ 的全体构成一个 $n-1$ 维模. 按归纳假设,它有一组基底 $\vec{x}^{(2)\prime},\cdots,\vec{x}^{(m)\prime},1\leqslant m\leqslant n$(如果 $m=1$,则表明上述 $n-1$ 维模只由 $n-1$ 维零向量 $\vec{0}$ 组成),即

$$(y_2',\cdots,y_n')=a_2\vec{x}^{(2)\prime}+\cdots+a_m\vec{x}^{(m)\prime},\ a_i\in\mathbf{Z},\ 2\leqslant i\leqslant m.$$

记 $\vec{x}^{(i)}=(0,\vec{x}^{(i)\prime})$, $2\leqslant i\leqslant m$, 可知对任何 $\vec{y}\in\mathfrak{M}$, 可表为

$$\vec{y}=a_1\vec{x}^{(1)}+\vec{y}'=a_1\vec{x}^{(1)}+a_2\vec{x}^{(2)}+\cdots+a_m\vec{x}^{(m)},$$
$$a_i\in\mathbf{Z},\ 1\leqslant i\leqslant m.$$

如果 $\vec{x}^{(1)},\cdots,\vec{x}^{(m)}$ 满足表达式

$$v_1\vec{x}^{(1)}+v_2\vec{x}^{(2)}+\cdots+v_m\vec{x}^{(m)}=0,\ v_i\in\mathbf{Z},\ 1\leqslant i\leqslant m,$$

因为 $\vec{x}^{(2)},\cdots,\vec{x}^{(m)}$ 的第一坐标均为零,而 $x_{11}\neq 0$, 所以推出 $v_1=0$. 于是有

$$v_2\vec{x}^{(2)\prime}+\cdots+v_m\vec{x}^{(m)\prime}=\vec{0},$$

这里 $\vec{0}$ 表示 $n-1$ 维零向量. 由于 $\vec{x}^{(2)\prime},\cdots,\vec{x}^{(m)\prime}$ Q 线性无关, 所以 $v_2=\cdots=v_m=0$. 因此 $\vec{x}^{(1)},\cdots,\vec{x}^{(m)}$ Q 线性无关. 从而它们构成 $\mathfrak{M}$ 的一组基底. 证完.

由性质 1 直接得到

性质 2 适当改变坐标顺序,可以认为模 $\mathfrak{M}$ 的基底具有下列形状的坐标:

$$\vec{x}^{(i)}=(0,\cdots,0,x_{ii},\cdots,x_{in}),\quad x_{ii}\neq 0,\ 1\leqslant i\leqslant n.$$

性质 3 对于模 $\mathbf{Z}^n$, 向量组

$$\vec{x}^{(i)}=(x_{i1},\cdots,x_{in}),\quad 1\leqslant i\leqslant n$$

是一组基底的充分必要条件是

$$|\det(x_{ij})|=1.$$

证明 如果 $\vec{x}^{(1)},\cdots,\vec{x}^{(n)}$ 是 $\mathbf{Z}^n$ 的一组基底，则有 $d_{ki}\in\mathbf{Z}$ ($1\leqslant k,\ i\leqslant n$) 满足

$$\vec{e}^{(k)}=\sum_{i=1}^{n}d_{ki}\vec{x}^{(i)},$$

其中 $\vec{e}^{(k)}$ 是 n 维单位向量 $(0,\cdots,0,\overset{(k)}{1},0,\cdots,0)$，$k=1,\cdots,n$。将

$$\vec{x}^{(i)}=\sum_{j=1}^{n}x_{ij}\vec{e}^{(j)}$$

代入上式得到

$$\sum_{i=1}^{n}d_{ki}x_{ij}=\delta_{kj},\quad 1\leqslant k,\ j\leqslant n,$$

这里 δ_{kj} 为 Kronecker 符号。因此

$$\det(d_{ki})\cdot\det(x_{ij})=1.$$

由于左边两个行列式都是整数，所以 $|\det(x_{ij})|=1$。

反过来，如果 $|\det(x_{ij})|=1$，那么对于任何 $\vec{y}\in\mathbf{Z}^n$，方程组 $\vec{y}=\sum_{i=1}^{n}a_i\vec{x}^{(i)}$ 有一组解 $(a_1,\cdots,a_n)\in\mathbf{Z}^n$，而且 $\sum_{i=1}^{n}a_i\vec{x}^{(i)}=0$ 只有零解 $(a_1,\cdots,a_n)=\vec{0}$。所以 $\vec{x}^{(1)},\cdots,\vec{x}^{(n)}$ Q 线性无关。因此 $\vec{x}^{(1)},\cdots,\vec{x}^{(n)}$ 确实是 $\mathbf{Z}^n$ 的一组基底。证完。

性质 4 设 $\vec{y}^{(1)},\cdots,\vec{y}^{(n)}\in\mathbf{Z}^n$ 且 Q 线性无关，则存在 $\mathbf{Z}^n$ 的一组基底 $\vec{x}^{(1)},\cdots,\vec{x}^{(n)}$ 使得

$$\vec{y}^{(i)}=c_{i1}\vec{x}^{(1)}+\cdots+c_{ii}\vec{x}^{(i)},\quad 1\leqslant i\leqslant n,$$

其中 $c_{ij}\in\mathbf{Z}$，$c_{ij}=0$（当 $j>i$ 时），$c_{ii}\neq 0$。

证明 首先，因为 $\vec{y}^{(1)},\cdots,\vec{y}^{(n)}$ Q 线性无关，所以 $d=\det(y_{ij})$ 是非零整数，因此对于任意 $\vec{x}\in\mathbf{Z}^n$，方程组 $\vec{x}=\sum_{j=1}^{n}a_j\vec{y}^{(j)}$ 有解

$a_j=\dfrac{t_j}{d}$, $t_j\in\mathbf{Z}$, $1\leqslant j\leqslant n$. 故有

$$d\vec{x}=\sum_{j=1}^{n}t_j\vec{y}^{(j)}. \tag{1}$$

记 $\vec{t}=(t_1,\cdots,t_n)$, 则每个 $\vec{x}\in\mathbf{Z}^n$ 都对应一个向量 $\vec{t}$, 它们全体构成一个模 $\mathfrak{M}$. 根据性质 1 (但将坐标反序), $\mathfrak{M}$ 有一组下列形状的基底:

$$\vec{t}^{(i)}=(t_{i1},\ \cdots,t_{ii},0,\ \cdots,0),\quad t_{ii}\neq 0,\ 1\leqslant i\leqslant m, \tag{2}$$

其中 $m\leqslant n$. 按上述的对应关系(1),我们有

$$d\vec{x}^{(i)}=\sum_{j=1}^{n}t_{ij}\vec{y}^{(j)}=\sum_{j=1}^{i}t_{ij}\vec{y}^{(j)},\quad 1\leqslant i\leqslant m. \tag{3}$$

下面我们来证明 $\vec{x}^{(1)},\cdots,\vec{x}^{(m)}$ 组成 $\mathbf{Z}^n$ 的一组基底. 特别有 $m=n$. 对于任意的 $\vec{x}\in\mathbf{Z}^n$, 设 $d\vec{x}=\sum\limits_{j=1}^{n}t_j\vec{y}^{(j)}$, 则 $\vec{t}=(t_1,\cdots,t_n)\in\mathfrak{M}$, 从而

$$\vec{t}=\sum_{i=1}^{m}b_i\vec{t}^{(i)},\quad b_i\in\mathbf{Z},\ 1\leqslant i\leqslant m.$$

注意 $\vec{t}^{(i)}$ 的坐标(2),我们得到 $\vec{t}$ 的坐标为

$$\left(\sum_{i=1}^{m}b_it_{i1},\ \sum_{i=2}^{m}b_it_{i2},\cdots,\ b_mt_{mm},\underbrace{0,\cdots,0}_{n-m\text{个}}\right).$$

由此式及(3)式得到

$$\begin{aligned}d\vec{x}&=\sum_{j=1}^{n}t_j\vec{y}^{(j)}=\sum_{j=1}^{n}\left(\sum_{i=j}^{m}b_it_{ij}\right)\vec{y}^{(j)}\\&=\sum_{i=1}^{m}b_i\sum_{j=1}^{i}t_{ij}\vec{y}^{(j)}=\sum_{i=1}^{m}b_id\vec{x}^{(i)}.\end{aligned}$$

于是 $\vec{x}$ 可表为

$$\vec{x}=\sum_{i=1}^{m}b_i\vec{x}^{(i)},\quad b_i\in\mathbf{Z},\ 1\leqslant i\leqslant m.$$

进一步,如果有 $\sum\limits_{i=1}^{m}v_i\vec{x}^{(i)}=\vec{0}$,那么由(3)式可知

$$\vec{d0} = \sum_{i=1}^{m} v_i d\vec{x}^{(i)} = \sum_{i=1}^{m} v_i \left(\sum_{j=1}^{i} t_{ij} \vec{y}^{(j)} \right)$$

$$= \sum_{j=1}^{m} \left(\sum_{i=j}^{m} v_i t_{ij} \right) \vec{y}^{(j)}.$$

由于 $\vec{y}^{(1)}, \cdots, \vec{y}^{(n)}$ Q 线性无关,所以 $0 = \sum_{i=j}^{m} v_i t_{ij}$, $j = 1, \cdots, m$, 因为 $\det(t_{ij}) \neq 0$ (注意(2)式),所以 $v_1 = \cdots = v_m = 0$. 于是 $\vec{x}^{(1)}, \cdots, \vec{x}^{(m)}$ Q 线性无关,从而构成 $\mathbf{Z}^n$ 的一组基底. 由此推出 $m = n$.

最后,由

$$d\vec{x}^{(i)} = \sum_{j=1}^{i} t_{ij} \vec{y}^{(j)},\quad t_{ii} \neq 0,\quad 1 \leqslant i \leqslant n$$

可以逐次解出 $\vec{y}^{(j)}$. 令 $j = 1$, 得

$$\vec{y}^{(1)} = \frac{d}{t_{11}} \vec{x}^{(1)} = c_{11} \vec{x}^{(1)};$$

令 $j = 2$, 得

$$\vec{y}^{(2)} = -\frac{t_{21}}{t_{22}} \vec{y}^{(1)} + \frac{d}{t_{22}} \vec{x}^{(2)}$$

$$= c_{21} \vec{x}^{(1)} + c_{22} \vec{x}^{(2)};$$

等等. 因 $\vec{x}^{(1)}, \cdots, \vec{x}^{(n)}$ 是一组基底,由性质 3 可知 $|\det(x_{ij})| = 1$,所以 $c_{ij} \in \mathbf{Z}$, 且 $c_{ii} = \frac{d}{t_{ii}} \neq 0$. 性质证完.

习　　题

1. 设 α 是无理数, β 是实数,则 (i) 有无穷多组整数 Q, x, y, 其中 $Q > 1$, 适合不等式组

$$|\alpha x - y - \beta| < Q^{-1},\quad |x| \leqslant \frac{Q}{2}.$$

(ii) 存在无穷多组整数 Q, x, y, 其中 $Q > 1$, 满足不等式组

$$|\alpha x - y - \beta| < 2Q^{-1}, \quad \frac{Q}{2} \leqslant x \leqslant \frac{3}{2} Q.$$

2. 设 α, β 是任意实数，则存在整数 u 满足下列两个不等式组中的一个：

$$\text{(i)} \quad |\alpha - u| < 1 \text{ 且 } |\alpha - u||\beta - u| \leqslant \frac{1}{4},$$

$$\text{(ii)} \quad |\alpha - u| < 1 \text{ 且 } |\alpha - u||\beta - u| \leqslant \frac{1}{2}|\alpha - \beta|.$$

3. 证明 § 3.2 定理 1，但将条件"$\beta \in \mathbf{R}$"换为"$\beta \notin \mathbf{Q}$"。

4. 应用 Hane-Borel 引理[1]证明 § 3.4 推论 1。

5. 直接应用 § 1.1 引理 2 的方法证明 § 3.5 定理 1。

---

1) Hane-Borel 引理可参见(例如)Г. М. 菲赫金哥尔茨，微积分学教程，第一卷，第一分册，人民教育出版社，1959.

第四章 转换定理

不同类型的逼近问题之间存在着某种内部联系，因此，由一类逼近问题的某种信息，可以得到与之相关联的另一类逼近问题的信息．例如，由一组线性型不等式的非零整解的存在性，可以得出另一组线性不等式（称为前者的"转置系"）的非零整解的存在性．又如，齐次逼近问题与相应的非齐次逼近问题之间有着这样的联系：若齐次问题逼近得相当好，则非齐次问题将逼近得相当差；反过来也一样．关于不同类型的逼近问题之间的相互联系的命题，我们统称为"转换定理"．

本章主要研究两类转换定理．§§ 4.1—4.5 是关于齐次问题间的转换定理．它的中心内容是 Mahler 转换定理及其各种应用，在 § 4.5 中简要介绍 Siegel 的解析方法对转换定理的应用．§§ 4.6—4.7 是关于齐次问题与非齐次问题间的转换定理，我们简要介绍了数的几何方法在这个方面的应用．限于篇幅，我们略去了非齐次问题间的转换定理．

§4.1 Mahler 转换定理

定理 1 (Mahler, 1939)[64] 设 $n \geqslant 2$ 是自然数，$\vec{x}=(x_1,\cdots,x_n)$，又设

$$f_i(\vec{x})=\sum_{j=1}^{n} a_{ij}x_j,\quad g_i(\vec{x})=\sum_{j=1}^{n} b_{ij}x_j, i=1,\cdots,n$$

是 $2n$ 个实系数线性型，其中行列式 $d=\det(b_{ij})\neq 0$．如果双线性型

$$\Phi(\vec{x},\vec{y})=\sum_{i=1}^{n} f_i(\vec{x})g_i(\vec{y})=\sum_{j,k=1}^{n} c_{jk}x_jy_k$$

有整系数 $c_{jk}(1 \leqslant j,k \leqslant n)$，且不等式组

$$\begin{cases}|f_1(\vec{x})| = t_1, \\ |f_i(\vec{x})| \leqslant t_i,\ 2 \leqslant i \leqslant n\end{cases} \tag{1}$$

（其中 $t_1,\cdots,t_n > 0$）有非零解 $\vec{x} \in \mathbf{Z}^n$，那么不等式组

$$\begin{cases}|g_1(\vec{y})| \leqslant \dfrac{(n-1)\lambda}{t_1}, \\ |g_i(\vec{y})| \leqslant \dfrac{\lambda}{t_i},\ 2 \leqslant i \leqslant n, \\ \text{其中 } \lambda = (|d|t_1\cdots t_n)^{\frac{1}{n-1}}\end{cases} \tag{2}$$

有非零解 $\vec{y} \in \mathbf{Z}^n$。

证明 我们考察关于 $\vec{y}$ 的线性不等式组

$$\begin{cases}|\Phi(\vec{x},\vec{y})| < 1, \\ |g_i(\vec{y})| \leqslant \dfrac{\lambda}{t_i} \quad 2 \leqslant i \leqslant n,\end{cases} \tag{3}$$

其中 $\vec{x} \in \mathbf{Z}^n$ 是(1)式的非零解．由 $\Phi(\vec{x},\vec{y})$ 的定义看出，其系数 $c_{jk} = \sum\limits_{i=1}^{n} a_{ij}b_{ik}$，所以

$$\Phi(\vec{x},\vec{y}) = \sum_{k=1}^{n}\Big(\sum_{i=1}^{n} f_i(\vec{x})b_{ik}\Big)y_k.$$

因而由(1)式容易算出不等式组(3)的系数行列式的绝对值是

$$\left\|\begin{matrix}\sum\limits_{i=1}^{n} f_i(\vec{x})b_{i1} & \cdots & \sum\limits_{i=1}^{n} f_i(\vec{x})b_{in} \\ b_{21} & \cdots & b_{2n} \\ \cdots & \cdots & \cdots \\ b_{n1} & \cdots & b_{nn}\end{matrix}\right\| = \left\|\begin{matrix}f_1(\vec{x})b_{11} & \cdots & f_1(\vec{x})b_{1n} \\ b_{21} & \cdots & b_{2n} \\ \cdots & \cdots & \cdots \\ b_{n1} & \cdots & b_{nn}\end{matrix}\right\|$$

$$= |df_1(\vec{x})| = |d|t_1.$$

根据 Minkowski 线性型定理(§ 2.2 定理 2)，存在非零向量 $\vec{y} \in \mathbf{Z}^n$ 适合不等式组(3)。特别有

$$\Phi(\vec{x},\vec{y}) < 1.$$

因为 $c_{jk} \in \mathbf{Z}\,(1 \leqslant j,k \leqslant n)$，$\vec{x},\vec{y} \in \mathbf{Z}^n$，所以 $\Phi(\vec{x},\vec{y}) = 0$．由此

得到

$$f_1(\vec{x})g_1(\vec{y}) = -\sum_{i=2}^{n} f_i(\vec{x})g_i(\vec{y}).$$

再由(1),(3)式可知

$$|g_1(\vec{y})| \leqslant |f_1(\vec{x})|^{-1}\sum_{i=2}^{n}|f_i(\vec{x})||g_i(\vec{y})| \leqslant \frac{(n-1)\lambda}{t_1},$$

于是(2)式得证,故定理证完.

本定理以下列形式使用更为方便,即

定理 2 设 $n\geqslant 2$ 是自然数, $\vec{x}=(x_1,\cdots,x_n)$, 又设

$$f_i(\vec{x})=\sum_{j=1}^{n} a_{ij}x_j,\quad g_i(\vec{x})=\sum_{j=1}^{n} b_{ij}x_j,\quad i=1,\cdots n$$

是 $2n$ 个实系数线性型, 其系数行列式 $\det(a_{ij})$ 和 $d=\det(b_{ij})$ 均不为零,并且双线性型 $\Phi(\vec{x},\vec{y})=\sum_{i=1}^{n} f_i(\vec{x})g_i(\vec{y})$ 关于 x_jy_k $(1\leqslant j,k\leqslant n)$ 有整系数. 如果不等式组

$$|f_i(\vec{x})|\leqslant t\ (1\leqslant i\leqslant n),\ t>0 \tag{4}$$

有非零整解 $\vec{x}$, 则不等式组

$$|g_i(\vec{y})|\leqslant(n-1)(t|d|)^{\frac{1}{n-1}}\ (1\leqslant i\leqslant n) \tag{5}$$

有非零整解 $\vec{y}$.

证明 因为 $\det(a_{ij})\neq 0$, 线性方程组 $f_i(\vec{x})=0$ $(1\leqslant i\leqslant n)$ 只有零解,所以,若 $\vec{x}$ 是(4)式的一组非零整解,则

$$\max_{1\leqslant i\leqslant n}|f_i(\vec{x})|\neq 0.$$

不妨设

$$|f_1(\vec{x})|=\max_{1\leqslant i\leqslant n}|f_i(\vec{x})|=t',$$

则 $0<t'\leqslant t$, 且 $\vec{x}$ 适合不等式组

$$f_1(\vec{x})=t',\ |f_i(\vec{x})|\leqslant t',\ 2\leqslant i\leqslant n.$$

在定理 1 中, 取 $t_1=\cdots=t_n=t'$, 则存在非零向量 $\vec{y}\in Z^n$ 满足不等式组

$$|g_1(\vec{y})| \leqslant \frac{(n-1)(|d|t'^n)^{\frac{1}{n-1}}}{t'} = (n-1)(|d|t')^{\frac{1}{n-1}},$$

$$|g_i(\vec{y})| \leqslant \frac{(|d|t'^n)^{\frac{1}{n-1}}}{t'} = (|d|t')^{\frac{1}{n-1}}.$$

注意 $t' \leqslant t$，可知 $\vec{y}$ 即是不等式组(5)的非零整解。证完。

§4.2 线性型的转置系

现在给出 Mahler 定理的一个重要应用。

定义 1 设 m, n 是两个自然数，$\vec{x} = (x_1, \cdots x_n)$，$\vec{y} = (y_1, \cdots, y_m)$。对于 n 个变量 $x_1, \cdots x_n$ 的实系数线性型

$$L_i(\vec{x}) = \sum_{j=1}^{n} \alpha_{ij} x_j, \quad i = 1, \cdots, m, \tag{1}$$

称 m 个变量 $y_1, \cdots, y_m$ 的实系数线性型

$$M_j(\vec{y}) = \sum_{i=1}^{m} \alpha_{ij} y_i, \quad j = 1, \cdots, n \tag{2}$$

为线性型系(1)的转置系。

定理 1 设 C，X 是满足 $0 < C < 1 \leqslant X$ 的实数，线性型 $L_i(\vec{x})$ $(1 \leqslant i \leqslant m)$，$M_j(\vec{y})$ $(1 \leqslant j \leqslant n)$ 如(1)，(2)所述。如果不等式组

$$\max_{1 \leqslant i \leqslant m} \|L_i(\vec{x})\| \leqslant C, \quad \max_{1 \leqslant j \leqslant n} |x_j| \leqslant X \tag{3}$$

有非零整解 $\vec{x}$，则必有非零整向量 $\vec{y}$ 满足不等式组

$$\max_{1 \leqslant j \leqslant n} \|M_j(\vec{y})\| \leqslant D, \quad \max_{1 \leqslant i \leqslant m} |y_i| \leqslant U, \tag{4}$$

其中

$$D = (m+n-1) X^{\frac{1-m}{m+n-1}} C^{\frac{m}{m+n-1}},$$

$$U = (m+n-1) X^{\frac{n}{m+n-1}} C^{\frac{1-n}{m+n-1}}.$$

证明 引进新变量

$$\vec{u} = (u_1, \cdots, u_m), \quad \vec{v} = (v_1, \cdots v_n),$$

并记 $\vec{w}=(\vec{x},\vec{u})$, $\vec{z}=(\vec{y},\vec{v})$. 构造线性型系

$$f_k(\vec{w})=\begin{cases}C^{-1}(L_k(\vec{x})+u_k), & 1\leqslant k\leqslant m,\\ X^{-1}x_{k-m}, & m+1\leqslant k\leqslant m+n,\end{cases}$$

$$g_k(\vec{z})=\begin{cases}Cy_k, & 1\leqslant k\leqslant m,\\ X(-M_{k-m}(\vec{y})+v_{k-m}), & m+1\leqslant k\leqslant m+n.\end{cases}$$

容易验证这两组线性型的系数行列式均不为零,而且 $g_k(\vec{z})$ $(1\leqslant k\leqslant m+n)$ 的系数行列式 $d=C^mX^n$. 此外,还可计算出

$$\begin{aligned}\sum_{k=1}^{m+n}f_k(\vec{w})g_k(\vec{z})&=\sum_{k=1}^{m}C^{-1}(L_k(\vec{x})+u_k)\cdot Cy_k\\&\quad+\sum_{k=m+1}^{m+n}X^{-1}x_{k-m}\cdot X(-M_{k-m}(\vec{y})+v_{k-m})\\&=\sum_{k=1}^{m}L_k(\vec{x})y_k+\sum_{k=1}^{m}u_ky_k\\&\quad-\sum_{k=m+1}^{m+n}M_{k-m}(\vec{y})x_{k-m}\\&\quad+\sum_{k=m+1}^{m+n}x_{k-m}v_{k-m}\\&=\sum_{k=1}^{m}\sum_{j=1}^{n}\alpha_{kj}x_jy_k+\sum_{k=1}^{m}u_ky_k\\&\quad-\sum_{j=1}^{n}\sum_{k=1}^{m}\alpha_{kj}y_kx_j+\sum_{j=1}^{n}x_jv_j\\&=\sum_{i=1}^{m}u_iy_i+\sum_{j=1}^{n}x_jv_j.\end{aligned}$$

显然各项系数都属于 Z, 因此可以应用 § 4.1 定理 2 于 $f_k(\vec{w})$ 和 $g_k(\vec{z})$. 根据 $f_k(\vec{w})$ 和 $g_k(\vec{z})$ 的定义,以及定理的条件(3)可知,存在非零向量 $\vec{w}=(\vec{x},\vec{u})\in\mathbf{Z}^{m+n}$ 满足

$$|f_k(\vec{w})|\leqslant 1,\quad 1\leqslant k\leqslant m+n.$$

根据定理 2, 存在非零向量 $\vec{z}=(\vec{y},\vec{v})\in\mathbf{Z}^{m+n}$ 满足

$$|g_k(\vec{z})| \leqslant (m+n-1)(C^m X^n)^{\frac{1}{m+n-1}},\ 1 \leqslant k \leqslant m+n.$$

这表明存在非零向量 $(\vec{y},\vec{v}) \in \mathbb{Z}^{m+n}$ 满足

$$|M_j(\vec{y}) + v_j| \leqslant D,\ |y_i| \leqslant U, \tag{5}$$
$$1 \leqslant i \leqslant m,\ 1 \leqslant j \leqslant n.$$

当 $D < 1$ 时,显然有 $\vec{y} \neq \vec{0}$. 如果不然,$\vec{y} = \vec{0}$ 时,由(5)式可知 $|v_j| \leqslant D < 1\ (1 \leqslant j \leqslant n)$,于是 $\vec{v} = \vec{0}$,这与 $(\vec{y},\vec{v}) \neq \vec{0}$ 相矛盾. 当 $D \geqslant 1$ 时,由定理的假设条件 $0 < C < 1 \leqslant X$ 和 U 的定义可知 $U > 1$,因此总可以选择适当的非零整向量 $\vec{y}$ 满足 $|y_i| \leqslant U (1 \leqslant i \leqslant m)$,而 $\|M_j(\vec{y})\| \leqslant \frac{1}{2} < D$ 自然满足,所以无论如何,确有非零向量 $\vec{y} \in \mathbb{Z}^m$ 满足不等式组(4). 故定理 1 证完.

推论 1 存在常数 $\gamma > 0$ 使得对一切非零向量 $\vec{x} \in \mathbb{Z}^n$,有

$$(\max_{1 \leqslant i \leqslant m} \|L_i(\vec{x})\|)^m (\max_{1 \leqslant j \leqslant n} |x_j|)^n \geqslant \gamma, \tag{6}$$

当且仅当存在常数 $\delta > 0$ 使得对一切非零向量 $\vec{y} \in \mathbb{Z}^m$,有

$$(\max_{1 \leqslant j \leqslant n} \|M_j(\vec{y})\|)^n (\max_{1 \leqslant i \leqslant m} |y_i|)^m \geqslant \delta. \tag{7}$$

证明 因为(6),(7)两式是对称的,我们只须由 δ 的存在性来证明 γ 的存在性. 现在假设存在常数 $\delta > 0$ 使得对一切非零向量 $\vec{y}$,(7) 式成立. 对任意非零向量 $\vec{x} \in \mathbb{Z}^n$,我们记

$$X = X(\vec{x}) = \max_{1 \leqslant j \leqslant n} |x_j|,\ \ C = C(\vec{x}) \geqslant \max_{1 \leqslant i \leqslant m} \|L_i(\vec{x})\|.$$

根据定理 1,(4)有非零整解 $\vec{y} \in \mathbb{Z}^m$. 于是由(7)式看出

$$D^n U^m \geqslant \delta.$$

但因为

$$D^n U^m = (m+n-1)^n X^{\frac{n(1-m)}{m+n-1}} C^{\frac{mn}{m+n-1}}$$
$$\cdot (m+n-1)^m X^{\frac{mn}{m+n-1}} C^{\frac{m(1-n)}{m+n-1}}$$
$$= (m+n-1)^{m+n} X^{\frac{n}{m+n-1}} C^{\frac{m}{m+n-1}},$$

所以有

$$X^n C^m = (m+n-1)^{-(m+n)(m+n-1)} (D^n U^m)^{m+n-1},$$

于是

$$X^n C^m \geqslant (m+n-1)^{-(m+n)(m+n-1)} \delta^{m+n-1}.$$

上式右边常数与向量 $\vec{x} \neq \vec{0}$ 无关,把它记作 γ,这就表明,对任何非零向量 $\vec{x} \in \mathbf{Z}^n$,(6)式都成立。推论证完。

§4.3 Хинчин 转换原理

定理 1 (Хинчин (Khintchine), 1926)[51] 设 $\alpha_1, \cdots, \alpha_n$ 为 n 个实数,设 $\omega_1 \geqslant 0$, $\omega_2 \geqslant 0$ 分别是使下列不等式

$$\|u_1\alpha_1 + \cdots + u_n\alpha_n\| \leqslant (\max_{1 \leqslant j \leqslant n} |u_j|)^{-n-\omega},$$

$$\max_{1 \leqslant i \leqslant n} \|x\alpha_i\| \leqslant x^{-(1+\omega')/n}$$

有无穷多个整解 $(u_1, \cdots, u_n) \neq \vec{0}$, $x \neq 0$ 的正实数 ω, ω' 的上确界,则当 ω_1, ω_2 有限时,有

$$\omega_1 \geqslant \omega_2 \geqslant \frac{\omega_1}{n^2 + (n-1)\omega_1};$$

当 ω_1 无穷时, $\dfrac{1}{n-1} \leqslant \omega_2 < \infty$; 当 ω_2 无穷时, ω_1 也无穷.

这个定理是下面更一般的命题(定理 2)的特例。在其中令 $m = 1$,并注意 $\omega_1 = n\eta_1$, $\omega_2 = \eta_2$,我们便得到定理 1.

定理 2 (Dyson, 1947)[36] 设线性型 $L_i(\vec{x})$ $(1 \leqslant i \leqslant m)$ 及其转置系 $M_j(\vec{y})$ $(1 \leqslant j \leqslant n)$ 如 § 4.2 定义 1 所述。设 η_1 和 η_2 分别是使下列两个不等式

$$\max_{1 \leqslant i \leqslant m} \|L_i(\vec{x})\| \leqslant (\max_{1 \leqslant j \leqslant n} |x_j|)^{-\frac{n}{m}(1+\eta)}, \tag{1}$$

$$\max_{1 \leqslant j \leqslant n} \|M_j(\vec{y})\| \leqslant (\max_{1 \leqslant i \leqslant m} |y_i|)^{-\frac{m}{n}(1+\eta')} \tag{2}$$

有无穷多个非零整解 $\vec{x}$ 和 $\vec{y}$ 的正实数 η 和 η' 的上确界,则

$$\eta_1 \geqslant \frac{\eta_2}{(m-1)\eta_2 + m + n - 1}, \tag{3}$$

$$\eta_2 \geqslant \frac{\eta_1}{(n-1)\eta_1 + m + n - 1}. \tag{4}$$

特别地，$\eta_1 = 0$ 当且仅当 $\eta_2 = 0$.

证明 由于对称性,我们只须证明不等式(4). 可以认为 $\eta_1 > 0$. 如果不然,则 $\eta_1 = 0$. 因为 $\eta_2 \geqslant 0$，此时(4)式自然成立. 还可认为 $\eta_2 < \infty$. 如果不然,(4)式自明. 我们任取 η 和 η' 满足不等式

$$0 < \eta < \eta_1,\quad \eta_2 < \eta'. \tag{5}$$

因此(1)式有无穷多个非零整解 $\vec{x} \in \mathbf{Z}^n$. 令

$$X = \max_{1 \leqslant j \leqslant n} |x_j|,\quad C = X^{-\frac{n}{m}(1+\eta)}.$$

由(1)式可知不等式组

$$\max_{1 \leqslant i \leqslant m} \|L_i(\vec{x})\| \leqslant C,\quad \max_{1 \leqslant j \leqslant n} |x_j| \leqslant X$$

有非零整解 $\vec{x}$. 所以根据 § 4.2 定理 1, 不等式组

$$\max_{1 \leqslant j \leqslant n} \|M_j(\vec{y})\| \leqslant D,\quad \max_{1 \leqslant i \leqslant m} |y_i| \leqslant U$$

有非零整解 $\vec{y}$，其中

$$\begin{aligned} D &= (m+n-1)\, X^{\frac{1-m}{m+n-1}}\, C^{\frac{m}{m+n-1}} \\ &= (m+n-1)\, X^{-\left(1+\frac{n}{m+n-1}\eta\right)}, \\ U &= (m+n-1) X^{\frac{n}{m+n-1}}\, C^{\frac{1-n}{m+n-1}} \\ &= (m+n-1) X^{\frac{n}{m}\left(1+\frac{n-1}{m+n-1}\eta\right)}. \end{aligned}$$

于是解 $\vec{y}$ 满足不等式

$$\begin{aligned} \left(\max_{1 \leqslant j \leqslant n} \|M_j(\vec{y})\|\right)\left(\max_{1 \leqslant i \leqslant m} |y_i|\right)^{\frac{m}{n}(1+\eta')} &\leqslant D U^{\frac{m}{n}(1+\eta')} \\ &= (m+n-1)^{1+\frac{m}{n}(1+\eta')}\, X^{-\frac{1}{m+n-1}\eta + \left(1+\frac{n-1}{m+n-1}\eta\right)\eta'}. \end{aligned} \tag{6}$$

另一方面,由(5)中第二个不等式可知,不等式组(2)只有有限多个非零整解 $\vec{y}$. 因此对于其余的非零向量 $\vec{y}' = (y_1', \cdots, y_m') \in \mathbf{Z}^m$ 有

$$\left(\max_{1\leqslant j\leqslant n}\|M_j(\vec{y}')\|\right)\left(\max_{1\leqslant i\leqslant m}|y_i'|\right)^{\frac{m}{n}(1+\eta')}>1.$$

因此,存在实数 $\gamma>0$ (与 $\vec{x}$ 无关),使得对于所有的非零向量 $\vec{y}\in \mathbf{Z}^m$ 都有

$$\left(\max_{1\leqslant j\leqslant n}\|M_j(\vec{y})\|\right)\left(\max_{1\leqslant i\leqslant m}|y_i|\right)^{\frac{m}{n}(1+\eta')}\geqslant\gamma. \tag{7}$$

由(6),(7)式可知

$$-\frac{1}{m+n-1}\eta+\left(1+\frac{n-1}{m+n-1}\eta\right)\eta'\geqslant 0. \tag{8}$$

如果不然,由于 γ 是常数, 令 $X\to\infty$ 时将产生矛盾. 由(8)式得到

$$\eta'\geqslant\frac{\eta}{(n-1)\eta+m+n-1}.$$

因为 η,η' 可以分别任意接近 η_1 和 η_2, 所以得到不等式(4). 故定理证完.

注 1 V. Jarnik[49] 指出,不等式(3)和(4)是最好的.

§4.4 实数联立逼近的转换定理

本节给出 Mahler 转换定理的另一个重要应用.

设 $\alpha_1,\cdots,\alpha_n$ 是 n 个实数 ($n\geqslant 1$), 且 $1,\alpha_1,\cdots,\alpha_n$ Q 线性无关. 对于实数 α, 记

$$\bar{\alpha}=\max(1,|\alpha|).$$

我们将在第五章中研究下列两个命题:

命题 I 对于任意给定的实数 $\varepsilon>0$, 不等式

$$\|\alpha_1x_1+\cdots+\alpha_nx_n\|(\bar{x}_1\cdots\bar{x}_n)^{1+\varepsilon}\leqslant 1 \tag{I}$$

只有有限多个非零整解 $\vec{x}=(x_1,\cdots,x_n)$.

命题 II 对于任意给定的实数 $\varepsilon>0$, 不等式

$$\|q\alpha_1\|\cdots\|q\alpha_n\|q^{1+\varepsilon}\leqslant 1 \tag{II}$$

只有有限多个整数解 $q>0$.

这一节中，我们将证明下面转换定理

定理 1 命题 I 和 II 等价.

为证明这个定理，我们需证两个引理. 设 $A_0, A_1, \cdots, A_n$ 为正实数，令 $d = A_0 A_1 \cdots A_n$.

引理 1 如果不等式组

$$\begin{cases} |\alpha_1 X_1 + \cdots + \alpha_n X_n + x| \leqslant A_0, \\ |X_i| \leqslant A_i, \quad i = 1, \cdots, n \end{cases} \tag{1}$$

有非零解 $(x, \vec{X}) = (x, X_1, \cdots, X_n) \in \mathbf{Z}^{n+1}$，那么不等式组

$$\begin{cases} |Q| \leqslant n d^{\frac{1}{n}} A_0^{-1}, \\ |Q\alpha_i - Q_i| \leqslant n d^{\frac{1}{n}} A_i^{-1}, \quad i = 1, \cdots, n \end{cases} \tag{2}$$

也有非零解 $(Q, Q_1, \cdots, Q_n) \in \mathbf{Z}^{n+1}$. 进一步，如果

$$n d^{\frac{1}{n}} A_i^{-1} < 1, \quad i = 1, \cdots, n, \tag{3}$$

则 $Q \neq 0$. 从而对任意给定的 $\varepsilon > 0$，不等式

$$\|q\alpha_1\| \cdots \|q\alpha_n\| q^{1+\varepsilon} \leqslant n^{n+1+\varepsilon} d^{\frac{1+\varepsilon}{n}} A_0^{-\varepsilon}$$

有非零整数解 $q = Q$.

引理 2 如果不等式组

$$\begin{cases} |Q| \leqslant A_0, \\ |Q\alpha_i - Q_i| \leqslant A_i, \quad i = 1, \cdots, n \end{cases} \tag{4}$$

有非零整解 $(Q, Q_1, \cdots, Q_n)$，则不等式组

$$\begin{cases} |\alpha_1 X_1 + \cdots + \alpha_n X_n + x| \leqslant n d^{\frac{1}{n}} A_0^{-1}, \\ |X_i| \leqslant n d^{\frac{1}{n}} A_i^{-1}, \quad i = 1, \cdots, n \end{cases} \tag{5}$$

也有非零整解 $(x, \vec{X}) = (x, X_1, \cdots, X_n)$. 进一步，如果

$$n d^{\frac{1}{n}} A_0^{-1} < 1, \tag{6}$$

$$n d^{\frac{1}{n}} A_i^{-1} \geqslant 1, \quad i = 1, \cdots, n, \tag{7}$$

则对任意给定的 $\varepsilon > 0$，不等式

$$\|\alpha_1 x_1 + \cdots + \alpha_n x_n\| (\bar{x}_1 \cdots \bar{x}_n)^{1+\varepsilon} \leqslant n^{1+n(1+\varepsilon)} d^{\frac{1}{n}} A_0^{\varepsilon} \tag{8}$$

有非零整解 $\vec{x} = (x_1, \cdots, x_n) = \vec{X}$.

这两个引理证法类似，这里只证引理 2。

证明 作线性型

$$f_i(Q,Q_1,\cdots,Q_n)=\begin{cases}A_0^{-1}Q, & i=1,\\ A_{i-1}^{-1}(Q\alpha_{i-1}-Q_{i-1}), & i=2,\cdots,n+1,\end{cases}$$

$$g_i(x,X_1,\cdots,X_n)=\begin{cases}A_0(\alpha_1X_1+\cdots+\alpha_nX_n+x), & i=1,\\ -A_{i-1}X_{i-1}, & i=2,\cdots,n+1.\end{cases}$$

显然 $f_1,\cdots,f_{n+1}$ 的系数行列式不等于零，$g_1,\cdots,g_{n+1}$ 的系数行列式的绝对值为 $d=A_0A_1\cdots A_n\neq 0$。因为

$$\sum_{i=1}^{n+1}f_ig_i=Qx+\sum_{i=1}^{n}Q_iX_i,$$

所以 $f_1,\cdots,f_{n+1}$，$g_1,\cdots,g_{n+1}$ 满足 § 4.1 定理 2 的条件。由 $f_1,\cdots,f_{n+1}$ 的定义及(4)式可知不等式组

$$|f_i(Q,Q_1,\cdots,Q_n)|\leqslant 1,\quad i=1,\cdots,n+1$$

有非零整解 $(Q,Q_1,\cdots,Q_n)$。根据 § 4.1 定理 2，不等式组

$$|g_i(x,X_1,\cdots,X_n)|\leqslant nd^{\frac{1}{n}},\quad i=1,\cdots,n+1$$

有非零整解 $(x,\vec{X})$，即(5)式有非零整解 $(x,\vec{X})$。

若(6)式成立，则 $\vec{X}\neq\vec{0}$。如果不然，$\vec{X}=\vec{0}$，则由(5)中第一式和(6)式得知 $x=0$，这与 $(x,\vec{X})\neq\vec{0}$ 矛盾。

若还有(7)式成立，则(5)中的后 n 个不等式可换成

$$\overline{X}_i\leqslant nd^{\frac{1}{n}}A_i^{-1},\quad i=1,\cdots,n.$$

从而

$$\overline{X}_1\cdots\overline{X}_n\leqslant n^nd\prod_{i=1}^{n}A_i^{-1}=n^nA_0.$$

再由(5)的第一式可知，对任意给定的 $\varepsilon>0$，(8) 式有非零整解 $\vec{x}=\vec{X}$。引理证完。

定理 1 的证明 命题 II ⇒ 命题 I。假定对某 $\varepsilon=\varepsilon_0>0$，(I) 式有无穷多个非零整解 $\vec{x}=(x_1,\cdots,x_n)$，我们来证存在 $\varepsilon_0'>0$，使得当 $\varepsilon=\varepsilon_0'$ 时，(II) 式有无穷多个整数解 $q>0$。以

下，$\vec{x}=(x_1,\cdots,x_n)$ 均表 (I) 的解。

在引理 1 中，取

$$A_0=(\bar{x}_1\cdots\bar{x}_n)^{-(1+\varepsilon_0)},\quad A_i=\bar{x}_i,\quad i=1,\cdots,n, \tag{9}$$

则 $d=(\bar{x}_1\cdots\bar{x}_n)^{-\varepsilon_0}$，(1)式显然有非零整解 $(x,x_1,\cdots,x_n)$。并预先取 $\varepsilon=\varepsilon_0'$ 适合不等式

$$0<\varepsilon_0'<\frac{\varepsilon_0}{n+(n-1)\varepsilon_0}.$$

因为当 $\max\limits_{1\leqslant i\leqslant n}\bar{x}_i$ 充分大时，

$$nd^{\frac{1}{n}}A_i^{-1}=n(\bar{x}_1\cdots\bar{x}_n)^{-\frac{\varepsilon_0}{n}}\bar{x}_i^{-1}<1,$$

所以条件(3)满足。根据引理 1，存在 $q>0$，使得

$$\|q\alpha_1\|\cdots\|q\alpha_n\|q^{1+\varepsilon_0'}\leqslant n^{n+1+\varepsilon_0'}(\bar{x}_1\cdots\bar{x}_n)^{-\frac{\varepsilon_0}{n}+\frac{n-1}{n}\varepsilon_0'\varepsilon_0+\varepsilon_0'}\leqslant 1.$$

其次，对于 (I) 式的解 $\vec{x}$，当 $\max\limits_{1\leqslant i\leqslant n}|\bar{x}_i|\to\infty$ 时，必相应地得出无穷多个整数 $q>0$ 满足 (II)。如果不然，根据抽屉原理，必存在 Q 的某个值 $q^{(0)}>0$，及相应的整数 $q_1^{(0)},\cdots,q_n^{(0)}$ 满足不等式 (2)，且对应于(1)的无穷多个非零整解 $\vec{x}$。所以由(2)和(9)式得

$$\prod_{i=1}^{n}|q^{(0)}\alpha_i-q_i^{(0)}|\leqslant n^n d(A_1\cdots A_n)^{-1}=n^n(\bar{x}_1\cdots\bar{x}_n)^{-1-\varepsilon_0}\to 0,$$

$$\text{当}\max_{1\leqslant i\leqslant n}\bar{x}_i\to 0.$$

于是有某个 $i=k$ 适合 $q^{(0)}\alpha_k-q_k^{(0)}=0$。因为由 $q^{(0)}\neq 0$ 可知 $q_k^{(0)}\neq 0$。这与 $1,\alpha_1,\cdots,\alpha_n$ 是 Q 线性无关的假设矛盾。

命题 I ⇒ 命题 II。假定当 $\varepsilon=\varepsilon_0>0$ 时，(II) 式有无穷多个整数解 $q>0$，现在证明存在 $\varepsilon_0'>0$，使得当 $\varepsilon=\varepsilon_0'$ 时 (I) 式也有无穷多个非零整解 $\vec{x}$。我们对实数 α_i 的个数 n 用数学归纳法。

当 $n=1$ 时，(I) 和 (II) 两式一致，显然由命题 I 可得命题 II。现设 $n>1$，并且当实数个数小于 n 时，命题 I ⇒ 命题 II，来证明实数个数为 n 时，命题 I ⇒ 命题 II。令

$$A = A(q) = \|q\alpha_1\|\cdots\|q\alpha_n\|,$$

这里和下文中的 q 均表（II）式的解，于是

$$A \leqslant q^{-(1+\varepsilon_0)}. \tag{10}$$

我们不妨设，当 q 充分大时

$$A\|q\alpha_1\|^{-1} > q^{-(1+\varepsilon_0)}. \tag{11}$$

如果不然，则不等式

$$\|q\alpha_2\|\cdots\|q\alpha_n\|q^{1+\varepsilon_0} \leqslant 1$$

有无穷多个非零整解 q，这里实数个数为 $n-1$. 由归纳假设，对于某个 $\varepsilon_0' > 0$，不等式

$$\|\alpha_2 x_2 + \cdots + \alpha_n x_n\|(\bar{x}_2\cdots\bar{x}_n)^{1+\varepsilon_0'} \leqslant 1$$

有无穷多个非零整解 $(x_2,\cdots,x_n)$. 我们只须令 $\vec{x} = (0,x_2,\cdots,x_n)$，便得到（I）式（其中 $\varepsilon = \varepsilon_0'$）的无穷多个非零整解 $\vec{x}$. 于是命题 I $\Rightarrow$ 命题 II. 同理可设，当 q 充分大时

$$\|q\alpha_1\| > q^{-(1+\varepsilon_0)}. \tag{12}$$

由(11)和(12)式得，当 q 充分大时，

$$A^{-1} < q^{2(1+\varepsilon_0)}. \tag{13}$$

现在我们考察 λ 的方程

$$nq^{-\frac{\varepsilon_0}{n}} A^{\frac{1-\lambda}{n}} \min_{1\leqslant i\leqslant n}(\|q\alpha_i\|^{-1}) = 1, \tag{14}$$

得其解为

$$\lambda_0 = \lambda_0(q) = 1 - \frac{\varepsilon_0 \log q + n\log(\max\limits_{1\leqslant i\leqslant n}\|q\alpha_i\|) - n\log n}{\log A}.$$

下面分两种情形来讨论.

1° 如果对无穷多个整数 $q > 0$ 有 $\lambda_0 < 1$，则令

$$\lambda = \max\left(\lambda_0, \frac{1+\varepsilon_0/2}{1+\varepsilon_0}\right). \tag{15}$$

记

$$\varepsilon_0^* = (1+\varepsilon_0)\lambda - 1. \tag{16}$$

由(15)式可知

$$\frac{\varepsilon_0}{2} \leqslant \varepsilon_0^* \leqslant \varepsilon_0. \tag{17}$$

由(10)和(16)式得

$$q \leqslant q^{-\varepsilon_0} A^{-\lambda}. \tag{18}$$

在引理 2 中,取

$$A_0 = q^{-\varepsilon_0^*} A^{-\lambda}, \quad A_i = \|q\alpha_i\|, \quad i = 1, \cdots, n, \tag{19}$$

则有

$$d = A^{1-\lambda} q^{-\varepsilon_0^*}. \tag{20}$$

由(14)和(15)式,并注意 $A^{1-\lambda}$ 当 q 固定时是 λ 的增函数,可知

$$nd^{\frac{1}{n}} \min_{1 \leqslant i \leqslant n} (\|q\alpha_i\|^{-1}) \geqslant 1,$$

于是满足条件(7). 再由(10)和(16)式得

$$\begin{aligned} nd^{\frac{1}{n}} A_0^{-1} &= nq^{-\frac{\varepsilon_0^*}{n}} A^{\frac{1-\lambda}{n}} q^{\varepsilon_0^*} A^{\lambda} \\ &\leqslant nq^{\left(1-\frac{1}{n}\right)\varepsilon_0^*} A^{\lambda} \\ &\leqslant nq^{\left(1-\frac{1}{n}\right)((1+\varepsilon_0)\lambda^{-1}) - \lambda(1+\varepsilon_0)} \\ &= nq^{-\frac{1}{n}(1+\varepsilon_0)\lambda - \left(1-\frac{1}{n}\right)} < 1, \text{ 当 } q \text{ 充分大时.} \end{aligned} \tag{21}$$

于是又满足条件 (6). 根据引理 2, 存在非零整矢 $\vec{x} = (x_1, \cdots, x_n)$ 满足下面不等式

$$\begin{aligned} &\|\alpha_1 x_1 + \cdots + \alpha_n x_n\| (\bar{x}_1 \cdots \bar{x}_n)^{1+\varepsilon_0'} \\ &\leqslant n^{1+n\left(1+\varepsilon_0'\right)} d^{\frac{1}{n}} A_0^{\varepsilon_0'} \\ &= n^{1+n\left(1+\varepsilon_0'\right)} A^{\frac{1-\lambda}{n}} q^{-\frac{\varepsilon_0^*}{n}} A^{-\lambda\varepsilon_0'} q^{-\varepsilon_0^*\varepsilon_0'} \qquad (\text{由}(19),(20)) \\ &< n^{1+n\left(1+\varepsilon_0'\right)} q^{-\frac{\varepsilon_0^*}{n}} A^{-\varepsilon_0'} \qquad (\text{注意 } \lambda < 1,\ A < 1) \\ &< n^{1+n(1+\varepsilon_0')} q^{-\frac{\varepsilon_0^*}{n} + 2\varepsilon_0'(1+\varepsilon_0)}. \qquad (\text{当 } q \text{ 充分大,由}(13)) \end{aligned}$$

现取

$$\varepsilon_0' = \frac{\varepsilon_0}{8n(1+\varepsilon_0)}.$$

根据(17)式,对不等式 (II) 的任意充分大的整解 $q>0$ 和相应的 $\lambda=\lambda(q)$, $\varepsilon_0^*=\varepsilon_0^*(q)$ 都有

$$2\varepsilon_0'(1+\varepsilon_0)=\frac{\varepsilon_0}{4n}<\frac{2\varepsilon_0^*}{4n}=\frac{\varepsilon_0^*}{2n},$$

从而当 q 充分大时,有

$$\begin{aligned}&\|\alpha_1x_1+\cdots+\alpha_nx_n\|(\bar{x}_1\cdots\bar{x}_n)^{1+\varepsilon_0'}\\&\quad< n^{1+n\left(1+\frac{\varepsilon_0}{8n(1+\varepsilon_0)}\right)}q^{-\frac{\varepsilon_0^*}{2n}}<1.\end{aligned}\tag{22}$$

这表明对不等式 (II) 的每个充分大的解 $q>0$, (I) 式 (其中 $\varepsilon=\varepsilon_0'$) 有非零整解 $\vec{x}$.

此外,当 (II)式的解 $q\to\infty$ 时,必得无穷多个非零整向量 $\vec{x}$ 满足(22)式. 如果不然,则有某个 $\vec{x}^{(0)}=(x_1^{(0)},\cdots x_n^{(0)})\neq\vec{0}$ 与无穷多个整数 $q>0$ 相对应. 所以由(5)中第一式, (15),(21)式可知,

$$\begin{aligned}\|\alpha_1x_1^{(0)}+\cdots+\alpha_nx_n^{(0)}\|&<nq^{-\frac{1}{n}(1+\varepsilon_0)\lambda-(1-\frac{1}{n})}\\&<nq^{-\frac{1}{n}(1+\frac{\varepsilon_0}{2})-(1-\frac{1}{n})}\to0,\quad 当\ q\to\infty.\end{aligned}$$

因此 $\alpha_1x_1^{(0)}+\cdots+\alpha_nx_n^{(0)}\in\mathbb{Z}$, 这与 $1,\alpha_1,\cdots,\alpha_n$ Q 线性无关的假设矛盾. 于是对于第一种情形,命题 I $\Rightarrow$ 命题 II.

2° 如果只有有限多个 q 使得 $\lambda_0<1$, 则有无穷多个 q 使得 $\lambda_0\geqslant1$. 由(14)式可知,对于这无穷多个 q 有

$$\max_{1\leqslant i\leqslant n}\|q\alpha_i\|>nq^{-\frac{\varepsilon_0}{n}}.\tag{23}$$

由于 (II) 式的整解 q 的个数是无限的, 并且对于某个 q, 使 $\|q\alpha_k\|$ 达到最大值 $\max\limits_{1\leqslant i\leqslant n}\|q\alpha_i\|$ 的下标 k 只有有限个可能性, 根据抽屉原理,不妨设

$$\max_{1\leqslant i\leqslant n}\|q\alpha_i\|=\|q\alpha_1\|,\quad 当\ q\ 充分大.$$

由(10)和(23)式得

$$\|q\alpha_2\|\cdots\|q\alpha_n\| = \frac{A}{\|q\alpha_1\|} < \frac{q^{-(1+\varepsilon_0)}}{nq^{-\frac{\varepsilon_0}{n}}} < q^{-(1+\frac{n-1}{n}\varepsilon_0)},$$

即

$$\|q\alpha_2\|\cdots\|q\alpha_n\| q^{1+\frac{n-1}{n}\varepsilon_0} \leqslant 1$$

有无穷多个整解 $q > 0$. 根据归纳假设,存在 $\varepsilon_0' > 0$ 使得

$$\|\alpha_2 x_2 + \cdots + \alpha_n x_n\|(\bar{x}_2 \cdots \bar{x}_n)^{1+\varepsilon_0'} \leqslant 1$$

有无穷多个非零整解 $(x_2, \cdots, x_n)$. 从而向量 $\vec{x} = (0, x_2, \cdots, x_n) \neq \vec{0}$ 是不等式 (I) (其中 $\varepsilon = \varepsilon_0'$) 的无穷多个非零整解. 因此, 对于第二种情形,命题 I ⇒ 命题 II. 故定理证完.

注 1 本定理的另一证法, 参见文献[3], [5], 它的推广参见文献[8], [90].

§ 4.5 线性型的逆转置系

本节所用的方法属于 C. L. Siegel[95], 它本质上不同于前面几节的方法.

定义 1 设 $n > 1$ 是一个自然数, $\vec{x} = (x_1, \cdots, x_n)$, $\vec{y} = (y_1, \cdots, y_n)$. 对于 $\vec{x}$ 的 n 个实系数整变量线性型

$$A_i(\vec{x}) = \sum_{j=1}^{n} \alpha_{ij} x_j, \quad i = 1, \cdots, n, \tag{1}$$

令 $(\beta_{ij})_{n\times n}$ 是 $(\alpha_{ij})_{n\times n}$ 的逆矩阵, 则称 $\vec{y}$ 的 n 个实系数整变量线性型

$$B_j(\vec{y}) = \sum_{i=1}^{n} \beta_{ij} y_i, \quad j = 1, \cdots, n$$

为线性型系(1)的逆转置系.

我们来研究一组线性型的逼近与它的逆转置系的逼近问题之间的转换关系.

引理 1 (Siegel, 1922)[95] 设 $A_i(\vec{x})$, $B_j(\vec{y})$ $(1 \leqslant i, j \leqslant n)$

如定义 1 所述，记 $d=\det(\alpha_{ij})$。令函数

$$\phi(x)=\begin{cases}x & 当\ x\geqslant 0,\\ 0 & 当\ x<0.\end{cases}$$

如果 $t_1,\cdots,t_n$ 是任意 n 个自然数，则有

$$\prod_{j=1}^{n} t_j+\sum_{x_1=-\infty}^{\infty}{}'\cdots\sum_{x_n=-\infty}^{\infty}{}'\prod_{j=1}^{n}\phi(t_j-|A_j(x_1,\cdots,x_n)|)$$
$$=\frac{1}{d}\prod_{j=1}^{n}t_j^2\Big[1+\sum_{y_1=-\infty}^{\infty}{}'\cdots\sum_{y_n=-\infty}^{\infty}{}'\prod_{j=1}^{n}$$
$$\cdot\left(\frac{\sin\pi t_jB_j(y_1,\cdots,y_n)}{\pi t_jB_j(y_1,\cdots,y_n)}\right)^2\Big].\qquad(2)^{1)}$$

为证明这个引理，我们先作好下列准备。

引理 2 设 $s_1,\cdots,s_n$ 是任意 n 个实部为正数的复数，则

$$d\sum_{x_1=-\infty}^{\infty}\cdots\sum_{x_n=-\infty}^{\infty}\exp\left(-\sum_{j=1}^{n}|A_j(x_1,\cdots,x_n)|s_j\right)$$
$$=\sum_{y_1=-\infty}^{\infty}\cdots\sum_{y_n=-\infty}^{\infty}\prod_{j=1}^{n}\left(\frac{1}{s_j+2\pi iB_j(y_1,\cdots,y_n)}\right.$$
$$\left.+\frac{1}{s_j-2\pi iB_j(y_1,\cdots,y_n)}\right),\qquad(3)$$

式中 $i=\sqrt{-1}$。

证明 考虑函数

$$F(z_1,\cdots,z_n)=d\sum_{x_1=-\infty}^{\infty}\cdots\sum_{x_n=-\infty}^{\infty}$$
$$\cdot\exp\left(-\sum_{j=1}^{n}|A_j(x_1+z_1,\cdots,x_n+z_n)|s_j\right),$$

这是 $z_1,\cdots,z_n$ 的按诸变量的周期为 1 的函数，它可展成绝对收敛的 Fourier 级数

$$\sum_{k_1=-\infty}^{\infty}\cdots\sum_{k_n=-\infty}^{\infty}c_{k_1\cdots k_n}\exp(2\pi i(k_1z_1+\cdots+k_nz_n)).$$

1) 式中 $\Sigma'\cdots\Sigma'$ 表示求和范围不包括 $x_1=\cdots=x_n=0$。

我们计算系数 $c_{k_1\cdots k_n}$ 如下：

$$c_{k_1\cdots k_n}=\int_0^1\cdots\int_0^1 F(z_1,\cdots,z_n)\exp(-2\pi i(k_1z_1+\cdots+k_nz_n))dz_1\cdots dz_n$$

$$=d\sum_{x_1=-\infty}^{\infty}\cdots\sum_{x_n=-\infty}^{\infty}\int_0^1\cdots\int_0^1\exp\left(-\sum_{j=1}^n|A_j(x_1+z_1,\cdots,x_n+z_n)|s_j-2\pi i\sum_{j=1}^n k_jz_j\right)dz_1\cdots dz_n$$

$$=d\sum_{x_1=-\infty}^{\infty}\cdots\sum_{x_n=-\infty}^{\infty}\int_{x_1}^{x_1+1}\cdots\int_{x_n}^{x_n+1}\exp\left(-\sum_{j=1}^n|A_j(\tau_1,\cdots,\tau_n)|s_j-2\pi i\sum_{j=1}^n k_j(\tau_j-x_j)\right)d\tau_1\cdots d\tau_n$$

$$=d\int_{-\infty}^{\infty}\cdots\int_{-\infty}^{\infty}\exp\left(-\sum_{j=1}^n|A_j(\tau_1,\cdots\tau_n)|s_j-2\pi i\sum_{j=1}^n k_j\tau_j\right)d\tau_1\cdots d\tau_n.$$

作变量替换 $y_j=A_j(\tau_1,\cdots,\tau_n)$ $(1\leqslant j\leqslant n)$；则变换的 Jacobi 行列式为

$$\frac{\partial(\tau_1,\cdots\tau_n)}{\partial(y_1,\cdots y_n)}=d^{-1},$$

而

$$\sum_{j=1}^n k_j\tau_j=\sum_{j=1}^n k_j\left(\sum_{i=1}^n\beta_{ji}y_i\right)=\sum_{i=1}^n\left(\sum_{j=1}^n\beta_{ji}k_j\right)y_i=\sum_{i=1}^n B_i(k_1,\cdots,k_n)y_i.$$

所以

$$c_{k_1\cdots k_n}=\int_{-\infty}^{\infty}\cdots\int_{-\infty}^{\infty}\exp\left(-\sum_{j=1}^n(|y_j|s_j-2\pi_iB_j(k_1,\cdots k_n)y_j)\right)\cdot dy_1\cdots dy_n$$

$$= \prod_{j=1}^{n} \int_{-\infty}^{\infty} \exp(-|y_j|s_j - 2\pi i B_j(k_1, \cdots k_n) y_j) dy_j.$$

注意

$$\int_{-\infty}^{\infty} \exp(-|y_1|s_1 - 2\pi i B_1(k_1, \cdots, k_n) y_1) dy_1$$

$$= \int_{-\infty}^{0} \exp(y_1 s_1 - 2\pi i B_1(k_1, \cdots k_n) y_1) dy_1$$

$$+ \int_{0}^{\infty} \exp(-y_1 s_1 - 2\pi i B_1(k_1, \cdots, k_n) y_1) dy_1$$

$$= \frac{1}{s_1 + 2\pi i B_1(k_1, \cdots, k_n)}$$

$$+ \frac{1}{s_1 - 2\pi i B_1(k_1, \cdots, k_n)},$$

故得

$$c_{k_1 \cdots k_n} = \prod_{j=1}^{n} \left(\frac{1}{s_j + 2\pi i B_j(k_1, \cdots, k_n)} \right.$$

$$\left. + \frac{1}{s_j - 2\pi i B_j(k_1, \cdots, k_n)} \right).$$

最后,在

$$F(z_1, \cdots, z_n) = \sum_{k_1=-\infty}^{\infty} \cdots \sum_{k_n=-\infty}^{\infty} c_{k_1 \cdots k_n}$$

$$\cdot \exp(2\pi i(k_1 z_1 + \cdots + k_n z_n))$$

中令 $z_1 = \cdots = z_n = 0$, 即得(3)式。引理 2 证完。

引理 3 设 a, b 是已知实数,则

$$\frac{1}{2\pi i} \int_{1-\infty i}^{1+\infty i} \frac{e^{as}}{s^2} ds = \phi(a), \tag{4}$$

$$\frac{1}{2\pi i} \int_{1-\infty i}^{1+\infty i} \frac{e^s}{s^2} \left(\frac{1}{s + 2\pi b i} + \frac{1}{s - 2\pi b i} \right) ds$$

$$= \begin{cases} \left(\dfrac{\sin \pi b}{\pi b} \right)^2, & b \neq 0, \\ 1, & b = 0. \end{cases} \tag{5}$$

证明 这两个积分用留数定理容易算出．为计算(4)式中的积分，取积分围道如图 4.1 所示．对于积分(5)，可用图 4.2 所示围道．最后令 $R \to \infty$ 便得结果．

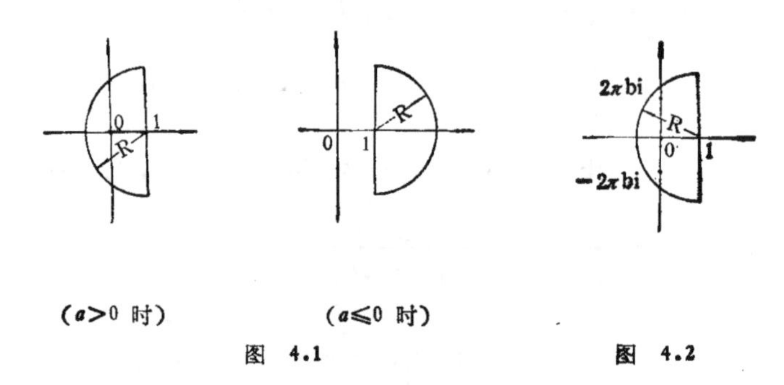

($a>0$ 时)　($a\leqslant 0$ 时)

图 4.1　图 4.2

引理 1 的证明 在(3)式两边乘以

$$\prod_{j=1}^{n}\left(\frac{1}{2\pi i s_j^2} e^{t_j s_j}\right),$$

然后对每个变量 $s_j(1 \leqslant j \leqslant n)$ 沿直线 $(1-\infty i, 1+\infty i)$ 积分，应用引理 3 便得(2)式．故引理 1 得证．

定理 1 设 $n>1$，线性型系 $A_i(\vec{x})$，$B_j(\vec{y})$ $(1 \leqslant i, j \leqslant n)$ 如定义 1 所述，$A_i(\vec{x})$ $(1 \leqslant i \leqslant n)$ 的系数行列式 $d>0$．又设 $t_1, \cdots, t_n, \rho, \tau$ 为正实数，满足关系式

$$0<\rho \leqslant \tau \leqslant \frac{1}{\pi}\left(\frac{4n}{4n+1}\right)^{2n} \sqrt{\frac{6}{4n+1}}, \tag{6}$$

$$t_1 \cdots t_n \geqslant \frac{\rho d}{\tau}. \tag{7}$$

如果不等式组

$$|B_j(\vec{y})| \leqslant \frac{\rho}{t_j}, \quad 1 \leqslant j \leqslant n \tag{8}$$

有非零整解 $\vec{y} \in \mathbf{Z}^n$，那么不等式组

$$|A_i(\vec{x})| \leqslant t_i, \quad 1 \leqslant i \leqslant n \tag{9}$$

有非零整解 $\vec{x} \in \mathbf{Z}^n$．

证明 设 $\vec{y}^{(0)}=(y_{01},\cdots,y_{0n})\neq\vec{0}$ 是(8)式的一个解. 记

$$s=\left[\frac{1}{\pi\rho}\sqrt{\frac{6}{4n+1}}\right].$$

我们来应用引理 1. 在(2)式右边关于 $\vec{y}$ 的求和中, 只取下列 $2s$ 项

$$\pm k(y_{01},\cdots,y_{0n}),\quad k=1,\cdots,s.$$

那么根据(8)式,并注意 $\frac{\sin x}{x}$ 在区间 $\left(0,\ \frac{\pi}{2}\right)$ 中是 x 的减函数,

我们有

$$\begin{aligned}
(2)\text{式右边} &> \frac{1}{d}\prod_{i=1}^{n}t_i^2\left(1+2\sum_{k=1}^{s}\prod_{j=1}^{n}\right.\\
&\quad\left.\cdot\left(\frac{\sin\pi k t_j B_j(y_{01},\cdots,y_{0n})}{\pi k t_j B_j(y_{01},\cdots,y_{0n})}\right)^2\right)\\
&> \frac{1}{d}\prod_{j=1}^{n}t_j^2\left(1+2s\left(\frac{\sin\pi\rho s}{\pi\rho s}\right)^2\right)\\
&> \frac{1}{d}\prod_{j=1}^{n}t_j^2\left(1+2\left(\frac{1}{\pi\rho}\sqrt{\frac{6}{4n+1}}-1\right)\right.\\
&\quad\left.\cdot\left(\frac{\sin\sqrt{\frac{6}{4n+1}}}{\sqrt{\frac{6}{4n+1}}}\right)^{2n}\right)\\
&> \frac{1}{d}\prod_{j=1}^{n}t_j^2\left(\frac{2}{\pi\rho}\sqrt{\frac{6}{4n+1}}\right.\\
&\quad\left.\cdot\left(\frac{\sin\sqrt{\frac{6}{4n+1}}}{\sqrt{\frac{6}{4n+1}}}\right)^{2n}-1\right)
\end{aligned}$$

$$>\frac{1}{d}\prod_{j=1}^{n}t_j^2\left(\frac{2}{\pi\rho}\sqrt{\frac{6}{4n+1}}\left(1-\frac{1}{4n+1}\right)^{2n}-1\right).$$

再由(6)式可知

$$\frac{1}{\pi\rho}\sqrt{\frac{6}{4n+1}}\left(1-\frac{1}{4n+1}\right)^{2n}\geqslant 1,$$

所以有

$$\frac{2}{\pi\rho}\sqrt{\frac{6}{4n+1}}\left(1-\frac{1}{4n+1}\right)^{2n}-1\geqslant\frac{1}{\pi\rho}\sqrt{\frac{6}{4n+1}}$$

$$\cdot\left(\frac{4n}{4n+1}\right)^{2n}>\frac{\tau}{\rho}.$$

因此得到

$$(2)\text{式右边}>\frac{\tau}{\rho d}(t_1,\cdots t_n)^2. \tag{10}$$

现在假定(9)式只有零解，那么(2)式左边只有一项，于是从(10)式可知

$$\prod_{j=1}^{n}t_j>\frac{\tau}{\rho d}\left(\prod_{j=1}^{n}t_j\right)^2,$$

即

$$1>\frac{\tau}{\rho d}(t_1\cdots t_n).$$

这与假设条件(7)相矛盾．所以(9)式有非零整解．故定理得证．

作为定理 1 的一个应用，有下列定理．

定理 2 设 $n>1$，α 是正无理数，$t_1,\cdots,t_n,\rho,\tau$ 如定理 1 所述．如果有非零整向量 $(y_1,\cdots,y_n)$ 适合不等式组

$$\left|\sum_{k=1}^{j}\alpha^{j-k}y_k\right|\leqslant\frac{\rho}{t_j},\quad 1\leqslant j\leqslant n,$$

那么存在非零整向量 $(x_1,\cdots,x_n)$ 满足不等式组

$$|x_i-\alpha x_{i+1}|\leqslant t_i,\ 1\leqslant i\leqslant n-1,\ |x_n|\leqslant t_n.$$

证明 只须取线性型

$$A_i(\vec{x}) = x_i - \alpha x_{i+1},\ 1 \leqslant i \leqslant n-1,\ A_n(\vec{x}) = x_n,$$

则其系数行列式 $d = 1$，其逆转置系为

$$B_j(\vec{y}) = \alpha^{j-1}y_1 + \cdots + \alpha y_{j-1} + y_j,\ 1 \leqslant j \leqslant n.$$

根据定理 1 便得定理 2。

注 1 其他有关结果可参见文献[111]及[124]。

§ 4.6 齐次与非齐次逼近问题间的转换定理

定理 1 设 $f_k(\vec{z})$ $(1 \leqslant k \leqslant l)$ 是变量 $\vec{z} = (z_1, \cdots, z_l)$ 的 l 个齐次实系数线性型，其系数行列式 d 不为零。如果不等式

$$\max_{1 \leqslant k \leqslant l} |f_k(\vec{z})| < \varphi(d), \tag{1}$$

只有唯一的整解 $\vec{z} = \vec{0}$，那么对任何 $\vec{\beta} = (\beta_1, \cdots, \beta_l) \in \mathbf{R}^l$，不等式

$$\max_{1 \leqslant k \leqslant l} |f_k(\vec{z}) - \beta_k| < \psi(d) \tag{2}$$

总有整解 $\vec{z} \in \mathbf{Z}^l$，这里

$$\varphi(d) = \begin{cases} 1, & \text{当 } |d| \geqslant 1, \\ |d|^{\frac{1}{l}}, & \text{当 } |d| < 1; \end{cases}$$

$$\psi(d) = \begin{cases} \dfrac{[|d|] + 1}{2}, & \text{当 } |d| \geqslant 1, \\ |d|^{\frac{1}{l}}, & \text{当 } |d| < 1. \end{cases}$$

证明 对任何 $\vec{\beta} = (\beta_1, \cdots, \beta_l) \in \mathbf{R}^l$，因为 $d \neq 0$，所以存在 $\vec{\zeta} = (\zeta_1, \cdots, \zeta_l) \in \mathbf{R}^l$，使得

$$f_k(\vec{\zeta}) = \beta_k,\quad 1 \leqslant k \leqslant l.$$

我们引进函数

$$F(\vec{z}) = \max_{1 \leqslant k \leqslant l} |f_k(\vec{z})|,$$

容易证明它具有以下性质

$$F(\lambda \vec{z}) = |\lambda| F(\vec{z}),\ \text{对一切}\ \lambda \in \mathbf{R}, \tag{3}$$

$$F(\vec{z}' + \vec{z}'') \leqslant F(\vec{z}') + F(\vec{z}''),\ \text{对一切}\ \vec{z}', \vec{z}'' \in \mathbf{R}^l. \tag{4}$$

并且(2)式可改写为

$$F(\vec{z}-\vec{\zeta})<\psi(d). \tag{5}$$

因此我们只须证明(5)式总有整解 $\vec{z}\in\mathbf{R}^{l}$. 下面分两种情形讨论.

1° $|d|\geqslant 1$. 令集合

$$\mathfrak{M}=\{\vec{z}\mid\vec{z}\in\mathbf{Z}^{l},\ F(\vec{z}-\vec{\zeta})<F(\vec{\zeta})\}.$$

a) 如果 $\mathfrak{M}=\varnothing$ (空集),则对任何 $\vec{z}\in\mathbf{Z}^{l}$,

$$F(\vec{z}-\vec{\zeta})\geqslant F(\vec{\zeta}). \tag{6}$$

对于变量 $(\vec{z},u)$ 的线性不等式组

$$\begin{cases}F\left(\vec{z}-\dfrac{2u}{[|d|]+1}\vec{\zeta}\right)<1, & (7)\\ |u|\leqslant|d|. & (8)\end{cases}$$

根据 Minkowski 线性型定理(§ 2.2 定理 2),它有非零整解 $(\vec{z}^{*},u^{*})$, 并且 $u^{*}\neq 0$. 如果不然,当 $u^{*}=0$ 时,由于(1)式只有整解 $\vec{z}=\vec{0}$, 所以由(7)式可知, $\vec{z}^{*}=\vec{0}$, 但这是不可能的. 必要时用 $(-\vec{z}^{*},-u^{*})$ 代替 $(\vec{z}^{*},u^{*})$, 可以认为

$$1\leqslant u^{*}\leqslant[|d|]. \tag{9}$$

由(3),(4),(7)和(9)式得

$$\begin{aligned}F(\vec{z}^{*}-\vec{\zeta})&\leqslant F\left(\vec{z}^{*}-\frac{2u^{*}}{[|d|]+1}\vec{\zeta}\right)\\&\quad+F\left(\frac{2u^{*}-[|d|]-1}{[|d|]+1}\vec{\zeta}\right)\\&<1+\left|\frac{2u^{*}-[|d|]-1}{[|d|]+1}\right|F(\vec{\zeta}).\end{aligned} \tag{10}$$

注意由(9)式可知,

$$\begin{aligned}|2u^{*}-[|d|]-1|&\leqslant|u^{*}-[|d|]|+|u^{*}-1|\\&=([|d|]-u^{*})+(u^{*}-1)=[|d|]-1,\end{aligned}$$

所以由(6)和(10)式得到

$$F(\vec{\zeta})\leqslant F(\vec{z}^{*}-\vec{\zeta})<1+\frac{[|d|]-1}{[|d|]+1}F(\vec{\zeta}),$$

于是有

$$F(\vec{\zeta}) < \frac{[|d|]+1}{2},$$

这表明 $\vec{z}=\vec{0}$ 是不等式(5)的一个整解。

b) 如果 $\mathfrak{M} \neq \varnothing$，此时 $\mathfrak{M}$ 是有限集，所以存在 $\vec{z}^{(0)} \in \mathbf{Z}^l$ 满足

$$\min_{\vec{z} \in \mathfrak{M}} F(\vec{z}-\vec{\zeta}) = F(\vec{z}^{(0)}-\vec{\zeta}),$$

所以

$$\begin{cases} F(\vec{z}^{(0)}-\vec{\zeta}) < F(\vec{\zeta}), \\ F(\vec{z}-\vec{\zeta}) \geqslant F(\vec{z}^{(0)}-\vec{\zeta}), \text{ 对一切 } \vec{z} \in \mathfrak{M}. \end{cases}$$

记 $\vec{z}'=\vec{z}-\vec{z}^{(0)}$，$\vec{\zeta}'=\vec{\zeta}-\vec{z}^{(0)}$，则上式可改写为

$$F(\vec{\zeta}') < F(\vec{\zeta}),$$

$$F(\vec{z}-\vec{\zeta}) \geqslant F(\vec{\zeta}'), \text{ 对一切 } \vec{z} \in \mathfrak{M}.$$

特别当 $\vec{z} \notin \mathfrak{M}$ 时，$F(\vec{z}-\vec{\zeta}) \geqslant F(\vec{\zeta}) > F(\vec{\zeta}')$. 因此对任何 $\vec{z}' \in \mathbf{Z}^l$ 都有

$$F(\vec{z}'-\vec{\zeta}') \geqslant F(\vec{\zeta}'),$$

此式与(6)式在形式上完全相同。因此，我们只须将(7)和(8)式中的向量 $\vec{\zeta}$ 换成 $\vec{\zeta}'$，类似于情形 a) 的论述，可以得到 $F(\vec{\zeta}') < \frac{1}{2}([|d|]+1)$，即

$$F(\vec{z}^{(0)}-\vec{\zeta}) < \frac{[|d|]+1}{2}.$$

所以 $\vec{z}=\vec{z}^{(0)}$ 是不等式(5)的整解。因此对于 $|d| \geqslant 1$ 的情形，定理得证。

2° $|d|<1$. 这时考虑变量 $(\vec{z}, v)$ 的线性不等式组

$$\begin{cases} F(\vec{z}-v\vec{\zeta}) < |d|^{\frac{1}{l}}, \\ |v| \leqslant 1. \end{cases} \tag{11}$$

根据 Minkowski 定理，它有非零整解 $(\vec{z}^*, v^*)$，并且 $v^*=\pm 1$. 如果不然，$v^*=0$，由于(1)式只有整解 $\vec{z}=\vec{0}$，所以由(11)式

可知 $\vec{z}^*=\vec{0}$，这是不可能的。不失一般性，可以假设 $v=1$。于是(11)式表明

$$F(\vec{z}^*-\vec{\zeta})<|d|^{\frac{1}{l}},$$

即 $\vec{z}=\vec{z}^*$ 是不等式(5)(当 $|d|<1$) 的整解。于是定理 1 全部证完。

注1 当 $|d|\geqslant 1$ 时，(2)式右边的常数不能换成 $\frac{|d|}{2}$. 事实上，这时取 $f_1(\vec{z})=dz_1$, $f_k(\vec{z})=z_k$ $(2\leqslant k\leqslant l)$, 取

$$\beta=\left(\frac{d}{2},0,\cdots,0\right),$$

则(1)式只有唯一的零解 $\vec{z}=\vec{0}$，而对任何 $\vec{z}\in \mathbf{Z}^l$，有

$$\max_{1\leqslant k\leqslant l}|f_k(\vec{z})-\beta_k|\geqslant \frac{|d|}{2}.$$

定理2 设 C,X 为正实数，$L_i(\vec{x})(1\leqslant i\leqslant m)$ 是变量 $\vec{x}=(x_1,\cdots,x_n)$ 的 m 个齐次实系数线性型。如果不等式组

$$\|L_i(\vec{x})\|<C,\ 1\leqslant i\leqslant m,$$
$$|x_j|<X,\ 1\leqslant j\leqslant n$$

只有唯一的整解 $\vec{x}=\vec{0}$，那么对任何 $\vec{\alpha}=(\alpha_1,\cdots,\alpha_m)\in \mathrm{R}^m$，不等式组

$$\|L_i(\vec{x})-\alpha_i\|<C_1,\ 1\leqslant i\leqslant m,$$
$$|x_j|<X_1,\ 1\leqslant j\leqslant n$$

有整解 $\vec{x}\in\mathbf{Z}^n$，其中 C_1,X_1 是依赖于 C,X 的常数：

$$C_1=C\psi(C^{-m}X^{-n}),\ X_1=X\psi(C^{-m}X^{-n}),$$

函数 ψ 如定理 1 中所定义。

证明 在定理 1 中取 $l=m+n$，并取线性型

$$f_k(\vec{x},\vec{y})=\begin{cases}C^{-1}(L_k(\vec{x})-y_k), & 1\leqslant k\leqslant m,\\ X^{-1}x_{k-m}, & m+1\leqslant k\leqslant m+n,\end{cases}$$

其中变量 $(\vec{x},\vec{y})=(x_1,\cdots,x_n,y_1,\cdots,y_m)$。容易计算线性型的

行列式 $d = C^{-m}X^{-n}$. 定理中的假设条件表明,不等式

$$\max_{1 \leqslant k \leqslant l} |f_k(\vec{x},\vec{y})| < 1$$

只有唯一的整解 $(\vec{x},\vec{y}) = \vec{0} \in \mathbf{R}^l$, 当然,当 $d < 1$ 时

$$\max_{1 \leqslant k \leqslant l} |f_k(\vec{x},\vec{y})| < |d|^{\frac{1}{l}}$$

也同样只有 $(\vec{x},\vec{y}) = \vec{0}$ 是整解, 于是定理 1 的条件(1)满足. 现在再取 $\vec{\beta} = (C^{-1}\alpha_1, \cdots, C^{-1}\alpha_m, 0, \cdots, 0) \in \mathbf{R}^l$. 根据定理 1,不等式

$$|f_k(\vec{x},\vec{y}) - \beta_k| < \psi(d)$$

有整解,即得本定理的结论部分. 证完.

注 2 由 $\psi(d)$ 是 $|d|$ 的增函数, 定理 2 表明, C,X 越大(小),则 C_1,X_1 越小(大). 换句话说, 齐次逼近问题与非齐次逼近问题不能同时逼近得好.

推论 1 设 γ 为正实数, 在定理 2 中, 如果 $C = \gamma X^{-\frac{n}{m}}$, 则 $C_1 = \delta X_1^{-\frac{n}{m}}$, 其中 δ 是只与 γ, m, n 有关的常数.

证明 由定理 2 可知

$$C_1 = C\psi(\gamma^{-m}), \quad X_1 = X\psi(\gamma^{-m}).$$

令

$$\delta = \gamma(\psi(\gamma^{-m}))^{1+\frac{n}{m}},$$

则推论得证.

定理 3 设 $L_i(\vec{x})(1 \leqslant i \leqslant m)$ 是变量 $\vec{x} = (x_1, \cdots, x_n)$ 的 m 个实系数线性型, $M_j(\vec{y})(1 \leqslant j \leqslant n)$ 是它的转置系,其中 $\vec{y} = (y_1, \cdots, y_m)$. 如果不等式组

$$\begin{aligned} &\|L_i(\vec{x}) - \alpha_i\| < C_1, \ 1 \leqslant i \leqslant m, \\ &|x_j| \leqslant X_1, \ 1 \leqslant j \leqslant n, \end{aligned} \tag{12}$$

对任何 $\vec{\alpha} = (\alpha_1, \cdots, \alpha_m) \in \mathbf{R}^m$ 都有整解 $\vec{x}$, 那么不等式组

$$\begin{aligned} &\|M_j(\vec{y})\| \leqslant D, \ 1 \leqslant j \leqslant n, \\ &|y_i| \leqslant U, \ 1 \leqslant i \leqslant m \end{aligned} \tag{13}$$

的唯一的整解是 $\vec{y}=\overrightarrow{0}\in\mathbf{Z}^m$，其中

$$D=(4nX_1)^{-1},\quad U=(4mC_1)^{-1}.$$

证明 注意，对于转置系有等式

$$\sum_{i=1}^{m} y_iL_i(\vec{x})=\sum_{j=1}^{n} x_jM_j(\vec{y}).$$

如果存在非零整向量 $\vec{y}$ 满足(13)式，则可取 $\vec{\alpha}=(\alpha_1,\cdots,\alpha_m)\in\mathbf{R}^m$ 适合 $\sum_{i=1}^{m}y_i\alpha_i=\frac{1}{2}$. 于是由(12),(13)有

$$\begin{aligned}\frac{1}{2}=\left\|\sum_{i=1}^{m} y_i\alpha_i\right\|&\leqslant\left\|\sum_{i=1}^{m} y_i(\alpha_i-L_i(\vec{x}))\right\|\\&\quad+\left\|\sum_{i=1}^{m} y_iL_i(\vec{x})\right\|\\&<mUC_1+\left\|\sum_{i=1}^{n} x_jM_j(\vec{y})\right\|\\&\leqslant mUC_1+nX_1D=\frac{1}{4}+\frac{1}{4}=\frac{1}{2},\end{aligned}$$

这是不可能的. 于是定理得证.

注 3 本定理表明，如果非齐次逼近问题

$$\|L_i(\vec{x})-\alpha_i\|<C_1(1\leqslant i\leqslant m),\quad |x_j|<X(1\leqslant j\leqslant n)$$

有整解 $\vec{x}$，则不等式组

$$\|M_j(\vec{y})\|\leqslant D(1\leqslant j\leqslant n),\quad |y_i|\leqslant U(1\leqslant i\leqslant m)$$

没有非零整解. 再根据 § 4.2 定理 1，不等式组

$$\|L_i(\vec{x})\|<C(1\leqslant i\leqslant m),\quad |x_j|\leqslant X(1\leqslant j\leqslant n)$$

也没有非零整解. 因此，定理 3 是定理 2 的(间接)逆命题. 它的直接逆命题将在 § 4.7 中给出.

注 4 如果取 $D=\lambda(nX_1)^{-1}$，$U=\mu(mC_1)^{-1}$，其中 λ,μ 是适合 $\lambda^{-1}+\mu^{-1}=\frac{1}{2}$ 的正实数，那么定理 3 的结论仍然成立. 另外，如果 $\lambda^{-1}+\mu^{-1}<\frac{1}{2}$，那么(12)的第一式中的“<”可改为

“≤”号.

推论 2 设 γ 是正实数. 如果 $C_1=\gamma X_1^{-\frac{n}{m}}$, 则 $D=\delta U^{-\frac{m}{n}}$, 其中 δ 是只与 γ, m, n 有关的常数.

证明 由定理 3 中的 C_1, X_1, D, U 之间的关系可以推出

$$D=(4nX_1)^{-1}=(4n)^{-1}(C_1\gamma^{-1})^{\frac{m}{n}}=(4n\gamma^{\frac{m}{n}})^{-1}C_1^{\frac{m}{n}}$$
$$=(4n\gamma^{\frac{m}{n}})^{-1}(4mU)^{-\frac{m}{n}}=(4n(4m\gamma)^{\frac{m}{n}})^{-1}U^{-\frac{m}{n}}.$$

只须取 $\delta=(4n(4m\gamma)^{\frac{m}{n}})^{-1}$, 便得推论.

综合上述结果得到

定理 4 下面四个命题互相等价.

(I) 存在常数 $\gamma_1>0$ 使得不等式组

$$\|L_i(\vec{x})\|\leqslant\gamma_1X^{-\frac{n}{m}}\ (1\leqslant i\leqslant m),\ |x_j|\leqslant X(1\leqslant j\leqslant n)$$

当 $X\geqslant1$ 时无非零整解 $\vec{x}$.

(II) 存在常数 $\gamma_2>0$ 使得不等式组

$$\|M_j(\vec{y})\|\leqslant\gamma_2U^{-\frac{m}{n}}\ (1\leqslant j\leqslant n),\ |y_i|\leqslant U(1\leqslant i\leqslant m)$$

当 $U\geqslant1$ 时无非零整解 $\vec{y}$.

(III) 存在常数 $\gamma_3>0$ 使得不等式组

$$\|L_i(\vec{x})-\alpha_i\|\leqslant\gamma_3X^{-\frac{n}{m}}\ (1\leqslant i\leqslant m),\ |x_j|\leqslant X(1\leqslant j\leqslant n)$$

当 $X\geqslant1$ 时对一切 $\vec{\alpha}\in\mathbb{R}^m$ 有整解 $\vec{x}$.

(IV) 存在常数 $\gamma_4>0$ 使得不等式组

$$\|M_j(\vec{y})-\beta_j\|\leqslant\gamma_4U^{-\frac{m}{n}}\ (1\leqslant j\leqslant n),\ |y_i|\leqslant U(1\leqslant i\leqslant m)$$

当 $U\geqslant1$ 时对一切 $\vec{\beta}\in\mathbb{R}^n$ 有整解 $\vec{y}$.

证明 根据推论 1 可知 (I) ⇒ (III), 以及 (II) ⇒ (IV). 再由推论 2 可知 (III) ⇒ (II), 以及 (IV) ⇒ (I). 故得定理 4.

§ 4.7 Birch 定理

现在给出上节定理 1 的直接逆命题.

定理1 (Birch, 1957)[17] 设 $f_k(\vec{z})(1\leqslant k\leqslant l)$ 是变量 $\vec{z}=(z_1,\cdots,z_l)$ 的 l 个齐次实系数线性型，其系数行列式 d 不为零. 如果对于每个 $\vec{\beta}=(\beta_1,\cdots,\beta_l)\in\mathbb{R}^l$，不等式

$$\max_{1\leqslant k\leqslant l}|f_k(\vec{z})-\beta_k|\leqslant 1$$

有整解 $\vec{z}\in\mathbb{Z}^l$，那么对所有非零整向量 $\vec{x}\in\mathbb{Z}^l$ 有

$$\max_{1\leqslant k\leqslant l}|f_k(\vec{z})|\geqslant\frac{|d|}{l2^{l-1}}.$$

为了证明这个定理,需要下面有关数的几何方面的两个引理.

引理1 设 $\mathscr{R}$ 是 l 维 Euclid 空间 $\mathbb{R}^l$ 中的以 $\vec{0}$ 为对称中心,含有点 $(0,\cdots,0,\pm\mu)(\mu>0)$ 的闭凸集，又设 $\mathscr{R}_0$ 是 $\mathscr{R}$ 在超平面 $x_l=0$ 上的投影,即

$$\mathscr{R}_0=\{\vec{x}\,|\,\vec{x}=(x_1,\cdots,x_{l-1}),\text{至少有一个 }y\text{ 使 }(\vec{x},y)\in\mathscr{R}\}.$$

如果用 V 和 V_0 分别表示 $\mathscr{R}$ 的 l 维体积和 $\mathscr{R}_0$ 的 $l-1$ 维体积,则有

$$lV\geqslant 2\mu V_0.$$

证 对于任何固定的 $\vec{x}\in\mathscr{R}_0$，使 $(\vec{x},y)\in\mathscr{R}$ 的一切 y 构成一个闭区间 $\eta_1(\vec{x})\leqslant y\leqslant\eta_2(\vec{x})$. 作“对称化”变换

$$T:\quad \vec{x}'=\vec{x},\ y'=y-\frac{1}{2}(\eta_1(\vec{x})+\eta_2(\vec{x})),$$

则 $\mathscr{R}$ 在 T 下的象是集[1)]

$$\mathscr{S}=T(\mathscr{R})=\left\{(\vec{x},y)\,|\,\vec{x}\in\mathscr{R}_0,|y|\leqslant Y(\vec{x})=\frac{1}{2}(\eta_2(\vec{x})-\eta_1(\vec{x}))\right\}.$$

首先,我们可以计算出 $\mathscr{S}$ 的体积 $V(\mathscr{S})=V$. 事实上,

$$V(\mathscr{S})=\int\cdots\int_{\mathscr{S}}d\vec{x}dy=\int\cdots\int_{\vec{x}\in\mathscr{R}_0}d\vec{x}\int_{-y(\vec{x})}^{y(\vec{x})}dy$$

$$=\int\cdots\int_{\vec{x}\in\mathscr{R}_0}2y(\vec{x})d\vec{x}=\int\cdots\int_{\vec{x}\in\mathscr{R}_0}(\eta_2(\vec{x})-\eta_1(\vec{x}))d\vec{x}$$

---

1) 对于 $\mathscr{S}$ 中的点 $(\vec{x}',y')$，仍用 $(\vec{x},y)$ 表示.

$$= \int_{\vec{x}\in\mathscr{R}_0}\cdots\int\left(\int_{\eta_1(\vec{x})}^{\eta_2(\vec{x})} dy\right)d\vec{x} = \int_{(\vec{x},y)\in\mathscr{R}}\cdots\int d\vec{x}dy = V.$$

其次，我们来证明 $\mathscr{S}$ 是凸集．实际上，设 $(\vec{x}^{(i)}, y^{(i)}) \in \mathscr{S}(i=1,2)$，则点 $(\vec{x}^{(i)}, \eta_j(\vec{x}^{(i)}))$ $(i=1,2; j=1,2) \in \mathscr{R}$．因为 $\mathscr{R}$ 是凸集，根据 § 2.2 引理 1，以上述四点为顶点的四边形包含在 $\mathscr{R}$ 中．在变换 T 之下，它变为 $\mathscr{S}$ 中以 $(\vec{x}^{(i)}, \pm Y(\vec{x}^{(i)}))$ $(i=1,2)$ 为四个顶点的四边形．因为连接 $(\vec{x}^{(i)}, y^{(i)})$ $(i=1,2)$ 的线段在这个四边形中，所以也在 $\mathscr{S}$ 中，这就表明 $\mathscr{S}$ 是凸的．

令点集

$$\begin{aligned}\mathscr{S}_1 = \{\vec{\xi}\,|\,\vec{\xi} &= \lambda(\vec{x},0) + (1-\lambda)(\vec{0}, \pm\mu) \\ &= (\lambda\vec{x}, \pm(1-\lambda)\mu),\ 0\leqslant\lambda\leqslant 1,\ \vec{x}\in\mathscr{R}_0\}.\end{aligned} \tag{1}$$

容易证明 $\mathscr{S}_1 \subseteq \mathscr{S}$．事实上，因为 $(\vec{0}, \pm\mu)\in\mathscr{R}$，所以 $\eta_1(\vec{0})\leqslant -\mu$，$\eta_2(\vec{0})\geqslant\mu$，$Y(\vec{0})\geqslant\mu$，因此 $(\vec{0}, \pm\mu)\in\mathscr{S}$．此外，对任何 $\vec{x}\in\mathscr{R}_0$，有 $(\vec{x},0)\in\mathscr{S}$．由 $\mathscr{S}$ 的凸性可知，连接 $(\vec{0}, \pm\mu)$ 和 $(\vec{x},0)$ 的线段包含在 $\mathscr{S}$ 中，也就是说，$\mathscr{S}_1\subseteq\mathscr{S}$．不难看出 $\mathscr{S}_1$ 是一个纺锤形的"双锥体"，由上锥体 $\mathscr{J}_1$ 和下锥体 $\mathscr{J}_2$ 组成，它们的顶点分别是 $(\vec{0}, \mu)$ 和 $(\vec{0}, -\mu)$，而 $\mathscr{R}_0$ 是它们的公共底面．

最后，我们来计算 $\mathscr{S}_1$ 的体积．由于对称性，只须计算上锥体 $\mathscr{J}_1$ 的体积．记 $\vec{\xi} = (\xi_1, \cdots, \xi_l)$．由 (1) 式可知 $\xi_l = (1-\lambda)\mu$，并且当 $0\leqslant\lambda\leqslant 1$ 时，有 $0\leqslant\xi_l\leqslant\mu$．我们解出

$$\lambda = 1 - \frac{\xi_l}{\mu}.$$

于是 $\vec{\xi} = (\xi_1, \cdots, \xi_l)$ 属于上锥体 $\mathscr{J}_1$ 的充分必要条件是

$$\begin{cases}\xi_k = \lambda x_k = \left(1 - \dfrac{\xi_l}{\mu}\right)x_k,\ 1\leqslant k\leqslant l-1,\ 0\leqslant\xi_l\leqslant\mu, \\ (x_1, \cdots, x_{l-1})\in\mathscr{R}_0.\end{cases}$$

由此可知

$$
\begin{aligned}
V(\mathscr{S}_1) &= 2\int\cdots\int_{\mathscr{S}_1} d\xi_1\cdots d\xi_{l-1}d\xi_l \\
&= 2\int_0^{\mu}\Bigg(\int\cdots\int_{\substack{\xi_k=(1-\xi_l\mu^{-1})x_k\\ 1\leqslant k\leqslant l-1\\ (x_1,\cdots,x_{l-1})\in\mathscr{R}_0}} d\xi_1\cdots d\xi_{l-1}\Bigg)d\xi_l \\
&= 2\int_0^{\mu}\Bigg(\int\cdots\int_{\vec{x}\in\mathscr{R}_0}\Big(1-\frac{\xi_l}{\mu}\Big)^{l-1}dx_1\cdots dx_{l-1}\Bigg)d\xi_l \\
&= 2\int_0^{\mu}\Big(1-\frac{\xi_l}{\mu}\Big)^{l-1}d\xi_l\cdot\int\cdots\int_{\vec{x}\in\mathscr{R}_0}dx_1\cdots dx_{l-1} \\
&= 2\frac{\mu}{l}V_0.
\end{aligned}
$$

由以上论述不难得出 $V=V(\mathscr{S})\geqslant V(\mathscr{S}_1)=2l^{-1}\mu V_0$，故引理得证。

引理 2 设集 $\mathscr{R}\subseteq\mathbf{R}^n$，并且对任何 $\vec{\zeta}\in\mathbf{R}^n$ 存在 $\vec{x}\in\mathbf{R}$ 适合 $\vec{x}\equiv\vec{\zeta}\pmod 1$（即 $\vec{x}-\vec{\zeta}\in\mathbf{Z}^n$），那么 $\mathscr{R}$ 的体积 $V(\mathscr{R})\geqslant 1$。

证明 不妨设 $V(\mathscr{R})<\infty$，对任一 $\vec{u}=(u_1,\cdots,u_n)\in\mathbf{Z}^n$，记

$$
\mathscr{R}(\vec{u})=\{\vec{x}\,|\,\vec{x}=(x_1,\cdots,x_n)\in\mathscr{R},\ u_i\leqslant x_i<u_i+1,\ 1\leqslant i\leqslant n\}.
$$

则

$$
\mathscr{R}=\bigcup_{\vec{u}\in\mathbf{Z}^n}\mathscr{R}(\vec{u}).
$$

又记

$$
\mathscr{S}=\{\vec{\zeta}\,|\,\vec{\zeta}=(\zeta_1,\cdots,\zeta_n)\in\mathbf{R}^n,\ 0\leqslant\zeta_i<1,1\leqslant i\leqslant n\},
$$

则 $\mathscr{S}$ 中任意两点均不同余，mod1. 根据假设，对每个 $\vec{\zeta}\in\mathscr{S}$，存在 $\vec{u}\in\mathbf{Z}^n$（不唯一）和 $\vec{x}\in\mathscr{R}(\vec{u})$，使 $\vec{\zeta}\equiv\vec{x}\pmod 1$. 因此，将每个 $\mathscr{R}(\vec{u})$ 平移一个适当的整向量，它们将覆盖 $\mathscr{S}$，故得

$$
V(\mathscr{R})=\sum_{\vec{u}\in\mathbf{Z}^n}V(\mathscr{R}(\vec{u}))\geqslant V(\mathscr{S})=1.
$$

于是引理 2 证完.

定理 1 的证明 现在我们定义集 $\mathscr{R}$

$$\{\vec{z}|\max_{1\leqslant k\leqslant l}|f_k(\vec{z})|\leqslant 1\},$$

显然它是中心对称的 l 维闭凸集. 然后再按引理 1 定义 $\mathscr{R}_0$, V 和 V_0.

首先, 任取一整向量 $\vec{z}^{(0)}\neq\vec{0}$, 记

$$\lambda_0=\max_{1\leqslant k\leqslant l}|f_k(\vec{z}^{(0)})|,$$

并记 $z_{0l}=|\vec{z}^{(0)}|\neq 0$. 显然 $z_{0l}\in\mathbf{R}$, 且 $z_{0l}\geqslant 1$. 在模 $\mathbf{Z}^n$ 中适当选取基底后, 不妨可设 $\vec{z}^{(0)}=(0,\cdots,0,z_{0l})$. 由于

$$\max_{1\leqslant k\leqslant l}|f_k(\vec{z}^{(0)})|=|a_lz_{0l}|=\lambda_0,$$

所以 $|a_0\lambda_0^{-1}|=z_{0l}^{-1}\leqslant 1$. 从而 $\max_{1\leqslant k\leqslant l}|f_k(0,\cdots,0,\pm\lambda_0^{-1})|\leqslant 1$, 即 $(0,\cdots,0,\pm\lambda_0^{-1})\in\mathscr{R}$.

计算 $\mathscr{R}$ 的体积

$$V=\int\cdots\int_{\mathscr{R}}d\vec{z}=\int\cdots\int_{\substack{|f_k(\vec{z})|\leqslant 1\\1\leqslant k\leqslant l}}d\vec{z}.$$

作变量替换 $\xi_k=f_k(\vec{z})$, $1\leqslant k\leqslant l$, 得

$$V=2^l\int_0^1\cdots\int_0^1|d|^{-1}d\xi_1\cdots d\xi_l=2^l|d|^{-1}.$$

其次, 按假定, 对任何 $\vec{\zeta}=(\zeta_1,\cdots,\zeta_{l-1})\in\mathrm{R}^{l-1}$, 存在整向量 $\vec{z}=(z_1,\cdots,z_l)\in\mathbf{Z}^l$ 满足

$$|f_k(\vec{\zeta}^*-\vec{z})|\leqslant 1,\ 1\leqslant k\leqslant l,$$

其中 $\vec{\zeta}^*=(\vec{\zeta},0)$, 即 $\vec{\zeta}^*-\vec{z}\in\mathscr{R}$. 记 $\vec{\zeta}^*-\vec{z}=(\vec{x},-z_l)$. 则 $\vec{x}\in\mathscr{R}_0$, 并且 $\vec{x}\equiv\vec{\zeta}(\mathrm{mod}1)$. 根据引理 2, $V_0\geqslant 1$.

最后, 根据引理 1, 有

$$l\cdot 2^l|d|^{-1}\geqslant 2V_0\lambda_0^{-1}.$$

故得

$$\lambda_0\geqslant 2V_0l^{-1}2^{-l}|d|\geqslant l^{-1}2^{-l+1}|d|.$$

因为 $\vec{z}^{(0)}$ 是任意非零整向量, 所以上式右边与 $\vec{z}^{(0)}$ 无关. 于是对

任何 $\vec{z} \neq \vec{0}$ 有

$$\max_{1 \leq k \leq l} |f_k(\vec{z})| \geq \frac{|d|}{l 2^{l-1}}.$$

故定理 1 得证。

习　　题

1. 设 $\alpha_1, \cdots, \alpha_n \in \mathbb{R}$. 如果存在常数 $C > 0$ $A > 0$，使不等式组

$$\|\alpha_1 x_1 + \cdots + \alpha_n x_n\| < C(\max_{1 \leq i \leq n} |x_i|)^{-n}, \max_{1 \leq i \leq n} |x_i| \geq A$$

没有非零整解 $(x_1, \cdots, x_n)$，那么不等式组

$$\|q\alpha_i\| < Cnq^{\frac{1}{n}} \quad (1 \leq i \leq n), \quad q > A^n$$

也没有非零整数解 q。

2. 证明下列命题与 § 4.1 定理 2 等价：

设 $n \geq 2$ 是自然数，$\vec{x} = (x_1, \cdots, x_n)$，

$$f_i(\vec{x}) = \sum_{j=1}^{n} a_{ij} x_j, \quad g_i(\vec{y}) = \sum_{j=1}^{n} b_{ij} y_j, \quad 1 \leq i \leq n$$

是 $2n$ 个实系数线性型，系数行列式 $\det(a_{ij})$ 及 $d = \det(b_{ij})$ 不等于零。如果双线性型

$$\Phi(\vec{x}, \vec{y}) = \sum_{i=1}^{n} f_i(\vec{x}) g_i(\vec{y}) = \sum_{i,j=1}^{n} c_{ij} x_i y_j$$

有整系数 $c_{ij} (1 \leq i, j \leq n)$，且不等式组

$$|f_i(\vec{x})| \leq t_i, \quad 1 \leq i \leq n, \quad t_1, \cdots, t_n > 0$$

有非零解 $\vec{x} \in \mathbb{Z}^n$，那么不等式组

$$\max_{1 \leq i \leq n} |g_i(\vec{y})| \leq (n-1)(|d| \max_{1 \leq i \leq n} t_i)^{\frac{1}{n-1}}$$

有非零整解 $\vec{y} \in \mathbb{Z}^n$。

3. 设 $f_i(\vec{x}), g_i(\vec{y})$ $(1 \leq i \leq n)$ 如上题所述，且上题条件成立。记 $\lambda = (|d| t_1 \cdots t_n)^{\frac{1}{n-1}}$，则不等式组

$$\max_{1\leqslant i\leqslant n}|g_i(\vec{y})|\leqslant\lambda\max_{1\leqslant i\leqslant n}\sum_{j\neq i}t_j^{-1}$$

有非零整解 $\vec{y}$.

由此导出 § 4.1 定理 2.

4. $f_i(\vec{x}),g_i(\vec{y})(1\leqslant i\leqslant n)$ 如上题所述，且关于 $\Phi(\vec{x},\vec{y})$ 的条件成立，那么对于任何非零整向量 $\vec{x}\in\mathbf{Z}^n$，不等式

$$\max_{1\leqslant i\leqslant n}|g_i(\vec{y})|\leqslant(n-1)(|d|\max_{1\leqslant i\leqslant n}|f_i(\vec{x})|)^{\frac{1}{n-1}}$$

有非零整解 $\vec{y}$.

5. 应用 § 4.5 公式(2)证明 Minkowski 线性型定理（§ 2.2 定理 2）.

6. 设 $n\geqslant 2$ 为自然数，$\omega>0,\alpha_1,\cdots,\alpha_{n-1}\in\mathscr{R}$. 如果对于充分大的 $X>0$，不等式组

$$\left|x_n+\sum_{i=1}^{n-1}\alpha_ix_i\right|\leqslant X^{-n+1-\omega},\quad |x_i|\leqslant X(1\leqslant i\leqslant n-1)$$

有非零整解 $(x_1,\cdots,x_n)\in\mathbf{Z}^n$，那么存在常数 $C=C(n,\omega)>0$ 和 $Y=Y(n,\omega,X)>0$，使不等式组

$$|y_i-\alpha_iy_n|<CY^{-\frac{n-1+\omega}{(n-1)^2+(n-2)\omega}}\ (1\leqslant i\leqslant n-1),\quad |y_n|\leqslant Y$$

有非零整解 $(y_1,\cdots,y_n)$.

7. 设 $n\geqslant 2$ 为自然数，$\omega>0,\alpha_1,\cdots,\alpha_{n-1}\in\mathbf{R}$. 如果对充分大的 $X>0$，不等式组

$$|x_i-\alpha_ix_n|\leqslant X^{-\frac{1}{n-1}-\omega}\ (1\leqslant i\leqslant n-1),\quad |x_n|\leqslant X$$

有非零整解 $(x_1,\cdots,x_n)\in\mathbf{Z}^n$，那么存在常数 $C=C(n,\omega)>0$，$Y=Y(n,\omega,X)>0$，使不等式组

$$\left|y_n+\sum_{i=1}^{n-1}\alpha_iy_i\right|<CY^{-(n-1)(1+\omega)},\quad |y_i|\leqslant Y,\ 1\leqslant i\leqslant n-1$$

有非零整解 $(y_1,\cdots,y_n)$.

8. 设 $L_i(\vec{x})(1\leqslant i\leqslant m)$ 是变量 $\vec{x}=(x_1,\cdots,x_n)$ 的齐次实系数线性型，$M_j(\vec{y})$ $(1\leqslant j\leqslant n)$ 是它的转置系，$\vec{y}=(y_1,\cdots,$

y_m). 试证明：对任何 $\varepsilon>0$，不等式组

$$\|L_i(\vec{x})\|<\varepsilon X^{-\frac{n}{m}},\ |x_j|\leqslant X,\ 1\leqslant i\leqslant m,\ 1\leqslant j\leqslant n$$

对所有充分大的 X 都有整解 $\vec{x}\neq\vec{0}$，当且仅当对任何 $\delta>0$，不等式组

$$\|M_j(\vec{y})\|<\delta Y^{-\frac{m}{n}},\ |y_i|\leqslant Y,\ 1\leqslant i\leqslant m,\ 1\leqslant j\leqslant n$$

对所有充分大的 Y 都有整解 $\vec{y}$。

第五章　代数数的有理逼近

本章目的是证明关于代数数的有理逼近定理，这是丢番图逼近论中一个非常重要的著名定理。§5.1 中我们简述这个问题的发展历史。§§5.2—5.14 是预备引理和辅助结果，它大体上分两个部分，一部分介绍指标概念及其性质，另一部分是关于平行体的相继极小的概念和性质。§5.15 给出 Roth 定理（一个代数数的逼近定理）的证明。§5.16 给出一般情形，即 Schmidt 代数数联立逼近定理的证明。本章末的附录中给出本章主要结果的关系图解，以助于了解全章证明结构。

关于 Schmidt 定理的进一步推广，可参见文献[86]，[87]，[89]，[91]，[92]。关于它的应用，可参见，例如，文献[9]。

§5.1　历史概述

在§1.1—1.2 中，我们已经看到有理数具有最佳逼近阶 q，但对于无理数，情形复杂得多。无理数具有逼近阶 q^2，但 q^2 是否是最佳逼近阶呢？根据§1.7 定理 1，应当区分不同类型的无理数来研究。人们发现，一类无理数即代数数恰好具有最佳逼近阶 q^2。

1844 年，J. Liouville[62]首先证明

定理 1 (Liouville)　若 α 是次数为 $d \geqslant 2$ 的代数数，则存在常数 $C = C(\alpha)$，使得对任何有理数 $\frac{p}{q}$，有

$$\left|\alpha - \frac{p}{q}\right| > Cq^{-d}. \tag{1}$$

由此可知，代数数不能被有理数很好地逼近。特别地，不等式

$$\left|\alpha-\frac{p}{q}\right|<q^{-\mu},\ \mu>d \tag{2}$$

只有有限多个有理解 $\frac{p}{q}$.

证明 设 $P(x)\in \mathbf{Z}[x]$ 是代数数 α 的极小多项式，其首项系数为 $a_d>0$，又设 $\alpha^{(1)}=\alpha,\alpha^{(2)},\cdots,\alpha^{(d)}$是 α 的共轭元，则

$$M=q^dP\left(\frac{p}{q}\right)=q^da_d\prod_{i=1}^{d}\left(\frac{p}{q}-\alpha^{(i)}\right)\in \mathbf{Z}. \tag{3}$$

因为 $\alpha^{(1)},\cdots,\alpha^{(d)}\notin \mathbf{Q}$，所以 $M\neq 0$，于是 $|M|\geqslant 1$.

若 $\left|\alpha-\frac{p}{q}\right|\geqslant 1$，则适当选择常数 C 可得(1)式. 因此可以假设 $\left|\alpha-\frac{p}{q}\right|<1$. 从而 $\left|\frac{p}{q}\right|<|\alpha|+1$. 于是

$$a_d\prod_{i=2}^{d}\left|\alpha^{(i)}-\frac{p}{q}\right|<a_d\prod_{i=2}^{d}(1+|\alpha|+|\alpha^{(i)}|).$$

最后由(3)式求得

$$\begin{aligned}\left|\alpha-\frac{p}{q}\right|&=Mq^{-d}a_d^{-1}\left(\prod_{i=2}^{d}\left|\alpha^{(i)}-\frac{p}{q}\right|\right)^{-1}\\&>q^{-d}a_d^{-1}\prod_{i=2}^{d}(1+|\alpha|+|\alpha^{(i)}|)^{-1}=Cq^{-d},\end{aligned}$$

其中

$$C=C(\alpha)=a_d^{-1}\prod_{i=2}^{d}(1+|\alpha|+|\alpha^{(i)}|)^{-1}.$$

于是定理 1 得证.

我们关心的是，(2)式中的指数 μ 的最佳值. 对此有一系列历史记录:

A. Thue(1909)[99]: $\mu>\frac{\alpha}{2}+1$;

C. L. Siegel(1921)[94]: $\mu>2\sqrt{d}$;

F. J. Dyson (1947)[37]
A. O. Гельфонд (1948)[113] } (各自独立): $\mu>\sqrt{2d}$;

K. F. Roth(1955)[80]: $\mu > 2$.

由§1.1 推论 1 可知，Roth 得到的结果是最好的. 具体地说，他证明了

定理 2 (Roth)　如果 α 是次数 $d \geqslant 2$ 的实代数数，则对任何 $\varepsilon > 0$，不等式

$$\left|\alpha - \frac{p}{q}\right| < \frac{1}{q^{2+\varepsilon}}$$

只有有限多个解.

这就是著名的 Thue-Siegel-Roth 定理，曾荣获 1958 年国际数学家大会 Fields 奖.

1970 年，W. M. Schmidt[85] 将 Roth 定理推广到联立逼近的情形，他证明了下列两个定理.

定理 3A (Schmidt)　设 $\alpha_1, \cdots, \alpha_n$ 是实代数数，$1, \alpha_1, \cdots, \alpha_n$ Q 线性无关，则对任何 $\varepsilon > 0$，不等式

$$\|q\alpha_1\| \cdots \|q\alpha_n\| q^{1+\varepsilon} < 1$$

只有有限多个整数解 $q > 0$.

定理 3B (Schmidt)　设 $\alpha_1, \cdots, \alpha_n$ 如定理 3A 所述，则对任何 $\varepsilon > 0$，不等式

$$\|q_1\alpha_1 + \cdots + q_n\alpha_n\| \, |q_1 \cdots q_n|^{1+\varepsilon} < 1$$

只有有限多组解 $(q_1, \cdots, q_n) \in \mathbb{Z}^n$，$\min\limits_{1 \leqslant i \leqslant n} |q_i| > 0$.

由 § 4.1 定理 1 可知，定理 3A 和定理 3B 等价，因此我们今后只证明定理 3A，当 $n = 1$ 时，定理 3A 和 3B 都成为 Roth 定理，因此，我们略去 Roth 定理的原证，只是作为 Schmidt 定理证明的一部分在 § 5.15 中予以证明. 关于 Roth 定理的原证可参见文献[24]和[80].

注 1　由 Liouville 定理可知，当 α 的次数 $d = 2$ 时，存在常数 $C = C(\alpha) > 0$，使得对任何有理数 $\frac{p}{q}$，有

$$\left|\alpha - \frac{p}{q}\right| > Cq^{-2}. \tag{4}$$

这个结果比 Roth 定理强。但对于 $d \geqslant 3$，还没有发现一个代数数，能满足(4)式。 S. Lang[56] 在 1965 年曾猜想，对于次数不低于 3 的代数数 α，不等式

$$\left|\alpha-\frac{p}{q}\right|<\frac{1}{q^{2}(\log q)^{\kappa}}$$

当 $\kappa>1$ 或 $\kappa>\kappa_{0}(\alpha)$ 时，只有有限多个有理解 $\frac{p}{q}$。

§5.2 Roth-Schmidt 指标

设 m, l 是自然数，我们记

$$\vec{\mu}=(h,k)\in \mathbf{Z}^{2},\ 1\leqslant h\leqslant m,\ 1\leqslant h\leqslant l;$$
$$\vec{\nu}=(h,k)\in \mathbf{Z}^{2},\ 1\leqslant h\leqslant m,\ 2\leqslant k\leqslant l.$$

并令

$$\{x_{\vec{\mu}}\}=(x_{11},\cdots,x_{1l},x_{21},\cdots,x_{2l},\cdots,x_{m1},\cdots,x_{ml});$$
$$\{x_{\vec{\nu}}\}=(x_{12},\cdots,x_{1l},x_{22},\cdots,x_{2l},\cdots,x_{m2},\cdots,x_{ml}).$$

我们约定，本章中出现的下标 $\vec{\mu}$ 和 $\vec{\nu}$，都如此处所示。

将 ml 个变量 $\{x_{\vec{\mu}}\}$ 的实系数多项式环记作

$$\mathscr{R}=\mathbf{R}[\{x_{\vec{\mu}}\}],$$

并将 $\mathscr{R}$ 中任意元素 P 表为

$$P=P(\{x_{\vec{\mu}}\})=\sum_{\{k_{\vec{\mu}}\}} c(\{k_{\vec{\mu}}\})\prod_{\vec{\mu}} x_{\vec{\mu}}^{k_{\vec{\mu}}}, \tag{1}$$

式中

$$x_{\vec{\mu}}^{k_{\vec{\mu}}}=x_{11}^{k_{11}}\cdots x_{1l}^{k_{1l}}x_{21}^{k_{21}}\cdots x_{2l}^{k_{2l}}\cdots x_{m1}^{k_{m1}}\cdots x_{ml}^{k_{ml}},$$

$$\{k_{\vec{\mu}}\}=(k_{11},\cdots,k_{1l},k_{21},\cdots,k_{2l},\cdots,k_{m1},\cdots,k_{ml}\},$$

其中 $k_{\vec{\mu}}$ 为非负整数。此外我们还记

$$\vec{x}_{h}=(x_{h1},x_{h2},\cdots,x_{hl})\quad h=1,2,\cdots,m.$$

于是 $\{x_{\vec{\mu}}\}=(\vec{x}_{1},\vec{x}_{2},\cdots,\vec{x}_{m})$.

对于 $\vec{a}_{h}=(\alpha_{h1},\alpha_{h2},\cdots,\alpha_{hl})\in \mathbf{R}^{l}$，作下列以 $\vec{a}_{h}$ 为系数的 $\vec{x}_{h}$

的线性型

$$L_h = L_h(\vec{x}_h) = \vec{a}_h \cdot \vec{x}_h = \sum_{k=1}^{l} \alpha_{hk} x_{hk}, \quad h = 1, \cdots, m.$$

本章中，始终假定 $\vec{a}_1, \cdots, \vec{a}_m \in \mathbf{R}^l$ 且非零向量．不失一般性，可设

$$\frac{\partial L_h}{\partial x_{h1}} \neq 0, \quad h = 1, \cdots, m.$$

不然的话，可以适当改变变量的编号．为书写简洁，记高阶混合偏导数运算为

$$\prod_{h=1}^{m} \left(\frac{\partial}{\partial x_{h1}} \right)^{i_h} = \frac{\partial^{i_1+\cdots+i_m}}{\partial x_{11}^{i_1} \cdots \partial x_{m1}^{i_m}}.$$

定义 1 设 $r_1, \cdots, r_m \in \mathbf{N}, L_1, \cdots, L_m$ 分别是 $\vec{x}_1, \cdots, \vec{x}_m$ 的不恒为零的线性型．把 $\mathscr{R}$ 中非零多项式(1)表成 $L_1, \cdots, L_m$ 和 $\{x_{\vec{\nu}}\}$ 的多项式

$$P = P(\{x_{\vec{\mu}}\}) = \sum_{\{j_{\vec{\mu}}\}} b(\{j_{\vec{\mu}}\}) L_1^{j_{11}} \cdots L_m^{j_{m1}} \prod_{\vec{\nu}} x_{\vec{\nu}}^{j_{\vec{\nu}}},$$

式中 $\{j_{\vec{\nu}}\} = (j_{12}, \cdots, j_{1l}, j_{22}, \cdots, j_{2l} \cdots, j_{m2}, \cdots, j_{ml})$．这种表示法是唯一的．我们把

$$\min_{b(\{j_{\vec{\mu}}\}) \neq 0} \left\{ \frac{j_{11}}{r_1} + \cdots + \frac{j_{m1}}{r_m} \right\}$$

$$= \min \left\{ \frac{j_{11}}{r_1} + \cdots + \frac{j_{m1}}{r_m} \,\middle|\, b(\{j_{\vec{\mu}}\}) \neq 0 \right\}$$

称为 P 关于 $L_1, \cdots, L_m; r_1, \cdots, r_m$ 的指标 (即 Schmidt 指标)，并记作 $\operatorname{Ind} P(L_1, \cdots, L_m; r_1, \cdots, r_m)$．

若 $P \equiv 0$，则规定 $\operatorname{Ind} P(L_1, \cdots, L_m; r_1, \cdots, r_m) = +\infty$．

由定义容易推出下面几个简单性质．

性质 1 将多项式(1)表为 $L_1, \cdots, L_m$ 的多项式

$$P(\{x_{\vec{\mu}}\}) = \sum_{(i_1, \cdots, i_m)} P_{i_1 \cdots i_m}(\{x_{\vec{\nu}}\}) L_1^{i_1} \cdots L_m^{i_m}, \tag{2}$$

则有

$\operatorname{Ind} P(L_1, \cdots, L_m; r_1, \cdots, r_m)$

$$= \min \left\{ \frac{j_1}{r_1} + \cdots + \frac{j_m}{r_m} \middle| P_{j_1 \cdots j_m}(\{x_{\vec{\nu}}\}) \not\equiv 0 \right\}.$$

性质 2 设 $\operatorname{Ind} P(L_1, \cdots, L_m; r_1, \cdots, r_m) = c < +\infty$，则在子空间 $L_1 = L_2 = \cdots = L_m = 0$ 上，当

$$\frac{i_1}{r_1} + \cdots + \frac{i_m}{r_m} < c$$

时，

$$\left(\prod_{h=1}^{m} \left(\frac{\partial}{\partial L_h} \right)^{i_h} \right) P(\{x_{\vec{\mu}}\}) \equiv 0.$$

并且至少存在一组$(i_1, \cdots, i_m)$适合 $\frac{i_1}{r_1} + \cdots + \frac{i_m}{r_m} = c$，使

$$\left(\prod_{h=1}^{m} \left(\frac{\partial}{\partial L_h} \right)^{i_h} \right) P(\{x_{\vec{\mu}}\}) \not\equiv 0.$$

类似的结论对于

$$\left(\prod_{h=1}^{m} \left(\frac{\partial}{\partial x_{h1}} \right)^{i_h} \right) P(\{x_{\vec{\mu}}\})$$

也成立。

证明 根据性质 1，结论的前半部分显然成立。为证后半部分，只须注意，在子空间 $L_1 = L_2 = \cdots = L_m = 0$ 上，

$$\begin{aligned} &\left(\prod_{h=1}^{m} \left(\frac{\partial}{\partial x_{h1}} \right) \right)^{i_h} P(\{x_{\vec{\mu}}\}) \\ &= \sum_{(i_1, \cdots, i_m)} P_{i_1 \cdots i_m}(\{x_{\vec{\nu}}\}) \prod_{h=1}^{m} \left(\frac{\partial L_h}{\partial x_{h1}} \cdot \frac{\partial}{\partial L_h} \right)^{i_h} L_h^{i_h} \\ &= \prod_{h=1}^{m} \left(i_h! \left(\frac{\partial L_h}{\partial x_{h1}} \right)^{i_h} \right) P_{i_1 \cdots i_m}(\{x_{\vec{\nu}}\}), \end{aligned}$$

并且已约定 $\frac{\partial L_h}{\partial x_{h1}} \neq 0, h = 1, 2, \cdots, m$. 故得结论。

性质 3 设线性型

$$L_h = L_h(\vec{x}_h) = \vec{a} \cdot \vec{x}_h, \quad h = 1, \cdots, m,$$

其中 $\vec{a} = (\alpha_1, \cdots, \alpha_l) \in \mathrm{R}^l, \alpha_1 \neq 0$. 对于 $\mathscr{R}$ 中多项式(1)，及非

负整数 $i_1,\cdots,i_m$，记

$$P^{(i_1,\cdots,i_m)}(\{x_{\vec{\mu}}\})$$

$$=\left(\prod_{h=1}^{m}\frac{1}{i_h!}\left(\frac{\partial}{\partial x_{h1}}\right)^{i_h}\right)P(\{x_{\vec{\mu}}\})\Big|_{\{x_{\vec{\mu}}\}=(\alpha_1\vec{x}_1,\cdots,\alpha_1\vec{x}_m)}.$$

如果 P 关于 $\vec{x}_h$ 是齐 r_h 次的，$h=1,\cdots,m$，令

$$P^*(\{x_{\vec{v}}\})=P^{(i_1,\cdots,i_m)}(\{x_{\vec{\mu}}\})\Big|_{L_1=\cdots=L_m}=0,$$

则 P^*关于 $(x_{h2},\cdots,x_{hl})$ 是齐 r_h-i_h 的，$h=1,\cdots,m$，且

$$P^*(\{x_{\vec{v}}\})=\sum_{\{k_{\vec{v}}\}}c^*(\{k_{\vec{v}}\})\prod_{\vec{v}}x_{\vec{v}}^{k_{\vec{v}}},$$

其中诸系数 c^* 是(1)式诸系数 c 的线性组合。此外，如果对任意适合 $\frac{i_1}{r_1}+\cdots+\frac{i_m}{r_m}\leqslant c$ 的 $(i_1,\cdots,i_m)\in\mathbf{Z}^m$ 时，$P^*\equiv 0$，那么

$$\operatorname{Ind}P(L_1,\cdots,L_m;r_1,\cdots,r_m)\geqslant c.$$

证明 把多项式 P 表示成(2)的形状。因为 P 关于 $\vec{x}_h$ 是齐 r_h 次的，$h=1,\cdots,m$，所以 $P_{j_1,\cdots,j_m}(\{x_{\vec{v}}\})$ 关于 $(x_{h2},\cdots,x_{hl})$ 是齐 r_h-j_h 次的，$h=1,\cdots,m$，并且易见

$$P^{(i_1,\cdots,i_m)}(\{x_{\vec{\mu}}\})$$

$$=\sum_{(j_1,\cdots,j_m)}P_{j_1\cdots j_m}(\{x_{\vec{v}}\})\prod_{h=1}^{m}\left(\frac{1}{i_h!}\left(\frac{\partial L_h}{\partial x_{h1}}\frac{\partial}{\partial L_h}\right)^{i_h}L_h^{j_h}\right)$$

$$\cdot\Big|_{\{x_{\vec{\mu}}\}=(\alpha_1\vec{x}_1,\cdots,\alpha_1\vec{x}_m)}$$

$$=\alpha_1^{r_1+\cdots+r_m}\sum_{(j_1,\cdots,j_m)}\prod_{h=1}^{m}\binom{j_h}{i_h}P_{j_1\cdots j_m}(\{x_{\vec{v}}\})L_1^{j_1-i_1}\cdots L_m^{j_m-i_m}.$$

易知

$$P^*(\{x_{\vec{v}}\})=\alpha_1^{r_1+\cdots+r_m}P_{i_1\cdots i_m}(\{x_{\vec{v}}\}).$$

由此可得结论的前半部分。结论的后半部分可用类似于性质 2 的证明方法而得到。证完。

性质 4 设 $P,Q\in\mathscr{R}$，则

(i) $\operatorname{Ind}(P+Q)\geqslant\min(\operatorname{Ind}P,\operatorname{Ind}Q)$,

(ii) $\operatorname{Ind}(PQ)=\operatorname{Ind}P+\operatorname{Ind}Q$.

(iii) $\operatorname{Ind}\dfrac{\partial P}{\partial x_{hk}}\geqslant \operatorname{Ind}P-\dfrac{1}{r_h},\ h=1,\cdots,m,k=1,\cdots,l$.

证明是显然的。

注 1 由性质 4 可知，指标是 $\mathrm{R}(\{x_{\vec{\mu}}\})$ 上的一个非 Archimedes 赋值。

定义 2 设 $P\in\mathrm{R}[x_1,\cdots,x_m]$ 在点 $(\alpha_1,\cdots,\alpha_m)\in\mathrm{R}^m$ 处有 Taylor 展开式

$$P(x_1,\cdots,x_m)=\sum_{(j_1,\cdots,j_m)}a_{j_1\cdots j_m}(x_1-\alpha_1)^{j_1}\cdots(x_m-\alpha_m)^{j_m}.$$

又设 $r_1,\cdots,r_m\in\mathrm{N}$. 我们称

$$\min\left\{\frac{j_1}{r_1}+\cdots+\frac{j_m}{r_m}\,\middle|\,a_{j_1\cdots j_m}\neq 0\right\}$$

为 P 在点 $(\alpha_1,\cdots,\alpha_m)$ 关于 $r_1,\cdots,r_m$ 的 Roth 指标，并记作 $\text{R-Ind}P(\alpha_1,\cdots,\alpha_m;r_1,\cdots,r_m)$.

性质 5 若 $P(\alpha_1,\cdots,\alpha_m),r_1,\cdots,r_m$ 如定义 2 所述，

$$\deg_{x_k}P=t_k,k=1,\cdots,m.$$

在 P 中把 x_k^i 换成 $x_k^i y_k^{t_k-i}$ 得到的多项式记作

$$P_1(x_1,\cdots,x_m,y_1,\cdots,y_m),$$

并令

$$\begin{aligned}L_k&=L_k(x_1,\cdots,x_m,y_1,\cdots,y_m)\\&=x_k-\alpha_k y_k,k=1,\cdots,m,\end{aligned}$$

那么有

$$\begin{aligned}&\operatorname{Ind}P_1(L_1,\cdots,L_m;r_1,\cdots,r_m)\\&\quad=R-\operatorname{Ind}P(\alpha_1,\cdots,\alpha_m;r_1,\cdots,r_m).\end{aligned}$$

证明 由假设易见

$$\begin{aligned}P_1(x_1,\cdots,x_m,1,\cdots,1)&=P(x_1,\cdots,x_m)\\&=\sum_{(j_1,\cdots,j_m)}a_{j_1\cdots j_m}(x_1-d_1)^{j_1}\cdots(x_m-d_m)^{j_m}.\end{aligned}\tag{3}$$

如果把 P_1 表成

$$P_1 = \sum_{(j_1,\cdots,j_m)} a_{j_1\cdots j_m}(y_1,\cdots,y_m)L_1^{j_1}\cdots L_m^{j_m}, \tag{4}$$

由于 P_1 关于 x_k, y_k 是齐 t_k 次的，$k=1,\cdots,m$，那么(3)，(4)和式中的项数相同，并且 $a_{j_1\cdots j_m}=a_{j_1\cdots j_m}(1,\cdots,1)$. 由此可得结论。证完。

注 2 由此性质可知，Schmidt 指标是 Roth 指标的推广。

§5.3 组合引理

引理 1 设 $r, l \in \mathrm{N}$，则满足 $i_1+\cdots+i_l=r$ 的非负整数组 $(i_1,\cdots,i_l)$ 的个数是

$$\binom{r+l-1}{l-1}=\binom{r+l-1}{r}.$$

证明 可对 l 用数学归纳法证明。或者用母函数方法证明如下：对于 $|x|<1$，有

$$\left(\frac{1}{1-x}\right)^l=\left(\sum_{i=0}^{\infty}x^i\right)^l=\sum_{r=0}^{\infty}\left(\sum_{\substack{i_1+\cdots+i_l=r\\ i_1,\cdots,i_l\geqslant 0}}x^r\right)$$

$$=\sum_{r=0}^{\infty}\left(\sum_{\substack{i_1+\cdots+i_l=r\\ i_1,\cdots,i_l\geqslant 0}}1\right)x^r.$$

另一方面，用二项式展开，有

$$\left(\frac{1}{1-x}\right)^l=(1-x)^{-l}=\sum_{r=0}^{\infty}\binom{r+l-1}{r}x^r$$

$$=\sum_{r=0}^{\infty}\binom{r+l-1}{l-1}x^r.$$

比较系数，故得结论。证完。

引理 2 设 $r_1,\cdots,r_m\in\mathrm{N}$，则满足方程组

$$\sum_{k=1}^{l}i_{hk}=r_h, h=1,\cdots,m$$

及不等式

$$\left|\sum_{h=1}^{m} i_{h1} r_h^{-1} - m l^{-1}\right| \geqslant \varepsilon m \ (\varepsilon > 0) \tag{1}$$

的非负整数组 $\{i_{h\mu}\}$ 的个数不超过

$$2\binom{r_1 + l - 1}{l - 1} \cdots \binom{r_m + l - 1}{l - 1} e^{-\frac{\varepsilon^2 m}{4}}.$$

证明 (1)式可以表为

$$m l^{-1} - \sum_{h=1}^{m} i_{h1} r_h^{-1} \geqslant \varepsilon m \text{ 及} \leqslant -\varepsilon m.$$

我们分别把适合这两个不等式的非负整数组$\{i_{h\mu}\}$的个数记作 M_1, M_2.

首先,用 $f_h(c_h)$ 表示适合

$$i_{h2} + \cdots + i_{hl} = r_h - c_h (1 \leqslant h \leqslant m, 0 \leqslant c_h \leqslant r_h, c_h \in \mathbf{Z})$$

的非负整数组 $(i_{h2}, \cdots, i_{hl})$ 的个数,根据引理 1,我们有

$$f_h(c_h) = \binom{r_h - c_h + l - 2}{l - 2} = \binom{r_h - c_h + l - 2}{r_h - c_h}. \tag{2}$$

由组合公式 $\binom{n-1}{k-1} + \binom{n-1}{k} = \binom{n}{k}$, 易知

$$\sum_{c_h=0}^{r_h} f_h(c_h) = \sum_{k=0}^{r_h} \binom{k + l - 2}{k} = \binom{r_h + l - 1}{l - 1}. \tag{3}$$

还可看出

$$M_1 = \sum_{(A)} f_1(c_1) \cdots f_m(c_m), \tag{4}$$

其中求和条件 (A) 是

$$0 \leqslant c_h \leqslant r_h (1 \leqslant h \leqslant m), m l^{-1} - \sum_{h=1}^{m} c_h r_h^{-1} \geqslant \varepsilon m.$$

由此得到

$$M_1 e^{\varepsilon^2 m/2} \leqslant \sum_{c_1=0}^{r_1} \cdots \sum_{c_m=0}^{r_m} f_1(c_1) \cdots f_m(c_m)$$

$$\cdot \exp\left(\frac{\varepsilon}{2}\left(m l^{-1} - \sum_{h=1}^{m} c_h r_h^{-1}\right)\right)$$

$$
= \sum_{c_1=0}^{r_1} \cdots \sum_{c_m=0}^{r_m} f_1(c_1) \cdots f_m(c_m)
$$

$$
\cdot \exp\left(\sum_{h=1}^{m} \frac{\varepsilon}{2} (l^{-1} - c_h r_h^{-1}) \right)
$$

$$
= \prod_{h=1}^{m} \left(\sum_{c_h=0}^{r_h} f_h(c_h) \exp\left(\frac{\varepsilon}{2} (l^{-1} - c_h r_h^{-1}) \right) \right). \tag{5}
$$

其次,对于固定的 h,记 $c = c_h, r = r_h, f = f_h$, 则有

$$
\sum_{c=0}^{r} f(c) \exp\left(\frac{\varepsilon}{2} (l^{-1} - c r^{-1}) \right)
$$

$$
\leqslant \sum_{c=0}^{r} f(c) \left(1 + \frac{\varepsilon}{2} (l^{-1} - c r^{-1}) + \frac{\varepsilon^2}{4} (l^{-1} - c r^{-1})^2 \right)
$$

$$
\leqslant \sum_{c=0}^{r} f(c) \left(1 + \frac{\varepsilon^2}{4} \right) + \frac{\varepsilon}{2} \left(\sum_{c=0}^{r} f(c) (l^{-1} - c r^{-1}) \right)
$$

$$
\leqslant \binom{r + l - 1}{l - 1} e^{\frac{\varepsilon^2}{4}} + \frac{\varepsilon}{2} \left(\sum_{c=0}^{r} f(c) (l^{-1} - c r^{-1}) \right), \tag{6}
$$

这里第一步是用到不等式 $e^x < 1 + x + x^2 \left(当 |x| < \frac{1}{2} \right)$, 最后一步是用到不等式 $e^x \geqslant 1 + x$ (当 $x \geqslant 0$)和(3)式. 我们注意

$$
\sum_{c=0}^{r} f(c) (l^{-1} - c r^{-1}) = \sum_{c=0}^{r} f(r - c) (l^{-1} - (r - c) r^{-1})
$$

$$
= (l^{-1} - 1) \sum_{c=0}^{r} f(r - c) + r^{-1} \sum_{c=0}^{r} c f(r - c)
$$

$$
= (l^{-1} - 1) \binom{r + l - 1}{l - 1} + r^{-1} \sum_{c=0}^{r} c \binom{c + l - 2}{l - 2}.
$$

(由(2),(3)式) (7)

由数学归纳法易知

$$
\sum_{c=0}^{r} c \binom{c + l - 2}{l - 2} = r(1 - l^{-1}) \binom{r + l - 1}{l - 1} \quad (r \geqslant 0).
$$

因此,(7)式右边等于零. 故从(6)式得到

$$\sum_{c=0}^{r} f(c)\exp\left(\frac{\varepsilon}{2}(l^{-1}-cr^{-1})\right)\leqslant\binom{r+l-1}{l-1}e^{\frac{\varepsilon^2}{4}}.$$

恢复记号 $c=c_h$，$r=r_h$。由此式及(5)式得到

$$M_1 e^{\frac{\varepsilon^2 m}{2}}\leqslant\binom{r_1+l-1}{l-1}\cdots\binom{r_m+l-1}{l-1}e^{\frac{\varepsilon^2 m}{4}},$$

因此

$$M_1\leqslant\binom{r_1+l-1}{l-1}\cdots\binom{r_m+l-1}{l-1}e^{-\frac{\varepsilon^2 m}{4}}. \qquad (8)$$

类似地，我们可以验证，(8)式中的 M_1 换成 M_2 也成立。于是引理得证。

§5.4 多项式引理

设 $P\in\mathscr{R}$。我们用 $|P|$ 表示多项式 P 的高，即 P 的系数绝对值的最大值。如果 P 是 $\vec{x}_h$ 的齐 r_h 次多项式，则称 P 为 $\vec{x}_h$ 的 r_h 次齐式。

引理 1 设 $P\in\mathscr{R}$ 是 $\vec{x}_h$ 的 r_h 次齐式，$h=1,\cdots,m$，设 $\{j_{\vec{\mu}}\}$ 是非负整数组，记

$$P^{((j_{\vec{\mu}}))}=\left(\prod_{\vec{\mu}}\frac{1}{j_{\vec{\mu}}!}\left(\frac{\partial}{\partial x_{\vec{\mu}}}\right)^{j_{\vec{\mu}}}\right)P,$$

则它的高满足不等式

$$|P^{((j_{\vec{\mu}}))}|\leqslant 2^{r_1+\cdots+r_m}|P|.$$

证明 只须对单项式进行估计。记 $\vec{x}_h^{\vec{k}_h}=x_{h1}^{k_{h1}}\cdots x_{hl}^{k_{hl}}$，其中 $k_{h1}+\cdots+k_{hl}=r_h$，$h=1,\cdots,m$，不妨设 $j_{hl}\leqslant k_{hl}$，则有

$$\left(\prod_{\vec{\mu}}\frac{1}{j_{\vec{\mu}}!}\left(\frac{\partial}{\partial x_{\vec{\mu}}}\right)^{j_{\vec{\mu}}}\right)\left(\prod_{h}\vec{x}_h^{\vec{k}_h}\right)$$

$$=\prod_{h=1}^{m}\left(\binom{k_{h1}}{j_{h1}}\cdots\binom{k_{hl}}{j_{hl}}x_{h1}^{k_{h1}-j_{h1}}\cdots x_{hl}^{k_{hl}-j_{hl}}\right).$$

由于

$$\binom{k_{h1}}{j_{h1}}\cdots\binom{k_{hl}}{j_{hl}} \leqslant 2^{k_{h1}}\cdots 2^{k_{hl}} = 2^{r_h},\ h = 1,\cdots,m,$$

故得引理 1.

设 α 是代数数，我们用 $\overline{|\alpha|}$ 表示 α 的高，即 α 的极小多项式的系数绝对值的最大值.

引理 2 设 $\vec{a} = (\alpha_1,\cdots,\alpha_l)$，诸分量 α_k 都为代数整数. 记 $K = Q(\alpha_1,\cdots,\alpha_l)$，$I_K$ 为 K 中的代数整数环. 设 $L_h = L_h(\vec{x}_h) = \vec{a}\cdot\vec{x}_h$，$h = 1,\cdots,m$，设 $P \in Z[\{x_{\vec{\mu}}\}]$ 是 $\vec{x}_h$ 的 r_h 次齐式，$h = 1,\cdots,m$. 按 § 5.2 性质 3 那样定义多项式

$$P^* = P^*(\{x_{\vec{\nu}}\}) = \sum_{\{k_{\vec{\nu}}\}} c^*(\{k_{\vec{\nu}}\}) \prod_{\vec{\nu}} x_{\vec{\nu}}^{k_{\vec{\nu}}},$$

那么 c^* 是 P 的系数的线性型，其系数 $\gamma \in I_K$，而且

$$\overline{|\gamma|} \leqslant (2^{l^2}A)^{r_1+\cdots+r_m},$$

式中 $A = \max\limits_{1\leqslant i\leqslant l} \overline{|\alpha_i|}$.

证明 首先考虑单项式 $P_{\{k_{\vec{\mu}}\}} = \prod\limits_{\vec{\mu}} x_{\vec{\mu}}^{k_{\vec{\mu}}}$. 按 § 5.2 性质 3 中的定义，易知

$$\begin{aligned}P^*_{\{k_{\vec{\mu}}\}} = &\binom{k_{11}}{i_1}\cdots\binom{k_{m1}}{i_m}\\ &\cdot(-\alpha_2 x_{12} - \cdots - \alpha_l x_{1l})^{k_{11}-i_1}(\alpha_1 x_{12})^{k_{12}}\cdots(\alpha_1 x_{1l})^{k_{1l}}\cdots\\ &\cdot(-\alpha_2 x_{m2} - \cdots - \alpha_l x_{ml})^{k_{m1}-i_m}(\alpha_1 x_{m2})^{k_{m2}}\cdots(\alpha_1 x_{ml})^{k_{ml}}\\ = &\pm\binom{k_{11}}{i_1}\cdots\binom{k_{m1}}{i_m} S_1\cdots S_m,\end{aligned}$$

式中对于 $h = 1,\cdots,m$,

$$\begin{aligned}S_h &= (\alpha_2 x_{h2} + \cdots + \alpha_l x_{hl})^{k_{h1}-i_h}(\alpha_1 x_{h2})^{k_{h2}}\cdots(\alpha_1 x_{hl})^{k_{hl}}\\ &= \sum_{\substack{c_2+\cdots+c_l=k_{h1}-i_h\\ c_2,\cdots,c_l\geqslant 0}} \frac{(k_{h1}-i_h)!}{c_2!\cdots c_l!}\alpha_2^{c_2}\cdots\alpha_l^{c_l}\cdot\alpha_1^{k_{h2}+\cdots+k_{hl}}\\ &\quad\cdot x_{h2}^{c_2+k_{h2}}\cdots x_{hl}^{c_l+k_{hl}}.\end{aligned}$$

因为

$$\frac{(k_{h1}-i_h)!}{c_2!\cdots c_l!}\leqslant l^{r_h},$$

而且

$$\overline{|\alpha_2^{c_2}\cdots\alpha_l^{c_l}\alpha_1^{k_{h2}+\cdots+k_{hl}}|}\leqslant A^{c_2+\cdots+c_l+k_{h2}+\cdots+k_{hl}}$$
$$=A^{k_{h1}-i_h+k_{h2}+\cdots+k_{hl}}=A^{r_h-i_h}\leqslant A^{r_h},$$

所以我们有

$$\overline{|S_h\text{ 的系数}|}\leqslant (lA)^{r_h},\quad h=1,\cdots,m,$$

并且 S_h 的系数属于 I_K. 由此可知, $P^*_{(k_{\vec{\mu}})}$ 的系数 β 属于 I_K, 且有

$$\begin{aligned}\overline{|\beta|}&\leqslant\binom{k_{11}}{i_1}\cdots\binom{k_{m1}}{i_m}(lA)^{r_1+\cdots+r_m}\\&\leqslant 2^{k_{11}+\cdots+k_{m1}}(lA)^{r_1+\cdots+r_m}\\&\leqslant(2lA)^{r_1+\cdots+r_m}.\end{aligned}\tag{1}$$

进一步,考虑一般情形. 显然多项式 $P\in\mathbf{Z}[\{x_{\vec{\mu}}\}]$ 可表为单项式 $P_{(k_{\vec{\mu}})}$ 之和的形式

$$P=\sum_{\{k_{\vec{\mu}}\}}c(\{k_{\vec{\mu}}\})P_{\{k_{\vec{\mu}}\}}.$$

于是

$$P^*=\sum_{\{k_{\vec{\mu}}\}}c(\{k_{\vec{\mu}}\})P^*_{\{k_{\vec{\mu}}\}}.\tag{2}$$

由此可知 P^* 的系数是 $c(\{k_{\vec{\mu}}\})$的线性型, 其系数 γ 是 $P^*_{(k_{\vec{\mu}})}$ 的系数. 由上述论证可知, 它们都属于 I_K. 又因为 P 是 $\vec{x}_h$ 的 r_h 次齐式, $h=1,\cdots,m$,所以根据 §5.3 的引理 1 可知, (2)式中被加项的个数不超过

$$\binom{r_1+l-1}{l-1}\cdots\binom{r_m+l-1}{l-1}\leqslant(r_1l)^{l-1}\cdots(r_ml)^{l-1}$$
$$\leqslant 2^{r_1l(l-1)}\cdots2^{r_ml(l-1)}=2^{(l^2-l)(r_1+\cdots+r_m)}.$$

最后,由(1)式可知,上述线性型的系数 γ 满足

$$\lceil \overline{\gamma} \rceil \leqslant 2^{(l^2-l)(r_1+\cdots+r_m)} \cdot (2lA)^{r_1+\cdots+r_m} \leqslant (2^{l^2}A)^{r_1+\cdots+r_m}.$$

故引理得证。

§5.5 第一指标定理

引理 1 (Siegel, 1929)[96] 已知M个整系数线性型

$$L_i(\vec{z}) = \sum_{j=1}^{N} a_{ij} z_j, i = 1, \cdots, M,$$

式中 $\vec{z} = (z_1, \cdots, z_N)$, $a_{ij} \in \mathbf{Z}$,并且

$$|a_{ij}| \leqslant A, \ 1 \leqslant i \leqslant M, \ 1 \leqslant j \leqslant N.$$

如果 $N > M$,则存在非零向量 $\vec{z} \in \mathbf{Z}^N$ 满足

$$L_i(\vec{z}) = 0, \ 1 \leqslant i \leqslant M,$$

$$|z_j| \leqslant Z = [(NA)^{\frac{M}{N-M}}], \ 1 \leqslant j \leqslant N.$$

证明 对于 $i = 1, \cdots, M$, 分别用 B_i, C_i 表示 $L_i(\vec{z})$ 的负系数的绝对值之和及正系数之和. 那么有 $B_i + C_i \leqslant NA$, 而且对于任何 $\vec{z} \in \mathbf{Z}^N, 0 \leqslant z_j \leqslant Z (1 \leqslant j \leqslant N)$,有

$$-B_i Z \leqslant L_i(\vec{z}) \leqslant C_i Z,$$

因此对于上述的 $\vec{z}$, $L_i(\vec{z})$ 至多能取

$$C_i Z + B_i Z + 1 \leqslant NAZ + 1 \tag{1}$$

个值. 另一方面, 上述 $\vec{z}$ 的个数是 $(Z+1)^N$. 由(1)式可知, 它们对应的数组 $(L_1, \cdots, L_M)$,至多有 $(NAZ+1)^M$ 个. 因为

$$(NAZ+1)^M < (Z+1)^N,$$

所以根据抽屉原理, 必有 $\vec{z}^{(1)}$, $\vec{z}^{(2)} \in \mathbf{Z}^N$, $\vec{z}^{(1)} \neq \vec{z}^{(2)}$, $0 \leqslant z_j^{(k)} \leqslant Z (1 \leqslant j \leqslant N, k = 1, 2)$ 适合

$$L_i(\vec{z}^{(1)}) = L_i(\vec{z}^{(2)}), i = 1, \cdots, M.$$

令 $\vec{z} = \vec{z}^{(1)} - \vec{z}^{(2)}$,则 $\vec{z}$ 即为所求. 证完.

注 1 Siegel引理是非常有用的,为解决不同类型的问题,已有多种形式的推广. 请参见文献[19],[101],[104].

我们用 $\mathbf{I}$ 表示代数整数环.

定理 1 (第一指标定理) 设 $\vec{\alpha}_i = (\alpha_{i1}, \cdots, \alpha_{il}) \in \mathbf{I}^l, \vec{\alpha}_i \neq \vec{0}$,

作线性型

$$L_{hi}=L_{hi}(\vec{x}_h)=\vec{a}_i\cdot\vec{x}_h,h=1,\cdots,m,i=1,\cdots,t.$$

记 $K_i=\mathrm{Q}(\alpha_{i1},\cdots,\alpha_{il}),d_i=[K_i:\mathrm{Q}],i=1,\cdots,t,d=\max\limits_{1\leqslant i\leqslant t}d_i$.

又设 $r_1,\cdots,r_m\in\mathrm{N},\varepsilon\in\mathbb{R}$ 满足

$$l^{-1}>\varepsilon>0,$$

$$m\geqslant 4\varepsilon^{-2}\log(2+d).$$

那么 $\mathbf{Z}[\{x_{\vec{\mu}}\}]$ 中存在非零多项式 P 具有下列三个性质:

(i) P 是 $\vec{x}_h$ 的 r_h 次齐式，$h=1,\cdots,m$;

(ii) $\mathrm{Ind}P(L_{1i},\cdots,L_{mi},r_1,\cdots,r_m)\geqslant(l^{-1}-\varepsilon)m$，$i=1,\cdots,t$;

(iii) $|P|\leqslant D^{r_1+\cdots+r_m}$,式中 D 是只与 $\{\alpha_{ik}\}$ 有关的常数。

证明 将 $P(\{x_{\vec{\mu}}\})$ 表为

$$P=\sum_{\{k_{\vec{\mu}}\}}c(\{k_{\vec{\mu}}\})\prod_{\vec{\mu}}x_{\vec{\mu}}^{k_{\vec{\mu}}}.\tag{2}$$

我们来确定有理整系数 c，使 P 具有上述三个性质。

首先，考虑性质(ii)。不妨对 $i=1$ 来进行。根据§5.2 性质3,取 $\vec{a}=\vec{a}_1,L_h=L_{h1}=\vec{a}_1\cdot\vec{x}_h,h=1,\cdots,m$, 并由 P 构造 P^*。为使

$$\mathrm{Ind}P(L_{11},\cdots,L_{m1};r_1,\cdots,r_m)\geqslant(l^{-1}-\varepsilon)m,$$

只须当

$$\frac{i_1}{r_1}+\cdots+\frac{i_m}{r_m}\leqslant(l^{-1}-\varepsilon)m\tag{3}$$

时，$P^*\equiv 0$。

再考虑性质 (i)。根据§5.3 引理1，$\vec{x}_h$ 的 r_h 次单项式的个数是$\binom{r_h+l-1}{l-1}$,因此,(2)式中系数 c 的个数(包括零系数在内)是

$$N=\binom{r_1+l-1}{l-1}\cdots\binom{r_h+l-1}{l-1}.\tag{4}$$

又因为 P^* 关于 $(x_{h2},\cdots,x_{hl})$ 是 r_h-i_h 次齐式，$h=1,\cdots,$

m,所以 P^* 中非零系数的个数

$$N^* \leqslant \binom{r_1 - i_1 + l - 2}{l - 2} \cdots \binom{r_m - i_m + l - 2}{l - 2}$$

$$= f_1(i_1) \cdots f_m(i_m), \tag{5}$$

式中 $f_h(i_h) = \binom{r_h - i_h + l - 2}{l - 2}, h = 1, \cdots, m$.

由 §5.4 引理 2 可知,P^*的系数 c^* 是 P 的系数 c 的线性型,因此,为了使对于适合(3)式的 $(i_1, \cdots, i_m)$ 有 $P^* \equiv 0$,只须令 P 的系数 c 满足下列方程:

$$\sum_{\{k_{\vec{\mu}}\}} \gamma(\{k_{\vec{\mu}}\}) c(\{k_{\vec{\mu}}\}) = 0, \gamma \in \mathbf{I}_K, \tag{6}$$

并且

$$\overline{|\gamma|} \leqslant (2^{l^2} A_1)^{r_1 + \cdots + r_m}, \tag{7}$$

其中 $A_1 = \max\limits_{1 \leqslant k \leqslant l} \overline{|\alpha_{1k}|}$.

设 $\beta_1, \cdots, \beta_{d_1}$ 是 K_1 的整底,则每个 γ 可表为

$$\gamma(k_{\vec{\mu}}) = \sum_{i=1}^{d_1} s_i(\{k_{\vec{\mu}}\}) \beta_i, s_i(\{k_{\vec{\mu}}\}) \in \mathbf{Z}, 1 \leqslant i \leqslant d_1. \tag{8}$$

把(8)式代入(6)式得

$$\sum_{i=1}^{d_1} \left(\sum_{\{k_{\vec{\mu}}\}} s_i(\{k_{\vec{\mu}}\}) c(\{k_{\vec{\mu}}\}) \right) \beta_i = 0.$$

因为诸数 $c, s_i \in \mathbf{Z}, \{\beta_i\}$是整底,所以得到

$$\sum_{\{k_{\vec{\mu}}\}} s_i(\{k_{\vec{\mu}}\}) \cdot c(\{k_{\vec{\mu}}\}) = 0 \quad (i = 1, \cdots, d_1). \tag{9}$$

又由(8)式可知,$\gamma(\{k_{\vec{\mu}}\})$的共轭元为

$$\gamma^{(\sigma)}(\{k_{\vec{\mu}}\}) = \sum_{i=1}^{d_1} s_i(\{k_{\vec{\mu}}\}) \beta_i^{(\sigma)} (\sigma = 1, \cdots, d_1).$$

注意(7)式,由此可解出

$$|s_i(\{k_{\vec{\mu}}\})| \leqslant (2^{l^2} B_1)^{r_1 + \cdots + r_m}, \tag{10}$$

式中 B_1 是一个依赖于 $\beta_i^{(\sigma)} (1 \leqslant i, \sigma \leqslant d_1)$ 的常数.

由于(6)式中每个方程都产生(9)中 d_1 个方程，而(6)式中方程个数与 P^* 中非零系数个数相等，所以我们至多得到

$$d_1N^* \leqslant d_1f_1(i_1)\cdots f_m(i_m)$$

个(9)型的以 $c(\{k_{\vec{\mu}}\})$为未知数的方程，其中系数 $s_i(\{k_{\vec{\mu}}\})\in \mathbf{Z}$，满足(10)式。

上述推理对任何一组适合(3)式的 $(i_1,\cdots,i_m)$ 都适用。因此为了使性质(ii)对 $i=1$ 成立，我们得到 $d_1\sum\limits_{(i_1,\cdots,i_m)}f_1(i_1)\cdots f_m(i_m)$ 个(9)型的以 $c(\{k_{\vec{\mu}}\})$ 为未知数，系数属于 $\mathbf{Z}$ 且满足(10)的方程，此处 $\sum\limits_{(i_1,\cdots,i_m)}$ 表示对满足(3)式的所有 $(i_1,\cdots,i_m)$ 求和。根据(4)式和 §5.3 的(4)，(8)二式可知，方程个数不超过

$$\begin{aligned} d_1\binom{r_1+l-1}{l-1}\cdots\binom{r_m+l-1}{l-1}e^{-\varepsilon^2m/4} \\ \leqslant d_1Ne^{-\varepsilon^2m/4}. \end{aligned} \tag{11}$$

类似地，对 $i=2,\cdots,t$ 重复上面的推理，只须将 $\vec{a}_1$ 换为 $\vec{a}_2,\cdots,\vec{a}_t$，$L_{h1}$ 换为 $L_{h2},\cdots,L_{ht}(h=1,\cdots,m)$；常数 A_1 换为 $A_2,\cdots,A_t$，常数 B_1 换为 $B_2,\cdots,B_t$，等等。因此，为使性质(ii)成立，$c(\{k_{\vec{\mu}}\})$ 所满足的(9)型方程的个数(注意(11)式)

$$M\leqslant\sum_{i=1}^{t}d_iNe^{-\varepsilon^2m/4}\leqslant tdNe^{-\varepsilon^2m/4}.$$

根据定理中 m 的取法可知，

$$M\leqslant\frac{1}{2}N. \tag{12}$$

再令 $B=\max\limits_{1\leqslant i\leqslant t}B_i$，注意(10)式，我们看出(9)型方程的系数 $s_i(\{k_{\vec{\mu}}\})$满足不等式

$$|s_i(\{k_{\vec{\mu}}\})|\leqslant(2^{l^2}B)^{r_1+\cdots+r_m}\ (i=1,\cdots,t). \tag{13}$$

最后，根据(12)，(13)二式，可将引理 1 应用于我们的方程组，得知存在不全为零的 $c(\{k_{\vec{\mu}}\})$满足所有(9)型的方程，并且

$$
\begin{aligned}
|c(\{k_{\vec{\mu}}\})| &\leqslant \binom{r_1+l-1}{l-1}\cdots\binom{r_m+l-1}{l-1}\cdot(2^{l^2}B)^{r_1+\cdots+r_m}\\
&\leqslant 2^{(l^2-l)(r_1+\cdots+r_m)}(2^{l^2}B)^{r_1+\cdots+r_m}\\
&\leqslant (4^{l^2}B)^{r_1+\cdots+r_m}.
\end{aligned}
$$

因此 P 具有性质(i),(ii),并且(iii)也成立,其中 $D=4^{l^2}B$. 故定理证完.

定理 2 (多项式定理) 设 $\vec{a}_i=(\alpha_{i1},\cdots,\alpha_{il})\in\mathbf{I}^l$, $L_{hi}=L_{hi}(\vec{x}_h)=\vec{a}_i\cdot\vec{x}_h(1\leqslant i\leqslant l,1\leqslant h\leqslant m)$, $\det(\alpha_{ij})\neq 0$, d 如定理 1 所述. 又设 $r_1,\cdots,r_m\in\mathbf{N}$, ε 适合

$$l^{-1}>\varepsilon>0, m\geqslant 4\varepsilon^{-2}\log(2ld),$$

则在 $\mathbf{Z}[\{x_{\vec{\mu}}\}]$ 中存在非零多项式 P 具有下列四个性质:

(i) P 是 $\vec{x}_h$ 的 r_h 次齐式 $(h=1,\cdots,m)$.

(ii) $|P|\leqslant D^{r_1+\cdots+r_m}$, 其中 D 是只与 $\vec{a}_i(1\leqslant i\leqslant l)$ 有关的常数.

(iii) 对于非零整数组 $\{t_{\vec{\mu}}\}$,如果把 $P^{(\{t_{\vec{\mu}}\})}$(定义见 §5.4 引理 1)表示为 $\{L_{\vec{\mu}}\}$ 的多项式

$$P^{(\{t_{\vec{\mu}}\})}=\sum_{\{j_{\vec{\mu}}\}}d(\{j_{\vec{\mu}}\};\{t_{\vec{\mu}}\})\prod_{\vec{\mu}}L_{\vec{\mu}}^{j_{\vec{\mu}}}, \tag{14}$$

则其系数满足

$$|d(\{j_{\vec{\mu}}\};\{t_{\vec{\mu}}\})|\leqslant E^{r_1+\cdots+r_m},$$

式中 E 是只与 $\vec{a}_i(1\leqslant i\leqslant l)$ 有关的常数.

(iv) 如果 $\{t_{\vec{\mu}}\}$ 适合不等式

$$\sum_{h,k}t_{hk}r_h^{-1}\leqslant 2\varepsilon m, \tag{15}$$

那么除去适合不等式

$$\left|\sum_{h=1}^{m}j_{hk}r_h^{-1}-ml^{-1}\right|\leqslant 3ml\varepsilon\quad(1\leqslant k\leqslant l) \tag{16}$$

的 $\{j_{\vec{\mu}}\}$ 外,(14)式中的系数

$$d(\{j_{\vec{\mu}}\};\{t_{\vec{\mu}}\})=0.$$

证明 在定理 1 中取 $t=l$，由此构造出多项式 P，显然它具有这里的性质(i)和(ii)。现在来验证，对于 P，性质(iii)和(iv)也成立。

首先，记 $(\alpha_{ij})^{-1}=(\beta_{ij})$，则可解出

$$x_{hi}=\sum_{k=1}^{l}\beta_{ik}L_{hk}\quad(\ 1\leqslant i\leqslant l,\ 1\leqslant h\leqslant m).\tag{17}$$

又令

$$G=\max(\lceil\beta_{11}\rceil,\ \lceil\beta_{12}\rceil,\cdots,\lceil\beta_{ll}\rceil).$$

将(17)式代入

$$P^{(\{t_{\vec{\mu}}\})}=\sum_{\{j_{\vec{\mu}}\}}c(\{j_{\vec{\mu}}\};\{t_{\vec{\mu}}\})\prod_{\vec{\mu}}x_{\vec{\mu}}^{j_{\vec{\mu}}}$$

中，即得表达式(14)，此时一般项

$$\prod_{\vec{\mu}}x_{\vec{\mu}}^{j_{\vec{\mu}}}=\left(\sum_{k=1}^{l}\beta_{1k}L_{1k}\right)^{j_{11}}\cdots\left(\sum_{k=1}^{l}\beta_{lk}L_{mk}\right)^{j_{ml}}$$

表为 $\{L_{\vec{\mu}}\}$的多项式后，其系数绝对值不超过

$$(lG)^{j_{11}+\cdots+j_{ml}}\leqslant(lG)^{r_1+\cdots+r_m},$$

因此由 §5.4 引理 1 及定理 1 (iii)得到

$$|c(\{j_{\vec{\mu}}\};\{t_{\vec{\mu}}\})|\leqslant(2D)^{r_1+\cdots+r_m}.$$

于是

$$|d(\{j_{\vec{\mu}}\};\{t_{\vec{\mu}}\})|\leqslant(2lDG)^{r_1+\cdots+r_m}.$$

令 $E=2lDG$，则 (iii) 成立。

其次，验证 (iv) 成立。由定理 1 (ii) 可知

$$\operatorname{Ind}\ P(L_{1i},\cdots,L_{mi};\ r_1,\cdots,r_m)\geqslant(l^{-1}-\varepsilon)m,\ i=1,\cdots l,$$

再由(15)式，并且利用 §5.2 性质 4 (iii) 可得

$$\operatorname{Ind}P^{(\{t_{\vec{\mu}}\})}\geqslant\operatorname{Ind}P-\sum_{h=1}^{m}t_{hk}r_h^{-1}\geqslant(l^{-1}-3\varepsilon)m.$$

这表明当

$$\sum_{h=1}^{m} j_{hk} r_h^{-1} \geqslant (l^{-1} - 3\varepsilon)m \quad (k = 1, \cdots, l)$$

时，才有可能 $d(\{j_{\vec{\mu}}\}; \{t_{\vec{\mu}}\}) \neq 0$，即若 $d(\{j_{\vec{\mu}}\}; \{t_{\vec{\mu}}\}) \neq 0$，必然有

$$\sum_{h=1}^{m} j_{hk} r_h^{-1} - ml^{-1} \geqslant -3m\varepsilon \quad (k = 1, \cdots, l). \tag{18}$$

对于这种 $d(\{j_{\vec{\mu}}\}; \{t_{\vec{\mu}}\})$，我们还可证明

$$\sum_{h=1}^{m} j_{hk} r_h^{-1} - ml^{-1} \leqslant 3m(l-1)\varepsilon \quad (k = 1, \cdots, l). \tag{19}$$

事实上，为证(19)式成立，用反证法。假定对于某个 $k_0 (1 \leqslant k_0 \leqslant l)$ 有

$$\sum_{h=1}^{m} j_{hk_0} r_h^{-1} - ml^{-1} > 3m(l-1)\varepsilon. \tag{20}$$

因为 $P^{(\{j_{\vec{\mu}}\})}$ 关于 $L_{h1}, \cdots, L_{hl}$ 是 $r_h - \sum_{k=1}^{l} t_{hk}$ 次齐式，所以

$$\sum_{k=1}^{l} j_{hk} r_h^{-1} = \left(r_h - \sum_{k=1}^{l} t_{hk}\right) r_h^{-1} \leqslant 1 \quad (h = 1, \cdots, m).$$

从而

$$\sum_{k=1}^{l} \left(\sum_{h=1}^{m} j_{hk} r_h^{-1} - ml^{-1}\right) = \sum_{h=1}^{m} \left(\sum_{k=1}^{l} j_{hk} r_h^{-1}\right) - m \leqslant 0.$$

但是，由(18)，(20)二式可知

$$\begin{aligned}\sum_{k=1}^{l} \left(\sum_{h=1}^{m} j_{hk} r_h^{-1} - ml^{-1}\right) &= \sum_{k \neq k_0} \left(\sum_{h=1}^{m} j_{hk} r_h^{-1} - ml^{-1}\right) \\ &\quad + \left(\sum_{h=1}^{m} j_{hk_0} r_h^{-1} - ml^{-1}\right) > -3m(l-1)\varepsilon \\ &\quad + 3m(l-1)\varepsilon = 0.\end{aligned}$$

于是得出矛盾。

最后，由(18)，(19)二式可推出(16)式。故得性质(iv)。定理证完。

注 2 对于 $i=1,\cdots,t$, 如果 $\vec{a}_i=(\alpha_{i1},\cdots,\alpha_{il})$, $\vec{x}=(x_1,\cdots,x_l)$, 则可作出线性型

$$L_i=L_i(\vec{x})=\alpha_{i1}x_1+\cdots+\alpha_{il}x_l.$$

我们约定, 如果将 $\vec{x}=(x_1,\cdots,x_l)$ 换作 $\vec{x}_h=(x_{h1},\cdots,x_{hl})$, $h=1,\cdots,m$, 则相应的线性型记作 L_{hi}, 即

$$L_{hi}=L_{hi}(\vec{x}_h)=\alpha_{i1}x_{h1}+\cdots+\alpha_{il}x_{hl}(h=1,\cdots,m).$$

注 3 本节定理 1 和 2 中的指标是关于线性型 $L_{1i},\cdots,L_{mi}$ $(i=1,\cdots,t)$ 而言. 根据注 1 中的约定, 这些线性型可以由 $L_i(i=1,\cdots,t)$ 产生,所以今后我们有时把型 $L_{1i},\cdots,L_{mi}(i=1,\cdots,t)$ 统称为"型 $L_1,\cdots,L_t$". 把关于 $L_{1i},\cdots,L_{mi}(i=1,\cdots,t)$ 的指标统称为"关于型 $L_1,\cdots,L_m$ 的指标",并且用 $\operatorname{Ind}P(L_1,\cdots,L_m;r_1,\cdots,r_m)$ 表示 $\operatorname{Ind}P(L_{1i},\cdots,L_{mi},r_1,\cdots,r_m)$ $(i=1,\cdots,t)$.

推论 1 设在多项式定理中取 $l=2$, 线性型为

$$L_1(x,y)=x-\alpha y,\quad L_2=y,$$

其中 α 是代数整数. 又设 δ,ε,m 适合下列条件

$$0<\delta<\frac{1}{12},\quad 0<\varepsilon<\frac{\delta}{20},\tag{21}$$

$$m\geqslant 4\varepsilon^{-1}\log(4\deg\alpha).\tag{22}$$

令多项式 $P(x_1,y_1,\cdots,x_m,y_m)$ 由多项式定理确定, D是该定理中相应的正常数.

设 $q_\mu>0$, $p_\mu(\mu=1,\cdots,m)$ 为整数,令

$$\eta_\mu=\frac{p_\mu}{q_\mu}-\alpha\ (1\leqslant\mu\leqslant m).$$

若诸 q_μ 满足条件

$$|\eta_\mu|<q_\mu^{-2-\delta},\tag{23}$$

$$q_\mu^{\varepsilon}>64(D+1)\max(1,|\alpha|)\ (1\leqslant\mu\leqslant m),\tag{24}$$

而 $r_1,\cdots,r_m\in\mathbf{N}$ 满足不等式

$$r_1\log q_1\leqslant r_\mu\log q_\mu\leqslant(1+\varepsilon)r_1\log q_1\ (1\leqslant\mu\leqslant m),\tag{25}$$

则

$$R\text{-}\mathrm{Ind}\tilde{P}\left(\frac{p_1}{q_1},\cdots,\frac{p_m}{q_m};r_1,\cdots,r_m\right)\geqslant\frac{\delta_m}{8},$$

其中 $\tilde{P}(x_1,\cdots,x_m)=P(x_1,1,\cdots,x_m,1)$。

证明 设 $j_1,\cdots,j_m$ 是满足不等式

$$\sum_{\mu=1}^{m} j_\mu r_\mu^{-1}<\frac{\delta_m}{8} \tag{26}$$

的任意非负整数，令

$$T(x_1,\cdots,x_m)=\left(\prod_{h=1}^{m}\frac{1}{j_h!}\left(\frac{\partial}{\partial x_h}\right)^{j_h}\right)\tilde{P}(x_1,\cdots,x_m).$$

只须证明

$$T\left(\frac{p_1}{q_1},\cdots,\frac{p_m}{q_m}\right)=0. \tag{27}$$

由 §5.4 引理 1 和定理 2 (ii) 可知

$$|T|\leqslant(2D)^{r_1+\cdots+r_m}.$$

因为 T 中项数不超过 $(r_1+1)\cdots(r_m+1)<2^{r_1+\cdots+r_m}$，所以对于任何整数组 $(i_1,\cdots,i_m)$，$0\leqslant i_\mu\leqslant r_\mu(1\leqslant\mu\leqslant m)$，有

$$\begin{aligned}&\left|\left(\prod_{h=1}^{m}\frac{1}{i_h!}\left(\frac{\partial}{\partial x_h}\right)^{i_h}\right)T(\alpha,\cdots,\alpha)\right|\\&\quad\leqslant(r_1+1)\cdots(r_m+1)\cdot 2^{r_1+\cdots+r_m}\cdot(2D)^{r_1+\cdots+r_m}\\&\quad\quad\cdot(\max(1,|\alpha|))^{r_1+\cdots+r_m}\leqslant D_1^{r_1+\cdots+r_m},\end{aligned} \tag{28}$$

式中 $D_1=8D\max(1,|\alpha|)$。

再由定理 1 (ii)，并注意 §5.2 性质 5，可知

$$R\text{-}\mathrm{Ind}\tilde{P}(\alpha,\cdots,\alpha;r_1,\cdots,r_m)\geqslant\left(\frac{1}{2}-\varepsilon\right)m.$$

于是由 §5.2 性质 4 及(21)，(26)二式得到

$$\begin{aligned}&R\text{-}\mathrm{Ind}T(\alpha,\cdots,\alpha;r_1,\cdots,r_m)\\&\quad\geqslant\left(\frac{1}{2}-\varepsilon\right)m-\sum_{\mu=1}^{m}j_\mu r_\mu^{-1}\\&\quad>\frac{m}{2}\left(1-2\varepsilon-\frac{\delta}{4}\right)>\frac{m}{2}\left(1-\frac{\delta}{3}\right).\end{aligned} \tag{29}$$

现在考虑T的 Taylor 展开式

$$T\left(\frac{p_1}{q_1},\cdots,\frac{p_m}{q_m}\right)=\sum_{\substack{0\leqslant i_h\leqslant r_h\\ 1\leqslant h\leqslant m}}\left(\prod_{h=1}^{m}\frac{1}{i_h!}\left(\frac{\partial}{\partial x_h}\right)^{i_h}\right)$$

$$\cdot T(\alpha,\cdots,\alpha)\eta_1^{i_1}\cdots\eta_m^{i_m}. \tag{30}$$

由(29)式可知,(30)式中非零项的标号$(i_1,\cdots,i_m)$必满足不等式

$$\sum_{\mu=1}^{m} i_\mu r_\mu^{-1}\geqslant\frac{m}{2}\left(1-\frac{\delta}{3}\right). \tag{31}$$

对于适合(31)式的任何整数组$(i_1,\cdots,i_m)$,根据(23),(25)二式可得

$$-\log|\eta_1^{i_1}\cdots\eta_m^{i_m}|\geqslant(2+\delta)\sum_{\mu=1}^{m} i_\mu\log q$$

$$\geqslant(2+\delta)r_1\log q_1\sum_{\mu=1}^{m} i_\mu r_\mu^{-1}$$

$$\geqslant(2+\delta)r_1\log q_1\frac{m}{2}\left(1-\frac{\delta}{3}\right)$$

$$\geqslant\left(1+\frac{\delta}{2}\right)\left(1-\frac{\delta}{3}\right)\cdot(1+\varepsilon)^{-1}$$

$$\cdot\sum_{\mu=1}^{m} r_\mu\log q_\mu.$$

但是由(21)式可知

$$\left(1+\frac{\delta}{2}\right)\left(1-\frac{\delta}{3}\right)=1+\frac{\delta}{6}(1-\delta)$$

$$>1+\frac{\delta}{8}>(1+\varepsilon)^2,$$

故得

$$|\eta_1^{i_1}\cdots\eta_m^{i_m}|<(q_1^{r_1}\cdots q_m^{r_m})^{-1-\varepsilon}. \tag{32}$$

因为(30)式的右边的项数不超过$(r_1+1)\cdots(r_m+1)\leqslant 2^{r_1+\cdots+r_m}$,所以由(24),(28),(30)和(32)诸式得到

$$\left|q_1^{r_1}\cdots q_m^{r_m}T\left(\frac{p_1}{q_1},\cdots,\frac{p_m}{q_m}\right)\right|$$

$$\leqslant \prod_{\mu=1}^{m}(2D_1 q_\mu^{-\varepsilon})^{r_\mu} < 1.$$

但是上式左边是整数，故得

$$T\left(\frac{p_1}{q_1},\cdots,\frac{p_m}{q_m}\right)=0,$$

即(27)式成立. 推论证完.

§5.6 第二指标定理

本节及以后各节中，恒设 $n=l-1$.

设给定 n 个线性无关的向量 $\vec{w}_1,\cdots,\vec{w}_n\in \mathbf{Z}^l$，它们生成 $\mathbf{R}^l$ 的一个 n 维子空间，即一个超平面 H，记作 $H=[\vec{w}_1,\cdots,\vec{w}_n]$.

对于自然数 $s\geqslant 1$，我们称有限集

$$\begin{aligned}\rho &= \rho\{s;\ \vec{w}_1,\cdots,\vec{w}_n\}\\ &= \{\vec{w}\mid \vec{w}=h_1\vec{w}_1+\cdots+h_n\vec{w}_n, h_i\in\mathrm{N}, 1\leqslant h_i\leqslant s, 1\leqslant i\leqslant n\}\end{aligned}$$

为 H 上大小为 s 的网 (grid)，称 $\vec{w}_1,\cdots,\vec{w}_n$ 为 ρ 的基底. 有时简称 ρ 为 H 上的 s-网. 显然 ρ 共含有 s^n 个点.

我们把 l 个变量 $x_1,\cdots,x_l$ 的函数看成 $\mathbf{R}^l$ 上的函数. 下列引理表明网所起的作用.

引理 1 设 $P(x_1,\cdots,x_l)\in \mathrm{R}[x_1,\cdots,x_l]$，$\deg P\leqslant r$，$s,t\in\mathrm{N}$ 适合 $s(t+1)>r$. 设 ρ 是 $\mathbf{R}^l$ 中的超平面 $H=[\vec{w}_1,\cdots,\vec{w}_n]$ 上的 s-网. 如果在 ρ 上，P 以及它的所有阶数不超过 t 的混合偏导数

$$\left(\prod_{k=1}^{l}\left(\frac{\partial}{\partial x_k}\right)^{t_k}\right)P\quad (t_1+\cdots+t_l\leqslant t) \tag{1}$$

全为零，那么在 H 上 $P\equiv 0$.

注 1 引理 1 的逆命题显然成立.

证明 设 $\vec{w}_l$ 与 $\vec{w}_1,\cdots,\vec{w}_n$ 一起构成 $\mathbf{R}^l$ 的基底. 则存在可逆线性变换 A

$$\mathrm{A}\vec{w}_j=(0,\cdots,0,\overset{(j)}{1},0,\cdots,0)^T,\ j=1,\cdots,l,$$

这里符号T表示"转置"．对任一点 $\vec{x}=(x_1,\cdots,x_l)^T$，记

$$\widetilde{\vec{x}}=A\vec{x}=(\tilde{x}_1,\cdots,\tilde{x}_l)^T,\ P(\vec{x})=P(A^{-1}\widetilde{\vec{x}})=\tilde{P}(\widetilde{\vec{x}}).$$

特别对于 $\vec{x}\in H$ 我们有 $\widetilde{\vec{x}}=A\vec{x}=(\tilde{x}_1,\cdots,\tilde{x}_n,0)^T$． 我们略去上述记号中的"～"，于是不失一般性，可以认为

$$\vec{w}_j=(0,\cdots,0,\overset{(j)}{1},0,\cdots,0)^T,\ 1\leqslant j\leqslant n,$$

因此

$$P|_H=P(x_1,\cdots,x_n,0)=Q(x_1,\cdots,x_n)\in\mathbb{R}[x_1,\cdots,x_n].$$

我们要证明，如果Q及其所有阶数不超过t的混合偏导数在s^n个整点$(h_1,\cdots,h_n)$，$(1\leqslant h_i\leqslant s,\ 1\leqslant i\leqslant n)$上为零，并且$\deg Q\leqslant r$，那么当 $s(t+1)>r$ 时，$Q\equiv 0$． 下面我们对n用数学归纳法．

当 $n=1$ 时，由于一元多项式Q及其直到t阶的导数在$x=1,2,\cdots,s$ 各点上都为零，所以在这s个点上各有阶数不低于$t+1$的零点．于是Q的零点个数不小于$s(t+1)>r\geqslant\deg Q$．因此，$Q\equiv 0$．

设 $n>1$． 假定上述命题对于 $\dim H\leqslant n-1$已成立．现在证明 $\dim H=n$ 时命题也成立．为此只须证明

$$(x_1-h)^{t+1}|Q(x_1,\cdots,x_n),\ h=1,\cdots,s.$$

因为由上式可知

$$((x_1-1)\cdots(x_1-s))^{t+1}|Q(x_1,\cdots,x_n),$$

而上面左边多项式的次数为 $s(t+1)>r\geqslant\deg Q$，所以推出$Q\equiv 0$． 设

$$(x_1-h)^{e_h}\|Q(x_1,\cdots,x_n),\ h=1,\cdots,s,$$

记 $e=\min(e_1,\cdots,e_s)$．显然我们只须指出 $e\geqslant t+1$．下面用反证法．假定 $e\leqslant t$，不失一般性，可设 $e=e_1$．我们写出

$$Q(x_1,\cdots,x_n)=(x_1-1)^{e_1}\cdots(x_1-s)^{e_s}R(x_1,\cdots,x_n).$$

那么

$$\deg R\leqslant r-e_1-\cdots-e_s\leqslant r-es,$$

$$\left.\frac{\partial^e}{\partial x_1^e}Q\right|_{x_1=1}=e!(1-2)^{e_2}\cdots(1-s)^{e_s}R(1,x_2,\cdots,x_n),$$

注意由引理的假设条件可知 $R(1,x_2,\cdots,x_n)$ 及其所有阶数不超过 $t-e$ 的混合偏导数在 $\{(h_2,\cdots,h_n)\mid 1\leqslant h_i\leqslant s, i=2,\cdots,n\}$ 上为零,并且

$$s(t-e+1)>r-es.$$

因此由归纳假设得到

$$R(1,x_2,\cdots,x_n)\equiv 0,$$

也就是说 $(x_1-1)\mid R(x_1,\cdots,x_n)$. 所以 $(x_1-1)^{e_1+1}\mid Q$, 这与 e_1 的定义相矛盾。 因此 $e\geqslant t+1$. 从而可知命题对 $\dim H=n$ 也成立,故引理得证.

由引理 1, 并用数学归纳法容易得到下列的

引理 2 设 $P\in\mathscr{R}$ 是关于 $\vec{x}_h$ 的次数不超过 r_h 的齐式 $(h=1,\cdots,m)$. P 作为 $\vec{x}_1,\cdots,\vec{x}_m$ 的函数, 看作是积空间 $\mathbf{R}^l\times\cdots\times\mathbf{R}^l$ 上的函数. 设 $H_1,\cdots,H_m$ 是 $\mathbf{R}^l$ 的 n 维子空间. ρ_h 是 H_h 上 s_h- 网 $(h=1,\cdots,m)$. 记

$$T=H_1\times\cdots\times H_m,\ \rho^*=\rho_1\times\cdots\times\rho_m.$$

若 $t_1,\cdots,t_m\in\mathbf{N}$ 满足

$$s_h(t_h+1)>r_h,\ h=1,\cdots,m,$$

且 P 以及它的下面各阶偏导数

$$P^{((t_{hi}))},\ t_{h1}+\cdots+t_{hl}\leqslant t_h,\ h=1,\cdots,m$$

在 ρ^* 上为零,则在 T 上 $P\equiv 0$.

下面引进一种特殊的线性型.

对于 $\mathbf{R}^l$ 中 n 个线性无关的整向量

$$\vec{w}_i=(w_{i1},\cdots,w_{il}),\ i=1,\cdots,n$$

可以构造一个线性型 $M\{\vec{w}_1,\cdots,\vec{w}_n\}$ (简称 M 型):

$$M(\vec{x})=M(x_1,\cdots,x_l)=\vec{m}\circ\vec{x}=m_1x_1+\cdots+m_lx_l\not\equiv 0$$

满足下面两个条件:

(i) 系数 $m_1,\cdots,m_l\in\mathbf{Z}$, 且它们的最大公因子 $(m_1,\cdots,m_l)=1$.

(ii) $\vec{m}\cdot\vec{w}_i=m_1w_{i1}+\cdots+m_lw_{il}=0\ (1\leqslant i\leqslant n)$, 即 $\vec{m}$ 生成的子空间是 $H=[\vec{w}_1,\cdots,\vec{w}_n]$ 的直交补.

容易看出 $M(\vec{x})$ 的存在性．事实上，矩阵

$$W=\begin{pmatrix} w_{11}\cdots & w_{1l} \\ \cdots\cdots & \cdots\cdots \\ w_{l-1,1}\cdots & w_{l-1,l} \end{pmatrix}$$

的秩是 $n=l-1$．用 W_i 表示划去W的第 i 列所得的方阵，其行列式为 $|W_i|$ $(i=1,\cdots,l)$．显然，数 $(|W_1|,\cdots,|W_l|)$ 唯一确定．由于行列式

$$\begin{vmatrix} w_{i1}\cdots\cdots & w_{il} \\ w_{11}\cdots\cdots & w_{1l} \\ \cdots\cdots & \cdots\cdots \\ w_{l-1,1}\cdots\cdots & w_{l-1,1} \end{vmatrix}=0\ (i=1,\cdots,n),$$

所以

$$w_{i1}|W_1|+\cdots+w_{il}(-1)^{1+l}|W_l|=0\ (i=1,\cdots,n).$$

因此取

$$m_i=\frac{(-1)^{i+1}|W_i|}{(|W_1|,\cdots,|W_l|)}\qquad (i=1,\cdots,n)$$

即为所需．

显然，$\vec{x}\in H=[\vec{w}_1,\cdots,\vec{w}_n]$ 当且仅当 $M(\vec{x})=0$．换句话说，

$$H=\{\vec{x}\,|\,M(\vec{x})=0\}.$$

我们又记 $|M|=\max(|m_1|,\cdots,|m_l|)$．

定理 1（第二指标定理） 设 $c_1,\cdots,c_l\in\mathbb{R}$ 适合不等式

$$|c_i|\leqslant 1\ (i=1,\cdots,l),\ c_1+\cdots+c_l=0.$$

又设 $\varepsilon>0$，$0<\delta<1$ 适合

$$\delta>16l^2\varepsilon. \tag{2}$$

设 $L_1,\cdots,L_l$ 是 §5.5 定理 2 中的代数整系数线性型（注意 §5.5 定理 2 后面的注 3），m，$r_1,\cdots,r_m$ 及常数 E 如 §5.5 定理 2 中所述，P 是该定理中定义的关于 $L_1,\cdots,L_l$ 的多项式．

如果 $Q_1,\cdots,Q_m\in\mathbb{R}$ 适合下列条件

$$Q_h^\varepsilon>2^lE,\ Q_h^\varepsilon>l(1+\varepsilon^{-1}),\ h=1,\cdots,m, \tag{3}$$

$$r_1\log Q_1\leqslant r_h\log Q_h\leqslant(1+\varepsilon)r_1\log Q_1, h=1,\cdots,m, \tag{4}$$

并且对于每个 $h(1\leqslant h\leqslant m)$，$\vec{w}_{h1},\cdots,\vec{w}_{hn}$ 是 $\mathbf{R}^l$ 中线性无关的整向量，且满足不等式

$$|L_k(\vec{w}_{hj})|\leqslant Q_h^{c_k-\delta}(1\leqslant j\leqslant n,1\leqslant k\leqslant l,1\leqslant h\leqslant m), \tag{5}$$

那么

$$\mathrm{Ind}\ P(M_1,\cdots,M_m:\ r_1,\cdots,r_m)\geqslant m\varepsilon,$$

其中 $M_1,\cdots,M_m$ 分别是由 $M\{\vec{w}_{h1},\cdots,\vec{w}_{hn}\}$中将 $\vec{x}$ 换成$\vec{x}_h(1\leqslant h\leqslant m)$ 所得到的线性型(参考 §5.5 定理 2 后面的注 2)。

证明 根据 §5.5 性质 2，并注意 §5.5 注 3，只须证明：在超平面 $M_1=\cdots=M_m=0$ 上，当 $\sum\limits_{k=1}^{l}\sum\limits_{h=1}^{m}j_{hk}r_h^{-1}<\varepsilon m$ 时，有

$$P^{((j_{\vec{\mu}}))}=0.$$

我们记 $H_h=[\vec{w}_{h1},\cdots,\vec{w}_{hn}]\ (h=1,\cdots,m)$，那么

$$H_h=\{\vec{x}_h|M_h(\vec{x}_h)=0\}.$$

因此我们只须证明，在 $T=H_1\times\cdots\times H_m$ 上，当

$$\sum_{k=1}^{l}\sum_{h=1}^{m}j_{hk}r_h^{-1}<\varepsilon m$$

时，$P^{((j_{\vec{\mu}}))}=0$。但是根据引理 2，若令

$$s_h=[\varepsilon^{-1}]+1,\ t_h=[r_h\varepsilon],$$

$$\rho_h=\rho_h(s_h;\ \vec{w}_{h1},\ \cdots,\ \vec{w}_{hn}),\ h=1,\ \cdots,m,$$

则只须证明：在 $\rho^*=\rho_1\times\cdots\times\rho_m$ 上，当

$$\sum_{k=1}^{l}\sum_{h=1}^{m}j_{hk}r_h^{-1}<\varepsilon m,\ t_{h1}+\cdots+t_{hl}\leqslant t_h,\ h=1,\cdots,m$$

时

$$(P^{((j_{\vec{\mu}}))})^{((t_{\vec{\mu}}))}=0.$$

我们注意

$$\sum_{k=1}^{l}\sum_{h=1}^{m}(j_{hk}+t_{hk})r_h^{-1}<\varepsilon m+[r_1\varepsilon]r_1^{-1}+\cdots+[r_m\varepsilon]r_m^{-1}$$

$$\leqslant 2\varepsilon m,$$

所以如果将 $(P^{((j_{\vec{\mu}}))})^{((t_{\vec{\mu}}))}$ 仍记作 $P^{((t_{\vec{\mu}}))}$，那么只须证明：对任意

$\vec{v}_h \in \rho_h(1 \leqslant h \leqslant m)$,当 $\sum_{k=1}^{l}\sum_{h=1}^{m} t_{hk} r_h^{-1} < 2\varepsilon m$ 时,有

$$P^{(\{t_{\vec{\mu}}\})}(\vec{v}_1, \cdots, \vec{v}_m) = 0. \tag{6}$$

根据 §5.5 定理 2,(6)式左边可表为

$$\sum_{\{j_{\vec{\mu}}\}} d(\{j_{\vec{\mu}}\}; \{t_{\vec{\mu}}\}) \prod_{h,k} L_k(\vec{v}_h)^{j_{hk}}, \tag{7}$$

因为 $\vec{v}_h = \sum_{j=1}^{n} \gamma_j \vec{w}_{hj}$, 其中 $1 \leqslant \gamma_j \leqslant [\varepsilon^{-1}] + 1(1 \leqslant j \leqslant n)$,所以

$$L_k(\vec{v}_h) = \sum_{j=1}^{n} \gamma_j L_k(\vec{w}_{hj}).$$

而由(2),(3),(5)式得到

$$\begin{aligned} |L_k(\vec{v}_h)| &\leqslant Q_h^{c} k^{-\delta} l(\varepsilon^{-1} + 1) \leqslant Q_h^{c} k^{-\delta+\varepsilon} \\ &\leqslant Q_h^{c} k^{-15l^2\varepsilon}(1 \leqslant k \leqslant l,\ 1 \leqslant h \leqslant m). \end{aligned} \tag{8}$$

再根据(4)式及 §5.5 定理 2(iv),对于适合

$$d(\{j_{\vec{\mu}}\};\ \{t_{\vec{\mu}}\}) \neq 0$$

的 $\{j_{\vec{\mu}}\}$,有

$$\begin{aligned} \sum_{h=1}^{m} j_{hk} \log Q_h &\geqslant r_1 \log Q_1 \sum_{h=1}^{m} j_{hk} r_h^{-1} \\ &\geqslant r_1 \log Q_1 (l^{-1} - 3l\varepsilon)m\ \ (1 \leqslant k \leqslant l), \end{aligned}$$

和

$$\begin{aligned} \sum_{h=1}^{m} j_{hk} \log Q_h &\leqslant (1 + \varepsilon) r_1 \log Q_1 \sum_{h=1}^{m} j_{hk} r_h^{-1} \\ &\leqslant r_1 \log Q_1 (1 + \varepsilon)(l^{-1} + 3l\varepsilon)m \\ &\leqslant r_1 \log Q_1 (l^{-1} + 7\varepsilon l)m\ \ (1 \leqslant k \leqslant l). \end{aligned}$$

上述两个不等式合起来得到

$$\left|\sum_{h=1}^{m} j_{hk} \log Q_h - l^{-1} m r_1 \log Q_1\right| < 7lm\varepsilon r_1 \log Q_1 (1 \leqslant k \leqslant l). \tag{9}$$

由(8)式得到,对于 $k = 1, \cdots, l$, 有

$$|L_k(\vec{v}_1)^{i_{1k}}\cdots L_k(\vec{v}_m)^{i_{mk}}| \leqslant \prod_{h=1}^{m} Q_h^{(c_k-15l^2\varepsilon)i_{hk}}$$

$$= \exp\left((c_k - 15l^2\varepsilon)\sum_{h=1}^{m} i_{hk}\log Q_h\right).$$

由(2)式看出 $|c_k - 15l^2\varepsilon| \leqslant 2$，因而由(9)式得到

$$\left|(c_k - 15l^2\varepsilon)\sum_{h=1}^{m} i_{hk}\log Q_h - (c_k - 15l^2\varepsilon)l^{-1}mr_1\log Q_1\right|$$

$$\leqslant 14lm\varepsilon\ r_1\log Q_1.$$

所以

$$|L_k(\vec{v}_1)^{i_{1k}}\cdots L_k(\vec{v}_m)^{i_{mk}}|$$

$$\leqslant \exp((c_k - 15l^2\varepsilon)l^{-1}mr_1\log Q_1 + 14lm\varepsilon r_1\log Q_1)$$

$$= Q_1^{r_1l^{-1}mc_k - r_1lm\varepsilon}.$$

由此式，(4)式及 §5.5 定理 2 (iii)，并注意常数E的定义，可知(7)式中各项绝对值不超过

$$E^{r_1+\cdots+r_m}Q_1^{r_1ml^{-1}(c_1+\cdots+c_l)-r_1m\varepsilon l^2}$$

$$= E^{r_1+\cdots+r_m}Q_1^{-r_1m\varepsilon l^2}$$

$$\leqslant E^{r_1+\cdots+r_m}(Q_1^{-r_1\varepsilon}\cdots Q_m^{-r_m\varepsilon})^{l^2/(1+\varepsilon)}$$

$$\leqslant (EQ_1^{-\varepsilon})^{r_1}\cdots(EQ_m^{-\varepsilon})^{r_m}. \qquad (10)$$

因为(7)式中各项关于 $L_k(1\leqslant k\leqslant l)$ 是次数不超过 r_h 的齐式，所以根据 §5.3 引理 1，(6)式中的项数不超过

$$\binom{r_1+l-1}{l-1}\cdots\binom{r_m+l-1}{l-1} \leqslant 2^{r_1l}\cdots2^{r_ml} = 2^{l(r_1+\cdots+r_m)}.$$

由此及(3)，(7)，(10)式得到

$$|P^{((t_{\vec{\mu}}))}(\vec{v}_1,\cdots,\vec{v}_m)| \leqslant \prod_{h=1}^{m}(2^lEQ_h^{-\varepsilon})^{r_h} < 1.$$

注意上式左边是整数，因此，(6)式得证．故定理证完．

§5.7 Roth 引 理

我们把

$$\Delta = \prod_{h=1}^{m}\left(\frac{\partial}{\partial x_h}\right)^{i_h} = \frac{\partial^{i_1+\cdots+i_m}}{\partial x_1^{i_1}\cdots\partial x_m^{i_m}}$$

称为 $i_1+\cdots+i_m$ 阶微分算子，记 $\operatorname{ord}\Delta = i_1+\cdots+i_m$。如果 $\Delta_1,\cdots,\Delta_h$ 的阶分别不超过 0，1，…，$h-1$，$f_1,\cdots,f_h$ 是 $\vec{x}=(x_1,\cdots,x_m)$ 的函数，则称行列式

$$\det(\Delta_i f_j)_{1\leqslant i,j\leqslant h} = \begin{vmatrix} \Delta_1 f_1\cdots\Delta_1 f_h \\ \cdots\cdots \\ \Delta_h f_1\cdots\Delta_h f_h \end{vmatrix}$$

为(广义) Wronski 行列式(函数行列式)。注意，当 $m>1$ 时，函数行列式不唯一。如果 $m=1$，则只有唯一的 $i-1$ 阶微分算子 $\frac{d^{i-1}}{dx_1^{i-1}}$，且得到唯一的非零 Wronski 行列式

$$\det\left(\frac{d^{i-1}}{dx_1^{i-1}}f_j\right)_{1\leqslant i,j\leqslant h},$$

这正是通常的函数行列式。

引理 1 设 $f_1,\cdots,f_h$ 是 $x_1,\cdots,x_m$ 的实系数有理函数，且 R 线性无关，则至少有一个 Wronski 行列式不为零。

证明 首先我们注意到，$f_1,\cdots,f_h$ 全不恒为零，否则它们 R 线性相关。然后对 h 用数学归纳法证明这个引理。

当 $h=1$ 时，Wronski 行列式等于 f_1，命题显然成立。设 $h>1$，假定命题对函数个数小于 h 的情形已得证。现在考虑 h 个 R 线性无关的实系数有理函数 $f_1,\cdots,f_h$。

首先令

$$f_j^* = \delta_j/f_1,\ j=1,\cdots,h.$$

易见由 $f_1^*,\cdots,f_h^*$ 形成的任何 Wronski 行列式都可表成由 $f_1,\cdots,f_h$ 形成的某些 Wronski 行列式与某些有理函数 (即 f_1^{-1} 的导数)之积的和的形式。特别由此可知，如果某个由 $f_1^*,\cdots,f_h^*$ 形成的 Wronski 行列式不为零，那么必有一个由 $f_1,\cdots,f_h$ 形成的 Wronski 行列式不为零；又因为 $f_1^*,\cdots,f_h^*$ 间的任一个 R 线性关系式必导致一个 $f_1,\cdots,f_h$ 间的 R 线性关系式，因此我们可

以用 $f_1^*,\cdots,f_h^*$ 来代替 $f_1,\cdots,f_h$ 来进行证明。于是今后我们可以假定 $f_1=1$。

现在考虑 f_h。若 $f_h=c$(c 为非零常数),则 $1\cdot f_h-cf_1=0$。这与 $f_1,\cdots,f_h$ R 线性无关的假设矛盾。因此 f_h 不为常数。于是,不失一般性,我们可设

$$\frac{\partial f_h}{\partial x_1}\neq 0. \tag{1}$$

再考虑非零线性组合

$$c_2f_2+\cdots+c_hf_h(c_2,\cdots,c_h \text{ 不全为零}).$$

若它与 x_1 无关,则 $c_2,\cdots,c_{h-1}$ 中至少有一个不为零。如果不然,则有 $c_2f_2+\cdots+c_{h-1}f_{h-1}+c_hf_h=c_hf_h\neq 0$,且与 x_1 无关。这与(1)式矛盾。因此不妨认为 $c_2\neq 0$(不然可将 $f_1,\cdots,f_h$ 重新编号)。必要时以 c_i/c_2 代替 $c_i,i=2,\cdots,h$,因此进一步可设 $c_2=1$。于是 $f_2+c_3f_3+\cdots+c_hf_h$ 与 x_1 无关。根据行列式性质,以这个线性组合代替 f_2 时,Wronski 行列式值不变。我们作此替换,且仍将它记作 f_2,于是有

$$\frac{\partial f_2}{\partial x_1}=0.$$

继续考虑非零线性组合 $c_3f_3+\cdots+c_hf_h$,重复上面的推理。一般地,存在自然数 $k(1\leqslant k<h)$,经适当替换(但不改变相应函数的记号)可得

$$\frac{\partial f_1}{\partial x_1}=\cdots=\frac{\partial f_k}{\partial x_1}=0. \tag{2}$$

但对任何不全为零的 $c_{k+1},\cdots,c_h\in\mathbb{R}$ 有

$$\frac{\partial}{\partial x_1}(c_{k+1}f_{k+1}+\cdots+c_hf_h)\neq 0.$$

也就是说,由

$$c_{k+1}\frac{\partial f_{k+1}}{\partial x_1}+\cdots+c_h\frac{\partial f_h}{\partial x_1}=0$$

可推出 $c_{k+1}=\cdots=c_h=0$。因此,$\frac{\partial f_{k+1}}{\partial x_1},\cdots,\frac{\partial f_h}{\partial x_1}$ R 线性无

关.

最后,因为 $k < h$, 所以由归纳假设,对于函数组 $f_1, \cdots, f_k$, 存在阶数分别不超过 $0, 1, \cdots, k-1$ 的微分算子 $\Delta_1^*, \cdots, \Delta_k^*$, 使得

$$W_1 = \det(\Delta_i^* f_j)_{1 \leqslant i, j \leqslant k} \neq 0; \tag{3}$$

而对于函数组 $\frac{\partial f_{k+1}}{\partial x_1}, \cdots, \frac{\partial f_h}{\partial x_1}$, 存在阶数分别不超过 $0, 1, \cdots, h-k-1$ 的微分算子 $\Delta_{k+1}^*, \cdots, \Delta_h^*$,使得

$$W_2 = \det\left(\Delta_i^* \frac{\partial f_j}{\partial x_1}\right)_{k+1 \leqslant i, j \leqslant h} \neq 0. \tag{4}$$

我们令

$$\Delta_i = \begin{cases} \Delta_i^*, & 1 \leqslant i \leqslant k, \\ \Delta_i^* \dfrac{\partial}{\partial x_1}, & k+1 \leqslant i \leqslant h. \end{cases}$$

则 $\operatorname{ord} \Delta_i \leqslant i-1$. 由(2),(3),(4)式得

$$\det(\Delta_i f_j)_{1 \leqslant i, j \leqslant h} = \begin{vmatrix} W_1 & * \\ 0 & W_2 \end{vmatrix} = W_1 W_2 \neq 0.$$

因此当函数个数为 h 时,命题也成立. 于是引理得证.

引理 2 设 $m \geqslant 2$, $R \in \mathbf{Z}[x_1, \cdots, x_m]$, $R \not\equiv 0$, $\deg_{x_j} R \leqslant r_j (j = 1, \cdots, m)$,则存在 l 个(l 适合不等式 $1 \leqslant l \leqslant r_m + 1$)适当的关于 $x_1, \cdots, x_{m-1}$ 的微分算子 $\Delta_1, \cdots, \Delta_l$ 具有下列两个性质:

(i) 令

$$F(x_1, \cdots, x_m) = \det\left(\Delta_\mu \frac{1}{(\nu-1)!}\left(\frac{\partial}{\partial x_m}\right)^{\nu-1} R\right)_{1 \leqslant \mu, \nu \leqslant l},$$

则 $F \in \mathbf{Z}[x_1, \cdots, x_m]$ 且 $F \not\equiv 0$,其中

$$\Delta_\mu = \prod_{h=1}^{m-1} \frac{1}{i_h!}\left(\frac{\partial}{\partial x_h}\right)^{i_h},$$

$$\operatorname{ord}\Delta_\mu = i_1 + \cdots + i_m \leqslant \mu - 1 \leqslant r_m, \quad \mu = 1, \cdots, l.$$

(ii) 对于 (i) 中的 F,有分解式

$$F(x_1,\cdots,x_m)=U(x_1,\cdots,x_{m-1})V(x_m), \tag{5}$$

其中

$$U\in \mathbf{Z}[x_1,\cdots,x_{m-1}],\ V\in \mathbf{Z}[x_m],$$
$$\deg_{x_j}U\leqslant lr_j(j=1,\cdots,m-1),\ \deg V\leqslant lr_m. \tag{6}$$

证明 首先将 $R(x_1,\cdots,x_m)$ 表示成

$$R(x_1,\cdots,x_m)=f_1(x_m)g_1(x_1,\cdots,x_{m-1})+\cdots+f_l(x_m)g_l(x_1,\cdots,x_{m-1}), \tag{7}$$

式中 $f_1,\cdots,f_l,\ g_1,\cdots,g_l$ 是有理系数多项式，且

$$\deg_{x_j}g_i\leqslant r_j,\ \deg_{x_m}f_i\leqslant r_m\ (1\leqslant j\leqslant m-1,\ 1\leqslant i\leqslant l).$$

但这种表示法并不唯一．例如，可以取 $f_i(x_m)=x_m^{i-1}(i=1,\cdots,l)$，也可取 $f_i(x_m)$为 x_m 的幂和．在这种表示法中我们取其中使 l 最小的那一种，这个最小值仍用 l 表示．由于在前面所举的第一个例子中 $l\leqslant \deg_{x_m}R+1$，所以我们得到 $1\leqslant l\leqslant r_m+1$．我们还可看出，在这个表示法中，$f_1,\cdots,f_l$ 及 $g_1,\cdots,g_l$ 分别 Q 线性无关．如果不然，例如设

$$f_l=d_1f_1+\cdots+d_{l-1}f_{l-1}(d_i\in \mathbf{Q},i=1,\cdots,l-1),$$

则由(7)式得

$$R=f_1(g_1+d_1g_l)+\cdots+f_{l-1}(g_{l-1}+d_{l-1}g_l).$$

而这与 l 的取法矛盾．

其次，因为 $f_1,\cdots,f_l$ Q 线性无关，所以它们的 Wronski 行列式不等于零．于是

$$W(x_m)=\det\left(\frac{1}{(\mu-1)!}\left(\frac{d}{dx_m}\right)^{\mu-1}f_\nu(x_m)\right)_{1\leqslant\mu,\nu\leqslant l}\neq 0.$$

再根据引理 1 可知，存在一个非零的广义 Wronski 行列式 $\det(\Delta_\mu g_\nu)_{1\leqslant\mu,\nu\leqslant l}$，于是

$$G(x_1,\cdots,x_{m-1})=\det(\Delta_\mu g_\nu(x_1,\cdots,x_{m-1}))_{1\leqslant\mu,\nu\leqslant l}\neq 0.$$

我们令

$$F(x_1,\cdots,x_m)=G\cdot W=\det\left(\sum_{k=1}^{l}\Delta_\mu\frac{1}{(\nu-1)!}\left(\frac{\partial}{\partial x_m}\right)^{\nu-1}\right.$$

$$\cdot f_k(x_m)g_k(x_1,\cdots,x_{m-1})\Big)_{1\leqslant\mu,\nu\leqslant l}$$

$$=\det\left(\Delta_\mu\frac{1}{(\nu-1)!}\left(\frac{\partial}{\partial x_m}\right)^{\nu-1}R\right)_{1\leqslant\mu,\nu\leqslant l},$$

则容易看出 $F\in\mathbf{Z}[x_1,\cdots,x_m]$. 于是 (i) 得证.

最后,由 Gauss 引理(可参看[10],§ 1.13,定理 2),存在 $s\in\mathbf{Q}$,使得 sG 和 $s^{-1}W$ 都具有整系数. 令

$$U(x_1,\cdots,x_{m-1})=sG(x_1,\cdots,x_{m-1}),$$
$$V(x_m)=s^{-1}W(x_m),$$

则得到(5)式. 由行列式展开容易得到(6)式. 故引理得证.

定理 1 (Roth 引理) 设 $m\geqslant 1, 0<C\leqslant 1$, $0<\varepsilon<\frac{1}{12}$是常数,令

$$\omega=\omega(m,\varepsilon)=24\cdot 2^{-m}\left(\frac{\varepsilon}{12}\right)^{2^{m-1}}.$$

又设 r_h, p_h, $q_h(h=1,\cdots,m)\in\mathbf{Z}$, 满足

$$\omega r_h\geqslant r_{h+1},\qquad h=1,\cdots,m,\tag{8}$$
$$q_h>0,\ (p_h,q_h)=1,\qquad h=1,\cdots,m,\tag{9}$$
$$q_h^{r_h}\geqslant q_1^{r_1C},\qquad h=1,\cdots,m,\tag{10}$$
$$q_h^{\omega C}\geqslant 2^{3m},\qquad h=1,\cdots,m.\tag{11}$$

如果 $P\in\mathbf{Z}[x_1,\cdots,x_m]$, $P\not\equiv 0$, 而且

$$\deg_{x_h}P\leqslant r_h,\quad h=1,\cdots,m,\tag{12}$$
$$|P|\leqslant q_1^{\omega r_1C},\tag{13}$$

那么

$$R\text{-Ind}\,P\left(\frac{p_1}{q_1},\cdots,\frac{p_m}{q_m};\ r_1,\cdots,r_m\right)\leqslant\varepsilon.$$

证明 对 m 用数学归纳法. 当 $m=1$ 时,假设存在非负整数 t, 使得

$$P^{(\mu)}\left(\frac{p_1}{q_1}\right)=0\ (0\leqslant\mu<t),\ P^{(t)}\left(\frac{p_1}{q_1}\right)\neq 0,$$

则

$$P(x_1)=\left(x_1-\frac{p_1}{q_1}\right)^t T(x_1)\quad (t\geqslant 0,\ T\in \mathrm{Q}[x_1]),$$

或者

$$P(x_1)=(q_1x_1-p_1)^t(q_1^{-t}T(x_1)).$$

因为 $P\in \mathrm{Z}[x_1]$，$(p_1,q_1)=1$，所以由 Gauss 引理可知，$q_1^{-t}T(x_1)\in \mathrm{Z}[x_1]$，即 q_1^t 整除 P 的最高次项系数．因此有 $|p|\geqslant q_1^t$．由于 $\omega=\omega(1,\varepsilon)=\varepsilon$，由(10)式可知 $C\leqslant 1$，所以由(13)式得

$$q_1^t\leqslant q_1^{\omega r_1 C}\leqslant q_1^{\varepsilon r_1}.$$

于是 $t\leqslant \varepsilon r_1$． 注意到 $R\text{-Ind}\,P\left(\frac{p_1}{q_1};\ r_1\right)=\frac{t}{r_1}$，便知 $m=1$ 时命题成立．

现设 $m>1$，且当变量个数小于 m 时命题已成立．考虑 m 个量变的情形．

首先，在引理 2 中，令 $R=P$． 相应地构造多项式 F．将定义 F 的行列式展开，注意 § 5.4 引理 1，由(13)式可得

$$|F|\leqslant l!((r_1+1)\cdots(r_m+1))^l(2^{r_1+\cdots+r_m}q_1^{\omega r_1 C})^l. \quad (14)$$

根据引理 2，$l\leqslant r_m+1\leqslant 2^{r_m}$，有

$$l!\leqslant l^{l-1}\leqslant 2^{r_m l},$$

$$((r_1+1)\cdots(r_m+1))^l\leqslant (2^{r_1}\cdots 2^{r_m})^l=2^{(r_1+\cdots+r_m)l}.$$

于是由(8)，(11)，(14)，并注意 $\omega<1$，$r_1+\cdots+r_m<mr_1$，可得

$$\begin{aligned}|F|&\leqslant (2^{3(r_1+\cdots+r_m)}q_1^{\omega r_1 C})^l\\&\leqslant (2^{3m}q_1^{\omega C})^{r_1 l}\leqslant q_1^{2\omega r_1 Cl}.\end{aligned}$$

再注意到(5)式，由上式得

$$|U|\leqslant q_1^{2\omega r_1 Cl},\quad |V|\leqslant q_1^{2\omega r_1 Cl}. \quad (15)$$

再将归纳假设应用于函数 $U(x_1,\cdots,x_{m-1})$，由于

$$\omega=\omega(m,\varepsilon)=\frac{1}{2}\,\omega\left(m-1,\ \frac{\varepsilon^2}{12}\right),$$

因此对于变量个数等于 $m-1$ 的情形，用 2ω 代替 ω，用 $\frac{\varepsilon^2}{12}$ 代替 ε，用 $lr_1,\cdots,lr_{m-1}$ 分别代替 $r_1,\cdots,r_{m-1}$． 于是由(8)，(10)，

(11)式分别得到

$$2\omega l r_h \geqslant l r_{h+1} (1 \leqslant h \leqslant m-1),$$
$$q_h^{l r_h} \geqslant q_1^{l r_1 C} (1 \leqslant h \leqslant m-1),$$
$$q_h^{2\omega C} \geqslant 2^{6m} > 2^{3(m-1)} (1 \leqslant h \leqslant m-1).$$

还要注意(6),(15)二式,可知 $U(x_1, \cdots, x_{m-1})$ 满足定理中相应的各项条件,于是

$$R\text{-Ind}U\left(\frac{p_1}{q_1}, \cdots, \frac{p_{m-1}}{q_{m-1}}; l r_1, \cdots, l r_{m-1}\right) \leqslant \frac{\varepsilon^2}{12}.$$

从而

$$R\text{-Ind}U\left(\frac{p_1}{q_1}, \cdots, \frac{p_m}{q_m}; r_1, \cdots, r_m\right) \leqslant \frac{l\varepsilon^2}{12}. \tag{16}$$

类似地,把归纳假设应用于函数 $V(x_m)$(这是变量个数为 1 的情形). 此时有

$$\omega = \omega(m, \varepsilon) \leqslant \frac{1}{2}\,\omega\left(1, \frac{\varepsilon^2}{12}\right). \tag{17}$$

于是用 $l r_m$ 代替 r_1,用 $\frac{\varepsilon^2}{12}$ 代替 ε,并且取 1 作为常数 C,由(11),(17)二式得

$$q_m^{\omega\left(1, \frac{\omega^2}{12}\right)\cdot 1} \geqslant 2^{3m} > 2^{3\cdot 1}.$$

又由(10),(15),(17)式可知

$$|V| \leqslant q_1^{2\omega r_1 C l} = (q_1^{r_1 C})^{2\omega l} \leqslant (q_m^{r_m})^{2\omega l} = q_m^{2\omega r_m l}$$
$$\leqslant q_m^{\omega\left(1, \frac{\varepsilon^2}{12}\right)\cdot l r_m \cdot 1}.$$

再注意(6)式,则 $V(x_m)$ 满足定理中相应的各项条件,因此

$$R\text{-Ind}V\left(\frac{p_m}{q_m}; l r_m\right) \leqslant \frac{\varepsilon^2}{12},$$

或者

$$R\text{-Ind}V\left(\frac{p_1}{q_1}, \cdots, \frac{p_m}{q_m}; r_1, \cdots, r_m\right) \leqslant \frac{l\varepsilon^2}{12}. \tag{18}$$

由于 $F = UV$,根据 §5.2 性质4,从(16),(18)二式可得

$$\Theta = R\text{-Ind}F\left(\frac{p_1}{q_1}, \cdots, \frac{p_m}{q_m}; r_1, \cdots, r_m\right) \leqslant \frac{l\varepsilon^2}{6}. \tag{19}$$

最后，记

$$\vartheta = R\text{-Ind}P\left(\frac{p_1}{q_1},\cdots,\frac{p_m}{q_m};r_1,\cdots,r_m\right).$$

由引理 2 (i)可知,在表示F的行列式中, Δ_μ 适合

$$\text{ord}\Delta_\mu = i_1+\cdots+i_{m-1}\leqslant l-1\leqslant r_m.$$

所以由§5.2 性质 4 得到

$$\begin{aligned}
&R\text{-Ind}\left(\Delta_\mu\frac{1}{(\nu-1)!}\left(\frac{\partial}{\partial x_m}\right)^{\nu-1}P\right)\left(\frac{p_1}{q_1},\cdots,\frac{p_m}{q_m};r_1,\cdots,r_m\right)\\
&\quad\geqslant\vartheta-\frac{i_1}{r_1}-\cdots-\frac{i_{m-1}}{r_{m-1}}-\frac{\nu-1}{r_m}\\
&\quad\geqslant\vartheta-\frac{i_1+\cdots+i_{m-1}}{r_{m-1}}-\frac{\nu-1}{r_m}\\
&\quad\geqslant\vartheta-\frac{r_m}{r_{m-1}}-\frac{\nu-1}{r_m}\\
&\quad\geqslant\vartheta-\omega-\frac{\nu-1}{r_m}\geqslant\vartheta-\frac{\varepsilon^2}{24}-\frac{\nu-1}{r_m}.
\end{aligned}\tag{20}$$

因指标非负，所以将表示F的行列式展开后，根据§5.2 性质4 及(20)式得到

$$\begin{aligned}
\Theta&\geqslant\sum_{\nu=1}^{l}\max\left(\vartheta-\frac{\varepsilon^2}{24}-\frac{\nu-1}{r_m},0\right)\\
&\geqslant-\frac{l\varepsilon^2}{24}+\sum_{\nu=1}^{l}\max\left(\vartheta-\frac{\nu-1}{r_m},0\right).
\end{aligned}$$

因此由(19)式得到

$$\Phi = l^{-1}\sum_{\nu=1}^{l}\max\left(\vartheta-\frac{\nu-1}{r_m},0\right)\leqslant\frac{\varepsilon^2}{6}+\frac{\varepsilon^2}{24}<\frac{\varepsilon^2}{4}.\tag{21}$$

若 $\vartheta\geqslant\dfrac{l-1}{r_m}$,则 $\vartheta-\dfrac{\nu-1}{r_m}\geqslant\vartheta-\dfrac{l-1}{r_m}\geqslant 0$,从而

$$\Phi = l^{-1}\sum_{\nu=1}^{l}\left(\vartheta-\frac{\nu-1}{r_m}\right)=\frac{\vartheta}{2}+\frac{1}{2}\left(\vartheta-\frac{l-1}{r_m}\right)\geqslant\frac{\vartheta}{2}.$$

若 $\vartheta<\dfrac{l-1}{r_m}$,由于当 $\nu\geqslant\vartheta r_m+1$ 时,

$$\vartheta - \frac{\nu - 1}{r_m} \leqslant \vartheta - \frac{\vartheta r_m}{r_m} = 0,$$

则有

$$\begin{aligned}
\Phi &= l^{-1} \sum_{0 \leqslant \nu - 1 \leqslant \vartheta r_m} \left(\vartheta - \frac{\nu - 1}{r_m} \right) \\
&= l^{-1} \sum_{0 \leqslant \nu - 1 \leqslant \vartheta r_m} \vartheta - l^{-1} \sum_{0 \leqslant \nu - 1 \leqslant \vartheta r_m} \frac{\nu - 1}{r_m} \\
&= \frac{([\vartheta r_m] + 1)\vartheta}{l} - \frac{[\vartheta r_m]([\vartheta r_m] + 1)}{2 r_m l} \\
&= \frac{([\vartheta r_m] + 1)\left(\vartheta - \frac{[\vartheta r_m]}{2 r_m}\right)}{l} \\
&\geqslant \frac{([\vartheta r_m] + 1)\left(\vartheta - \frac{\vartheta r_m}{2 r_m}\right)}{l} \\
&= \frac{([\vartheta r_m] + 1)\vartheta}{2l} \geqslant \frac{\vartheta^2 r_m}{2l} \geqslant \frac{\vartheta^2}{4}.
\end{aligned}$$

上面最后一步用到不等式 $l \leqslant r_m + 1 \leqslant 2r_m$（这是由引理 2 得到的）. 于是由(21)式总有

$$\frac{\vartheta}{2} \leqslant \frac{\varepsilon^2}{4} \text{ 或 } \frac{\vartheta^2}{4} \leqslant \frac{\varepsilon^2}{4},$$

所以 $\vartheta \leqslant \varepsilon$. 因此当变量个数为 m 时，命题也成立. 故定理得证.

§5.8 第三指标定理(Roth 引理的推广)

引理 1 设 $(m_1, \cdots, m_l) = 1$, $m_1 \neq 0$, 则存在一个标号 $j(2 \leqslant j \leqslant l)$ 适合

$$(m_1, m_j) \leqslant |m_1|^{(l-2)/(l-1)}.$$

证明 设 $d_j = (m_1, m_j), j = 2, \cdots, l$. 因为

$$(m_1, \cdots, m_l) = 1,$$

所以

$$(d_2,\cdots,d_l)=1.$$

因此 m_1 的任意素因子 p 至多整除 $d_j(2\leqslant j\leqslant l)$ 中的 $l-2$ 个. 所以若 $p^\alpha\|m_1$,则 $d_2\cdots d_l$ 中 p 的幂指数至多是 $\alpha(l-2)$. 注意 $d_2\cdots d_l$ 的素因子都是 m_1 的素因子,因此

$$d_2\cdots d_l\,|\,m_1^{l-2}.$$

于是 $d_2\cdots d_l\leqslant|m_1|^{l-2}$. 令 $d_j=\min(d_2,\cdots,d_l)$,则有

$$d_j^{l-1}\leqslant|m_1|^{l-2}.$$

故引理得证.

定理 1(第三指标定理) 设 $m\geqslant1,0<\varepsilon<\frac{1}{12}$. 令

$$\omega=\omega(m,\varepsilon)=24\cdot2^{-m}\cdot\left(\frac{\varepsilon}{12}\right)^{2^{m-1}}. \tag{1}$$

又设 $r_1,\cdots,r_m\in\mathbf{N}$ 适合不等式

$$\omega r_h\geqslant r_{h+1},h=1,\cdots,m-1. \tag{2}$$

还设 $l=n+1\geqslant2$, $M_h=m_{h1}x_{h1}+\cdots+m_{hl}x_{hl}(h=1,\cdots,m)$是有理整系数线性型, $(m_{h1},\cdots,m_{hl})=1,h=1,\cdots,m$. 设 τ 适合 $0<\tau\leqslant n-l-1$ 以及下列不等式:

$$|M_h|^{r_h}\geqslant|M_1|^{r_1\tau},h=1,\cdots,m, \tag{3}$$

$$|M_h|^{\omega\tau}\geqslant2^{3mn^2},h=1,\cdots,m. \tag{4}$$

如果 $\mathbf{Z}[\{x_{\vec\mu}\}]$ 中非零多项式 $P(\{x_{\vec\mu}\})$ 关于 $\vec{x}_h$ 是 r_h 次齐式($h=1,\cdots,m$), 并满足不等式

$$|P|^{n^2}\leqslant|M_1|^{\omega r_1\tau}, \tag{5}$$

那么

$$\mathrm{Ind}P(M_1,\cdots,M_m;r_1,\cdots,r_m)\leqslant\varepsilon.$$

证明 首先, 不失一般性, 可以认为 $|M_h|=|m_{h1}|$ (于是 $m_{h1}\neq0$), $h=1,\cdots,m$. 根据引理 1 还可假定

$$\begin{aligned}(m_{h1},m_{h2})&\leqslant|M_h|^{(l-2)/(l-1)}\\&=|M_h|^{(n-1)/n},h=1,\cdots,m.\end{aligned} \tag{6}$$

现在用反证法证明定理. 假定非零多项式 $P=P(\{x_{\vec\mu}\})$ 适合 $\mathrm{Ind}P(M_1,\cdots,M_m;r_1,\cdots,r_m)>\varepsilon$. 由指标的定义容易验证,

在环 $\mathscr{R}=\mathrm{R}[\{x_{\vec{\mu}}\}]$ 中，P属于理想

$$\mathrm{I}_+(\varepsilon)=\left\{M_1^{i_1}\cdots M_m^{i_m};\ \sum_{h=1}^{m} i_h r_h^{-1}>\varepsilon\right\}.$$

我们按下面程序构造具有某些性质的 $2m$ 个变量的多项式 $P^0(x_{11},x_{12};\cdots;x_{m1},x_{m2})$:

若 $l=2$,则令 $P^0=P=P(x_{11},x_{12};\cdots;x_{m1};x_{m2})$.

若 $l>2$,则我们"略去"P的 $s=m(l-2)$ 个变量 $x_{13},\cdots,x_{1l};\cdots;x_{m3},\cdots,x_{ml}$. 先将$P$表成 $M_1,x_{12},\cdots,x_{1l};\ \cdots;\ M_m,x_{m2},\cdots,x_{ml}$ 的多项式

$$P=\sum c(i_1,\cdots,i_m;\{a_{\vec{v}}\})M_1^{i_1}x_{12}^{a_{12}}\cdots x_{1l}^{a_{1l}}\cdots M_m^{i_m}x_{m2}^{a_{m2}}\cdots x_{ml}^{a_{ml}}.$$

如果 $x_{13}^{a}\| P$,则令 $\bar{P}=x_{13}^{-a}P$. 显然 $\bar{P}\in\mathrm{I}_+(\varepsilon)$. 令

$$P^{(1)}=\bar{P}(x_{11},x_{12},0,x_{14},\cdots,x_{1l},\cdots,x_{m1},\cdots,x_{ml}).$$

注意 $\bar{P}$ 可表示成含 $M_1^{i_1}x_{12}^{a_{12}}x_{14}^{a_{14}}\cdots x_{1l}^{a_{1l}}\cdots M_m^{i_m}x_{m2}^{a_{m2}}\cdots x_{ml}^{a_{ml}}$ 的项与含 x_{13} 的正幂的项之和. 因为 $|m_{11}|\neq 0$, 所以 $M_1(x_{11},x_{12},0,x_{14},\cdots,x_{1l})\not\equiv 0$. 于是 $\bar{P}(x_{11},x_{12},0,x_{14},\cdots,x_{ml})\not\equiv 0$, 即 $P^{(1)}\not\equiv 0$.

由 P"略去"变量 x_{13} 所得到的多项式 $P^{(1)}$ 具有下列性质:

(i) 具有有理整系数,且关于 $x_{11},x_{12},x_{14},\cdots,x_{1l}$ 的次数不超过 r_1, 关于 $\vec{x}_h$ 的次数为 r_h, $h=2,\cdots,m$.

(ii) $|P^{(1)}|\leqslant|P|$.

(iii) 在环 $\mathrm{R}[x_{11},x_{12},x_{14},\cdots,x_{1l},\{x_{\vec{v}}\}]$ 中, $P^{(1)}$ 属于理想

$$\mathrm{I}_+^{(1)}(\varepsilon)=\left\{M_1(x_{11},x_{12},0,x_{14},\cdots,x_{1l})^{i_1}\cdots M_m(x_{m1},\cdots,x_{ml})^{i_m};\ \sum_{h=1}^{m} i_h r_h^{-1}>\varepsilon\right\}.$$

特别, $\mathrm{Ind}\ P^{(1)}\geqslant\mathrm{ind}\ P$.

重复上述过程$s=m(l-2)$ 次,便得到我们所要的多项式

$$P^{(s)}=P^0(x_{11},x_{12};\cdots;x_{m1},x_{m2}),$$

它具有下列性质:

(i) $P^0\in\mathrm{Z}[x_{11},x_{12};\cdots;x_{m1},x_{m2}]$, $P^0\not\equiv 0$, 且关于 x_{h1}, x_{h2} 的次数不超过 r_h, $h=1,\cdots,m$.

(ii) $|P^0| \leqslant |P|$.

(iii) 在环 $\mathbb{R}[x_{11}, x_{12}; \cdots; x_{m1}, x_{m2}]$ 中 P^0 属于理想

$$\mathrm{I}_+^0(\varepsilon) = \Big\{(m_{11}x_{11} + m_{12}x_{12})^{i_1} \cdots (m_{m1}x_{m1} + m_{m2}x_{m2})^{i_m};$$

$$\sum_{h=1}^{m} i_h r_h^{-1} > \varepsilon\Big\}.$$

特别，$\mathrm{Ind}\, P^0 \geqslant \mathrm{Ind}\, P$.

现在令

$$\tilde{P}(x_1, \cdots, x_m) = P^0(x_1, 1; \cdots; x_m, 1),$$

则 $\tilde{P} \in \mathbb{Z}[x_1, \cdots, x_m]$, $\tilde{P} \not\equiv 0$, $\deg_{x_h} \tilde{P} \leqslant r_h$, $h = 1, \cdots, m$, 而且 $|\tilde{P}| \leqslant |P|$, $\tilde{P}$ 属于理想

$$\tilde{\mathrm{I}}_+(\varepsilon) = \left\{\left(x_{11} + \frac{m_{12}}{m_{11}}\right)^{i_1} \cdots \left(x_m + \frac{m_{m2}}{m_{m1}}\right)^{i_m};\ \sum_{h=1}^{m} i_h r_h^{-1} > \varepsilon\right\}.$$

又令

$$q_h = \frac{m_{h1}}{(m_{h1}, m_{h2})}, \quad p_h = -\frac{m_{h2}}{(m_{h1}, m_{h2})},$$
$$h = 1, \cdots, m,$$

则 $\tilde{P}$ 属于理想

$$\tilde{\mathrm{I}}_+(\varepsilon) = \left\{\left(x_1 - \frac{p_1}{q_1}\right)^{i_1} \cdots \left(x_m - \frac{p_m}{q_m}\right)^{i_m};\ \sum_{h=1}^{m} i_h r_h^{-1} > \varepsilon\right\}.$$

由此可见

$$R\text{-}\mathrm{Ind}\tilde{P}\left(\frac{p_1}{q_1}, \cdots, \frac{p_m}{q_m}; r_1, \cdots, r_m\right) > \varepsilon. \tag{7}$$

另一方面，我们来验证 $\tilde{P}$ 满足 Roth 引理（§5.7 定理 1）的各项条件. 显然 $(p_h, q_h) = 1$, $q_h \neq 0$, $h = 1, \cdots, m$. 我们取常数 $C = \frac{\tau}{n}$. 注意 $(m_{h1}, m_{h2}) = m_{h1}q_h^{-1}$, 由(6)式得

$$|m_{h1}q_h^{-1}| \leqslant |m_{h1}|^{\frac{n-1}{n}}.$$

于是

$$|q_h| \geqslant |m_{h1}|^{\frac{1}{n}} = |M_h|^{\frac{1}{n}}, h = 1, \cdots, m.$$

因为

$$|q_h| = \left|\frac{m_{h1}}{(m_{h1}, m_{h2})}\right| \leqslant |m_{h1}| = |M_h|, h = 1, \cdots, m.$$

合起来有

$$|M_h|^{\frac{1}{n}} \leqslant |q_h| \leqslant |M_h|, h = 1, \cdots, m. \tag{8}$$

由(3),(8)二式可得

$$|q_h|^{r_h} \geqslant |M_h|^{\frac{r_h}{n}} \geqslant |M_1|^{\frac{r_1 \tau}{n}} \geqslant |q_1|^{\frac{r_1\tau}{n}} = |q_1|^{r_1 C},$$
$$h = 1, \cdots, m.$$

这表明 Roth 引理中(10)式的条件在此成立。

再由(6),(8)二式看出,

$$|q_h|^{\omega C} = |q_h|^{\frac{\omega\tau}{n}} \geqslant |M_h|^{\frac{\omega\tau}{n^2}} \geqslant (2^{3n^2 m})^{\frac{1}{n^2}} = 2^{3m},$$
$$h = 1, \cdots, m.$$

所以 Roth 引理中(11)式的条件在此被满足。

最后,由(5),(8)二式得到

$$|\tilde{P}| \leqslant |P| \leqslant |M_1|^{\frac{\omega r_1 \tau}{n^2}} = |M_1|^{\frac{\omega r_1 C}{n}} \leqslant |q_1|^{\omega r_1 C},$$

即 Roth 引理中(13)式的条件成立。因此根据 Roth 引理可得

$$R\text{-}\mathrm{Ind}\tilde{P}\left(\frac{p_1}{q_1}, \cdots, \frac{p_m}{q_m}; r_1, \cdots, r_m\right) \leqslant \varepsilon.$$

这与(7)式矛盾。故定理证完。

注 1 由 §5.2 性质 5 容易看出,本定理是 Roth 引理的推广.

§ 5.9 Minkowski 第二凸体定理

为了后文的需要,我们在这里介绍 Minkowski 第二凸体定理.

设 $\mathscr{R}$ 是 $\mathbb{R}^n$ 中的中心对称闭凸集,其体积 $V(\mathscr{R})$ 有界,即 $0 < V(\mathscr{R}) < \infty$.

定义 1 对于 $\vec{x} \in \mathbb{R}^n$,令

$$F(\vec{x}) = \begin{cases} \inf\{\lambda \mid \lambda \geqslant 0,\ \vec{x} \in \lambda\mathscr{R}\}, & \text{若 } \inf\lambda \text{ 存在}, \\ \infty, & \text{若 } \inf\lambda \text{ 不存在}, \end{cases}$$

则称 $F(\vec{x})$ 为关于 $\mathscr{R}$ 的距离函数(在不引起混淆时,简称为距离函数).

由定义可知 $0 \leqslant F(\vec{x}) \leqslant \infty$,并且具有下列基本性质.

性质 1 (i) $F(\vec{x}) = 0$ 当且仅当 $\vec{x} = \vec{0}$.

(ii) 对任意 $t \in \mathrm{R}, \vec{x} \in \mathrm{R}^n$ 有 $F(t\vec{x}) = |t| F(\vec{x})$.

(ii) 对任意 $\vec{x}', \vec{x}'' \in \mathrm{R}^n$ 有 $F(\vec{x}' + \vec{x}'') \leqslant F(\vec{x}') + F(\vec{x}'')$.

证明 为证 (i),只须注意 $\mathscr{R}$ 是有界的,因而 $0\mathscr{R} = \{\vec{0}\}$. 现在来证 (ii). 由于

$$F(t\vec{x}) = \inf\{\lambda \mid t\vec{x} \in \lambda\mathscr{R}\} = \inf\{\lambda \mid |t|\vec{x} \in \lambda\mathscr{R}\},$$

$$\begin{aligned} |t| F(\vec{x}) &= |t| \inf\{\lambda \mid \vec{x} \in \lambda\mathscr{R}\} = \inf\{|t|\lambda \mid \vec{x} \in \lambda\mathscr{R}\} \\ &= \inf\{\lambda' \mid \vec{x} \in \lambda' |t|^{-1}\mathscr{R}\} = \inf\{\lambda \mid |t|\vec{x} \in \lambda\mathscr{R}\}, \end{aligned}$$

故得 $F(t\vec{x}) = |t| F(\vec{x})$. 最后证明(iii). 令 $\mu' = F(\vec{x}')$, $\mu'' = F(\vec{x}'')$. 根据性质(i),不妨可设 $\mu' > 0, \mu'' > 0$. 由 $F(\vec{x})$ 的定义,及 $\mathscr{R}$ 的闭性,可知 $\mu'^{-1}\vec{x}' \in \mathscr{R}$, $\mu''^{-1}\vec{x}'' \in \mathscr{R}$. 由 $\mathscr{R}$ 的凸性得到

$$\begin{aligned} (\mu' + \mu'')^{-1}(\vec{x}' + \vec{x}'') &= \frac{\mu'}{\mu' + \mu''}(\mu'^{-1}\vec{x}') \\ &\quad + \frac{\mu''}{\mu' + \mu''}(\mu''^{-1}\vec{x}'') \in \mathscr{R}. \end{aligned}$$

因此 $F(\vec{x}' + \vec{x}'') \leqslant \mu' + \mu'' = F(\vec{x}') + F(\vec{x}'')$.故性质 1 证完.

性质 2 $\vec{x} \in \lambda\mathscr{R} (\lambda \geqslant 0)$ 当且仅当 $F(\vec{x}) \leqslant \lambda$. 特别有

$$\lambda\mathscr{R} = \{\vec{x} \mid F(\vec{x}) \leqslant \lambda\} (\lambda \geqslant 0).$$

证明 由性质 1 (i),不妨可假定 $F(\vec{x}) > 0$. 又设 $F(\vec{x}) \leqslant \lambda$. 因为 $\mathscr{R}$ 是闭集, 所以 $(F(\vec{x}))^{-1}\vec{x} \in \mathscr{R}$. 由于 $\lambda^{-1}F(\vec{x}) \leqslant 1$, 根据 §2.2 引理 1 (ii),可知 $\lambda^{-1}F(\vec{x}) \cdot (F(\vec{x}))^{-1}\vec{x} \in \mathscr{R}$,于是

$$\vec{x} \in \lambda\mathscr{R}.$$

反过来,由定义可知,当 $\lambda < F(\vec{x})$ 时 $\vec{x} \notin \lambda\mathscr{R}$. 故性质 2 得证.

性质 3 设 $\mathscr{R}_0$ 是集合

$$\left\{\vec{x}=(x_1,\cdots,x_n)\,\middle|\,\left|\sum_{j=1}^{n}a_{ij}x_j\right|\leqslant c_i,\ i=1,\cdots,n\right\},$$

其中 $a_{ij}\in\mathrm{R}, c_i>0(1\leqslant i,j\leqslant n)$，则关于 $\mathscr{R}$ 的距离函数是

$$F(\vec{x})=\max_{1\leqslant i\leqslant n}c_i^{-1}\left|\sum_{j=1}^{n}a_{ij}x_j\right|.$$

证明留给读者(习题 3).

由性质 2 可知，当 λ 足够大，$\lambda\mathscr{R}$ 可以包含任何给定的点 $\vec{x}$. 特别，可以包含 $J(\leqslant n)$ 个线性无关的整点. 为此引进下列定义.

定义 2 对每个 $J(1\leqslant J\leqslant n)$，存在最小的 $\lambda=\lambda_J=\lambda_J(\mathscr{R})$，使得 $\lambda\mathscr{R}$ 中含有 J 个线性无关的整点，λ_J 称为 $\mathscr{R}$ 的第 J 个相继极小，即

$$\lambda_J=\inf\{\lambda\,|\,\lambda>0,\dim(\lambda\mathscr{R}\cap\mathrm{Z}^n)\geqslant J\}\quad(1\leqslant J\leqslant n).$$

由定义可知，

$$0<\lambda_1\leqslant\lambda_2\leqslant\cdots\leqslant\lambda_n,$$

并且因为 $\mathscr{R}$ 是闭集，所以存在 $\vec{x}^{(1)},\cdots,\vec{x}^{(n)}\in\mathrm{Z}^n$ 适合

$$\lambda_1=F(\vec{x}^{(1)})=\min\{F(\vec{y})\,|\,\vec{y}\neq\vec{0},\vec{y}\in\mathrm{Z}^n\},$$

$$\lambda_J=F(\vec{x}^{(J)})=\min\{F(\vec{y})\,|\,\vec{y}\in\mathrm{Z}^n,\vec{y}\text{ 与 }\vec{x}^{(1)},\cdots,\vec{x}^{(J-1)}\text{ 线性无关}\}\quad(2\leqslant J\leqslant n).$$

例 1 在 $\mathscr{R}^2$ 中，设 $\mathscr{R}$ 是以(0,0)为中心，边长为 1 和 4 的闭长方形，其边平行于坐标轴，则 $\lambda_1(\mathscr{R})=\dfrac{1}{2}, \lambda_2(\mathscr{R})=2$.

例 2 在 R^2 中，设 $\mathscr{R}$ 是以(0,0)为中心，以 $\dfrac{1}{2}$ 为半径的闭圆盘，则 $\lambda_1(\mathscr{R})=\lambda_2(\mathscr{R})=2$.

例 3 在 R^n 中，设 $\mathscr{R}$ 是由下列不等式定义:

$$|x_1|\leqslant M,\ |x_i|\leqslant 1,\ i=2,\cdots,n, M\geqslant 1,$$

则 $\lambda_1(\mathscr{R})=M^{-1}, \lambda_J(\mathscr{R})=1(J=2,\cdots,n)$.

关于相继极小，有下列重要结果.

定理1 (Minkowski 第二凸体定理, 1907)[70] 设 $\mathscr{R}$ 是 $\mathbf{R}^n$ 中闭的中心对称有界凸集,具有体积 $V = V(\mathscr{R})$, 则它的相继极小 $\lambda_J = \lambda_J(\mathscr{R})(1 \leqslant J \leqslant n)$ 满足不等式

$$\frac{2^n}{n!} \leqslant V\lambda_1\cdots\lambda_n \leqslant 2^n. \tag{1}$$

注1 如果 $V \geqslant 2^n$,则 $\lambda_1^n \leqslant \lambda_1\cdots\lambda_n \leqslant 2^nV^{-1} \leqslant 1$, 即 $\lambda_1 \leqslant 1$,因此,$\mathscr{R} = 1\cdot\mathscr{R}$ 包含非零整点,这就是 Minkowski 第一凸体定理(§2.2 定理1).

为证明定理1,我们需要几个引理.

引理1 设 $\vec{x}^{(1)},\cdots,\vec{x}^{(n)} \in \mathbf{Z}^n$, Q 线性无关,则存在坐标变换(模变换)

$$x_i' = t_{i1}x_1 + \cdots + t_{in}x_n, i = 1,\cdots,n,$$

$$t_{ij} \in \mathbf{Z}, \quad |\det(t_{ij})| = 1,$$

使得在新坐标系之下, $\vec{x}^{(1)},\cdots,\vec{x}^{(n)}$ 有坐标

$$(x_{i1}',\cdots,x_{ii}',0,\cdots,0), \quad i = 1,\cdots,n.$$

证明 根据第三章附录中性质3和性质4容易推出这个引理.

因为模变换把整点变为整点,并不改变集合的凸性和对称性,所以 n 个线性无关的整点 $\vec{x}^{(1)},\cdots,\vec{x}^{(n)}$ 可以假定具有下列形状

$$\vec{x}^{(J)} = (x_{J1},\cdots,x_{JJ},0,\cdots,0), J = 1,\cdots,n, \tag{2}$$

其中 $x_{ij} \in \mathbf{Z}, x_{JJ} \neq 0, J = 1,\cdots,n$.

引理2 如果 $\vec{x} = (x_1,\cdots,x_n) \in \mathbf{Z}^n$,且 $F(\vec{x}) < \lambda_J$, 则

$$x_J = x_{J+1} = \cdots = x_n = 0.$$

证明 因为 $F(\vec{x}) < \lambda_J$,所以 $\vec{x} \in \lambda_J\mathscr{R}$,于是 $\vec{x}$ 与 $\vec{x}^{(1)},\cdots,\vec{x}^{(J-1)}$ 线性相关. 如果不然,可由定义推出 $F(\vec{x}) \geqslant \lambda_J$. 这与假设矛盾. 因此由(2)式推出 $x_J = x_{J+1} = \cdots = x_n = 0$. 故引理得证.

引理3 设 $\vec{x}'' - \vec{x}' \in \mathbf{Z}^n$,且

$$F(\vec{x}') < \frac{1}{2}\lambda_J, \ F(\vec{x}'') < \frac{1}{2}\lambda_J,$$

则 $\vec{x}_j' = \vec{x}_j''(J \leqslant j \leqslant n)$.

证明 根据性质 1 (iii),有

$$F(\vec{x}'' - \vec{x}') \leqslant F(\vec{x}') + F(\vec{x}'') < \frac{1}{2}\lambda_J + \frac{1}{2}\lambda_J = \lambda_J.$$

所以由引理 2 可知

$$\vec{x}_j'' - \vec{x}_j' = 0\ (J \leqslant j \leqslant n).$$

故得引理.

现在令 $\mathscr{W}_0(\lambda) = \lambda\mathscr{R}$. 对于每个整数 $J(1 \leqslant J \leqslant n)$,定义集合

$$\mathscr{W}_J(\lambda) = \{(\{x_1\}, \cdots, \{x_J\}, x_{J+1}, \cdots, x_n) | \vec{x} = (x_1, \cdots, x_n) \in \lambda\mathscr{R}\},$$

式中 $\{x_1\}$ 表示 x_1 的分数部分. 若 $\lambda \geqslant \lambda'$,由于 $\lambda\mathscr{R} \supseteq \lambda'\mathscr{R}$,则我们有 $\mathscr{W}_J(\lambda) \supseteq \mathscr{W}_J(\lambda')$. 记 $\mathscr{W}_J(\lambda)$ 的体积

$$V_J(\lambda) = V(\mathscr{W}_J(\lambda)).$$

显然 $V_J(\lambda)$ 是 λ 的连续增函数,并且

$$V_J(\lambda) - V_J(\lambda') \leqslant V(\lambda\mathscr{R}) - V(\lambda'\mathscr{R}) = (\lambda^n - \lambda'^n)V(\mathscr{R}).$$

由于 $\mathscr{W}_n(\lambda)$ 包含在 n 维单位立方体 $[0,1)^n$ 中, 所以对于一切 $\lambda \geqslant 0$,有 $V_n(\lambda) \leqslant 1$.

引理 4 如果 $\lambda \leqslant \frac{1}{2}\lambda_{J+1}(0 \leqslant J \leqslant n-1)$,则有

$$V_n(\lambda) = V_J(\lambda).$$

证明 首先假定 $\lambda < \frac{1}{2}\lambda_{J+1}(J > 0)$. 令

$$\mathscr{F}_J = \{(\{x_1\}, \cdots, \{x_J\}) | \vec{x} = (x_1, \cdots, x_n) \in \lambda\mathscr{R}\}.$$

对任意一组 $(\xi_1, \cdots, \xi_J) \in \mathscr{F}_J$, 记集合

$$\mathscr{S}_1(\xi_1, \cdots, \xi_J) = \{(\xi_{J+1}, \cdots, \xi_n) | \vec{\xi} = (\xi_1, \cdots, \xi_n) \in \mathscr{W}_J(\lambda)\},$$

$$\mathscr{S}_2(\xi_1, \cdots, \xi_J) = \{(\xi_{J+1}, \cdots, \xi_n) | \vec{\xi} = (\xi_1, \cdots, \xi_n) \in \mathscr{W}_n(\lambda)\}.$$

它们的体积分别记作

$$v_1(\xi_1,\cdots,\xi_J)=V(\mathscr{S}_1),v_2(\xi_1,\cdots,\xi_J)=V(\mathscr{S}_2).$$

显然

$$V_J(\lambda)=\int\cdots\int_{\vec{\xi}\in\mathscr{W}_J(\lambda)}d\xi_1\cdots d\xi_n=\int\cdots\int_{(\xi_1,\cdots,\xi_J)\in\mathscr{F}_J}v_1(\xi_1,\cdots,\xi_J)d\xi_1\cdots d\xi_J,$$

$$V_n(\lambda)=\int\cdots\int_{\vec{\xi}\in\mathscr{W}_n(\lambda)}d\xi_1\cdots d\xi_n=\int\cdots\int_{(\xi_1,\cdots,\xi_J)\in\mathscr{F}_J}v_2(\xi_1,\cdots,\xi_J)d\xi_1\cdots d\xi_J.$$

只须证明对所有 $(\xi_1,\cdots,\xi_J)\in\mathscr{F}_J$，有

$$\mathscr{S}_1(\xi_1,\cdots,\xi_J)=\mathscr{S}_2(\xi_1,\cdots,\xi_J).$$

由于 $\mathscr{S}_2(\xi_1,\cdots,\xi_J)$ 中的点都是由 $\mathscr{S}_1(\xi_1,\cdots,\xi_J)$ 中的某个点平移一个整向量 $\vec{u}\in\mathbf{Z}^{n-J}$ 而得到，所以只须证明 $\mathscr{S}_1(\xi_1,\cdots,\xi_J)$ 中不同的点经过平移后不重叠. 事实上，如果不然，设 $(\xi_{J+1},\cdots,\xi_n)\neq(\xi'_{J+1},\cdots,\xi'_n)$ 都属于 $\mathscr{S}_1(\xi_1,\cdots,\xi_J)$，但是 $(\{\xi_{J+1}\},\cdots,\{\xi_n\})=(\{\xi'_{J+1}\},\cdots,\{\xi'_n\})$. 于是 $\lambda\mathscr{R}$ 中存在两个不同的点

$$\vec{x}=(x_1,\cdots,x_J,x_{J+1},\cdots,x_n)$$

和

$$\vec{x}'=(x_1,\cdots,x_J,x'_{J+1},\cdots,x'_n),$$

其中 $\{x_1\}=\xi_1,\cdots,\{x_J\}=\xi_J,x_{J+1}=\xi_{J+1},\cdots,x_n=\xi_n,x'_{J+1}=\xi'_{J+1},\cdots,x'_n=\xi'_n$. 根据性质 2 可知

$$F(\vec{x})\leqslant\lambda<\frac{1}{2}\lambda_{J+1},F(\vec{x}')\leqslant\lambda<\frac{1}{2}\lambda_{J+1}.$$

显然 $\vec{x}-\vec{x}'\in\mathbf{Z}^n$. 根据引理 3 可得

$$x_{J+1}=x'_{J+1},\cdots,x_n=x'_n.$$

这与前面的假设矛盾. 因此推出 $V_J(\lambda)=V_n(\lambda)$.

其次，设 $\lambda=\frac{1}{2}\lambda_{J+1}(J>0)$. 取 $\varepsilon>0$，使 $\lambda'=\lambda-\varepsilon>0$，则有 $\lambda'<\frac{1}{2}\lambda_{J+1}$. 如上述所证，得到

$$V_J(\lambda-\varepsilon)=V_n(\lambda-\varepsilon).$$

由 $V_J(\lambda)$ 的连续性，令 $\varepsilon \to 0$，有 $V_J(\lambda) = V_n(\lambda)$.

最后，如果 $J = 0$，由假设可知 $\lambda \leqslant \frac{1}{2}\lambda_1$，从而 $\lambda\mathscr{R} \subseteq (-1, 1)^n$，因此对任意 $J(0 \leqslant J \leqslant n)$，有 $\mathscr{W}_J(\lambda) = \lambda\mathscr{R}$，所以 $V_J(\lambda) = V_n(\lambda)$. 故引理证完.

引理 5 设 $\mathscr{S}$ 是 J 维单位立方体 $[0,1)^J$ 中的某个区域，$(b_1, \cdots, b_J) \in \mathbb{R}^J$，令

$$\mathscr{S}' = \{(\{b_1 + x_1\}, \cdots, \{b_J + x_J\}) \mid (x_1, \cdots, x_J) \in \mathscr{S}\},$$

则 $V(\mathscr{S}') = V(\mathscr{S})$.

证明 因为 $\mathscr{S} \subseteq [0,1)^J$，所以平移一个向量 $(b_1, \cdots, b_J)$ 后得到新的区域

$$\mathscr{S}'' = \{(b_1 + x_1, \cdots, b_J + x_J) \mid (x_1, \cdots, x_J) \in \mathscr{S}\}$$

仍在某个单位立方体（其边长为 1，边与坐标轴平行的集合）内. 用坐标网 $x_i = z_i$, $z_i \in \mathbb{Z}$, $i = 1, \cdots, J$, 来分割 $\mathscr{S}''$ 为若干部分. 将这些部分全部平移到 $[0,1)^J$ 中. 因为 $\mathscr{S}''$ 中任意两点的各个坐标之差的绝对值都小于 1，所以这些部分平移后互不重迭. 事实上，如果不然，设 $\mathscr{S}''$ 中有两个不同的点至少有一个坐标不同，即 $x_i \neq x_i'$，但 $\{x_i\} = \{x_i'\}$. 因为

$$\begin{aligned} 1 > |x_i - x_i'| &= |([x_i] + \{x_i\}) - ([x_i'] + \{x_i'\})| \\ &= |[x_i] - [x_i']|, \end{aligned}$$

所以 $[x_i] = [x_i']$，这与 $x_i \neq x_i'$ 矛盾. 于是我们有 $V(\mathscr{S}') = V(\mathscr{S}'') = V(\mathscr{S})$. 故引理得证.

引理 6 若 $\lambda \geqslant \lambda'$，则

$$V_J(\lambda) \geqslant \left(\frac{\lambda}{\lambda'}\right)^{n-J} V_J(\lambda').$$

证明 记集合

$$\mathscr{G}_\lambda = \{(\xi_{J+1}, \cdots, \xi_n) \mid \vec{\xi} = (\xi_1, \cdots, \xi_n) \in \mathscr{W}_J(\lambda)\}.$$

对任意一点 $(\xi_{J+1}, \cdots, \xi_n) \in \mathscr{G}_\lambda$，记集合

$$\begin{aligned} \mathscr{T}_\lambda(\xi_{J+1}, \cdots, \xi_n) = \{(\xi_1, \cdots, \xi_J) \mid &\vec{\xi} \\ &= (\xi_1, \cdots, \xi_n) \in \mathscr{W}_J(\lambda)\}, \end{aligned}$$

其体积为

$$v_\lambda(\xi_{J+1},\cdots,\xi_n)=V(\mathscr{T}_\lambda).$$

因此

$$V_J(\lambda)=\int\cdots\int_{\vec{\xi}\in\mathscr{W}_J(\lambda)} d\xi_1\cdots d\xi_n=\int\cdots\int_{(\xi_{J+1},\cdots,\xi_n)\in\mathscr{G}_\lambda} v_\lambda(\xi_{J+1},\cdots,\xi_n)$$

$$\times\, d\xi_{J+1}\cdots d\xi_n, \tag{3}$$

类似地,对于 λ' 和 $\mathscr{W}_J(\lambda')$ 我们还有

$$V_J(\lambda')=\int\cdots\int_{(\xi_{J+1},\cdots,\xi_n)\in\mathscr{G}_{\lambda'}} v_{\lambda'}(\xi_{J+1},\cdots,\xi_n)d\xi_{J+1}\cdots d\xi_n. \tag{4}$$

由于 $\mathscr{W}_J(\lambda')\subseteq\mathscr{W}_J(\lambda)$,所以有 $\mathscr{G}_{\lambda'}\subseteq\mathscr{G}_\lambda$.

下面我们指出,对每点 $(\xi_{J+1},\cdots,\xi_n)\in\mathscr{G}_{\lambda'}$,有

$$v_{\lambda'}(\xi_{J+1},\cdots,\xi_n)\leqslant v_\lambda\left(\frac{\lambda}{\lambda'}\xi_{J+1},\cdots,\frac{\lambda}{\lambda'}\xi_n\right). \tag{5}$$

为此,任意固定一点 $(a_{J+1},\cdots,a_n)\in\mathscr{G}_{\lambda'}$. 若(5)式左边为零,则(5)式自然成立. 所以不妨假定(5)式左边不等于零,于是存在一点

$$\vec{a}=(a_1,\cdots,a_J,a_{J+1},\cdots,a_n)\in\lambda'\mathscr{R}$$

满足

$$(\{a_1\},\cdots,\{a_J\},a_{J+1},\cdots,a_n)\in\mathscr{W}_J(\lambda').$$

对任意点

$$(\xi_1,\cdots,\xi_J,a_{J+1},\cdots,a_n)\in\mathscr{W}_J(\lambda'),$$

根据定义可知,$(\xi_1,\cdots,\xi_J)\in[0,1)^J$,并且存在整点 $(u_1,\cdots,u_J)\in\mathbf{Z}^J$ 使得

$$\vec{a}'=(\xi_1+u_1,\cdots,\xi_J+u_J,a_{J+1},\cdots,a_n)\in\lambda'\mathscr{R}.$$

由性质 1 和性质 2 推出

$$F\left(\left(\frac{\lambda}{\lambda'}-1\right)\vec{a}+\vec{a}'\right)\leqslant\left|\frac{\lambda}{\lambda'}-1\right|F(\vec{a})+F(\vec{a}')$$

$$\leqslant\left(\frac{\lambda}{\lambda'}-1\right)\lambda'+\lambda'=\lambda,$$

所以

$$\left(\frac{\lambda}{\lambda'}-1\right)\vec{a}+\vec{a}'\in\lambda\mathscr{R}.$$

令 $b_j=\left(\frac{\lambda}{\lambda'}-1\right)a_j(j=1,\cdots,n)$. 由 $\vec{a}$ 和 $\vec{a}'$ 的定义得到

$$\left(\{b_1+\xi_1\},\cdots,\{b_J+\xi_J\},\frac{\lambda}{\lambda'}a_{J+1},\cdots,\frac{\lambda}{\lambda'}a_n\right)\in\mathscr{W}_J(\lambda).$$

记集合

$$\begin{aligned}\mathscr{S}&=\mathscr{T}_{\lambda'}(a_{J+1},\cdots,a_n)\\&=\{(\xi_1,\cdots,\xi_J)\mid(\xi_1,\cdots,\xi_J,a_{J+1},\cdots,a_n)\in\mathscr{W}_J(\lambda')\},\\ \mathscr{S}'&=\left\{(\{b_1+\xi_1\},\cdots,\{b_J+\xi_J\})\middle|\left(\{b_1+\xi_1\},\cdots,\right.\right.\\&\qquad\left.\left.\{b_J+\xi_J\},\frac{\lambda}{\lambda'}a_{J+1},\cdots,\frac{\lambda}{\lambda'}a_n\right)\in\mathscr{W}_J(\lambda)\right\}.\end{aligned}$$

显然 $\mathscr{S}'\subseteq\mathscr{T}_\lambda\left(\frac{\lambda}{\lambda'}a_{J+1},\cdots,\frac{\lambda}{\lambda'}a_n\right)$. 由引理 5 可知 $V(\mathscr{S}')=V(\mathscr{S})$. 于是

$$\begin{aligned}v_{\lambda'}(a_{J+1},\cdots,a_n)&=V(\mathscr{S})=V(\mathscr{S}')\\&\leqslant v_\lambda\left(\frac{\lambda}{\lambda'}a_{J+1},\cdots,\frac{\lambda}{\lambda'}a_n\right),\end{aligned}$$

因此,(5)式成立.

最后,由(3),(4),(5)式推出

$$\begin{aligned}V_J(\lambda')&\leqslant\int\cdots\int_{\mathscr{P}_{\lambda'}}v_\lambda\left(\frac{\lambda}{\lambda'}\xi_{J+1},\cdots,\frac{\lambda}{\lambda'}\xi_n\right)d\xi_{J+1}\cdots d\xi_n\\&\leqslant\int\cdots\int_{\mathscr{P}_\lambda}v_\lambda\left(\frac{\lambda}{\lambda'}\xi_{J+1},\cdots,\frac{\lambda}{\lambda'}\xi_n\right)d\xi_{J+1}\cdots d\xi_n\\&=\left(\frac{\lambda}{\lambda'}\right)^{-(n-J)}V_J(\lambda).\end{aligned}$$

故引理得证.

现在我们给出

定理 1 的证明 首先证明(1)式左边的不等式. 假定 n 个线

性无关的整点

$$\vec{x}^{(J)} = (x_1^{(J)}, \cdots, x_n^{(J)}), J = 1, \cdots, n$$

达到 $\mathscr{R}$ 的 n 个相继极小，也就是说

$$F(\vec{x}^{(J)}) = \lambda_J, J = 1, \cdots, n.$$

因此 $\det(x_i^{(j)}) \neq 0$. 由于 $x_i^{(j)} \in \mathbb{Z}$，所以有

$$|\det(x_i^{(j)})| \geqslant 1.$$

考虑集合

$$\mathscr{R}' = \{\vec{x} = \mu_1\vec{x}^{(1)} + \cdots + \mu_n\vec{x}^{(n)} \,\big|\, |\mu_1|\lambda_1 + \cdots + |\mu_n|\lambda_n \leqslant 1, \mu_J \in \mathbf{R}, 1 \leqslant J \leqslant n\}.$$

根据性质 1 可知，当 $\vec{x} \in \mathscr{R}'$ 时，

$$\begin{aligned} F(\vec{x}) &= F(\mu_1\vec{x}^{(1)} + \cdots + \mu_n\vec{x}^{(n)}) \\ &\leqslant |\mu_1| F(\vec{x}^{(1)}) + \cdots + |\mu_n| F(\vec{x}^{(n)}) \\ &= |\mu_1|\lambda_1 + \cdots + |\mu_n|\lambda_n \leqslant 1, \end{aligned}$$

于是 $\vec{x} \in \mathscr{R}$，因此 $\mathscr{R}' \subseteq \mathscr{R}$. 容易看出，如果设

$$\xi_i = \sum_{j=1}^{n} x_i^{(j)}\mu_j, i = 1, \cdots, n,$$

则

$$\begin{aligned} V(\mathscr{R}') &= \int\cdots\int\limits_{|\mu_1|\lambda_1+\cdots+|\mu_n|\lambda_n\leqslant 1} d\xi_1\cdots d\xi_n \\ &= |\det(x_i^{(j)})| \int\cdots\int\limits_{|\mu_1|\lambda_1+\cdots+|\mu_n|\lambda_n\leqslant 1} d\mu_1\cdots d\mu_n \\ &= |\det(x_i^{(j)})| \frac{2^n}{\lambda_1\cdots\lambda_n} \int\cdots\int\limits_{\substack{\eta_1+\cdots+\eta_n\leqslant 1 \\ \eta_i\geqslant 0, 1\leqslant i\leqslant n}} d\eta_1\cdots d\eta_n \\ &= \frac{2^n|\det(x_i^{(j)})|}{n!\lambda_1\cdots\lambda_n} \\ &\geqslant \frac{2^n}{n!\lambda_1\cdots\lambda_n}. \end{aligned}$$

于是有

$$V(\mathscr{R}) \geqslant V(\mathscr{R}') \geqslant \frac{2^n}{n!\lambda_1\cdots\lambda_n},$$

这就证明了(1)式中左边的不等式.

为了证明(1)式右边的不等式,我们继续采用上述引理中的记号. 由引理 4,取 $J=0,1$, 分别得到

$$V_n\left(\frac{1}{2}\lambda_1\right)=V_0\left(\frac{1}{2}\lambda_1\right)=\left(\frac{\lambda_1}{2}\right)^n V(\mathscr{R}), \tag{6}$$

$$V_n\left(\frac{1}{2}\lambda_2\right)=V_1\left(\frac{1}{2}\lambda_2\right). \tag{7}$$

在引理 4 中,如果取 $J=1$, $\lambda=\frac{1}{2}\lambda_1$, 则得

$$V_n\left(\frac{1}{2}\lambda_1\right)=V_1\left(\frac{1}{2}\lambda_1\right). \tag{8}$$

在引理 6 中,取 $J=1$, $\lambda=\frac{1}{2}\lambda_2$, $\lambda'=\frac{1}{2}\lambda_1$, 可得

$$V_1\left(\frac{1}{2}\lambda_2\right)\geqslant\left(\frac{\lambda_2}{\lambda_1}\right)^{n-1} V_1\left(\frac{1}{2}\lambda_1\right). \tag{9}$$

由(7),(8),(9)式推出

$$V_n\left(\frac{1}{2}\lambda_2\right)\geqslant\left(\frac{\lambda_2}{\lambda_1}\right)^{n-1} V_n\left(\frac{1}{2}\lambda_1\right).$$

一般地,在引理 4 中,取 $\lambda=\frac{1}{2}\lambda_J$ 和 $\lambda=\frac{1}{2}\lambda_{J+1}$, 分别得到

$$V_n\left(\frac{1}{2}\lambda_J\right)=V_J\left(\frac{1}{2}\lambda_J\right),$$

$$V_n\left(\frac{1}{2}\lambda_{J+1}\right)=V_J\left(\frac{1}{2}\lambda_{J+1}\right),$$

在引理 6 中,取 $\lambda=\frac{1}{2}\lambda_{J+1}$, $\lambda'=\frac{1}{2}\lambda_J$, 则得

$$V_J\left(\frac{1}{2}\lambda_{J+1}\right)\geqslant\left(\frac{\lambda_{J+1}}{\lambda_J}\right)^{n-J} V_J\left(\frac{1}{2}\lambda_J\right).$$

于是推出

$$V_n\left(\frac{1}{2}\lambda_{J+1}\right)\geqslant\left(\frac{\lambda_{J+1}}{\lambda_J}\right)^{n-J} V_n\left(\frac{1}{2}\lambda_J\right),\quad J=1,\cdots,n-1. \tag{10}$$

最后，将(6)和(10)式中的 n 个不等式相乘得

$$V_n\left(\frac{1}{2}\lambda_n\right) \geqslant \frac{\lambda_1\cdots\lambda_n}{2^n} V(\mathscr{R}).$$

注意 $V_n\left(\frac{1}{2}\lambda_n\right) < 1$，便得到(1)式中右边的不等式，故定理 1 得证。

§ 5.10 Davenport 引 理

定理 1 (Davenport 引理，1937)[28] 设 $L_1, \cdots, L_n$ 是 $\vec{x} = (x_1, \cdots, x_n)$ 的实系数线性型，其系数行列式为 1。又设平行体

$$\mathscr{R} = \{\vec{x} = (x_1, \cdots, x_n) \mid |L_j(\vec{x})| \leqslant 1, 1 \leqslant j \leqslant n\} \tag{1}$$

的相继极小是 $\lambda_1, \cdots, \lambda_n$。 如果 $\rho_1, \cdots, \rho_n \in \mathbb{R}$ 满足下列条件:

$$\rho_1\rho_2\cdots\rho_n = 1, \tag{2}$$

$$\rho_1 \geqslant \rho_2 \geqslant \cdots \geqslant \rho_n > 0, \tag{3}$$

$$\rho_1\lambda_1 \leqslant \rho_2\lambda_2 \leqslant \cdots \leqslant \rho_n\lambda_n, \tag{4}$$

那么存在 $L_1, \cdots, L_n$ 的一个排列 $L_{i_1}, \cdots L_{i_n}$，使得在新编号下，平行体

$$\mathscr{R}' = \{\vec{x} = (x_1, \cdots, x_n) \mid \rho_j |L_{i_j}(\vec{x})| \leqslant 1, 1 \leqslant j \leqslant n\} \tag{5}$$

的相继极小 $\lambda_1', \cdots, \lambda_n'$ 满足不等式

$$2^{-n}\rho_j\lambda_j \leqslant \lambda_j' \leqslant 2^{n^2} n!\,\rho_j\lambda_j, 1 \leqslant j \leqslant n. \tag{6}$$

证明 由 Minkowski 第二凸体定理(§5.9 定理 1)可知

$$\frac{1}{n!} \leqslant \lambda_1\cdots\lambda_n \leqslant 1, \quad \frac{1}{n!} \leqslant \lambda_1'\cdots\lambda_n' \leqslant 1. \tag{7}$$

令

$$N(\vec{x}) = \max(|L_1(\vec{x})|, \cdots, |L_n(\vec{x})|),$$

则

$$\mathscr{R} = \{\vec{x} \mid N(\vec{x}) \leqslant 1\}.$$

又设 $\vec{x}_1, \cdots, \vec{x}_n$ 是 n 个线性无关的整向量，满足

$$N(\vec{x}_j) = \lambda_j, j = 1, \cdots, n.$$

首先，记 $S_j=[\vec{x}_1,\cdots,\vec{x}_j]$ (即由 $\vec{x}_1,\cdots,\vec{x}_j$ 张成的子空间)，$j=1,\cdots,n$，则对每个 $\vec{x}\in S_j$，实数 $L_1(\vec{x}),\cdots,L_n(\vec{x})$ 满足 $n-j$ 个线性关系式，其系数只与 $L_h(\vec{x}_k)$ $(1\leqslant h\leqslant n,\ 1\leqslant k\leqslant j)$ 有关，并且这些关系式是线性独立的(即任意一个关系式不能由其他几个关系式的线性组合给出)。事实上，若 $\vec{x}\in S_j$，则

$$\vec{x}=\sum_{k=1}^{j}a_k\vec{x}_k, a_k\in\mathrm{R}, k=1,\cdots,j,$$

从而

$$L_h(\vec{x})=\sum_{k=1}^{j}a_kL_h(\vec{x}_k), h=1,\cdots,n.$$

把它看作以 $a_1,\cdots,a_j$ 为未知量的 n 个方程组成的线性方程组。显然它有唯一解，因此它的系数矩阵 $(L_h(\vec{x}_k))_{\substack{1\leqslant h\leqslant n\\1\leqslant k\leqslant j}}$ 及其增广矩阵的秩都是 j，于是上述论断成立。

现在将 $L_1,\cdots,L_n$ 重新编号如下：根据上述论断，当 $\vec{x}\in S_{n-1}$ 时，$L_1(\vec{x}),\cdots,L_n(\vec{x})$ 满足一个关系式

$$U_1L_1(\vec{x})+\cdots+U_nL_n(\vec{x})=0, U_1,\cdots,U_n\in\mathrm{R}. \tag{8}$$

重新编号确定下标 n，使 $|U_n|=\max\limits_{1\leqslant j\leqslant n}|U_j|$。当 $\vec{x}\in S_{n-2}$ 时，$L_1(\vec{x}),\cdots,L_n(\vec{x})$ 满足两个关系式，由它们消去 $L_n(\vec{x})$ (注意，这是新编号后的)可得 $L_1(\vec{x}),\cdots,L_{n-1}(\vec{x})$ 间的关系式

$$V_1L_1(\vec{x})+\cdots+V_{n-1}L_{n-1}(\vec{x})=0, V_1,\cdots,V_{n-1}\in\mathrm{R}. \tag{9}$$

重新编号确定下标 $n-1$，使 $|V_{n-1}|=\max\limits_{1\leqslant j\leqslant n-1}|V_j|$。继续重复这个过程即可完成重新编号。

在新的编号下，若 $L_1,\cdots,L_n$ 满足(8)式，则

$$|U_nL_n|\leqslant|U_1L_1|+\cdots+|U_{n-1}L_{n-1}|.$$

因为 $\left|\frac{U_j}{U_n}\right|\leqslant 1, j=1,\cdots,n-1$，所以

$$|L_n|\leqslant|L_1|+\cdots+|L_{n-1}|.$$

于是得到

$$|L_1|+\cdots+|L_{n-1}|\geqslant\frac{1}{2}(|L_1|+\cdots+|L_n|).$$

类似地，如果 $L_1,\cdots,L_n$ 满足(8)，(9)二式，则有

$$|L_1|+\cdots+|L_{n-2}|\geqslant\frac{1}{2}(|L_1|+\cdots+|L_{n-1}|)$$

$$\geqslant\frac{1}{2^2}(|L_1|+\cdots+|L_n|).$$

如此等等.

一般地，如果 $\vec{x}\in S_j\backslash S_{j-1}(j=1,\cdots,n$，并且 S_0 理解为 $[\vec{0}]$)，那么 $\vec{x}$ 与 $\vec{x}_1,\cdots,\vec{x}_{j-1}$ 线性无关. 由 λ_j 的定义可知

$$N(\vec{x})\geqslant\lambda_j. \tag{10}$$

根据上述论断，$L_1(\vec{x}),\cdots,L_n(\vec{x})$ 满足 $n-j$ 个线性关系式，类似于前面的推理，并注意不等式(10)，我们得到

$$|L_1|+\cdots+|L_j|\geqslant\frac{1}{2^{n-j}}(|L_1|+\cdots+|L_n|)$$

$$\geqslant\frac{1}{2^{n-j}}\lambda_j. \tag{11}$$

由(11)，(3)二式可得

$$\max(\rho_1|L_1|,\cdots,\rho_n|L_n|)\geqslant\max(\rho_1|L_1|,\cdots,\rho_j|L_j|)$$

$$\geqslant\frac{1}{j}(\rho_1|L_1|+\cdots+\rho_j|L_j|)$$

$$\geqslant\frac{1}{j2^{n-j}}\rho_j\lambda_j\geqslant2^{-n}\rho_j\lambda_j.$$

另外，对任何 $\vec{x}\notin S_{j-1}$，必存在下标 $\nu\geqslant j$，使 $\vec{x}\in S_\nu\backslash S_{\nu-1}$，于是同理可得

$$\max(\rho_1|L_1|,\cdots,\rho_n|L_n|)\geqslant\max(\rho_1|L_1|,\cdots,\rho_\nu|L_\nu|)$$

$$\geqslant\frac{1}{\nu2^{n-\nu}}\rho_\nu\lambda_\nu\geqslant2^{-n}\rho_\nu\lambda_\nu\geqslant2^{-n}\rho_j\lambda_j,$$

因此按 λ_j' 的定义可知

$$\lambda_j'\geqslant2^{-n}\rho_j\lambda_j,\quad j=1,\cdots,n, \tag{12}$$

这就是不等式(6)的左半部分.

最后，由(2)，(7)，(12)式可得

$$\lambda_j'\leqslant(\lambda_1'\cdots\lambda_{j-1}'\lambda_{j+1}'\cdots\lambda_n')^{-1}$$

$$\begin{aligned}
&\leqslant ((2^{-n})^{n-1}\rho_1\lambda_1\cdots\rho_{j-1}\lambda_{j-1}\rho_{j+1}\lambda_{j+1}\cdots\rho_n\lambda_n)^{-1}\\
&= 2^{n(n-1)}\rho_j\lambda_j(\rho_1\cdots\rho_n\lambda_1\cdots\lambda_n)^{-1}\\
&= 2^{n(n-1)}\rho_j\lambda_j(\lambda_1\cdots\lambda_n)^{-1}\\
&\leqslant 2^{n(n-1)}\rho_j\lambda_j n!\\
&\leqslant 2^{n^2}n!\,\rho_j\lambda_j.
\end{aligned}$$

这就是不等式(6)的右半部分．于是定理得证．

§5.11 线性型的复合

设 n 为大于 1 的自然数．用 $\sigma,\tau,\cdots$ 表示有限集

$$\{1,2,\cdots,n\}$$

的子集，用 $\sigma',\tau',\cdots$ 分别表示 $\sigma,\tau,\cdots$ 在 $\{1,2\cdots,n\}$ 中的补集．并令

$$(-1)^{\sigma}=\prod_{j\in\sigma}(-1)^{j}.$$

对任何整数 $p(1\leqslant p\leqslant n)$，令集合

$$C(n,p)=\{\sigma|\sigma\subseteq\{1,\cdots,n\},\ 且\ |\sigma|=p\},$$

这里 $|\sigma|$ 表示有限集 σ 的元素个数．显然

$$|C(n,p)|=N(p)=\binom{n}{p}.$$

设 $\vec{x}=(x_1,\cdots,x_n)$ 的实系数线性型系

$$L_i(\vec{x})=\sum_{j=1}^{n}\alpha_{ij}x_j,\quad i=1,\cdots,n \tag{1}$$

的系数行列式

$$|A|=\det(\alpha_{ij})_{1\leqslant i,j\leqslant n}>0.$$

对任何固定的 $p(1\leqslant p\leqslant n)$，用 $A_{\sigma\tau}^{(p)}$ 表示 A 的一个 p 阶子式，它是由 A 中所有行标号 $i\in\sigma$，列标号 $j\in\tau$ 的元素按原来的位置组成的行列式．再构造一个 $N(p)$ 维向量

$$\vec{X}^{(p)}=\{X_\tau\}_{\tau\in C(n,p)}.$$

在不引起混淆时，将它简记为 $\vec{X}$．我们将 $C(n,p)$ 中所有元素 τ

按某种方式(例如按字典方式)编号为 $\tau_1,\tau_2,\cdots,\tau_{N(p)}$，则 $\vec{X}$ 的各分量排列如下

$$\begin{aligned}\vec{X} &= (X_1,X_2,\cdots,X_{N(p)})\\ &= (X_{\tau_1},X_{\tau_2},\cdots,X_{\tau_{N(p)}}).\end{aligned}$$

对于每个 $\sigma\in C(n,p)$，作一个以 $\vec{X}$ 为变量的线性型

$$L_\sigma^{(p)}(\vec{X}) = \sum_{\tau\in C(n,p)} A_{\sigma\tau}^{(p)}X_\tau,\quad \sigma\in C(n,p), \tag{2}$$

这样共得 $N(p)$ 个线性型. 再令

$$\hat{L}_\sigma^{(p)}(\vec{X}) = \sum_{\tau\in C(n,p)} (-1)^{\sigma+\tau}A_{\sigma'\tau'}^{(n-p)}X_\tau,\quad \sigma\in C(n,p). \tag{3}$$

定义 1 上面定义的(2)式中的线性型系称为 $L_1,\cdots,L_n$ 的 p 复合线性型系. 把(3)式中的线性型系称为(2)的共轭线性型系(或伴随线性型系).

由线性型系(1),可以定义 $\mathbf{R}^n$ 中的一个平行体

$$\mathscr{K} = \{\vec{x}\,|\,|L_i(\vec{x})|\leqslant c_i, i=1,\cdots,n\}, \tag{4}$$

其中 $c_i\geqslant 0$. 相应地,由线性型系(2),可以定义 $\mathbf{R}^{N(p)}$ 中的一个平行体

$$\mathscr{K}^{(p)} = \{\vec{X}\,|\,|L_\sigma^{(p)}(\vec{X})|\leqslant C_\sigma, \sigma\in C(n,p)\}, \tag{5}$$

其中

$$C_\sigma = \prod_{i\in\sigma} c_i,\quad \sigma\in C(n,p). \tag{6}$$

定义 2 上面定义的 $\mathscr{K}^{(p)}$ 称为 $\mathscr{K}$ 的 p 复合平行体(简称 p 复合体).

我们把(2)的系数矩阵记作

$$A^{(p)} = (A_{\sigma\tau}^{(p)})_{\sigma,\tau\in C(n,p)},\ 1\leqslant p\leqslant n, \tag{7}$$

并令

$$\hat{A}^{(p)} = ((-1)^{\sigma+\tau}A_{\sigma'\tau'}^{(n-p)})_{\sigma,\tau\in C(n,p)},\ 1\leqslant p\leqslant n,$$

即 $\hat{A}^{(p)}$ 中的元素是 $A^{(p)}$ 中相应位置的元素(它是 A 的一个 p 阶子式)在 A 中的代数余子式. 显然,$A^{(p)}$ 和 $\hat{A}^{(p)}$ 都是 $N(p)$ 阶方阵.

定义 3 $A^{(p)}$ 称为 A（线性型系(1)的系数矩阵)的 p 复合阵.

我们先证明几个引理.

引理 1 (i) 行列式 $|A^{(p)}|$, $|\hat{A}^{(p)}|$ 的值与 σ 在 $C(n,p)$ 中的排列顺序无关.

(ii) $|A^{(p)}| = |\hat{A}^{(n-p)}|$.

(iii) $|A^{(p)}||\hat{A}^{(p)}| = |A|^{\binom{n}{p}}$.

(iv) $|A^{(p)}| = |A|^{\binom{n-1}{p-1}}$.

证明 (i) 当 σ_ν, σ_μ 换序时，$A^{(p)}$中第 ν, μ 两行互换，但同时第 ν, μ 两列也互换，因此$|A^{(p)}|$其值不变. 同理 $|\hat{A}^{(p)}|$ 的值也不变.

(ii) $\hat{A}^{(n-p)}$ 中的元素是 $(-1)^{\chi}(-1)^{\pi}A^{(p)}_{\pi'\chi'}$，其中 χ', π' 分别是 $\chi, \pi \in C(n, n-p)$ 在 $\{1,\cdots,n\}$ 中的补. 从而 $\chi', \pi' \in C(n, p)$. 再从第 χ 行提出公因子$(-1)^{\chi}$，从第 π 列提出公因子 $(-1)^{\pi}$，并注意

$$\prod_{\chi \in C(n,n-p)} (-1)^{\chi} \prod_{\pi \in C(n,n-p)} (-1)^{\pi} = 1.$$

故得结论.

(iii) 由行列式的 Laplace 展开定理可知，

$A^{(p)}\hat{A}^{(p)T}$ 中在 (σ,χ) 位置上的元素是

$$\sum_{\tau \in C(n,p)} A^{(p)}_{\sigma\tau}(-1)^{\tau}(-1)^{\chi}A^{(p)}_{\chi'\tau'}$$

$$= \begin{cases} |A|, & \text{当 } \sigma = \chi, \\ 0, & \text{当 } \sigma \neq \chi, \end{cases}$$

因此

$$A^{(p)}\hat{A}^{(p)T} = \begin{pmatrix} |A| & & 0 \\ & \ddots & \\ 0 & & |A| \end{pmatrix}_{N(p)\times N(p)}.$$

所以得到$|A^{(p)}||\hat{A}^{(p)T}| = |A|^{N(p)}$. 由于 T 表示转置，有 $|\hat{A}^{(p)T}| = |\hat{A}^{(p)}|$，故得 (iii).

(iv) 把$|A|$的 n^2 个元素看作未定元，则$|A|$是一个不可约多项式. 事实上，如果 $|A| = f_1f_2$，不妨假定 a_{11} 在 f_1 中出现，那么由行列式展开可知，$a_{1j}(j = 1,\cdots,n)$ 只能全在 f_1 中出现. 类似

地，若 f_1 含有 α_{1j_0}，则 $\alpha_{ij_0}(i=1,\cdots,n)$ 只能全在 f_1 中出现. 于是若 α_{11} 在 f_1 中，则一切 α_{ij} $(1\leqslant i,j\leqslant n)$ 全在 f_1 中出现，故可推出 $f_2=1$. 因此 $|A|$ 不可约.

依(iii)所证，作为诸 α_{ij} 的多项式，等式

$$|A^{(p)}||\hat{A}^{(p)}|=|A|^{\binom{n}{p}}$$

的右边是不可约多项式的幂. 因此

$$|A^{(p)}|=c|A|^t,$$

式中 $t\geqslant 0$ 是整数，c 是常数. 比较 α_{11} 的次数，可知

$$t=\binom{n-1}{p-1}.$$

又因为 $|A^{(p)}|$ 和 $|A|^{\binom{n-1}{p-1}}$ 中都含有相同的项 $(\alpha_{11}\alpha_{22}\cdots\alpha_{nn})^{\binom{n-1}{p-1}}$，所以 $c=1$. 于是

$$|A^{(p)}|=|A|^{\binom{n-1}{p-1}}.$$

故引理得证.

引理 2 设 $\mathscr{K}$ 的相继极小是 $\lambda_1\leqslant\lambda_2\leqslant\cdots\leqslant\lambda_n$，$\mathscr{K}^{(p)}$ 的相继极小是 $\eta_1,\eta_2,\cdots,\eta_{N(p)}$，则有

$$(n!)^{-\binom{n-1}{p-1}}\leqslant\frac{(\lambda_1\cdots\lambda_n)^{\binom{n-1}{p-1}}}{\eta_1\cdots\eta_{N(p)}}\leqslant\binom{n}{p}!$$

证明 根据 §2.2 例 1 中凸体体积的计算公式可知

$$V(\mathscr{K})=2^nc_1\cdots c_n|A|^{-1}.$$

记 $N=N(p)=\binom{n}{p}$，$P=\binom{n-1}{p-1}$. 并应用引理1，同样可得

$$\begin{aligned}V(\mathscr{K}^{(p)})&=2^N\prod_{\sigma}C_\sigma|A^{(p)}|^{-1}\\&=2^N(c_1\cdots c_n)^P|A|^{-P}\\&=2^{N-nP}V(\mathscr{K})^P.\end{aligned}$$

根据 Minkowski 第二凸体定理(§5.9 定理 1)可知

$$\frac{2^n}{n!}\leqslant\lambda_1\cdots\lambda_nV(\mathscr{K})\leqslant 2^n,\tag{8}$$

$$\frac{2^N}{N!} \leqslant \eta_1 \cdots \eta_N V(\mathscr{K}^{(p)}) \leqslant 2^N. \tag{9}$$

将(8)式各边 P 次方，然后与(9)式各不等式反向相除，即得结论。故引理证完。

对于 $\mathbb{R}^n$ 中任意 $p(1 \leqslant p \leqslant n)$ 个向量 $\vec{x}_1, \cdots, \vec{x}_p$，作 $p \times n$ 矩阵

$$X = \begin{pmatrix} x_{11} \cdots x_{1n} \\ \cdots\cdots \\ x_{p1} \cdots x_{pn} \end{pmatrix}.$$

并记 $\vec{x}_\nu = (x_{\nu 1}, \cdots, x_{\nu n})$，$\nu = 1, \cdots, p$。把 X 的所有 p 阶子式作为分量，也就是说，设 $\tau \in C(n, p)$，$\tau = (i_1, \cdots, i_p)$，则把 X 的第 $i_1, \cdots, i_p$ 列所作成的子式作为第 τ 个分量构成 $\mathbb{R}^{N(p)}$ 中一个向量，把它记作

$$\vec{x}_1 \wedge \cdots \wedge \vec{x}_p,$$

并称为 $\vec{x}_1, \cdots, \vec{x}_p$ 的外积。

引理 3 (Laplace 恒等式)　对任意两组向量 $\vec{x}_1, \cdots, \vec{x}_p$ 和 $\vec{y}_1, \cdots, \vec{y}_p \in \mathbb{R}^n$，有

$$(\vec{x}_1 \wedge \cdots \wedge \vec{x}_p) \cdot (\vec{y}_1 \wedge \cdots \wedge \vec{y}_p) = \det(\vec{x}_i \cdot \vec{y}_j)_{1 \leqslant i, j \leqslant p}, \tag{10}$$

式中 · 表示 $\mathbb{R}^n$ 中两个向量的内积。

证明　因为(10)式两边是 $\vec{x}_i, \vec{y}_j$ 的线性函数，所以只须对于 $\mathbb{R}^n$ 的基向量 $\vec{e}_1, \cdots, \vec{e}_n$ 证明

$$(\vec{e}_{i_1} \wedge \cdots \wedge \vec{e}_{i_p}) \cdot (\vec{e}_{j_1} \wedge \cdots \wedge \vec{e}_{j_p}) = \det(\vec{e}_{i_\nu} \cdot \vec{e}_{j_\mu})_{1 \leqslant \nu, \mu \leqslant p}. \tag{11}$$

当 $\{i_1, \cdots, i_p\} = \{j_1, \cdots, j_p\} = \tau \in C(n, p)$ 时，容易算出

$$\vec{e}_{i_1} \wedge \cdots \wedge \vec{e}_{i_p} = (0, \cdots, 0, \overset{(\tau)}{\pm 1}, 0, \cdots, 0) = \pm \vec{e}_\tau,$$

$$\vec{e}_{j_1} \wedge \cdots \wedge \vec{e}_{j_p} = (0, \cdots, 0, \overset{(\tau)}{\pm 1}, 0, \cdots, 0) = \pm \vec{e}_\tau.$$

因而得到

$$(\vec{e}_{i_1} \wedge \cdots \wedge \vec{e}_{i_p}) \cdot (\vec{e}_{j_1} \wedge \cdots \wedge \vec{e}_{j_p})$$

$$= \begin{cases} 1, \text{当}\{i_1, \cdots, i_p\}\text{与}\{j_1, \cdots, j_p\}\text{奇偶性相同}, \\ -1, \text{当}\{i_1, \cdots, i_p\}\text{与}\{j_1, \cdots, j_p\}\text{奇偶性相反}. \end{cases}$$

又因为

$$\vec{e}_{i_\nu}\cdot\vec{e}_{j_\mu}=\begin{cases}1, 若\ \vec{e}_{i_\nu}=\vec{e}_{j_\mu},\\0, 若\ \vec{e}_{i_\nu}\neq\vec{e}_{j_\mu}.\end{cases}$$

因此可以算出

$$\det(\vec{e}_{i_\nu}\cdot\vec{e}_{j_\mu})_{1\leqslant\nu,\mu\leqslant p}=(-1)^{\sum\limits_{\nu,\mu}\sigma_{\nu,\mu}}\begin{vmatrix}1 & & 0\\ & \ddots & \\0 & & 1\end{vmatrix}$$

$$=(-1)^{\sum\limits_{\nu,\mu}\sigma_{\nu,\mu}},$$

其中 $\sigma_{\nu,\mu}=1+1,1+0$ 或 $0+1$，并且当 $\{i_1,\cdots,i_p\}$ 与 $\{j_1,\cdots,j_p\}$ 奇偶性相同时，$\sum\limits_{\nu,\mu}\sigma_{\nu,\mu}$ 为偶数，否则，它为奇数，因此，(11)式成立.

对于其他情形，即当 $\{i_1,\cdots,i_p\}$ 或 $\{j_1,\cdots,j_p\}$ 中有重复元素，或者 $\{i_1,\cdots,i_p\}$ 和 $\{j_1,\cdots,j_p\}$ 是 $C(n,p)$ 中不同元素时，(11)式两边都为零，因此(11)式成立. 故引理得证.

定理 1 (Mahler, 1955)[65] 设$\lambda_1,\cdots,\lambda_n$ 及 $\eta_1,\cdots,\eta_{N(p)}$ 分别是 $\mathscr{K}$ 和 $\mathscr{K}^{(p)}$ 的相继极小，令

$$\nu_\sigma=\prod_{i\in\sigma}\lambda_i,\quad \sigma\in C(n,p),$$

并且将它们按大小排列成

$$\nu_1\leqslant\nu_2\leqslant\cdots\leqslant\nu_{N(p)},$$

则有

$$\frac{\nu_j}{N(p)!(p!)^{N(p)-1}}\leqslant\eta_j\leqslant p!\nu_j,\quad j=1,2,\cdots,N(p).$$

证明 由相继极小的定义和 §5.9 性质 3 可知，存在线性无关的向量 $\vec{x}_1,\cdots,\vec{x}_n\in\mathbf{Z}^n$，满足

$$|L_i(\vec{x}_j)|\leqslant c_i\lambda_j\ (1\leqslant i,j\leqslant n).\tag{12}$$

因为 $\vec{x}_1,\cdots,\vec{x}_n$ 线性无关，所以

$$\det(\vec{x}_j)_{1\leqslant j\leqslant n}\neq 0.$$

在 $\mathbf{Z}^{N(p)}$ 中作 $N(p)$ 个向量

$$\vec{X}_\tau^{(p)}=\vec{x}_{j_1}\wedge\cdots\wedge\vec{x}_{j_p},\quad \tau=\{j_1,\cdots,j_p\}\in C(n,p).$$

由引理 2 (iv)得

$$\det(\vec{X}_\tau^{(p)})_{\tau\in C(n,p)} \neq 0.$$

因此,$\vec{X}_\tau^{(p)}(\tau\in C(n,p))$ 是线性无关的.

注意(5)式中 $L_\sigma^{(p)}$ 的系数正好是(7)式中矩阵的第 σ 行向量. 如果 $\sigma=\{i_1,\cdots,i_p\}$,那么 $L_\sigma^{(p)}$ 的系数构成的向量为 $\vec{a}_{i_1}\wedge\cdots\wedge\vec{a}_{i_p}$ (其中 $\vec{a}_\nu=(\alpha_{\nu 1},\cdots,\alpha_{\nu n})$, $\nu=i_1,\cdots,i_p$),是(4)式中线性型 L_i 的系数构成的向量. 因此根据引理 3 可知

$$|L_\sigma^{(p)}(\vec{X}_\tau^{(p)})|=|\det(\vec{a}_{i_\nu}\cdot\vec{x}_{j_\mu})|$$

$$(\sigma=\{i_1,\cdots,i_p\},\ \tau=\{j_1,\cdots,j_p\},\sigma,\tau\in C(n,p)).$$

由(12)式得

$$|\vec{a}_{i_\nu}\cdot\vec{x}_{j_\mu}|=|L_{i_\nu}(\vec{x}_{j_\mu})|\leqslant c_{i_\nu}\lambda_{j_\mu}.$$

于是

$$\begin{aligned}|L_\sigma^{(p)}(\vec{X}_\tau^{(p)})|&\leqslant p!\,c_{i_1}\cdots c_{i_p}\lambda_{j_1}\cdots\lambda_{j_p}\\&=p!\,C_\sigma\nu_\tau,\quad \sigma,\tau\in C(n,p).\end{aligned}$$

将 $\nu_\tau(\tau\in C(n,p))$ 按大小排列后,由 η_j 的定义可知

$$\eta_j\leqslant p!\,\nu_j,\ j=1,\cdots,N(p). \tag{13}$$

最后,根据引理 3, 并注意 $n\binom{n-1}{p-1}=p\binom{n}{p}$, 得到

$$\begin{aligned}\nu_1\cdots\nu_{N(p)}&=\prod_{\sigma\in C(n,p)}\prod_{i\in\sigma}\lambda_i\\&=\left(\prod_{i=1}^{n}\lambda_i\right)^{\binom{n-1}{p-1}}\leqslant N!\,\eta_1\cdots\eta_N,\end{aligned}$$

式中 $N=N(p)$. 于是

$$\begin{aligned}\eta_j&\geqslant\frac{1}{N!}\nu_1\cdots\nu_N(\eta_1\cdots\eta_{j-1}\eta_{j+1}\cdots\eta_N)^{-1}\\&\geqslant\frac{1}{N!}\nu_1\cdots\nu_N(p!)^{-(N-1)}(\nu_1\cdots\nu_{j-1}\nu_{j+1}\cdots\nu_N)^{-1}\\&=\frac{\nu_j}{N!(p!)^{N-1}},\ j=1,\cdots,N(p).\end{aligned} \tag{14}$$

由(13),(14)二式可知引理得证.

§ 5.12 S 正规系

设 $l>1$，S 是$\{1,\cdots,l\}$的一个子集．考虑 $\vec{x}=(x_1,\cdots,x_l)$ 的 l 个实代数系数线性型

$$M_i(\vec{x})=\beta_{i1}x_1+\cdots+\beta_{il}x_l, i=1,\cdots,l.$$

记其系数矩阵 $B=(\beta_{ij})_{1\leqslant i,j\leqslant l}$．设 $\det B=1$．

定义 1 $\{M_1,\cdots,M_l;S\}$ 如果满足下列两个条件，则称它为 S 正规系：

(i) 对于每个 $i\in S$，$M_i(\vec{x})$ 的系数 $\beta_{i1},\cdots,\beta_{il}$（它们构成 B 的第 i 行）中的非零元素在 Q 上线性无关，换句话说，当 $i\in S$，$M_i(\vec{x})=0$ 当且仅当 $\vec{x}=\vec{0}$．

(ii) 对于每个 $k(1\leqslant k\leqslant l)$，存在一个 $i\in S$，使 $\beta_{ik}\neq 0$，换句话说，B 的每列中有一个非零元素，其行号属于 S．

我们同时考虑 $\vec{x}=(x_1,\cdots,x_l)$ 的 l 个实代数系数线性型

$$L_i(\vec{x})=\alpha_{i1}x_1+\cdots+\alpha_{il}x_l,\quad i=1,\cdots,l.$$

记其系数矩阵 $A=(\alpha_{ij})_{1\leqslant i,j\leqslant l}$．设 $\det A=1$．用 A_{ij} 表示元素 α_{ij} 的代数余子式．

定义 2 如果 $\{L_1,\cdots,L_l;S\}$ 满足下列两个条件，则称它为 S 正常系：

(i) 对于每个 $i\in S$，$A_{i1},\cdots,A_{il}$ 中的非零元素在 Q 上线性无关．

(ii) 对于每个 $k(1\leqslant k\leqslant l)$，存在一个 $i\in S$ 适合 $A_{ik}\neq 0$．

如果采用上节的记号，则有 $L_i=L_i^{(1)}$，$i=1,\cdots,l$．令 $\hat{L}_i=L_i^{(l)}(i=1,\cdots,l)$ 是 $L_i(i=1,\cdots,l)$ 的共轭线性型系，容易看出，$\{L_1,\cdots,L_l;S\}$ 是 S 正常系当且仅当 $\{\hat{L}_1,\cdots,\hat{L}_l;S\}$ 是 S 正规系．

定理 1（M 型高的估计定理） 设 $l=n+1$，$\{L_1,\cdots,L_l;S\}$是实代数系数的 S 正常系．又设 $c_1,\cdots,c_l$ 是实数，适合条件

$$c_1+c_2+\cdots+c_l=0,\tag{1}$$

$$|c_i| \leqslant 1, i = 1, \cdots, l, \tag{2}$$

$$c_i \geqslant 0, i \in S. \tag{3}$$

如果 $\delta > 0, Q > 0$, $\vec{w}_1, \cdots, \vec{w}_n$ 是 $\mathbb{R}^l$ 中的线性无关整点，且满足不等式

$$|L_i(\vec{w}_j)| \leqslant Q^{c_i - \delta} (1 \leqslant i \leqslant l, 1 \leqslant j \leqslant n), \tag{4}$$

那么对于M型 $M = M\{\vec{w}_1, \cdots, \vec{w}_n\}$(其定义见§5.6)有

$$Q^{C_1} \leqslant |M| \leqslant Q^{C_2} \ (\text{当}\ Q \geqslant C_3), \tag{5}$$

式中 C_1, C_2, C_3 是只与 $\delta, L_1, \cdots, L_l$ 有关的正常数。

证明 由 $M\{\vec{w}_1, \cdots, \vec{w}_n\}$ 的定义，它可表为

$$M(\vec{x}) = m_1 x_1 + \cdots + m_l x_l,$$

其中 $m_i = \dfrac{w_i}{w_0}$，这里 w_i 是 $n \times l$ 矩阵

$$W = \begin{pmatrix} \vec{w}_1 \\ \vdots \\ \vec{w}_n \end{pmatrix}$$

划去第 i 列元素后所得的子式与$(-1)^{l+i+1}$之积，且

$$w_0 = (w_1, \cdots, w_l).$$

首先，记 $\tau_{ij} = L_i(\vec{w}_j), 1 \leqslant i \leqslant l,\ 1 \leqslant j \leqslant n$. 由(4)式可知

$$|\tau_{ij}| \leqslant Q^{c_i - \delta}, 1 \leqslant i \leqslant l, 1 \leqslant j \leqslant n.$$

对于每个 $j(1 \leqslant j \leqslant n)$，注意 $\{L_1, \cdots, L_l; S\}$ 是 S 正常系，其系数行列式为 1，由上式解出 $\vec{w}_j = (w_{j1}, \cdots, w_{jl})$ 的各个分量. 注意由(2)式可得

$$|w_{jk}| \leqslant C_4 Q \quad (1 \leqslant k \leqslant l, 1 \leqslant j \leqslant n).$$

从而

$$|w_i| \leqslant C_5 Q^n, \quad i = 1, \cdots, l.$$

则得

$$|M| \leqslant C_5 Q^n \leqslant Q^{n+1} \ (\text{当}\ Q \geqslant C_3).$$

于是(5)式右边部分得证.

为证(5)式左半部分，记行列式

$$\Delta_i = \begin{vmatrix} L_1(\vec{w}_1)\cdots L_{i-1}(\vec{w}_1)L_{i+1}(\vec{w}_1)\cdots L_l(\vec{w}_1) \\ \cdots\cdots\cdots\cdots\cdots\cdots\cdots\cdots\cdots\cdots\cdots \\ L_1(\vec{w}_n)\cdots L_{i-1}(\vec{w}_n)L_{i+1}(\vec{w}_n)\cdots L_l(\vec{w}_n) \end{vmatrix},$$

并考虑下述的 i：设 $M\{\vec{w}_1,\cdots,\vec{w}_n\}$ 的某个系数 $m_k \neq 0$，由于 $\{L_1,\cdots,L_l;S\}$ 是 S 正常系，所以存在一个 $i\in S$ 使 $A_{ik}\neq 0$，且 $A_{i1},\cdots,A_{ik},\cdots,A_{il}$ Q 线性无关。对于这种 i，由(1)，(2)，(3)式得 $c_1+\cdots+c_{i-1}+c_{i+1}+\cdots+c_l\leqslant 0$。而由(4)式，把 Δ_i 展开后，其每一项绝对值不超过

$$Q^{\sum\limits_{v\neq i}c_v-n\delta} < Q^{-n\delta},$$

因此

$$|\Delta_i| < n!\,Q^{-n\delta}. \tag{6}$$

另一方面，容易看出

$$L_j(\vec{w}_k) = \vec{a}_j\cdot\vec{w}_k,$$

式中 $\vec{a}_j$ 是 L_j 的系数构成的向量$(\alpha_{j1},\cdots,\alpha_{jl})$。因此，根据 §5.11 引理 3 得到

$$|\Delta_i| = |(-1)^l w_1A_{i1}+(-1)^{l-1}w_2A_{i2}+\cdots+(-1)w_lA_{il}|.$$

从而由(6)式得

$$|w_1A'_{i1}+w_2A'_{i2}+\cdots+w_lA'_{il}| < n!\,Q^{-n\delta},$$

式中 A'_{ij} 与 A_{ij} 至多相差一个符号。上式两边除以 $w_0(\geqslant 1)$ 即得

$$|m_1A'_{i1}+m_2A'_{i2}+\cdots+m_lA'_{il}| < n!\,Q^{-n\delta}. \tag{7}$$

令 $K_i=\mathrm{Q}(A_{i1},\cdots,A_{il})$，设 $[K_i:\mathrm{Q}]=d_i$，$d=\max\limits_{i\in S}d_i$。因为 $m_k\neq 0$，$A_{ik}\neq 0$ 且 $A_{i1},\cdots,A_{il}$ 中非零元素 Q 线性无关，所以(7)式左边不等于零。于是

$$|N_{K_i/\mathrm{Q}}(m_1A'_{i1}+\cdots+m_lA'_{il})| \geqslant C_6,$$

式中 $N_{K_i/\mathrm{Q}}(\cdot)$ 表示域 K_i 中的范数，$C_6>0$ 为一个常数。注意 $m_1A'_{i1}+\cdots+m_lA'_{il}$ 的共轭元的绝对值

$$|m_1A'^{(\sigma)}_{i1}+\cdots+m_lA'^{(\sigma)}_{il}| \leqslant C_7|M|,\sigma=1,\cdots,d_i.$$

所以

$$|m_1 A'_{i1} + \cdots + m_l A'_{il}| \geqslant \frac{C_6}{(C_7|M|)^{d_i - 1}}$$

$$\geqslant C_8 |M|^{1-d_i} \geqslant C_8 |M|^{1-d}.$$

由此式和(7)式可知

$$C_8 |M|^{1-d} \leqslant n! Q^{-n\delta}. \quad (8)$$

但是,当 Q 充分大时(8)式右边相当小,因此,必有 $d > 1$. 于是由(8)式,并注意 $\frac{n}{d-1} \geqslant \frac{1}{d}$, 可得

$$|M| \geqslant C_9 Q^{\frac{n\delta}{d-1}} \geqslant Q^{\frac{\delta}{d}}.$$

故定理得证。

§5.13 关于最后两个极小定理

设 $n \geqslant 1$,记 $l = n + 1$.

定理 1 (λ_{l-1} 定理) 设$\{L_1, \cdots, L_l; S\}$是 S 正常系, $A_1, \cdots, A_l$ 是正数,适合条件

$$A_1 \cdots A_l = 1, A_i \geqslant 1 \ (i \in S). \quad (1)$$

又设平行体

$$\mathscr{K} = \{\vec{x} = (x_1, \cdots, x_l) | \ |L_i(\vec{x})| \leqslant A_i, i = 1, \cdots, l\}, \quad (2)$$

其相继极小是 $\lambda_1, \cdots, \lambda_l$, 则对任意 $\delta > 0$, 存在一个常数 $Q_0 = Q_0(\delta; L_1, \cdots, L_l; S)$ 具有下列性质:

$$\lambda_{l-1} > Q^{-\delta}, \text{ 当 } Q \geqslant \max(A_1, \cdots, A_l, Q_0). \quad (3)$$

我们先证明几个引理.

引理 1 设 $\delta > 0, N > \frac{2}{\delta}$ 是一个整数,记 $\eta = \frac{1}{N}$, 如果 $c_1, \cdots, c_l \in \mathbb{R}$ 适合条件

$$c_1 + \cdots + c_l = 0, |c_i| \leqslant 1 (1 \leqslant i \leqslant l), c_i \geqslant 0 (i \in S), \quad (4)$$

式中 S 是$\{1, \cdots, l\}$的一个子集,那么存在 $c_1^*, \cdots, c_l^* \in \mathbf{Z}\eta$ ($\mathbf{Z}\eta$ 表示 η 的整数倍的集合)适合下列条件:

$$c_1^* + \cdots + c_l^* = 0, |c_i^*| \leqslant 1 (1 \leqslant i \leqslant l), c_i^* \geqslant 0 (i \in S) \quad (5)$$

和

$$|c_i^* - c_i| < \eta, i = 1, \cdots, l. \tag{6}$$

证明 不妨设所有 $c_i \notin \mathbf{Z}\eta$ $(i = 1, \cdots, l)$，如果不然可令相应的 c_i 作为 c_i^*. 注意所有的 $c_i \in [-1,1]$，所以 $\mathbf{Z}\eta$ 中的点把区间$[-1, 1]$等分为 $\frac{2}{\eta} = 2N$ 个长度为 η 的小区间，我们首先取与 c_i 最近的分点作为 c_i'，那么有$|c_i' - c_i| < \eta$. 然后再调整 c_i'，以适合(5)和(6)式中的全部条件.

设 $c_i' = c_i + \varepsilon_i$，$i = 1, \cdots, l$. 不妨假定 $\varepsilon_1 > 0, \cdots, \varepsilon_s > 0, \varepsilon_{s+1} < 0, \cdots, \varepsilon_l < 0$. 于是

$$\sum_{i=1}^{l} \varepsilon_i = \sum_{i=1}^{l} c_i' - \sum_{i=1}^{l} c_i = \sum_{i=1}^{l} c_i' = k\eta, \tag{7}$$

式中 k 是某个整数.

如果 $k = 0$，则令 $c_i^* = c_i', i = 1, \cdots, l$，显然它们满足(5)和(6)二式. 因此可以认为 $k \neq 0$.

若 $k > 0$，则由(7)式可知，

$$0 > \sum_{i=1}^{s} (\varepsilon_i - \eta) + \sum_{i=s+1}^{l} \varepsilon_i = (k - s)\eta,$$

所以 $k < s$. 因此可将(7)式改写为

$$\sum_{i=1}^{k} (\varepsilon_i - \eta) + \sum_{i=k+1}^{l} \varepsilon_i = 0. \tag{8}$$

我们令

$$c_i^* = \begin{cases} c_i' - \eta, & 1 \leqslant i \leqslant k, \\ c_i', & k + 1 \leqslant i \leqslant l, \end{cases}$$

则由(4),(8)二式得

$$\begin{aligned} \sum_{i=1}^{l} c_i^* &= \sum_{i=1}^{k} (c_i + \varepsilon_i - \eta) + \sum_{i=k+1}^{l} (c_i + \varepsilon_i) \\ &= \sum_{i=1}^{l} c_i + \left(\sum_{i=1}^{k} (\varepsilon_i - \eta) + \sum_{i=k+1}^{l} \varepsilon_i \right) = 0. \end{aligned}$$

若 $k < 0$，则(7)式可改写为

$$\sum_{i=1}^{l}(-\varepsilon_i)=|k|\eta.$$

由于

$$0>\sum_{i=1}^{s}(-\varepsilon_i)+\sum_{i=s+1}^{l}((-\varepsilon_i)-\eta)=(|k|-l+s)\eta,$$

所以 $l-s>|k|$. 令

$$c_i^*=\begin{cases}c_i'+\eta, & s+1\leqslant i\leqslant s+|k|,\\ c_i', & \text{其他的 } i.\end{cases}$$

类似地,我们有

$$\begin{aligned}\sum_{i=1}^{l}c_i^*&=\sum_{i=1}^{s}(c_i+\varepsilon_i)+\sum_{i=s+1}^{s+|k|}(c_i+\varepsilon_i+\eta)\\&\quad+\sum_{i=s+|k|+1}^{l}(c_i+\varepsilon_i)\\&=\sum_{i=1}^{l}c_i+\sum_{i=1}^{l}\varepsilon_i+|k|\eta\\&=\sum_{i=1}^{l}c_i+\left(\sum_{i=1}^{l}\varepsilon_i-k\eta\right)=0.\end{aligned}$$

对于上述两种情形，显然总有 $|c_i^*|\leqslant 1$，并且当 $i\in S$ 时，$c_i\geqslant 0$. 根据 c_i^* 的取法,也有 $c_i^*\geqslant 0$. 即(5),(6)二式也成立故引理证完.

引理 2 在定理 1 的假定下，如果对任意 $\delta>0$，存在常数 $\widetilde{Q}_0=\widetilde{Q}_0(\delta;L_1,\cdots,L_l;S)$ 使得(2)式中定义的 $\mathscr{K}$ 的相继极小适合

$$\lambda_{l-1}>\widetilde{Q}^{-\delta},\ \text{当}\ \widetilde{Q}\geqslant\max(A_1^{l-1},\cdots,A_l^{l-1},\widetilde{Q}_0),$$

则定理 1 的结论正确.

证明 由假设可知,对任意 $\delta>0$，存在

$$\widetilde{Q}_0=\widetilde{Q}_0\left(\frac{\delta}{l-1};\ L_1,\cdots,L_l;S\right),$$

使

$$\lambda_{l-1}>\widetilde{Q}^{-\frac{\delta}{l-1}},\ \text{当}\ \widetilde{Q}\geqslant\max(A_1^{l-1},\cdots,A_l^{l-1},\widetilde{Q}_0),$$

记 $Q = \tilde{Q}^{\frac{1}{l-1}}$, $Q_0 = \tilde{Q}_0^{\frac{1}{l-1}}$, 则得

$$\lambda_{l-1} > Q^{-\delta}, \text{ 当 } Q \geqslant \max(A_1, \cdots, A_l, Q_0).$$

这就是我们要的结论．故引理得证．

引理 3 如果对于任意 $\delta > 0$ 和 $A_i^* = Q^{c_i^*}(i = 1, \cdots, l)$, 其中 $c_1^*, \cdots, c_l^* \in \mathbf{Z}\eta$, $0 < \eta < \frac{\delta}{2}$, 且满足(5)式，都存在 $Q_0 = Q_0(\delta; L_1, \cdots, L_l; S)$，使平行体

$$\mathscr{K}^* = \{\vec{x} = (x_1, \cdots, x_l) \mid |L_i(\vec{x})| \leqslant A_i^*, \\ i = 1, \cdots, l\}$$

的第 n 个相继极小 λ_n^* 适合不等式

$$\lambda_n^* > Q^{-\frac{\delta}{2}}, \text{当 } Q \geqslant \max(A_1^*, \cdots, A_l^*, A_1^{*-1}, \cdots, A_l^{*-1}, Q_0), \tag{9}$$

那么定理 1 的结论正确．

证明 根据引理 2 只须证明存在 $Q_0 = Q_0(\delta; L_1, \cdots, L_l; S)$ 使(2)式中 $\mathscr{K}$ 的相继极小

$$\lambda_{l-1} > Q^{-\delta}, \text{ 当 } Q \geqslant \max(A_1^{l-1}, \cdots, A_l^{l-1}, Q_0).$$

首先注意，对于适合(1)式的 $A_1, \cdots, A_l$，有 $A_1^{-1} \cdots A_l^{-1} = 1$，从而 $A_i^{-1} \neq 0$ $(1 \leqslant i \leqslant l)$，并且

$$A_i^{-1} = (A_1 \cdots A_{i-1} A_{i+1} \cdots A_l) \leqslant (\max_{1 \leqslant i \leqslant l} A_i)^{l-1}.$$

因此，当 $Q \geqslant \max(A_1^{l-1}, \cdots, A_l^{l-1}, Q_0)$ 时，一定有

$$Q \geqslant \max(A_1, \cdots, A_l, A_1^{-1}, \cdots, A_l^{-1}, Q_0). \tag{10}$$

然后，我们把定理 1 的正数 $A_1, \cdots, A_l$ 改写为

$$A_i = Q^{\log_Q A_i} = Q^{c_i}, \ i = 1, \cdots, l,$$

式中 $c_i = \log_Q A_i$（一般说，它与 Q 有关）．由(1)式得

$$c_1 + \cdots + c_l = \log_Q (A_1 \cdots A_l) = 0.$$

依上所述，当 $Q \geqslant \max(A_1^{l-1}, \cdots, A_l^{l-1}, Q_0)$ 时，不等式(10)成立，即得

$$|c_i| \leqslant 1, i = 1, \cdots, l.$$

此外，因为 $A_i \geqslant 1$（当 $i \in S$），所以有

$$c_i \geqslant 0 \text{（当 } i \in S\text{）}.$$

于是根据引理 1，存在 $c_i^*(i=1,\cdots,l)\in \mathbf{Z}\eta$，满足(5)，(6)二式. 由本引理的假设可知，存在 $Q_0=Q_0(\delta;L_1,\cdots,L_l;S)$，使(9)式成立. 注意，(2)式中的不等式可以改写为

$$|L_i(\vec{x})|\leqslant A_i=Q^{c_i^*}Q^{c_i-c_i^*}=A_i^*Q^{c_i-c_i^*}.$$

因此，$\mathscr{K}$ 的相继极小与 $\mathscr{K}^*$ 的相继极小满足不等式

$$\lambda_\nu\geqslant\lambda_\nu^*Q^{-(c_i-c_i^*)},\ \nu=1,\cdots,l.$$

特别地，由(6)，(9)二式可得

$$\lambda_n>Q^{-\frac{\delta}{2}}Q^{-\eta}>Q^{-\delta},\ \text{当}\ Q\geqslant\max(A_1^{l-1},\cdots,A_l^{l-1},Q_0).$$

于是根据引理 2 可知，定理 1 的结论正确. 故引理得证.

定理 1 的证明 根据引理 3，只须考虑下面特殊情形：$A_i=Q^{c_i}(1\leqslant i\leqslant l)$，其中 $c_1,\cdots,c_l\in\mathbf{Z}\eta$，$0<\eta<\frac{\delta}{2}$，而且

$$c_1+\cdots+c_l=0,|c_i|\leqslant 1\ (1\leqslant i\leqslant l),c_i\geqslant 0\ (i\in S).\tag{11}$$

将相应的平行体(2)记作

$$\mathscr{K}_Q=\{\vec{x}=(x_1,\cdots,x_l)\,|\,|L_i(\vec{x})|\leqslant Q^{c_i},i=1,\cdots,l\}.$$

我们来证明，存在 $Q_0=Q_0(\delta;L_1,\cdots,L_l;S)$，使 $\mathscr{K}_Q$ 的第 n 个相继极小满足不等式

$$\lambda_n>Q^{-\frac{\delta}{2}},\ \text{当}\ Q\geqslant\max(A_1,\cdots,A_l,A_1^{-1},\cdots,A_l^{-1},Q_0).\tag{12}$$

因为存在整数 $q>0$，使 $qL_1,\cdots,qL_l$的系数全为代数整数，并且平行体

$$\mathscr{K}_Q^{(q)}=\{\vec{x}=(x_1,\cdots,x_l)\,|\,|qL_i(\vec{x})|\leqslant Q^{c_i},i=1,\cdots,l\}$$

的相继极小 $\lambda_\nu^{(q)}$ 是 $\mathscr{K}_Q$ 的相继极小 λ_ν 的 q 倍 $(1\leqslant\nu\leqslant l)$. 因此，若证明了

$$\lambda_n^{(q)}>Q^{-\frac{\delta}{2}},\ \text{当}\ Q\geqslant\max(A_1,\cdots,A_l,A_1^{-1},\cdots,A_l^{-1},Q_0'),\tag{13}$$

则取 $Q_0>Q_0'$ 充分大，便有(12)式成立.

为证(13)式，令集合

$\mathfrak{M}=\{Q\,|\,Q>1$，存在 n 个线性无关的

整点 $\vec{w}_1=\vec{w}_1(Q),\cdots,\vec{w}_n=\vec{w}_n(Q)$，满足

$$|qL_i(\vec{w}_j)| \leqslant Q^{e_i-\frac{\delta}{2}},\ 1 \leqslant i \leqslant l, 1 \leqslant j \leqslant n\}. \tag{14}$$

只须证明 $\mathfrak{M}$ 是有界集．这是因为，此时 $\sup\mathfrak{M} = Q_0' < \infty$．由此当 $Q > Q_0'$ 时，集合

$$Q^{-\frac{\delta}{2}}\mathscr{K}_Q^{(q)} = \{\vec{x} \mid |qL_i(\vec{x})| \leqslant Q^{e_i-\frac{\delta}{2}}\}$$

至多含有 $n-1$ 个线性无关的整点，从而

$$\lambda_n^{(q)} > Q^{-\frac{\delta}{2}},\ 当\ Q \geqslant Q_0',$$

表明(13)式已成立．

下面采用反证法．假定 $\mathfrak{M}$ 是无界集．

首先，因为 $Q^{-\frac{\delta}{2}}$ 是 δ 的减函数，所以不妨对 $0 < \delta < \frac{1}{6}$ 来证明命题．取 ε 适合不等式

$$\delta > 32l^2\varepsilon,\ 0 < \varepsilon < l^{-1} \tag{15}$$

显然有 $0 < \varepsilon < \frac{1}{12}$．取整数 m 充分大使得

$$m \geqslant 4\varepsilon^{-2}\log(2l\Delta), \tag{16}$$

其中 Δ 如 §5.5 定理 2 所定义（那里的线性型取作 $qL_1, \cdots, qL_l$）．还令

$$\omega = 24.2^{-m}\left(\frac{\varepsilon}{12}\right)^{2^m-1}. \tag{17}$$

又设 D, E 是 §5.5 定理 2 中定义的常数，它们只与 $L_1, \cdots, L_l$ 有关，c_1, c_2, c_3 是 §5.12 定理 1 中定义的常数，它们仅与 $L_1, \cdots, L_l$ 的系数及 δ 有关．

由于 $\mathfrak{M}$ 无界，所以 $\mathfrak{M}$ 中存在 Q_1 适合

$$Q_1^{\varepsilon} > 2^l E, \tag{18}$$

$$Q_1^{\varepsilon} > l(\varepsilon^{-1} + 1), \tag{19}$$

$$Q_1 > C_3, \tag{20}$$

$$Q_1^{C_1^2\omega} > 2^{3mn^2C_2}, \tag{21}$$

$$Q_1^{C_1^2\omega} > D^{mn^2C_2}. \tag{22}$$

在 $\mathfrak{M}$ 中还取 $Q_2, \cdots, Q_m$ 满足不等式

$$\frac{1}{2}\omega\log Q_{h+1} > \log Q_h,\quad h=1,\cdots,m-1, \tag{23}$$

于是

$$Q_1 < Q_2 < \cdots < Q_m. \tag{24}$$

取整数 r_1 适合

$$\varepsilon r_1\log Q_1 \geqslant \log Q_m.$$

并令

$$r_h = \left[\frac{r_1\log Q_1}{\log Q_h}\right]+1,\quad h=2,\cdots,m.$$

于是

$$r_1\log Q_1 \leqslant r_h\log Q_h \leqslant (1+\varepsilon)r_1\log Q_1,\quad h=1,\cdots,m. \tag{25}$$

由(23),(25)式可知

$$\omega r_h \geqslant 2(1+\varepsilon)^{-1}r_{h+1} \geqslant r_{h+1},\quad h=1,\cdots,m-1. \tag{26}$$

对于上面选取的参数,显然 $qL_1,\cdots,qL_l,\varepsilon,m,r_1,\cdots,r_m$ 满足 § 5.5定理 2 的诸条件,因此,该定理中所说的多项式 $P(x_{11},\cdots,x_{ml})$ 存在.

再根据(11),(15),(18),(19),(24),(25)和(14),可以逐个验证 §5.6 定理 1 的诸条件都满足,那里的线性型取作 $qL_1,\cdots,qL_l$,参数 δ 换为 $\frac{\delta}{2}$, 对于每个 $h(1\leqslant h\leqslant m)$, 取 $\{\vec{w}_1(Q_h),\cdots,\vec{w}_n(Q_h)\}$ 作为点组 $\{\vec{w}_{h1},\cdots,\vec{w}_{hn}\}$. 因此有

$$\operatorname{Ind}P(M_1,\cdots,M_m;r_1,\cdots,r_m)\geqslant m\varepsilon, \tag{A}$$

式中 $M_1,\cdots,M_m$ 是分别由 $M\{\vec{w}_1(Q_h),\cdots,\vec{w}_n(Q_h)\}$ 将 $\vec{x}$ 换成 $\vec{x}_h(1\leqslant h\leqslant m)$ 所得到的线性型.

另一方面,将 § 5.12 定理 1 应用于 $\{L_1,\cdots,L_l;S\}$, 并注意,由 $q\geqslant 1$ 和(14)式推出 $\vec{w}_1(Q_h),\cdots,\vec{w}_n(Q_h)$ 满足不等式

$$|L_i(\vec{w}_j(Q_h))|\leqslant Q_h^{c_i-\frac{\delta}{2}},\quad 1\leqslant i\leqslant l,\ 1\leqslant j\leqslant n,$$

因而有

$$Q_h^{C_1}\leqslant |M_h|\leqslant Q_h^{C_2}\ (1\leqslant h\leqslant m)\ 当\ Q_h\geqslant C_3. \tag{27}$$

由此得到

$$|M_h|^{r_h} \geqslant Q_h^{C_1 r_h} \geqslant Q_1^{r_1 C_1} \geqslant |M_1|^{r_1 \frac{C_1}{C_2}}, \quad h = 1, \cdots, m.$$

我们令 $\tau = \frac{C_1}{C_2}$，则$0 < \tau < 1$，并且

$$|M_h|^{r_h} \geqslant |M_1|^{r_1 \tau}, \quad h = 1, \cdots, m. \tag{28}$$

由(21),(24),(27)式得

$$|M_h|^{\omega\tau} \geqslant Q_h^{\omega\tau C_1} \geqslant 2^{3mn^2}, \quad h = 1, \cdots, m. \tag{29}$$

再根据 § 5.5 定理 2，并注意 $r_h \leqslant r_1 (1 \leqslant h \leqslant m)$，得到

$$|P| \leqslant D^{r_1 + \cdots + r_m} \leqslant D^{mr_1}.$$

由此式和(22),(27)二式得

$$|P|^{n^2} \leqslant D^{mn^2 r_1} \leqslant Q^{\omega r_1 \frac{C_1^2}{C_2}}$$

$$\leqslant |M_1|^{\omega r_1 \frac{C_1}{C_2}} = |M_1|^{\omega r_1 \tau} \tag{30}$$

由(17),(26),(28),(29),(30)诸式容易验证 § 5.8 定理 1 的条件都满足，因此

$$\mathrm{Ind}\, P(M_1, \cdots, M_m; r_1, \cdots, r_m) \leqslant \varepsilon. \tag{B}$$

因为 $m > 1$，所以 (A) 和 (B) 二式矛盾.因此,$\mathfrak{M}$有界,故定理得证.

定理 2 (λ_{l-1}/λ_l 定理) 设 $L_1, \cdots, L_l, S, A_1, \cdots, A_l, \lambda_1, \cdots, \lambda_l$ 如定理 1 所述，那么对每个 δ，$0 < \delta < 1$，存在常数 $Q_1 = Q_1(\delta; L_1, \cdots, L_l; S)$ 具有下列性质：若

$$\lambda_1 A_i > Q^{-\frac{\delta}{2l}}, \quad i \in S, \tag{31}$$

且

$$Q \geqslant \max(A_1, \cdots, A_l, Q_1), \tag{32}$$

则

$$\lambda_{l-1} > \lambda_l Q^{-\delta}. \tag{33}$$

证明 应用 Davenport 引理(§ 5.10 定理1). 为此，令

$$L_i^*(\vec{x}) = A_i^{-1} L_i(\vec{x}), \quad i = 1, \cdots, l,$$

则(2)式中的平行体 $\mathscr{K}$ 可以表为

$$\mathscr{K} = \{\vec{x} \mid |L_i^*(\vec{x})| \leqslant 1, i = 1, \cdots, l\}.$$

再取诸参数

$$\rho_0 = (\lambda_1\lambda_2\cdots\lambda_{l-2}\lambda_{l-1}^2)^{\frac{1}{l}}, \tag{34}$$

$$\rho_1 = \frac{\rho_0}{\lambda_1},\ \rho_2 = \frac{\rho_0}{\lambda_2},\cdots,\rho_{l-1} = \frac{\rho_0}{\lambda_{l-1}},\ \rho_l = \frac{\rho_0}{\lambda_{l-1}}. \tag{35}$$

那么存在 $\{1,\cdots,l\}$ 的一个排列 $\{j_1,\cdots,j_l\}$，使平行体

$$\mathscr{K}' = \{\vec{x} \mid |L_{j_i}(\vec{x})| \leqslant A_{j_i}\rho_i^{-1} = A_i',\quad i=1,\cdots,l\} \tag{36}$$

的相继极小 $\lambda_1',\cdots,\lambda_l'$ 满足

$$2^{-l}\rho_j\lambda_j \leqslant \lambda_j' \leqslant 2^{l^2}l!\rho_j\lambda_j,\quad 1\leqslant j\leqslant l. \tag{37}$$

分两种情形讨论．若对某个 $j_i\in S$，有 $A_i'<1$，则由(31)式可知

$$1 > A_i' = A_{j_i}\rho_i^{-1} \geqslant A_{j_i}\rho_1^{-1} = A_{j_i}\left(\frac{\rho_0}{\lambda_1}\right)^{-1}$$

$$= \lambda_1 A_{j_i}\rho_0^{-1} > Q^{-\frac{\delta}{2l}}\rho_0^{-1},$$

于是

$$\rho_0 > Q^{-\frac{\delta}{2l}}. \tag{38}$$

另一方面，由 Minkowski 第二凸体定理(§ 5.9 定理 1)可知

$$\lambda_1\cdots\lambda_l \leqslant \gamma_1, \tag{39}$$

这里的 γ_1 以及下文中的 $\gamma_2,\cdots$ 表示只与 l 有关的正常数．因此由(34)式得

$$\rho_0 \leqslant \gamma_2\left(\frac{\lambda_{l-1}}{\lambda_l}\right)^{\frac{1}{l}}.$$

由此式和(38)式推出

$$\lambda_{l-1} > \lambda_l Q^{-\delta},\ \text{当}\ Q\geqslant Q_1'. \tag{40}$$

若对一切 $j_i\in S$ 都有 $A_i'\geqslant 1$，则可将定理 1 应用于平行体 $\mathscr{K}'$．这是因为，由(34)，(35)二式得知 $\rho_1\cdots\rho_l = 1$，所以由(1)式得 $A_1'\cdots A_l' = 1$．根据定理 1，存在常数 $\widetilde{Q}_0 = \widetilde{Q}_0(\delta;L_1,\cdots,L_l;S)$，使

$$\lambda_{l-1}' > \widetilde{Q}^{-\frac{\delta}{8l^2}},\ \text{当}\ \widetilde{Q} \geqslant \max(A_1',\cdots A_l',\widetilde{Q}_0).$$

我们把 $\tilde{Q}^{-\frac{\delta}{8l^2}}$ 表示为 $(\tilde{Q}^{\frac{1}{4l}})^{-\frac{\delta}{2l}}$，并且用$Q$表示$\tilde{Q}^{\frac{1}{4l}}$，可得

$$\lambda'_{l-1} > Q^{-\frac{\delta}{2l}}, \quad 当\ Q \geqslant \max(A'^{\frac{1}{4l}}, Q_2), \tag{41}$$

式中

$$Q_2 = \tilde{Q}_0^{\frac{1}{4l}}, \quad A' = \max(A'_1, \cdots, A'_l).$$

另一方面，由(34)，(35)，(37)和(39)可知

$$\lambda'_{l-1} \leqslant \gamma_3\rho_0 \leqslant \gamma_4\left(\frac{\lambda_{l-1}}{\lambda_l}\right)^{\frac{1}{l}}.$$

由此式和(41)式得到

$$\lambda_{l-1} > \lambda_l Q^{-\delta}, \quad 当\ Q \geqslant \max(A'^{\frac{1}{4l}}, Q'_2), \tag{42}$$

式中 $Q'_2 > Q_2$ 充分大。

最后，我们确定 Q_1，在(31)，(32)式保证(40)和(42)成立。令 $A = \max(A_1, \cdots, A_l)$，则

$$A' = \max_{1 \leqslant i \leqslant l}\left(\frac{A_{ji}}{\rho_i}\right) \leqslant \frac{A}{\rho_l} = A\frac{\lambda_{l-1}}{\rho_0}.$$

因为

$$\left(\frac{\lambda_{l-1}}{\rho_0}\right)^l = \frac{\lambda_{l-1}^l}{\lambda_1 \cdots \lambda_{l-2}\lambda_{l-1}^2} \leqslant \left(\frac{\lambda_{l-1}}{\lambda_1}\right)^l,$$

所以

$$\frac{\lambda_{l-1}}{\rho_0} \leqslant \frac{\lambda_{l-1}}{\lambda_1}.$$

因此

$$A' \leqslant A\frac{\lambda_{l-1}}{\lambda_1}. \tag{43}$$

再由(39)式，$\lambda_1^{l-1}\lambda_{l-1} \leqslant \lambda_1 \cdots \lambda_{l-1}\lambda_l \leqslant \gamma_1$，$\lambda_{l-1} \leqslant \frac{\gamma_1}{\lambda_1^{l-1}}$，所以由(43)式得

$$A' \leqslant \gamma_1 A \lambda_1^{-l}. \tag{44}$$

但由(31)式，$\lambda_1 A > Q^{-\frac{\delta}{2l}}$，$\lambda_1^{-1} < AQ^{\frac{\delta}{2l}}$，所以由(44)式得

$$A' \leqslant \gamma_3 A^{l+1} Q^{\frac{\delta}{2}}. \tag{45}$$

另一方面，当$Q > A$时（这条件蕴含在(32)式中），由于 $0 < \delta < 1$，所以 $Q^2 > AQ^\delta$，因此

$$Q > A^{\frac{1}{2}} Q^{\frac{\delta}{2}}. \tag{46}$$

注意 $\frac{l+1}{4l} < \frac{1}{2}$, $A > 1$, 所以 $A^{\frac{1}{2}} > (A^{l+1})^{\frac{1}{4l}}$. 于是由(46)式可知

$$Q > (A^{l+1} Q^{\frac{\delta}{2}})^{\frac{1}{4l}} \cdot Q^{\frac{\delta}{2}(1-\frac{1}{4l})}.$$

由此式和(45)式可知，存在常数 Q_1''，使当 $Q > Q_1''$ 时，$Q > A'^{\frac{1}{4l}}$. 因此当 $Q > \max(Q_1'', Q_2')$ 时，(42)式能成立. 再注意(40)式，令

$$Q_1 = \max(Q_1', Q_1'', Q_2'),$$

即为所要求的. 故定理证完.

§ 5.14 关于第一个极小定理

本节中令 $l = n + 1 \geqslant 2$.

设 $\alpha_1, \cdots, \alpha_n$ 是代数数，$1, \alpha_1, \cdots, \alpha_n$ Q 线性无关，考虑 $\vec{x} = (x_1, \cdots, x_l)$ 的 l 个线性型

$$L_i(\vec{x}) = x_i - \alpha_i x_l \ (i = 1, \cdots, n), L_l(\vec{x}) = x_l. \tag{1}$$

由 § 5.11 可知，对每个 $p(1 \leqslant p \leqslant n = l - 1)$，共有 $N(p) = \binom{l}{p}$ 个 p 复合型 $L_\sigma^{(p)}(\vec{X})(\sigma \in C(l,p))$. 令 $S^{(p)}$ 表示 $C(l,p)$ 的一个子集，它由所有含有 l 的那些 σ 组成；用 $\hat{S}^{(p)}$ 表示 $C(l,p)$ 的一个子集，它由所有不含有 l 的那些 σ 组成，于是有

$$S^{(p)} \cup \hat{S}^{(p)} = C(l,p),$$

$$\hat{S}^{(p)} = \{\sigma \mid \sigma' \in S^{(l-p)}\}.$$

引理 1 $\{L_\sigma^{(p)}(\vec{X})(\sigma \in C(l,p); S^{(p)}\}$ 是 $S^{(p)}$ 正常线性型系.

证明 由定义(§ 5.12)，我们只须证明

$$\{\hat{L}_\sigma^{(p)}(\vec{X})(\sigma \in C(l,p)); S^{(p)}\} \tag{2}$$

是 $S^{(p)}$ 正规系. 我们用 A 表示(1)的系数矩阵，其 p 阶子式（行号属于 σ，列号属于 τ）为 $A_{\sigma\tau}^{(p)}(\sigma, \tau \in C(l,p))$，则有

$$\hat{L}_{\sigma}^{(p)}(\vec{X}) = \sum_{\tau \in C(l,p)} (-1)^{\sigma}(-1)^{\tau} A_{\sigma'\tau'}^{(l-p)} X_{\tau}, \quad \sigma \in C(l,p)$$

和

$$L_{\sigma'}^{(l-p)}(\vec{X}) = \sum_{\tau \in C(l,l-p)} A_{\sigma'\tau}^{(l-p)} X_{\tau} \quad \sigma' \in C(l,l-p).$$

因 $C(l,p)$ 中的元素 τ 与 $C(l,l-p)$ 中的元素 τ' 间有一一对应关系．若 τ 与 τ' 对应，则令 X_{τ} 与 $X_{\tau'}$ 对应．所以可以将上式改写为

$$L_{\sigma'}^{(l-p)}(\vec{X}) = \sum_{\tau \in C(l,p)} A_{\sigma'\tau'}^{(l-p)} X_{\tau'}, \quad \sigma' \in C(l,l-p),$$

由此可见 $\hat{L}_{\sigma}^{(p)}$ 与 $L_{\sigma'}^{(l-p)}$ 的各项系数至多相差一个符号．因此我们用 $L_{\sigma'}^{(l-p)}$ 代替 $\hat{L}_{\sigma}^{(p)}$ 来考虑正规性．

另外，注意到

$$S^{(p)} = \{\sigma \mid \sigma \in C(l,p), \sigma \text{ 含有 } l\},$$

$$\hat{S}^{(l-p)} = \{\sigma' \mid \sigma' \in C(l,l-p), \sigma' \text{ 不含有 } l\}.$$

可见 $\sigma \in S^{(p)}$ 与 $\sigma' \in \hat{S}^{(l-p)}$ 之间也是一一对应的．

由上述分析可知，为证(2)是 $S^{(p)}$ 正规系，只须证明

$$\{L_{\sigma'}^{(l-p)}(\vec{X})(\sigma' \in C(l,l-p)); \hat{S}^{(l-p)}\}$$

是 $\hat{S}^{(l-p)}$ 正规系．为书写方便起见，把 $l-p$ 记作 p，把 σ' 记作 σ，我们来证明

$$\left\{L_{\sigma}^{(p)}(\vec{X}) = \sum_{\tau \in C(l,p)} A_{\sigma\tau}^{(p)} X_{\tau} (\sigma \in C(l,p)); \hat{S}^{(p)}\right\}$$

是 $\hat{S}^{(p)}$ 正规系．

易知(1)的系数矩阵为

$$A = \begin{pmatrix} 1 & 0 & 0 & \cdots & 0 & -\alpha_1 \\ & 1 & 0 & \cdots & 0 & -\alpha_2 \\ & & 1 & \cdots & 0 & -\alpha_3 \\ & & & \ddots & & \vdots \\ & \mathbf{0} & & & 1 & -\alpha_n \\ & & & & & 1 \end{pmatrix}.$$

设 $\sigma\in\hat{S}^{(p)}$,即 $\sigma\in C(l,p)$,但不含有标号 l,令

$$\sigma=(i_1,\cdots,i_j,\cdots i_p)\ (\text{诸 } i_\nu\neq l).$$

取A的第 $i_1,\cdots,i_p$ 行作成 $p\times l$ 矩阵

$B=$

第 1 列…第 i_1 列…第 i_2 列…第 i_p 列…第 l 列.

$$\begin{pmatrix} 0 & \cdots & 1 & \cdots & 0 & \cdots & 0 & \cdots & -\alpha_{i_1} \\ 0 & \cdots & 0 & \cdots & 1 & \cdots & 0 & \cdots & -\alpha_{i_2} \\ \cdots & \cdots & \cdots & \cdots & \cdots & \cdots & \cdots & \cdots & \cdots \\ 0 & \cdots & 0 & \cdots & 0 & \cdots & 1 & \cdots & -\alpha_{i_p} \end{pmatrix}\begin{matrix}\text{第 } i_1 \text{ 行} \\ \text{第 } i_2 \text{ 行,} \\ \\ \text{第 } i_p \text{ 行}\end{matrix}$$

其中除去第 $i_1,i_2,\cdots,i_p,l$ 各列外,其余各列均为 $\overrightarrow{0}$. 显然, $A_{\sigma\tau}^{(p)}$ 是由 B 的标号属于 τ 的那些列组成的行列式. 下面分几种情形讨论:

若 $\tau=\sigma$, 则 $A_{\sigma\tau}^{(p)}$ 是主对角线元素全为 1 的上三角行列式,因而 X_τ (即 X_σ)的系数为 1.

若 $\tau\neq\sigma$,且 $\tau\in\hat{S}^{(p)}$,则 τ 不含 l, 并且标号 $l_1,\cdots,l_p$ 不全在 τ 中出现. 因为 $\hat{S}^{(l-1)}$ 只含有一个元素,即 $\{1,2,\cdots,l-1\}$,而 $\tau\neq\sigma$,所以 $p\neq l-1$. 于是 $p<l-1$. 此时 τ 中必有一个标号, 使B中该标号所表示的列为 $\overrightarrow{0}$,从而 X_τ 的系数 $A_{\sigma\tau}^{(p)}=0$.

若 $\tau\neq\sigma$,但 $\tau\notin\hat{S}^{(p)}$,则 τ 含有 l. 此时, 如果 τ 中的其他标号不全在σ中出现, 那么 $A_{\sigma\tau}^{(p)}$ 含有 $\overrightarrow{0}$ 列,因而其值为零;不然, τ 由标号 l 及 $\sigma=\{i_1,\cdots,i_p\}$ 中的某 $p-1$ 个标号组成,设 $i_j\in\sigma$ 但 $i_j\notin\tau$,那么容易算出 $A_{\sigma\tau}^{(p)}=\pm\alpha_{i_j}$ (这里"±"号适当选取). 我们把在 $\sigma=\{i_1,\cdots,i_j,\cdots,i_p\}$ 中将 i_j 换为 l 所得到的标号集记作 $\sigma-j+i$. 不计顺序, 有 $\tau=\sigma-j+l$. 于是 $X_{\sigma-j+l}$ 的系数是$\pm\alpha_{i_j}$ ("±"号适当选取).

综上所述,可知

$$L_\sigma^{(p)}(\vec{X})=X_\sigma+\sum_{i_j\in\sigma}(\pm\alpha_{i_j})X_{\sigma-j+l}.$$

由此可以直接验证正规性的两个条件(细节留给读者). 故引理证

完.

定理 1 （λ_1 定理） 设线性型 $L_1(\vec{x}),\cdots,L_l(\vec{x})$ 如(1)式所示，$A_1,\cdots,A_l$ 为正数适合不等式

$$A_1\cdots A_l=1, \tag{3}$$

$$A_1<1,\cdots,A_n<1,A_l>1. \tag{4}$$

又设 $\lambda_1,\cdots,\lambda_l$ 是平行体

$$\mathscr{K}_A=\{\vec{x}=(x_1,\cdots,x_l)\,|\,|L_i(\vec{x})|\leqslant A_i,\ 1\leqslant i\leqslant l\} \tag{5}$$

的相继极小. 则对任何 $\delta>0$,存在常数 $Q_1=Q_1(\delta;\alpha_1,\cdots,\alpha_n)$,使当 $Q\geqslant\max(A_l,Q_1)$ 时,有

$$\lambda_1>Q^{-\delta}. \tag{6}$$

证明 对 $l\geqslant 2$ 用数学归纳法.

若 $l=2$,即 $n=1$,则在 §5.11 定理 1 中取

$$L_1(x_1,x_2)=x_1-\alpha_1x_2,\ L_2(x_1,x_2)=x_2,\ S=\{2\}.$$

根据引理 1 (或直接验证)，$\{L_1,L_2;S\}$ 是 S 正常系，所以有常数 Q_0 存在,使

$$\lambda_1=\lambda_{l-1}>Q^{-\delta},\ \text{当}\ Q\geqslant\max(A_2,Q_0).$$

取 $Q_1=Q_0$,即得命题.

我们假设当维数小于 l ($l\geqslant 3$) 时命题已成立，现在来证明当维数等于 l 时命题也成立. 为此我们首先证明

引理 2 在定理 1 的条件及归纳假设之下,若对每个 $p(1\leqslant p\leqslant l-1=n)$和每个 $\delta>0$,存在常数 $Q_2=Q_2(\delta;\alpha_1,\cdots,\alpha_n)$,使

$$\lambda_{l-p}>\lambda_{l-p+1}Q^{-\delta},\ \text{当}\ Q\geqslant\max(\lambda_l,Q_2), \tag{7}$$

则定理 1 的结论(对维数 l 的情形)成立.

证明 在(7)式中, 分别令 $p=l-1,l-2,\cdots,1$, 将有下面一系列不等式成立:

$$\lambda_1>\lambda_2Q^{-\delta}>\lambda_3Q^{-\delta}\cdot Q^{-\delta}>\cdots>\lambda_lQ^{-n\delta}.$$

根据 Minkowski 第二凸体定理(§5.9 定理 1)可知,

$$\lambda_l^l\geqslant\lambda_1\cdots\lambda_l>\gamma_1\ (\gamma_1\ \text{为正常数}),\lambda_l>\gamma_2.$$

所以

$$\lambda_1 \geqslant \gamma_3 Q^{-n\delta}.$$

由于 $\delta > 0$ 是任意的，所以存在常数 Q_1 使(6)式成立，于是引理得证。

由引理 2 可知，为完成定理 1 的证明，应当证明(7)式成立。为此令 $L_\sigma^{(p)}(\vec{X})(\sigma \in C(l,p))$ 是 $L_1(\vec{x}),\cdots,L_l(\vec{x})$ 的 p 复合型，并作 $\mathscr{K}_A$ 的 p 复合体

$$\mathscr{K}_A^{(p)} = \{\vec{X} \mid |L_\sigma^{(p)}(\vec{X})| \leqslant A_\sigma(\sigma \in C(l,p))\},$$

其中 $A_\sigma = \prod_{i\in\sigma} A_i$. 又设 $\mathscr{K}_A^{(p)}$ 的相继极小是 $\eta_1,\cdots,\eta_N$，适合 $\eta_1 \leqslant \cdots \leqslant \eta_N$，其中 $N = N(p) = \binom{l}{p}$. 我们还需要

引理 3 在定理 1 的条件及归纳假设之下，对任何 $\delta > 0$，存在常数 $Q_3 = Q_3(\delta;\alpha_1,\cdots,\alpha_n)$，使得

$$\eta_1 A_\sigma > Q^{-\frac{\delta}{2N}}(\sigma \in S^{(p)}), \text{当 } Q \geqslant \max(A_l, Q_3). \tag{8}$$

证明 先考虑特殊的指标集合

$$\sigma_{(p)} = \{1,2,\cdots,p-1,l\},\ (1 < p \leqslant l-1),\ \sigma_{(1)} = \{l\}.$$

我们证明，存在常数 $Q_4 = Q_4(\delta;\alpha_1,\cdots,\alpha_n)$，使当 $Q \geqslant \max(A_l, Q_4)$ 时，有

$$\lambda_1 A_{\sigma_{(p)}}^{\frac{1}{p}} > Q^{-\delta}\ (1 \leqslant p \leqslant l-1). \tag{9}$$

当 $p = 1$ 时，根据 λ_1 的定义，存在 $\vec{x}_0 \neq \vec{0}$, $\vec{x}_0 \in \mathbf{Z}^l$，满足

$$|L_i(\vec{x}_0)| \leqslant \lambda_1 A_i,\ i = 1,\cdots,l. \tag{10}$$

如果 $\max(\lambda_1 A_1,\cdots,\lambda_1 A_l) < 1$，则由(10)式得知 $\vec{x}_0 = 0$，这是不可能的，注意 $p = 1$ 时有 $A_{\sigma_{(p)}}^{\frac{1}{p}} = A_l$，于是可得

$$1 \leqslant \max(\lambda_1 A_1,\cdots,\lambda_1 A_l) = \lambda_1 A_l = \lambda_1 A_{\sigma_{(p)}}^{\frac{1}{p}},$$

因此对于 $p = 1$(9) 式成立。

当 $p \neq 1$ 时，即 $1 < p \leqslant n - l - 1$，令

$$B_i = \frac{A_i}{A_{\sigma_{(p)}}^{\frac{1}{p}}},\ i \in \sigma_{(p)}, \tag{11}$$

则

$$\prod_{i\in\sigma(p)} B_i = B_1\cdots B_{p-1}B_l = \frac{A_1\cdots A_{p-1}A_l}{(A_{\sigma(p)}^{\frac{1}{p}})^p} = 1, \tag{12}$$

且由(4)式，$A_{\sigma(p)} = \dfrac{1}{A_1\cdots A_{l-1}} > 1$，$A_{\sigma(p)} < A_l^p$，从而由(11)式有

$$B_i < 1,\ 1 \leqslant i \leqslant p-1,\ B_l > 1. \tag{13}$$

另外，根据 §2.2 例 1 中所述体积公式及上面的(3)式有

$$V(\mathscr{K}_A) = 2^l A_1\cdots A_l = 2^l.$$

所以根据 Minkowski 第一凸体定理(§2.2 定理 1)可知，$\lambda_1 \leqslant 1$。而由(4)式得 $\lambda_1 A_i < 1(i = 1,\cdots,n)$，于是由(1)及(10)二式可知 $\vec{x} = (x_1,\cdots,x_n,x_l)$ 的最后一个坐标 $x_l \neq 0$。我们构造一个非零向量

$$\vec{y}_0 = (x_1,\cdots,x_{p-1},x_l) \in \mathbf{Z}^p.$$

由(10)式看出，$\vec{y}_0$ 满足下列 p 个线性不等式

$$|L_i(\vec{y}_0)| \leqslant \lambda_1 A_i = \lambda_1 A_{\sigma(p)}^{\frac{1}{p}} B_i,\ i = 1,\cdots,p-1,l.$$

由此可见 $\mathbf{R}^p$ 中的平行体

$$\mathscr{T}_B = \{\vec{y}\,|\,|L_i(\vec{y})| \leqslant B_i, i = 1,\cdots,p-1,l\}$$

的第一个极小

$$\tilde{\lambda}_1 \leqslant \lambda_1 A_{\sigma(p)}^{\frac{1}{p}}. \tag{14}$$

但由(12),(13)式，我们可将归纳假设(维数等于 p 的情形)应用于平行体 $\mathscr{T}_B$，并注意 $A_l \geqslant B_l$，可知存在常数 $Q_5 = Q_5(\delta;\alpha_1,\cdots,\alpha_{p-1})$，使

$$\tilde{\lambda}_1 > Q^{-\delta},\ 当\ Q \geqslant \max(A_l, Q_5). \tag{15}$$

由(14),(15)可知，对于 $1<p\leqslant l-1$(9) 式成立，在那里取常数 $Q_4 = Q_5$。

对于一般的指标集合

$$\sigma = \{*,\cdots,*,l\} \in S^{(p)},$$

其中 $*$ 表示的元素不等于 l，由于型(1)的特殊形式，上述推理仍然有效，因此可将(9)式扩充为：存在常数 Q_6，使

$$\lambda_1 A_\sigma^{\frac{1}{p}} > Q^{-\delta}(\sigma \in S^{(p)}), \text{ 当 } Q \geqslant \max(A_l, Q_6). \tag{16}$$

根据 §5.11 定理 1，$\mathscr{K}_A^{(p)}$ 的第一个极小

$$\eta_1 \geqslant \gamma_4 \nu_1 = \gamma_4 \prod_{i \in \sigma_1} \lambda_i.$$

注意 $\nu_1 \leqslant \nu_2 \leqslant \cdots \leqslant \nu_N$，所以必有 $\sigma_1 = (1, \cdots, p)$，

$$\nu_1 = \prod_{i \in \sigma_1} \lambda_i = \lambda_1 \cdots \lambda_p,$$

于是

$$\eta_1 \geqslant \gamma_4 \lambda_1^p, \quad \lambda_1 \leqslant \gamma_5 \eta_1^{\frac{1}{p}}.$$

而由(16)式可知

$$\eta_1 A_\sigma > \gamma_6 Q^{-\delta p} \ (\sigma \in S^{(p)}), \text{当 } Q \geqslant \max(A_l, Q_6).$$

因 $\delta > 0$ 是任意的，且取 $Q_3 > Q_6$ 充分大，可知(8)式成立．故引理证完．

最后，我们来完成定理的归纳证明，也就是证明(7)式的正确性．我们注意，§5.13 定理 2 的条件对于 p 复合体 $\mathscr{K}_A^{(p)}$ 是成立的．事实上，由引理 1 可知 $\{L_\sigma^{(p)}(\vec{X})(\sigma \in C(l,p); S^{(p)}\}$ 是 $S^{(p)}$ 正常系．而由(3)式可知

$$\prod_{\sigma \in C(l,p)} A_\sigma = \left(\prod_{i=1}^{l} A_i\right)^{\binom{l-1}{p-1}} = 1,$$

且对 $\sigma \in S^{(p)}$，设 $\sigma = (i_1, \cdots, i_{p-1}, l)$，其中诸 $i_j \neq l (1 \leqslant j \leqslant p-1)$．根据(3)，(4)二式可得

$$A_\sigma = A_{i_1} \cdots A_{i_{p-1}} A_l = \left(\prod_{i \in \sigma'} A_i\right)^{-1} > 1.$$

因此由该定理可知，存在常数 $Q_7 = Q_7(\delta; L_\sigma^{(p)}(\sigma \in C(l,p); S^{(p)})$，使得由

$$\eta_1 A_\sigma > Q^{-\frac{\delta}{2N}}, \quad \sigma \in S^{(p)} \tag{17}$$

和

$$Q \geqslant \max(A_l, Q_7)$$

得到

$$\eta_{N-1} > \eta_N Q^{-\delta}.$$

但根据引理 3，当 $Q \geqslant \max(A_l, Q_3)$ 时，(17) 式成立，所以令 $Q_8 = \max(Q_3, Q_7)$,则有

$$\eta_{N-1} > \eta_N Q^{-\delta}, \text{ 当 } Q \geqslant \max(A_l, Q_8). \tag{18}$$

另一方面,根据 §5.11 定理 1 可知,

$$\nu_N = \lambda_{l-p+1}\lambda_{l-p+2}\cdots\lambda_l \leqslant \gamma_1\eta_N,$$
$$\nu_{N-1} = \lambda_{l-p}\lambda_{l-p+2}\cdots\lambda_l \geqslant \gamma_8\eta_{N-1}.$$

将上面两个不等式相除可得

$$\frac{\lambda_{l-p}}{\lambda_{l-p+1}} \geqslant \gamma_9 \frac{\eta_{N-1}}{\eta_N}.$$

注意(18)式可知(7)式成立，其中常数 $Q_2 > Q_8$ 充分大。根据引理 2 可知，对于维数等于 l 的情形定理 1 也成立。于是定理 1 全部证完。

下面考虑另一组线性型

$$\begin{cases} M_i(\vec{x}) = x_i, & i = 1, \cdots, n, \\ M_l(\vec{x}) = \alpha_1 x_1 + \cdots + \alpha_n x_n + x_l, \end{cases} \tag{19}$$

其中 $\alpha_1, \cdots, \alpha_n$ 如(1)式所述。显然(19)是(1)的转置系。我们有

定理 2 (μ_1 定理) 对于(19)式中的线性型系 $M_i(\vec{x})(i = 1, \cdots, l)$，设 $B_1, \cdots, B_l$ 是正数,适合不等式

$$B_1 \cdots B_l = 1, \tag{20}$$

$$B_1 > 1, \cdots, B_n > 1, B_l < 1. \tag{21}$$

如果平行体

$$\mathscr{K}_B = \{\vec{x} = (x_1, \cdots, x_l) \mid |M_i(\vec{x})| \leqslant B_i, i = 1, \cdots, l\} \tag{22}$$

的相继极小是 $\mu_1, \cdots, \mu_l$,那么对任何 $\delta > 0$，存在常数 $Q_9 = Q_9(\delta; \alpha_1, \cdots, \alpha_n)$ 满足

$$\mu_1 > Q^{-\delta}, \text{当 } Q \geqslant \max(B_l^{-1}, Q_9). \tag{23}$$

证明 我们容易看出线性型系(1)的系数矩阵为

$$A=\begin{pmatrix} 1 & 0 & \cdots & 0 & -\alpha_1 \\ & 1 & \cdots & 0 & -\alpha_2 \\ & & \ddots & \vdots & \vdots \\ & 0 & & 1 & -\alpha_n \\ & & & & 1 \end{pmatrix}.$$

我们把 $C(l,l-1)$ 的所有 l 个元素排序，使得最末一个是 $\sigma_l=\{1,2,\cdots,n\}$，并且用 σ_j 表示把 σ_l 中标号 j 换为 l 所得的标号集，那么 A 的 $(l-1)$ 复合阵为

$$A^{(l-1)}=(A_{\sigma\tau}^{(l-1)})_{\sigma,\tau\in C(l,l-1)}=\begin{pmatrix} 1 & & & 0 \\ \vdots & \ddots & & \\ 0 & \cdots & 1 & \\ \alpha_1 & \cdots & \alpha_n & 1 \end{pmatrix}.$$

由此可见，(19)式是线性型系(1)的 $(l-1)$ 复合型系，即

$$M_i=L_i^{(l-1)}(i=1,\cdots,l).$$

令 $A_i=B_i^{-1}(i=1,\cdots,l)$，则由(20)，(21)式可知，(3)，(4)在此成立. 又因为对于 $\sigma_i\in C(l,l-1)$，

$$\prod_{i\in\sigma_j}A_i=A_1\cdots A_{j-1}A_{j+1}\cdots A_l=\frac{A_1\cdots A_l}{A_j}=B_j,$$

所以从(5)，(22)式得 $\mathscr{K}_B=\mathscr{K}_A^{(l-1)}$.

仍设 $\lambda_1,\cdots,\lambda_l$ 是 $\mathscr{K}_A$ 的相继极小，且 $\lambda_1\leqslant\lambda_2\leqslant\lambda\cdots\leqslant\lambda_l$. 将 §5.11 定理 1 应用于平行体 $\mathscr{K}_A$ 和 $\mathscr{K}_A^{(l-1)}$ (即 $\mathscr{K}_B$)，得到

$$\gamma_9\prod_{i\in\sigma_j}\lambda_i\leqslant\mu_j\leqslant\gamma_{10}\prod_{i\in\sigma_j}\lambda_i,\ j=1,\cdots,l, \tag{24}$$

其中 $\prod_{i\in\sigma_j}\lambda_i$ 按大小排列，即有

$$\prod_{i\in\sigma_j}\lambda_i=\frac{\lambda_1\cdots\lambda_l}{\lambda_{l+1-j}}. \tag{25}$$

根据 Minkowski 第二凸体定理 (§5.9定理 1)，有

$$\gamma_{11}\leqslant\lambda_1\cdots\lambda_l\leqslant\gamma_{12}. \tag{26}$$

所以由(24)，(25)式得

$$\gamma_{13} \leqslant \lambda_j \mu_{l+1-j} \leqslant \gamma_{14}, \quad j = 1, \cdots, l. \tag{27}$$

将定理 1 应用于平行体 $\mathscr{K}_A$ 得到

$$\lambda_{l-1} \geqslant \cdots \geqslant \lambda_2 \geqslant \lambda_1 > Q^{-\delta}, \text{当 } Q \geqslant \max(A_l, Q_{10}),$$

式中 $Q_{10} = Q_{10}(\delta; \alpha_1, \cdots, \alpha_n)$ 是一个常数. 由此式及(26)式有

$$\lambda_l \leqslant \gamma_{12}(\lambda_1 \cdots \lambda_n)^{-1} \leqslant \gamma_{12} Q^{l\delta}, \text{当 } Q \geqslant \max(A_l, Q_{10}). \tag{28}$$

在(27)式中令 $j = l$, 得

$$\mu_1 \geqslant \gamma_{13} \lambda_l^{-1},$$

取常数 $Q_9 \geqslant Q_{10}$ 充分大. 并注意 $A_l = B_l^{-1}$, 由上式和(28)式可得

$$\mu_1 > Q^{-l\delta}, \text{ 当 } Q \geqslant \max(B_l^{-1}, Q_9).$$

因为 $\delta > 0$ 是任意的,所以(23)式得证,于是定理 2 证完.

§5.15 Roth 定理的证明

现在来证明 §5.1 中的定理 1.

首先,可以限于 α 是代数整数的情形来证明命题. 这是因为,当 α 不是代数整数时,总存在 $a \in \mathbf{Z}$,使 $a\alpha$ 是代数整数, 这时假如有无穷多个有理数 $\frac{p}{q}$ $(q > 0)$ 满足不等式

$$\left|\alpha - \frac{p}{q}\right| < q^{-2-\delta}, \tag{1}$$

那么就有无穷多个 $\frac{p'}{q} = \frac{ap}{q}$ $(q > 0)$ 满足不等式

$$\left|a\alpha - \frac{p'}{q}\right| = \left|a\alpha - \frac{ap}{q}\right| < aq^{-2-\delta} < q^{-2-\frac{\delta}{2}},$$

由于命题对代数整数是正确的, 所以上面不等式有无穷多个有理解是不可能的.

设 α 是代数整数,现用反证法. 假定有无穷多个 $\frac{p}{q}$ 满足 (1) 式, 不妨设 $(p,q) = 1$, 取 δ 充分小.

我们考虑 (x,y) 的线性型系：

$$L_1(x,y)=x-\alpha y,\quad L_2(x,y)=y. \tag{2}$$

取参数 $\delta,\varepsilon,\omega$ 及整数 m 如下：

$$\begin{gathered}0<\delta<\frac{1}{12},\ 0<\varepsilon<\frac{\delta}{20},\ m\geqslant 4\varepsilon^{-2}\log(4\deg\alpha),\\ \omega=24.2^{-m}\left(\frac{\varepsilon}{12}\right)^{2^{m-1}}.\end{gathered} \tag{3}$$

并用 D,E 表示 §5.5 定理 2 中的常数（它们只与 α 有关）.

由于(1)的解是无穷的，所以可以取它的解 $\frac{p_1}{q_1},\cdots,\frac{p_m}{q_m}$ 满足下列条件：

$$q_1\leqslant q_2\leqslant\cdots\leqslant q_m,\ (p_\mu,q_\mu)=1,\ \mu=1,\cdots,m,$$

$$q_\mu^\omega\geqslant 2^{3m},\ \mu=1,\cdots,m,$$

$$q_{\mu+1}^{\frac{\omega}{2}}>q_\mu,\ \mu=1,\cdots,m-1,$$

$$q_\mu^\varepsilon>64(D+1)\max(1,|\alpha|),\ \mu=1,\cdots,m,$$

$$q_1^\omega>D^m.$$

再取 $r_1,\cdots,r_m\in\mathbf{N}$ 使得

$$r_1\geqslant\frac{\log q_m}{\varepsilon\log q_1},$$

$$r_\mu=\left[\frac{r_1\log q_1}{\log q_\mu}\right]+1,\ \mu=2,\cdots,m.$$

容易直接验证 §5.5 推论 1 及 Roth 引理(§5.7 定理 1)的诸条件在此均已满足（这里 Roth 引理中，$C=1$）. 令 $P=(x,y_1,\cdots,y_m)$ 是由多项式定理(§5.5 定理 2)对于线性型系(2)及上述参数 $m,\ r_1,\cdots,r_m$ 所确定的多项式. 并记

$$\tilde{P}(x_1,\cdots,x_m)=P(x_1,1;\cdots;x_m,1),$$

根据 §5.5 推论 1 可知

$$R\text{-}\mathrm{Ind}\tilde{P}\left(\frac{p_1}{q_1},\cdots,\frac{p_m}{q_m};\ r_1,\cdots,r_m\right)\geqslant\frac{\delta m}{8}. \tag{4}$$

再根据 Roth 引理(应用于多项式 $\tilde{P}$)得到

$$R\text{-Ind}\tilde{P}\left(\frac{p_1}{q_1},\cdots,\frac{p_m}{q_m};\ r_1,\cdots,r_m\right)\leqslant \varepsilon. \tag{5}$$

由(4),(5)二式可知$\varepsilon > \dfrac{\delta m}{8}$. 但由(3)式可知 $\varepsilon < \dfrac{\delta}{20}$,故得矛盾. 于是 Roth 定理证完.

§5.16 Schmidt 定理的证明

现在来证 §5.1 定理 3A,即证明,对于实代数数 $\alpha_1,\cdots,\alpha_n$,若 $1,\alpha_1,\cdots,\alpha_n$ Q 线性无关,则对任何 $\varepsilon > 0$,不等式

$$\|q\alpha_1\|\cdots\|q\alpha_n\|q^{1+\varepsilon} < 1 \tag{1}$$

只有有限多个整解 $q > 0$.

对 n 用数学归纳法.

当 $n = 1$ 时,这就是 Roth 定理,故命题成立.

假定对于诸 α_i 的个数小于 n 的情形命题成立,现在证明诸 α_i 的个数等于 n 的情形命题也成立.

假如有无穷多个自然数 q 满足(1)式. 以下只考虑这种 q.我们令

$$l = n + 1,\ \eta = \frac{\varepsilon}{l}, \tag{2}$$

$$A_i = \|q\alpha_i\|q^{\eta},\ \ i = 1,\cdots,n,\ \ A_l = (A_1\cdots A_n)^{-1}. \tag{3}$$

若 $A_1,\cdots,A_n$ 中有一个大于或等于 1,例如可设 $A_1 \geqslant 1$,则

$$\|q\alpha_1\|q^{\eta} \geqslant 1.$$

由(1)式得

$$\|q\alpha_2\|\cdots\|q\alpha_n\|q^{1+\varepsilon-\eta} < 1.$$

根据归纳假设,这种 q 的个数是有限的,我们不考虑这种 q. 于是对充分大的 q,有

$$A_1 < 1,\cdots,\ A_n < 1.$$

而由(1),(3)二式得

$$\begin{aligned} A_l &= (A_1\cdots A_n)^{-1} = (\|q\alpha_1\|\cdots\|q\alpha_n\|)^{-1}q^{-n\eta} \\ &> q^{1+\varepsilon}q^{-n\eta} = q^{1+\eta}. \end{aligned} \tag{4}$$

于是得知,当 q 充分大时, $A_1,\cdots,A_n,A_l$ 满足下列各条件

$$A_i<1(1\leqslant i\leqslant n),A_l>1,\ A_1\cdots A_l=1. \tag{5}$$

我们还取 $\vec{x}=(x_1,\cdots,x_l)$ 的线性型系为

$$\begin{cases}L_i(\vec{x})=x_i-\alpha_i x_l, i=1,\cdots,n,\\ L_l(\vec{x})=x_l.\end{cases}$$

记平行体

$$\mathscr{K}_A=\{\vec{x}=(x_1,\cdots,x_l)\mid |L_i(\vec{x})|\leqslant A_i, i=1,\cdots,l\}$$

的相继极小为 $\lambda_1,\cdots,\lambda_l$. 由(4),(5)二式可知,§5.14 定理 1 的条件都满足,因此存在 $Q_1=Q(\varepsilon;\alpha_1,\cdots,\alpha_n)$,使

$$\lambda_1>Q^{-\frac{\eta}{2n}}, 当\ Q\geqslant\max(A_l,Q_1)\ 时 \tag{6}$$

注意,由 Roth 定理,当 q 充分大时

$$\|q\alpha_i\|q^{1+\varepsilon}>1,\ i=1,\cdots,n.$$

因此,$\|q\alpha_i\|^{-1}<q^{1+\varepsilon}$,不妨设 $\varepsilon<1$. 于是由(3)式

$$\begin{aligned}A_l&=(\|q\alpha_1\|\cdots\|q\alpha_n\|)^{-1}q^{-n\eta}\\ &<q^{n(1+\varepsilon)}q^{-n\eta}<q^{2n}\quad(当\ q\ 充分大).\end{aligned} \tag{7}$$

我们令 $Q=q^{2n}$. 由(7)式可知,当 q 充分大时,

$$\lambda_1>q^{-\eta}. \tag{8}$$

但另一方面,设 $p_1,\cdots,p_n\in\mathbb{Z}$ 满足

$$\|q\alpha_i\|=|q\alpha_i-p_i|, i=1,\cdots,n,$$

并令

$$\vec{x}_0=(p_1,\cdots,p_n,q)\in\mathbb{Z}^l,$$

则由(3),(4)二式得

$$|L_i(\vec{x}_0)|\leqslant A_i q^{-\eta}, i=1,\cdots,l.$$

这表明平行体 $\mathscr{K}_A$ 的第一个极小

$$\lambda_1\leqslant q^{-\eta}\quad(q\ 充分大). \tag{9}$$

因为(8),(9)两式矛盾，所以(1)的解的个数是有限的. 因此对于诸 α_i 的个数等于 n 的情形命题也成立. 故定理证完.

对于 §5.1 定理 3B,我们可以不必借助 §4.4 的转换定理,而仿照上述方法予以直接证明,但要应用 §5.14 定理 2. 我们把证明留给读者.

附录　本章各节关系图

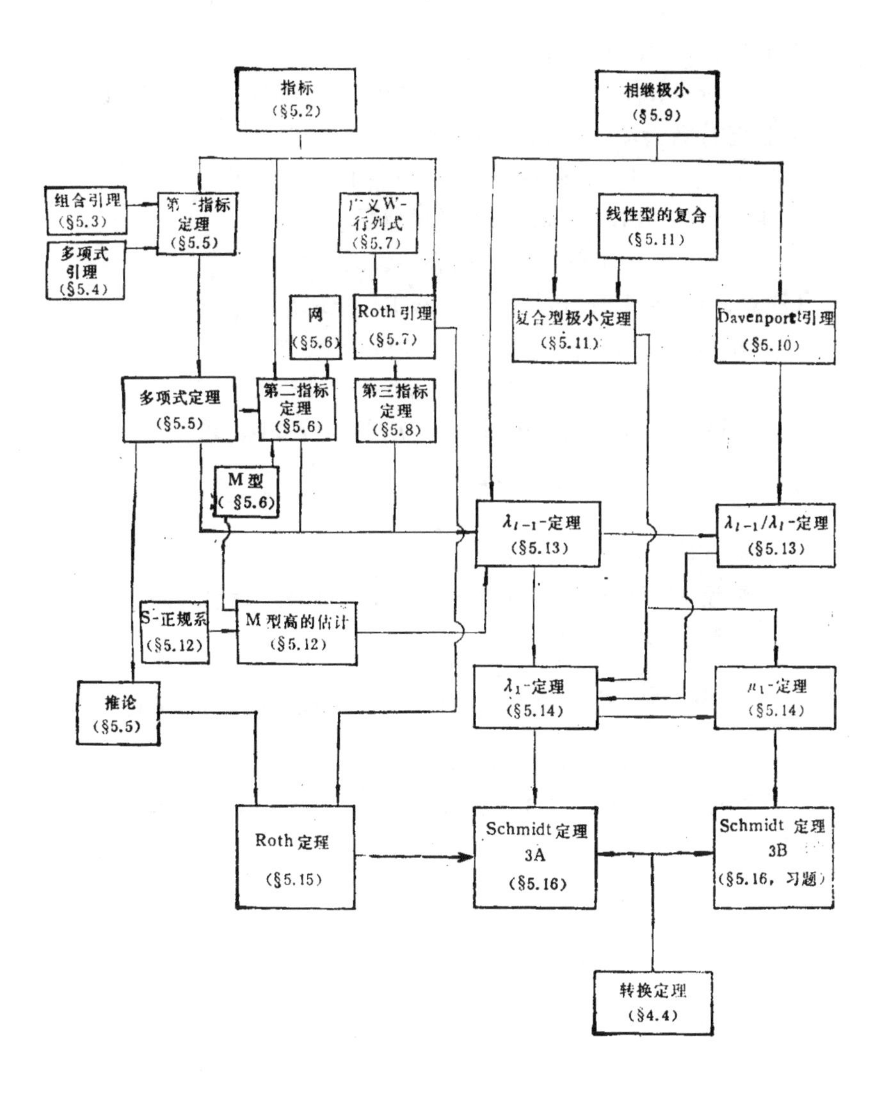

指标
(§5.2)
相继极小
(§5.9)
组合引理
(§5.3)
第一指标
定理
(§5.5)
多项式
引理
(§5.4)
广义W-
行列式
(§5.7)
线性型的复合
(§5.11)
网
(§5.6)
Roth 引理
(§5.7)
复合型极小定理
(§5.11)
Davenport引理
(§5.10)
多项式定理
(§5.5)
第二指标
定理
(§5.6)
第三指标
定理
(§5.8)
M型
(§5.6)
λ_{l-1}-定理
(§5.13)
λ_{l-1}/λ_l-定理
(§5.13)
S-正规系
(§5.12)
M型高的估计
(§5.12)
推论
(§5.5)
λ_1-定理
(§5.14)
μ_1-定理
(§5.14)
Roth 定理
(§5.15)
Schmidt 定理
3A
(§5.16)
Schmidt 定理
3B
(§5.16，习题)
转换定理
(§4.4)

习　　题

1. 应用 Liouville 定理证明

$$\zeta = \sum_{k=0}^{\infty} (-1) a^{-k!}$$

是超越数，其中 $a \in \mathbf{N}, a \geqslant 2$.

2. 设 $1, \alpha_1, \cdots, \alpha_v$ 可以扩充成 n 次代数数域的一组基，证明，对任意整数 $q_1, \cdots, q_v, p$ 有不等式

$$|q_1\alpha_1 + \cdots + q_v\alpha_v - p| > cq^{-n+1},$$

式中 c 为与 $\alpha_1, \cdots, \alpha_v, n$ 有关的常数，且

$$q = \max(|q_1|, \cdots, |q_v|) > 0.$$

(注意，当 $v = 1$ 时，这就是 Liouville 定理)

3. (i) 设 $P(x_1, \cdots, x_m) = x_1^{r_1} \cdots x_m^{r_m}$，求

$$R\text{-Ind}(0, \cdots, 0; r_1, \cdots, r_m).$$

(ii) 设 $P(x_1, x_2) = (x_1 - x_2)^r$，其中 $r \in \mathbf{N}$，求

$$R\text{-Ind}P\left(\frac{1}{q}, \frac{1}{q}; r, r\right).$$

4. 证明 §5.9 中性质 3.

5. 设 $\mathscr{R}$ 是 $\mathbf{R}^n$ 中对称有界闭凸集，其距离函数为 $F(\vec{x})$，则存在 n 个整点 $\vec{y}^{(r)} = (y_{r1}, \cdots, y_{rn}), r = 1, \cdots, n$，使

$$V(\mathscr{R}) \prod_{r=1}^{n} F(\vec{y}^{(r)}) \leqslant 2 \cdot n!,\text{且 } \det(y_{rj})_{1 \leqslant r,j \leqslant n} = \pm 1.$$

6. 完成 §5.14 引理 1 的证明.

7. 应用 §5.14 定理 2 给出 Schmidt 定理 3B (§5.1) 的直接证明.

第六章　用代数数逼近实数

在第一章里我们研究了用有理数逼近实数的问题，第五章里讨论了用有理数逼近代数数的问题．现在我们来考虑用代数数逼近实数的问题．首先，我们可以假定实代数数域K是已知的，研究用域K中的元素来逼近一个实数 α．第二，我们假定给定自然数 k，考虑用次数不超过 k 的代数数来逼近实数 α．这里我们不考虑复数情形．不管哪种问题，都可分为两种类型：Dirichlet 型结果和 Roth 型结果．前者是指每个实数α都可被逼近到某种程度，这将在 §6.1—§6.4 中考虑；后者是指任意给定的代数数ξ不可能被逼近得太好，它将在 §6.5 中介绍．

§6.1　用已知数域的元素逼近实数

定理 1　设K为实代数数域，则存在一个只与数域K 有关的常数 C，使得对每个不属于K的实数 α，存在无穷多个 $\beta \in K$ 满足不等式

$$|\alpha-\beta|<C\max(1,|\alpha|^2)H_K(\beta)^{-2},$$

式中 $H_K(\beta)$ 表示代数数β 相对于域 K 的域高（定义见本章附录）．

证明　不失一般性，我们可以假定 $|\alpha|<1$．事实上，假定对于 $|\alpha|<1$ 上述定理正确，也就是说，存在无穷多个$\beta \in K$满足不等式

$$|\alpha-\beta|<C'H_K(\beta)^{-2}.$$

现在若$|\alpha|>1$，则存在无穷多个$\gamma \in K$适合

$$\left|\frac{1}{\alpha}-\gamma\right|<C'H_K(\gamma)^{-2}.$$

显然,对任意 $\varepsilon>0$, 有

$$|\gamma|>\frac{1}{|\alpha|(1+\varepsilon)},$$

只要 $H_K(\gamma)$ 充分大,令

$$\beta=\frac{1}{\gamma},$$

则 $H_K(\gamma)=H_K(\beta)$, 且

$$|\alpha-\beta|=|\alpha\beta|\left|\frac{1}{\alpha}-\gamma\right|<C'|\alpha|^2(1+\varepsilon)H_K(\beta)^{-2},$$

取 $C=C'(1+\varepsilon)$, 则定理 1 正确.现在假定 $\vartheta_1, \cdots, \vartheta_n$ 是K的一组整底, Q是一个充分大的实数. 根据 Minkowski 线性型定理(§2.2 定理 2)可知, 存在不全为零的整数 $q_1, \cdots, q_n, q_1, \cdots, p_n$ 满足

$$|\alpha\vartheta_1q_1+\cdots+\alpha\vartheta_nq_n-\vartheta_1p_1-\cdots-\vartheta_np_n||\vartheta_n|^{-1}<Q^{-2n+1}, \tag{1}$$

$$|q_i|\leqslant Q\ (i=1,\cdots,n),\ |p_j|\leqslant Q\ (j=1,\cdots,n-1). \tag{2}$$

显然有 $|p_n|\ll Q$, 这里和下面"$\ll$"中的常数只与 $\vartheta_1,\cdots,\vartheta_n$ 有关,即只与数域K有关. 不难看出, $q_1,\cdots, q_n$ 不全为零. 如果不然, $q_1=\cdots=q_n=0$, 则由(1), (2)两式可知, 代数整数 $\vartheta_1p_1+\cdots+\vartheta_np_n$ 的相对于域K的范数

$$\begin{aligned}&N_{K/\mathbb{Q}}(\vartheta_1p_1+\cdots+\vartheta_np_n)\\&=|\vartheta_1p_1+\cdots+\vartheta_np_n|\prod_{i=2}^{n}|\vartheta_1^{(i)}p_1+\cdots+\vartheta_n^{(i)}p_n|\\&\ll Q^{-2n+1}Q^{n-1}=Q^{-n},\end{aligned}$$

式中 $\vartheta^{(i)}\ (i=1,\cdots,n)$ 是 ϑ 的相对于数域K的域共轭(定义见本章附录). 由于Q充分大,所以 $N_{K/\mathbb{Q}}(\vartheta_1p_1+\cdots+\vartheta_np_n)=0$, 从而 $\vartheta_1p_1+\cdots+\vartheta_np_n=0$. 因为 $\vartheta_1,\cdots,\vartheta_n$ 是K的一组整底, 必 Q 线性无关,所以推出 $p_1=\cdots=p_n=0$. 故得矛盾. 所以 $\vartheta_1q_1+\cdots+\vartheta_nq_n\neq0$. 现在根据 Liouville 定理的推广(第五

章习题 2)可知，$|\vartheta_1 q_1+\cdots+\vartheta_n q_n|\gg Q^{-n+1}$，$|\vartheta_1 p_1+\cdots+\vartheta_n p_n|\gg Q^{-n+1}$，于是由(1)式可得(当$Q$充分大时，注意 $|\alpha|<1$)

$$|\vartheta_1 p_1+\cdots+\vartheta_n p_n|\ll|\vartheta_1 q_1+\cdots+\vartheta_n q_n|.$$

现在可设

$$\beta=\frac{\vartheta_1 p_1+\cdots+\vartheta_n p_n}{\vartheta_1 q_1+\cdots+\vartheta_n q_n},$$

则由(1)式得

$$|\alpha-\beta|\ll Q^{-2n+1}|\vartheta_1 q_1+\cdots+\vartheta_n q_n|^{-1}. \tag{3}$$

显然，β 的域多项式与多项式

$$P(x)=\prod_{i=1}^{n}((\vartheta_1^{(i)}q_1+\cdots+\vartheta_n^{(i)}q_n)x-(\vartheta_1^{(i)}p_1+\cdots+\vartheta_n^{(i)}p_n))$$

只相差一个倍数. 所以

$$H_K(\beta)\leqslant\overline{|P|}.$$

现在来估计$\overline{|P|}$. 我们注意

$$|\vartheta_1^{(i)}p_1+\cdots\vartheta_n^{(i)}p_n|\ll Q,\ |\vartheta_1^{(i)}q_1+\cdots+\vartheta_n^{(i)}q_n|\ll Q,\quad i=2,\cdots,n.$$

因此由(2)式可知

$$H_K(\beta)\leqslant\overline{|P|}\ll|\vartheta_1 q_1+\cdots+\vartheta_n q_n|Q^{n-1}\ll QQ^{n-1}=Q^n. \tag{4}$$

由(3),(4)二式得到

$$|\alpha-\beta|\ll Q^{-n}(Q^{-n+1}|\vartheta_1 q_1+\cdots+\vartheta_n q_n|^{-1})\ll Q^{-n}H_K(\beta)^{-1}\ll H_K(\beta)^{-2}.$$

因为 $\alpha\notin K$，所以上式左边不为零. 因此当$Q\to\infty$时，我们就得到无穷多个不同的 β 满足不等式

$$|\alpha-\beta|\ll H_K(\beta)^{-2}.$$

由于 $|\alpha|<1$，使得定理成立.

注 1 当 $K=\mathbb{Q}$ 时，

$$H_Q\left(\frac{p}{q}\right)=\max(|p|,|q|).$$

如果 $\alpha\notin Q$, $|\alpha|<1$, 那么根据 Dirichlet 定理，存在无穷多个 $\frac{p}{q}$,适合

$$\left|\alpha-\frac{p}{q}\right|<\frac{1}{q^2}.$$

由于对充分大的 q, 有

$$|p|<|\alpha q|+\frac{1}{q^2}<q,$$

所以我们有

$$H_Q\left(\frac{p}{q}\right)=q.$$

于是

$$\left|\alpha-\frac{p}{q}\right|<H_Q\left(\frac{p}{q}\right)^{-2}.$$

这时我们可取 $C'=1$, C 可取为大于 1 的任意常数，如果我们用 Hurwitz 定理代替 Dirichlet 定理，则可取 C 为任意大于$\frac{1}{\sqrt{5}}$的常数。

§6.2 用有界次数的代数数逼近实数

用有界次数的代数数逼近实数有如下猜想：假设 α 是实数但不是次数不超过 n 的代数数. 设 $\varepsilon>0$, 那么存在无穷多个次数不超过 n 的实代数数 β 满足不等式

$$|\alpha-\beta|<C_1H(\beta)^{-n-1+\varepsilon}, \tag{1}$$

式中 $C_1=C_1(n,\alpha,\varepsilon)$ 是与 n, α, ε 有关的常数, $H(\beta)$ 是代数数 β 的普通高(定义见本章附录).

更强的猜想，即用不等式

$$|\alpha-\beta|<C_2H(\beta)^{-n-1} \tag{2}$$

代替不等式(1)，式中 $C_2=C_2(n,\alpha)$，也许是正确的。

根据 Dirichlet 定理，对于 $n=1$，猜想(2)成立。对于 $n=2$，猜想(2)也成立，这就是

定理 1 (Davenport and Schmidt, 1967)[30] 对于任意实数 α，如果 α 不是有理数，也不是二次无理数，那么存在无穷多个有理数或实的二次无理数 β 适合

$$|\alpha-\beta|<C_3H(\beta)^{-3},$$

式中 $C_3=C_3(\alpha)=C_4\max(1,|\alpha|^2)$，这里 C_4 是大于 $\frac{160}{9}$ 的任意固定的常数。

对于 $n>2$，猜想(2)和(3)都还没有被证明，但是我们有较弱的结果：

定理 2 (Wirsing, 1961)[110] 对于任意实数 α，如果 α 不是次数不超过 n 的代数数，那么存在无穷多个次数不超过 n 的实代数数 β 满足不等式

$$|\alpha-\beta|<C_5H(\beta)^{-\frac{n+3}{2}},$$

式中 $C_5=C_5(n,\alpha)$。

注 1 事实上，Wirsing 得到了稍好的指数

$$\frac{n+6+\sqrt{n^2+4n-4}}{4}.$$

如果用有界次数的代数整数去逼近实数，我们也有类似的猜想：如果 α 不是次数不超过 n 的代数数，则存在无穷多个次数不超过 n 的实代数整数 β 适合不等式

$$|\alpha-\beta|<C_6H(\beta)^{-n-\varepsilon},$$

式中 $C_6=C_6(n,\alpha,\varepsilon)$。

关于这个猜想，我们有定理 3 (证明略)。

定理 3 (Davenport and Schmidt, 1969)[31] 设 $n\geqslant 3$，α

是实数，但不是次数不超过 $\frac{n-1}{2}$ 的代数数，那么存在无穷多个次数不超过 n 的代数整数 β 满足

$$|\alpha-\beta|< C_7 H(\beta)^{-\frac{n+1}{2}},$$

式中 $C_7=C_7(n,\alpha)$.

注 2 如果猜想(2)是正确的话，这个结果是最好的. 这是因为，如果 α 是 $n+1$ 次代数数，它的极小多项式为

$$a_0(x-\alpha^{(1)})\cdots(x-\alpha^{(n+1)}),$$

又设 β 的极小多项式为

$$b_0(x-\beta^{(1)})\cdots(x-\beta^{(m)}),$$

它们的结式 $R(\alpha,\beta)$ 为非零整数，所以有

$$\begin{aligned}1\leqslant|R(\alpha,\beta)|&=a_0^m b_0^{n+1}\prod_{i=1}^{n+1}\prod_{j=1}^{m}|\alpha^{(i)}-\beta^{(j)})|\\&=|\alpha-\beta|\,|b_0^{n+1}Q(\beta^{(1)},\cdots,\beta^{(m)})|,\end{aligned}$$

式中 $Q(x_1,\cdots,x_m)$ 是系数依赖于 $\alpha^{(1)},\cdots,\alpha^{(n+1)}$ 的多项式，对于每个 x_i 的次数不超过 $n+1$ (参见 B.L. 范德瓦尔登，代数学(I)，科学出版社，北京，1963，1965，§30). 于是我们有

$$1\ll|\alpha-\beta|M(\beta)^{n+1}\ll|\alpha-\beta|H(\beta)^{n+1}$$

或

$$|\alpha-\beta|>C_8H(\beta)^{-n-1}.$$

上式中的 $M(\beta)$ 表示代数数 β 的 Mahler 度量(定义见本章附录，它与 β 的普通高 $H(\beta)$ 的关系见该附录引理 1).

§6.3 Davenport-Schmidt 定理的证明

记 $\vec{X}=(X_1,X_2,X_3)$, $\vec{x}=(x_1,x_2,x_3)$,

$$|\vec{x}|=\max(|x_1|,|x_2|,|x_3|).$$

令 α, β, γ 为实数,在 Q 上线性无关. 令 $L(\vec{X}) = \alpha X_1 + \beta X_2 + \gamma X_3$ 是线性型. 根据 Minkowski 线性型定理(§2.2 定理 2)可知,存在无穷多个非零整点 $\vec{x}$ 适合

$$|L(\vec{x})| \ll \overline{|\vec{x}|}^{-2},$$

这里"≪"中的常数与线性型 L 有关.

我们还将证明更强的结果:

定理 1 假定 $L(\vec{x})$, $P(\vec{x})$ 是独立的线性型, 那么存在无穷多个非零整点 $\vec{x}$ 适合

$$|L(\vec{x})| \ll \overline{|\vec{x}|}^{-4} |P(\vec{x})|^2, \tag{1}$$

这里"≪"中常数与 $L(\vec{x})$ 和 $P(\vec{x})$ 有关.

在证明这个定理之前, 我们先作如下准备. 假定对于非零整点 $\vec{x}$ 有 $L(\vec{x}) \neq 0$. 选取另一线性型 $F(\vec{x})$, 使 $F(\vec{x})$, $P(\vec{x})$, $L(\vec{x})$ 是无关的. 令

$$\langle\vec{x}\rangle = \max(|F(\vec{x})|, |L(\vec{x})|, |P(\vec{x})|),$$

则我们有

$$\overline{|\vec{x}|} \ll \langle\vec{x}\rangle \ll \overline{|\vec{x}|}. \tag{2}$$

对于每个实数 $X > 0$, 我们考虑有限集合

$$\mathscr{X} = \{\vec{x} \mid \langle\vec{x}\rangle \leqslant X,\ \vec{x} \in \mathbf{Z}^3,\ \vec{x} \neq \vec{0}\}.$$

显然对于每个充分大的 X, $\mathscr{X}$ 是非空集. 并且由 $L(\vec{x})$ 的定义可知, $L(\vec{x})$ 在$\mathscr{X}$上的点上的值都不相同. 我们可以选出唯一的整点 $\vec{x}$ 使 $|L(\vec{x})|$ 最小,并使数组 $(F(\vec{x}), L(\vec{x}), P(\vec{x}))$ 中第一个非零元素是正的. 我们称这个点 $\vec{x}$ 为对应于X的极小点.显然, 如果 $\vec{x}$ 是对应于 X^* 的极小点, 则它也是对应于某个区间 $X^* \leqslant X < X^{**}$ 中的任意X的极小点. 于是存在一个无穷数列

$$X_1 < X_2 < \cdots < X_i < \cdots \tag{3}$$

满足 $\lim\limits_{i \to \infty} X_i = \infty$, 并且存在一个无穷点列

$$\vec{x}^{(1)}, \vec{x}^{(2)}, \cdots, \vec{x}^{(i)}, \cdots, \tag{4}$$

使得 $\vec{x}^{(i)}$ 是对应于区间 $X_i \leqslant X < X_{i+1}$ 中所有$\boldsymbol{X}$ 的极小点, 但

对于其他的值 X，$\vec{x}^{(i)}$ 不是极小点．显然

$$\langle \vec{X}^{(i)} \rangle = X_i. \tag{5}$$

我们引进记号

$$F_i = F(\vec{x}^{(i)}),\ L_i = L(\vec{x}^{(i)}),\ P_i = P(\vec{x}^{(i)}), \tag{6}$$

则有

$$|L_1| > |L_2| > \cdots > |L_i| > \cdots. \tag{7}$$

根据我们上述数列(3)和点列(4)的构造，不存在非零整点 $\vec{x}$ 适合

$$\langle \vec{x} \rangle < X_{i+1},\ |L(\vec{x})| < |L_i|. \tag{8}$$

不等式(8)定义了一个对称凸集，其体积 $\gg X_{i+1}^2 |L_i|$．所以根据 Minkowski 第一凸体定理(§ 2.2 定理1)可知，

$$X_{i+1}^2 |L_i| \ll 1 \text{ 或 } |L_i| \ll X_{i+1}^{-2}. \tag{9}$$

如果我们能够证明，对无穷多个 i 有

$$|L_i| \ll X_i^{-4} P_i^2,$$

那么(1)式成立，便证明了 Davenport-Schmidt 定理．用反证法，我们假定对充分大的 i 有

$$P_i^2 = o(|L_i| X_i^4). \tag{10}$$

由(9)，(10)二式可得

$$|P_i| = o(X_i^2 X_{i+1}^{-1}) = o(X_i). \tag{11}$$

因为 $L_i \to 0$ 和 $\langle \vec{x}^{(i)} \rangle = \max(|F_i|, |L_i|, |P_i|)$，所以由(5)式可知

$$F_i = X_i. \tag{12}$$

我们再来证明两个引理．

引理 1 在(10)式假定下，对于充分大的 i，$L_i L_{i+1}$ 的符号为负．

证明 由(10)式可知(12)式成立，再由(3)式看出，点

$$\vec{y} = \vec{x}^{(i+1)} - \vec{x}^{(i)}$$

满足 $0 < F(\vec{y}) < X_{i+1}$．由(11)式可知

$$|P(\vec{y})| \leqslant |P_{i+1}| + |P_i| = o(X_{i+1}).$$

又因为 $|L(\vec{y})| \ll 1$，所以对充分大的 i，有

$$\langle\vec{y}\rangle < X_{i+1}.$$

由于不等式(8)没有非零整解,所以我们必有

$$|L_{i+1} - L_i| = |L(\vec{y})| \geqslant |L_i|.$$

由此式和(7)式推出 $L_iL_{i+1} < 0$，故得引理。

引理 2 在(10)式假定下,若对于充分大的 i，有

$$|P_{i+1}| \leqslant \frac{1}{2} X_i, \tag{13}$$

则有

$$\vec{x}^{(i+1)} = t\vec{x}^{(i)} + \vec{x}^{(i-1)},$$

式中 t 是某正整数。

证明 令

$$t = \left[\frac{X_{i+1}}{X_i}\right], \quad u = \left[\frac{|L_{i-1}|}{|L_i|}\right],$$

$$\vec{y} = \vec{x}^{(i+1)} - t\vec{x}^{(i)}, \quad \vec{z} = \vec{x}^{(i-1)} + u\vec{x}^{(i)}.$$

显然 $\vec{x}^{(i)}$ 和 $\vec{x}^{(i+1)}$ 是 Q 线性无关的,因此 $\vec{y} \neq \vec{0}$，$\vec{z} \neq \vec{0}$。

由(7)和(12)式看出，

$$0 \leqslant F(\vec{y}) < X_i,$$

由(9)式可知,对于充分大的 i，有

$$L(\vec{y}) < \frac{3}{4} X_i. \tag{14}$$

最后,由(11)和(13)式推出,对充分大的 i，

$$\begin{aligned} |P(\vec{y})| &\leqslant |P_{i+1}| + X_{i+1}X_i^{-1}|P_i| \\ &\leqslant \frac{1}{2} X_i + o(X_{i+1}X_i^{-1}X_i^2X_{i+1}^{-1}) < \frac{3}{4} X_i. \end{aligned} \tag{15}$$

于是有

$$\langle\vec{y}\rangle < X_i.$$

但因不等式(8)没有非零整解,所以我们必有

$$|L(\vec{y})| \geqslant |L_{i-1}|.$$

于是 $|L_{i-1}| \leqslant |L_{i+1}| + t|L_i|$,因此

$$u \leqslant t + \left|\frac{L_{i+1}}{L_i}\right| < t + 1.$$

所以 $u \leqslant t$.

对于 $\vec{z}$, 由于 L_{i-1}, L_i 的符号相反(引理1),所以

$$|L(\vec{z})| = |L_{i-1}| - u|L_i| < |L_i|. \tag{16}$$

因为不等式(8)没有非零整解,所以

$$\langle \vec{z} \rangle \geqslant X_{i+1}.$$

由(11)式可知

$$|P(\vec{z})| \leqslant |P_{i-1}| + u|P_i| \leqslant |P_{i-1}| + t|P_i| = o(X_{i+1}).$$

又因 $L(\vec{z}) = o(X_{i+1})$, 所以必有 $|F(\vec{z})| \geqslant X_{i+1}$. 因此

$$X_{i-1} + uX_i \geqslant X_{i+1}.$$

于是 $t < u + 1$, 所以 $t \leqslant u$. 从而得到 $t = u$.

最后我们考虑点

$$\vec{w} = \vec{x}^{(i+1)} - t\vec{x}^{(i)} - \vec{x}^{(i-1)} = \vec{y} - \vec{x}^{(i-1)}$$
$$= \vec{x}^{(i+1)} - \vec{z}.$$

由(11),(14),(15)式可知,对充分大的 i, 有

$$L(\vec{w}) = L(\vec{y} - \vec{x}^{(i-1)}) < X_i,$$
$$P(\vec{w}) = P(\vec{y} - \vec{x}^{(i-1)}) < X_i.$$

由 $0 \leqslant F(\vec{y}) < X_i$ 得到

$$F(\vec{w}) < X_i.$$

所以

$$\langle \vec{w} \rangle < X_i < X_{i+1}.$$

再有, 注意 $L(\vec{z})$ 的符号与 L_{i-1} 相同. 所以由引理1可知, $L(\vec{z})$ 与 L_{i+1} 的符号相同. 因此得到

$$|L(\vec{w})| = |L(\vec{x}^{(i+1)} - \vec{z})| = |L_{i+1} - L(\vec{z})|$$
$$\leqslant \max(|L_{i+1}|, |L(\vec{z})|) < |L_i|.$$

这表明 $\vec{w}$ 满足(8)式. 所以 $\vec{w} = \vec{0}$, 也就是说

$$\vec{x}^{(i+1)} = t\vec{x}^{(i)} + \vec{x}^{(i-1)}.$$

故引理得证 .

定理1的证明　在(10)式的假定下,设对某个充分大的i,(13)式成立. 那么根据(12)式和引理2可得

$$L_{i+1}=tL_i+L_{i-1},$$

$$P_{i+1}=tP_i+P_{i-1},$$

$$F_{i+1}=tF_i+F_{i-1}\text{ 即 }X_{i+1}=tX_i+X_{i-1},$$

所以我们有

$$\frac{L_{i+1}-L_{i-1}}{L_i}=\frac{X_{i+1}-X_{i-1}}{X_i}$$

和

$$\frac{L_{i+1}-L_{i-1}}{L_i}=\frac{P_{i+1}-P_{i-1}}{P_i}.$$

因此有

$$|X_iL_{i+1}-X_{i+1}L_i|=|X_{i-1}L_i-X_iL_{i-1}|$$

和

$$|P_iL_{i+1}-P_{i+1}L_i|=|P_{i-1}L_i-P_iL_{i-1}|.$$

现在假定对于适合$h<i<k$的每个i,(13)式都成立,那么有

$$|X_hL_{h+1}-X_{h+1}L_h|=|X_{k-1}L_k-X_kL_{k-1}| \tag{17}$$

和

$$|P_hL_{h+1}-P_{h+1}L_h|=|P_{k-1}L_k-P_kL_{k-1}|,$$

由后一个等式推出

$$|P_{h+1}L_h|\leqslant|P_hL_{h+1}|+|P_{k-1}L_k|+|P_kL_{k-1}|. \tag{18}$$

当$k=h+1$时,(17),(18)二式仍然成立.

(17)式的左边是$|L(X_h\bar{x}^{(h+1)}-X_{h+1}\bar{x}^{(h)})|$,它不为零. 但是由(9)式可知,(17)式的右边趋于零(当$k\to\infty$). 因此不能对所有充分大的i,(13)式都成立,从而有无穷多个i,使(13)式不成立.

假定对于适合$h<i<k$的每个i,(13)式成立;但对于$i=h$或$i=k$,(13)式不成立,那么

$$|P_{h+1}|>\frac{1}{2}X_h.$$

根据(10),(11),(18)式我们得到

$$\frac{1}{2}X_h|L_h| \leqslant |P_hL_{h+1}| + |P_{k-1}L_k| + |P_kL_{k-1}|$$

$$= o(X_h|L_{h+1}| + |L_{k-1}|^{\frac{1}{2}}X_{k-1}^2|L_k| + |L_k|^{\frac{1}{2}}X_k^2|L_{k-1}|).$$

因为 $|L_{h+1}| < |L_h|$ 和 $|L_k| < |L_{k-1}|$，所以由上式推出

$$X_h|L_h| = o(X_k^2|L_k|^{\frac{1}{2}}|L_{k-1}|).$$

再由 $|L_{k-1}| \leqslant |L_h|$ 和(9)式可得

$$X_h|L_h|^{\frac{1}{2}} = o(X_k^2|L_k|^{\frac{1}{2}}|L_{k-1}|^{\frac{1}{2}}) = o(X_k|L_k|^{\frac{1}{2}}).$$

因此,当 h 充分大(因而 k 也充分大)时,有

$$X_k|L_k|^{\frac{1}{2}} > 2X_h|L_h|^{\frac{1}{2}}.$$

从而产生了一个使 $X_j|L_j|^{\frac{1}{2}}$ 递增趋于无穷的无穷子列. 但是由(9)式看到

$$X_j|L_j|^{\frac{1}{2}} \ll 1.$$

于是得到矛盾,因此(10)式的假定不成立。故定理得证。

Davenport-Schmidt 定理(§ 6.2 定理 1)的证明

令

$$L(\vec{x}) = \alpha^2x_1 + \alpha x_2 + x_3,\quad P(\vec{x}) = 2\alpha x_1 + x_2,$$

式中 $\vec{x}$ 满足(1)式. 令多项式

$$B(Z) = x_1Z^2 + x_2Z + x_3,$$

则 $B'(Z) = 2x_1Z + x_2$，$B''(Z) = 2x_1$. 根据定理 1 可知，它具有性质

$$B(\alpha) \ll \lceil\vec{x}\rceil^{-4}|P(\vec{x})|^2 \ll \lceil\vec{x}\rceil^{-3}|P(\vec{x})| \ll \lceil\vec{x}\rceil^{-3}|B'(\alpha)|. \tag{19}$$

同理可得

$$B'(\alpha) \ll \lceil\vec{x}\rceil^{-3}|B''(\alpha)|. \tag{20}$$

如果 $\deg B(Z) = 1$，那么 $B(Z)$ 具有有理根 β 满足

$$0 = B(\beta) = B(\alpha) + (\beta - \alpha)B'(\alpha).$$

因此

$$|\alpha - \beta| = \left|\frac{B(\alpha)}{B'(\alpha)}\right| \ll \lceil\vec{x}\rceil^{-3} \ll \lceil B\rceil^{-3} \ll H(\beta)^{-3}.$$

如果 $\deg B(Z)=2$，那么 $B(Z)$ 的根 β 满足

$$0=B(\beta)=B(\alpha)+(\beta-\alpha)B'(\alpha)$$
$$+\frac{1}{2}(\beta-\alpha)^2B''(\alpha).$$

把上式看成 $\beta-\alpha$ 的二次方程．由(19)式容易验证这个方程的根都是实根．并且可以估计其中一实根，由(20)式可得

$$|\beta-\alpha|=\left|\frac{-B'(\alpha)+\sqrt{B'(\alpha)^2-2B(\alpha)B''(\alpha)}}{B''(\alpha)}\right|$$
$$\ll\left|\frac{B'(\alpha)}{B''(\alpha)}\right|\ll\overline{|\bar{x}|}^{-3}\ll\overline{|B|}^{-3}\ll H(\beta)^{-3}.$$

故定理证完．

§6.4 Wirsing 定理的证明

设 α 是一个固定的实数，但不是次数不超过 n 的代数数．本节约定，“$\ll$”中的常数只与 n 和 α 有关．

已知多项式

$$P(x)=b_0(x-\beta_1)\cdots(x-\beta_d),$$

其中 $b_0>0$，$d\leqslant n$．令

$$p_i=|\alpha-\beta_i|,\ i=1,\cdots,d,$$
$$M_\alpha(P)=b_0\prod_{i=1}^{d}\max(1,p_i),$$
$$P_\alpha(x)=P(x+\alpha)=b_0(x+\alpha-\beta_1)\cdots(x+\alpha-\beta_d).$$

则我们有

$$\overline{|P|}\ll\overline{|P_\alpha|}\ll M_\alpha(P)=M(P_\alpha)\ll\overline{|P_\alpha|}\ll\overline{|P|},\qquad(1)$$

式中 $M(P_\alpha)$ 是多项式 $P_\alpha(x)$ 的 Mahler 度量．根据本章附录引理 1 容易推出(1)式．因为

$$M_\alpha(P)\prod_{i=1}^{d}\min(1,p_i)=b_0\prod_{i=1}^{d}p_i=|P(\alpha)|,$$

所以

$$\overline{|P|}\prod_{i=1}^{d}\min(1,p_i)\ll|P(\alpha)|\ll\overline{|P|}\prod_{i=1}^{d}\min(1,p_i).\qquad(2)$$

引理 1 设

$$P(x)=b_0(x-\beta_1)\cdots(x-\beta_d),$$
$$Q(x)=c_0(x-\gamma_1)\cdots(x-\gamma_e)$$

是互素整系数多项式，其次数分别为 d 和 e，且满足 $1\leqslant d,e\leqslant n$。令

$$p_1=|\alpha-\beta_i|\ (i=1,\cdots,d),\ q_j=|\alpha-\gamma_j|,$$
$$(j=1,\cdots,e).$$

假定

$$p_1\leqslant\cdots\leqslant p_d\quad 且\quad q_1\leqslant\cdots\leqslant q_e,$$

又假定

$$p_1\leqslant q_1<1,\qquad(3)$$

那么下列关系式中必有一个成立：

(i) $p_1\ll|P(\alpha)|\overline{|P|}^{-1}$，且 β_1 是实的。

(ii) $q_1\ll|Q(\alpha)|\overline{|Q|}^{-1}$，且 γ_1 是实的。

(iii) $1\ll Q(\alpha)^2\overline{|P|}^{n}\overline{|Q|}^{n-2}$.

(iv) $p_1^2\ll|P(\alpha)|Q(\alpha)^2\overline{|P|}^{n-1}\overline{|Q|}^{n-2}$，且 β_1 是实的。

(v) $p_1^2\ll P(\alpha)^2|Q(\alpha)|\overline{|P|}^{n-2}\overline{|Q|}^{n-1}$，且 β_1 是实的。

证明 如果 $d=1$，或 $d>1$ 且 $p_2\geqslant1$，那么由(2)式可知(i) 成立。当 $d>1$ 时，因为由(3)式可知 $p_1<1$，所以 $p_1<p_2$。因此 β_1 是实的。类似地，如果 $e=1$，或 $e>1$ 且 $q_2\geqslant1$，则 (ii) 成立。于是我们可以假定

$$2\leqslant d,\ e\leqslant n,\ p_2<1,\ q_2<1.\qquad(4)$$

若 $R(P,Q)$ 是多项式 P 和 Q 的结式，则

$$1\leqslant|R(P,Q)|=b_0^e c_0^d\prod_{i=1}^{d}\prod_{j=1}^{e}|\beta_i-\gamma_j|$$

$$\ll b_0^n c_0^n \prod_{i=1}^{d} \prod_{j=1}^{e} \max(p_i, q_j) = AB, \tag{5}$$

式中

$$A = \prod_{\substack{i=1 \\ p_i<1}}^{d} \prod_{\substack{j=1 \\ q_j<1}}^{e} \max(p_i, q_j),$$

$$\begin{aligned} B &\leqslant b_0^n c_0^n \prod_{i=1}^{d} \prod_{j=1}^{e} \max(1, p_i) \max(1, q_j) \\ &\leqslant M_a(P)^n M_a(Q)^n \ll \overline{|P|}^n \, \overline{|Q|}^n \end{aligned} \tag{6}$$

(应用(1)式).

如果 $p_2 \leqslant q_1$，则有 $p_1 \leqslant p_2 \leqslant q_1 < 1$. 并且根据(2)式得知

$$A \ll \prod_{\substack{j=1 \\ q_j<1}}^{e} q_j^2 \ll Q(\alpha)^2 \overline{|Q|}^{-2}.$$

于是由(5),(6)二式可推出 (iii) 成立.

如果 $q_1 < p_2$，则可分下面两种情形讨论:

$$p_1 \leqslant q_1 < p_2 \leqslant q_2 \quad 和 \quad p_1 \leqslant q_1 \leqslant q_2 < p_2.$$

在第一种情形下,我们有

$$A \ll \Big(\prod_{\substack{i=2 \\ p_i<1}}^{d} p_i \Big) q_1 \Big(\prod_{\substack{j=2 \\ q_j<1}}^{e} q_j \Big)^2.$$

用 $p_1 q_1$ 去乘(5)式两边. 再由(2)和(6)式可得

$$\begin{aligned} p_1^2 \leqslant p_1 q_1 &\ll \Big(\prod_{\substack{i=1 \\ p_i<1}}^{d} p_i \Big) \Big(\prod_{\substack{j=1 \\ q_j<1}}^{e} q_j \Big)^2 \overline{|P|}^n \, \overline{|Q|}^n \\ &= \Big(\prod_{i=1}^{d} \min(1, p_i) \overline{|P|} \Big) \Big(\prod_{j=1}^{e} \min(1, q_j) \overline{|Q|} \Big)^2 \\ &\quad \times \overline{|P|}^{n-1} \, \overline{|Q|}^{n-2} \ll |P(\alpha)| Q(\alpha)^2 \overline{|P|}^{n-1} \, \overline{|Q|}^{n-2}. \end{aligned}$$

因此,(iv) 成立. 因为 $p_1 < p_2$，所以 β_1 是实的. 对于第二种情形,我们用 p_1^2 去乘(5)式两边便可证明 (v) 成立. 故引理得证.

Wirsing 定理(§ 6.2 定理 2) 的证明 由 Minkowski 线性型定理(§ 2.2 定理 2)直接推出，存在无穷多个次数不超过 n 的整系数非零多项式 $P(x)$，满足

$$|P(\alpha)| \ll \overline{|P|}^{-n}.$$

如果 P 可分解成不可约因子之积 $P = P_1 \cdots P_t$，那么

$$|P_1(\alpha) \cdots P_t(\alpha)| \ll (\overline{|P_1|} \cdots \overline{|P_t|})^{-n}$$

(应用本章附录引理 3)。

根据定理的假设条件可知 $P(\alpha) \neq 0$。因此不难证明，存在无穷多个不同的次数不超过 n 的本原不可约多项式 $P(x)$，满足

$$|P(\alpha)| \ll \overline{|P|}^{-n}. \tag{7}$$

如果 P 是一个这样的多项式，Q 是一个次数不超过 n 的整系数多项式，并且是 P 的倍数，那么由附录引理 3 可知，

$$\overline{|Q|} \gg \overline{|P|}. \text{ 例如 } \overline{|Q|} \geqslant c_1 \overline{|P|},$$

这里 c_1 是常数。不等式组

$$|q_0\alpha^n + \cdots + q_n| \leqslant c_2 \overline{|P|}^{-n},$$

$$|q_i| \leqslant \frac{1}{2} c_1 \overline{|P|}, \quad i = 0, 1, \cdots, n$$

定义了一个 $(n+1)$ 维空间中的对称凸集，其体积 $\gg c_1^n c_2$。因此，当我们选取 c_2 充分大时，上述不等式组没有非零整解。因此多项式

$$Q(x) = q_0 x^n + \cdots + q_n$$

具有性质

$$\overline{|Q|} \ll \overline{|P|} \text{ 且 } |Q(\alpha)| \gg \overline{|P|}^{-n}, \tag{8}$$

Q 不是 P 的倍数，由 P 的不可约性可知，这两个多项式 P 和 Q 没有公因子。

设 $p_1, \cdots, p_d$, $q_1, \cdots, q_e$ 如引理 1 所述。由(2),(7),(8)式可知，$p_1 < 1$, $q_1 < 1$。假定 $p_1 \leqslant q_1$，则(3)式成立。根据引理 1,在 (i) 和 (ii) 的情形下,我们分别有

$$|\alpha-\beta_1| \ll |P(\alpha)|\,\overline{|P|}^{-1} \ll \overline{|P|}^{-n-1} \ll H(\beta_1)^{-n-1},$$

和

$$|\alpha-\gamma_1| \ll |Q(\alpha)|\,\overline{|Q|}^{-1} \ll \overline{|P|}^{-n}\,\overline{|Q|}^{-1}$$
$$\ll \overline{|Q|}^{-n-1} \ll H(\gamma_1)^{-n-1}.$$

在（iii）的情形下，我们有

$$1 \ll \overline{|P|}^{-2n}\,\overline{|P|}^{2n-2}.$$

但是当 $\overline{|P|}$ 充分大时，这是不可能的. 最后在（iv）的情形下，我们得到

$$|\alpha-\beta_1| \ll \overline{|P|}^{-\frac{n}{2}}\,\overline{|P|}^{-n}\,\overline{|P|}^{\frac{n-1}{2}}\,\overline{|P|}^{\frac{n-2}{2}}$$
$$=\overline{|P|}^{-\frac{n+3}{2}} \ll H(\beta_1)^{-\frac{n+3}{2}}.$$

对于（v）的情形，也可得到类似结果. 当 $q_1<p_1$ 时，重复上述讨论. 于是就证明了 Wirsing 定理.

§6.5 代数数逼近的 Roth 型结果

这一节里，我们将不加证明地介绍一下用代数数逼近代数数的 Roth 型结果. 首先，对于用已知数域中的元素逼近代数数，我们有

定理 1 设 α 是实代数数，K 是实代数数域，$\delta>0$ 为已知实数，则至多存在有限多个元素 $\beta\in K$ 适合

$$|\alpha-\beta|<H_K(\beta)^{-2-\delta},$$

式中 $H_K(\beta)$ 表示 β 相对于域 K 的域高.

注 1 这个定理首先是由 W. J. LeVeque[61] 证明的. 后来 W. M. Schmidt[88] 应用子空间定理也证明了这个定理. 把这个定理应用到 K 的每个子域，我们看到，不等式

$$|\alpha-\beta|<H(\beta)^{-2-\delta}$$

只有有限多个解 $\beta\in K$，这里 $H(\beta)$ 表示 β 的普通高.

注 2 由这个定理可以看出，§6.1 定理 1 叙述的结果基本上是最好的.

注 3 §6.1 定理 1 和本定理 1 可以推广到联立逼近的情形，请参看文献[88].

其次，对于用有界次数的代数数逼近代数数，我们有

定理 2 设 α 是实代数数，n 为自然数，$\delta>0$ 为实数，则只存在有限多个次数不超过 n 的代数数 β 适合

$$|\alpha-\beta|<H(\beta)^{-n-1-\delta},$$

式中 $H(\beta)$ 表示 β 的普通高.

注 4 可以证明，这里指数中的 $-n-1$ 是最好的. K.Roth[80] 曾猜想，指数中的 $-n-1$ 可以用 $-2n$ 代替，后来被 E. Wirsing[110] 证明了. 显然，当 $n=1$ 时，这就是 Roth 定理.

最后，关于实数的 Mahler 分类，我们介绍定义如下.

对任意实数 α，令

$$\omega_n=\omega_n(\alpha)=\limsup_{P}\{\omega\,|\,0<|P(\alpha)|<\overline{|P|}^{-\omega},$$

$$P\in \mathrm{Z}[x],\ \deg P\leqslant n\}.$$

显然有

$$\omega_1\leqslant\omega_2\leqslant\cdots.$$

如果 α 不是次数不超过 n 的代数数，则 $1,\alpha,\cdots,\alpha^n$ Q 线性无关，并且有

$$\omega_n\geqslant n.$$

如果 α 是 d 次代数数，则

$$\omega_n\leqslant d-1.$$

另一方面，如果 α 是代数数，则只有有限多个次数不超过 n 的多项式 P 适合不等式

$$0<|P(\alpha)|<\overline{|P|}^{-n-\delta},$$

所以有

$$\omega_n\leqslant n.$$

因此我们得到，如果 α 是 d 次代数数，则

$$\omega_n = \min(n, d-1).$$

所以，α 是代数数当且仅当 $\omega_n \ll 1$. K. Mahler[63] 称这类数为 A 数. 他还把其他的实数(即实超越数)分为如下三类:

S 数: $\omega_n \not\ll 1$ 但 $\omega_n \ll n$.

T 数: $\omega_n \not\ll n$ 但每个 $\omega_n < \infty$.

U 数: 某个 $\omega_n = \infty$.

В. Г. Спринджук 曾证明了,几乎所有的数是 S 数. K.Mahler 曾证明了,如果数 α, β 是属于 S 数, T 数, U 数中两个不同的类,那么 α, β 代数无关. W. M. Sclunidt 证明了 T 数的存在性，并构造出适合 $\omega_n \ll n^3$ 的 T 数. W. J. LeVeque 证明了 U 数的存在性.

关于用代数数逼近实数的进一步结果和问题，请参看文献[123]和[125].

附录 代数数的高与 Mahler 度量

通常对于实系数或复系数多项式

$$P(x) = a_0x^m + a_1x^{m-1} + \cdots + a_m, a_0 \neq 0,$$

其次数 $\deg P = m$ 满足

$$\deg(P+Q) \leqslant \max(\deg P, \deg Q), \deg(PQ) = \deg P + \deg Q.$$

称

$$H(P) = \overline{|P|} = \max(|a_0|, |a_1|, \cdots, |a_m|)$$

为多项式 $P(x)$ 的高.

设 $\theta_1, \cdots, \theta_m$ 是 $P(x)$ 的 m 个根,则称

$$M(P) = |a_0| \prod_{\nu=1}^{m} \max(1, |\vartheta_\nu|)$$

为多项式 $P(x)$ 的 Mahler 度量.

设 K 是 n 次代数数域,记 $n = [K:Q]$. 存在一个代数数 ξ 使得 $K = Q(\xi)$. 假定 K 到 C 中的 n 个不同的自同构为 σ_1 (恒等

映射)，$\sigma_2, \cdots, \sigma_n$. 则称

$$\xi^{(1)} = \sigma_1(\xi) = \xi,\ \xi^{(2)} = \sigma_2(\xi), \cdots,\ \xi^{(n)} = \sigma_n(\xi)$$

为 ξ 的 n 个域共轭. 如果 ξ 的极小多项式为 $F(x)$,它在 R 上分解成不可约因子之积

$$F(x) = f_1(x)\cdots f_r(x) f_{r+1}(x)\cdots f_{r+s}(x),$$

其中前 r 个因子是一次的,后 s 个因子是二次的,则 $r + 2s = n$,这表明 ξ 的 n 个域共轭中,有 r 个实根, s 对复根. 其中每对复根互为共轭复数,绝对值相等.

现在设 θ 是 K 中任意 k 次代数数，则有 $k|n$. 如果 θ 的极小多项式为

$$f(x) = a_0 x^k + a_1 x^{k-1} + \cdots + a_k,$$

它的 k 个根 $\theta_1 = \theta,\ \theta_2,\ \cdots, \theta_k$ 称为 θ 相对于域 $\mathbf{Q}(\theta)$ 的域共轭,称

$$H(\theta) = H(f) = \overline{|f|}$$

为 θ 的高(普通高).

我们知道

$$\theta = g(\xi) = c_0 + c_1\xi + \cdots + c_{n-1}\xi^{n-1} c_j \in \mathbf{Q},$$
$$j = 0,\ 1, \cdots, n-1.$$

记 $\theta^{(i)} = \sigma_i(\theta)$，则称

$$\theta^{(i)} = g(\xi^{(i)}),\ i = 1, 2, \cdots, n$$

为 θ 相对于域 K 的域共轭. 显然存在唯一的本原多项式

$$P(x) = b_0(x - \theta^{(1)})\cdots(x - \theta^{(n)}),$$

它称为 θ 相对于域 K 的域多项式. 它与 θ 的极小多项式 $f(x)$ 具有下列关系

$$P(x) = f(x)^{\frac{n}{k}}.$$

我们称

$$H_K(\theta) = H(P) = \overline{|P|}$$

为 θ 的域高.

我们称

$$N(\theta)=\theta_1\cdots\theta_k$$

为 θ 相对于域 $\mathbf{Q}(\theta)$ 的范数，称

$$N_{K/\mathbf{Q}}(\theta)=\theta^{(1)}\cdots\theta^{(n)}$$

为相对于域 K 的范数. 由初等对称多项式定理可知

$$N(\theta)=(-1)^k\frac{a_k}{a_0}.$$

我们还有

$$N_{K/\mathbf{Q}}(\theta)=N(\theta)^{\frac{n}{k}}.$$

我们称

$$M(\theta)=M(f)$$

为 θ 的 Mahler 度量，称

$$M_K(\theta)=b_0\prod_{i=1}^{n}\max(1,|\theta^{(i)}|)=M(\theta)^{\frac{n}{k}}$$

为 θ 的域 Mahler 度量.

引理 1 (Mahler, 1960)[67] 设 $\theta\in K$，$f(x)$ 是它的极小多项式，则

$$M(\theta)=\exp\left(\int_0^1\log|f(e^{2\pi i\varphi})|d\varphi\right),$$

并且有不等式

$$2^{-\deg\theta}H(\theta)\leqslant M(\theta)\leqslant(\deg\theta+1)H(\theta).$$

证明 由定义知 $M(\theta)=M(f)$. 设

$$\begin{aligned}f(x)&=a_0(x-\theta_1)\cdots(x-\theta_n)\\&=a_0x^n+a_1x^{n-1}+\cdots+a_n,\end{aligned}$$

则

$$M(f)=|a_0|\prod_{\nu=1}^{n}M(x-\theta_\nu).$$

所以只须证明，对任意复数 θ 有

$$\max(1,|\theta|)=\exp\left(\int_0^1\log|e^{2\pi i\varphi}-\theta|d\varphi\right).$$

记 $\theta=|\theta|e^{2\pi i\tau}$，又记

$$m(\theta)=\exp\left(\int_0^1\log\ |e^{2\pi i\varphi}-\theta\ |d\varphi\right),$$

则

$$\begin{aligned}m(\theta)&=\exp\left(\int_0^1\log|e^{2\pi i\varphi}-|\theta|e^{2\pi i\tau}|d\varphi\right)\\&=\exp\left(\int_0^1\log|e^{2\pi i(\varphi-\tau)}-|\theta||d\varphi\right)\\&=\exp\left(\int_0^1\log|e^{2\pi i\psi}-|\theta||d\psi\right)=m(|\theta|).\quad(1)\end{aligned}$$

由此可知，对任意正整数 m，有

$$\begin{aligned}m(\theta)^m&=\prod_{k=0}^{m-1}m(\theta e^{2\pi ik/m})\\&=\exp\left(\sum_{k=0}^{m-1}\int_0^1\log|e^{2\pi i\varphi}-\theta e^{2\pi ik/m}|d\varphi\right)\\&=\exp\left(\int_0^1\log|e^{2\pi i\varphi m}-\theta^m|d\varphi\right)\\&=\exp\left(\int_0^m\log|e^{2\pi i\psi}-\theta^m|\frac{d\psi}{m}\right)\\&=\exp\left(\int_0^1\log|e^{2\pi i\psi}-\theta^m|d\psi\right)=m(\theta^m).\end{aligned}$$

因此

$$m(\theta)=m(\theta^m)^{\frac{1}{m}}.\tag{2}$$

(2)式中取 $\theta=1$，$m\geqslant2$，则得 $m(1)=1$。由(1)式推出

$$m(\theta)=1,\ 当\ |\theta|=1.\tag{3}$$

假定 $|\theta|<1$。选择充分大的 m，使得

$$\frac{1}{2}\leqslant1-|\theta|^m\leqslant|e^{2\pi i\varphi}-\theta^m|\leqslant1+|\theta|^m\leqslant2.$$

因此，对充分大的 m 有

$$\frac{1}{2}\leqslant m(\theta^m)\leqslant2,$$

在(2)中让m趋于无穷，于是得到

$$m(\theta)=1, \text{ 当 } |\theta|<1. \tag{4}$$

最后，如果 $|\theta|>1$，则对于 φ，一致地有

$$\lim_{m\to\infty}\log|1-\theta^{-m}e^{2\pi i\varphi}|=0.$$

因此，由(2)式得到

$$\begin{aligned} m(\theta) &= \lim_{m\to\infty}(m(\theta^m))^{\frac{1}{m}} \\ &= \exp\left(\lim_{m\to\infty}\frac{1}{m}\int_0^1\log|e^{2\pi i\varphi}-\theta^m|d\varphi\right) \\ &= \exp\left(\lim_{m\to\infty}\frac{1}{m}\int_0^1(\log|\theta|^m \right. \\ &\quad \left. +\log|1-\theta^{-m}e^{2\pi i\varphi}|)d\varphi\right)=|\theta|. \end{aligned}$$

由此和(3)，(4)式便证明了引理的第一部分.

由第一部分可知，

$$\begin{aligned} M(f) &\leqslant \exp\left(\int_0^1\log(|a_0|+|a_1|+\cdots+|a_n|)d\varphi\right), \\ &\leqslant (n+1)\overline{|f|}, \end{aligned}$$

即 $M(\theta)\leqslant(\deg\theta+1)H(\theta)$. 最后根据初等对称多项式定理可知，

$$\left|\frac{a_1}{a_0}\right|,\cdots,\left|\frac{a_n}{a_0}\right|$$

分别不超过它们所对应的 $|\theta_1|,\cdots,|\theta_n|$ 的初等对称多项式. 因此有

$$\begin{aligned} \overline{|p|} &\leqslant |a_0|+|a_1|+\cdots+|a_n|\leqslant|a_0| \\ &\qquad \left(1+\left|\frac{a_1}{a_0}\right|+\cdots+\left|\frac{a_n}{a_0}\right|\right) \\ &\leqslant |a_0|\prod_{\nu=1}^{n}(1+|\theta_\nu|)\leqslant 2^n|a_0|\prod_{\nu=1}^{n}\max(1,|\theta_\nu|) \end{aligned}$$

$$= 2^n M(f).$$

于是 $H(\theta) \leqslant 2^{\deg\theta} M(\theta)$. 故引理得证.

引理 2 若 θ 是一个非零代数数,则

$$(H(\theta)+1)^{-1} \leqslant \theta \leqslant H(\theta)+1.$$

证明 因为 $H(\theta^{-1}) = H(\theta)$. 所以只须证明上面右边的不等式. 如果 $|\theta| \leqslant 1$, 则不等式显然正确. 假定 $|\theta| > 1$. 设 θ 的极小多项式

$$f(x) = a_0 x^n + a_1 x^{n-1} + \cdots + a_n,$$

则由

$$a_0\theta^n = -\sum_{k=1}^{n} a_k \theta^{n-k}$$

推出

$$|\theta| \leqslant |a_0\theta| \leqslant H(\theta)\sum_{k=1}^{n}|\theta|^{1-k} \leqslant H(\theta)(1-|\theta|^{-1})^{-1},$$

因此

$$|\theta| - 1 \leqslant H(\theta).$$

这就是我们所要求的. 故引理得证.

引理 3 (Гельфонд, 1952)[114] 设 P, Q 为多项式,则

(i) $(3mk)^{-1}\lceil P\rceil^k \leqslant \lceil P^k\rceil \leqslant (3m)^k\lceil P\rceil^k$, k 为自然数.

(ii) $2^{-3\deg(PQ)}\lceil P\rceil\lceil Q\rceil \leqslant \lceil PQ\rceil \leqslant 2^{\deg(P+Q)}\lceil P\rceil\lceil Q\rceil$.

证明 显然有

$$\int_0^1 |P(e^{2\pi i\varphi})|^2 d\varphi \leqslant \max_{0\leqslant\varphi\leqslant 1} |(P(e^{2\pi i\varphi})|^2. \tag{5}$$

由于

$$\int_0^1 |P(e^{2\pi i\varphi})|^2 d\varphi = \sum_{j=0}^{m}\sum_{h=0}^{m} a_j \bar{a}_h \int_0^1 e^{2\pi i(j-h)\varphi} d\varphi$$

$$= \sum_{j=0}^{m} a_j^2,$$

所以有

$$\overline{|P|}^2 \leqslant \int_0^1 |P(e^{2\pi i\varphi})|^2 \, d\varphi \leqslant (m+1)\overline{|P|}^2. \tag{6}$$

根据 Fourier 级数展开公式，对任意 $0 \leqslant \varphi \leqslant 1$，有

$$\begin{aligned}|P(e^{2\pi i\varphi})|^2 &= \sum_{j=-m}^{m} \int_0^1 |P(e^{2\pi i\psi})|^2 e^{2\pi i(\varphi-\psi)j} d\psi \\ &\leqslant (2m+1)\int_0^1 |P(e^{2\pi i\psi})|^2 d\psi.\end{aligned} \tag{7}$$

由(5),(6),(7)可知

$$\begin{aligned}\overline{|P^k|}^2 &\leqslant \int_0^1 |P^k(e^{2\pi i\varphi})|^2 d\varphi \leqslant \max_{0\leqslant\varphi\leqslant 1} |P^k(e^{2\pi i\varphi})|^2 \\ &\leqslant \left((2m+1)\int_0^1 |P(e^{2\pi i\psi})|^2 d\psi\right)^k \\ &\leqslant \left((2m+1)(m+1)\overline{|P|}^2\right)^k \leqslant (6m^2)^k \overline{|P|}^{2k}.\end{aligned}$$

由此得

$$\overline{|P^k|} \leqslant (3m)^k \overline{|P|}^k. \tag{8}$$

类似地又可得到

$$\begin{aligned}\overline{|P^k|}^2 &\geqslant \frac{1}{mk+1}\int_0^1 |P^k(e^{2\pi i\varphi})|^2 d\varphi \\ &\geqslant \frac{\max\limits_{0\leqslant\varphi\leqslant 1} |P^k(e^{2\pi i\varphi})|^2}{(mk+1)(2mk+1)} \\ &\geqslant \frac{1}{6m^2k^2}\left(\int_0^1 |P(e^{2\pi i\varphi})|^2 d\varphi\right)^k \\ &\geqslant \frac{1}{6m^2k^2}\overline{|P|}^{2k},\end{aligned}$$

所以

$$\overline{|P^k|} \geqslant (3mk)^{-1}\overline{|P|}^k.$$

这个不等式与不等式(8)合起来便得到 (i)。

为证明 (ii),我们首先证明不等式

$$\max_{|z|=1}|P(z)Q(z)| > 2^{-2(\deg P+\deg Q)}\max_{|z|=1}|P(z)|\max_{|z|=1}|Q(z)|. \quad (9)$$

记

$$N = \deg P + \deg Q = m + n.$$

不失一般性,我们可以假定

$$\max_{|z|=1}|P(z)| = \max_{|z|=1}|Q(z)| = 1. \quad (10)$$

假设 $|P(z)Q(z)| \leqslant 2^{-2N}$ (对于 $|z| = 1$) 成立,则对每个 $k = 0,1,\cdots,N$,下面两个不等式中至少有一个成立:

$$|P(e^{2\pi i\frac{k}{N+1}})| \leqslant 2^{-N}, \quad |Q(e^{2\pi i\frac{k}{N+1}})| < 2^{-N}. \quad (11)$$

由于 k 取 $N+1$ 个值,所以显然或者对于 $m+1$ 个 k 的值第一个不等式成立,或者对于 $n+1$ 个 k 的值,第二个不等式成立. 不妨假定对于 $m+1$ 个 k 的值,第一个不等式成立. 设这 $m+1$ 个 k 的值为 $k_0,k_1,\cdots,k_m$,其余的 k 值记作 $k_1',\cdots,k_n'$. 记

$$\alpha_\mu = e^{2\pi i\frac{k_\mu}{N+1}}, \quad \mu = 0,1,\cdots,m,$$

$$\alpha_\nu' = e^{2\pi i\frac{k_\nu'}{N+1}}, \quad \nu = 1,2,\cdots,n.$$

根据 Lagrange 插值公式,有

$$P(z) = \sum_{\mu=0}^{m} P(\alpha_\mu)\prod_{\substack{\lambda=0\\ \lambda\neq\mu}}^{m}\left(\frac{z-\alpha_\lambda}{\alpha_\mu-\alpha_\lambda}\right). \quad (12)$$

(12) 式右边的分子分母同时乘以

$$\prod_{\nu=1}^{n}(\alpha_\mu - \alpha_\nu')$$

后,分母为

$$\prod_{\substack{k=0\\ k\neq k_\mu}}^{N+1}\left(e^{2\pi i\frac{k_\mu}{N+1}} - e^{2\pi i\frac{k}{N+1}}\right)$$

$$= e^{2\pi i\frac{k_\mu}{N+1}}\prod_{k=1}^{N}\left(1 - e^{2\pi i\frac{k}{N+1}}\right)$$

$$= (N+1)e^{2\pi i \frac{k_\mu}{N+1}}. \tag{13}$$

这是因为

$$z^{N+1} - 1 = \prod_{k=0}^{N}(z - e^{2\pi i \frac{k}{N+1}})$$

$$= (z-1)(z^N + z^{N-1} + \cdots + z + 1),$$

所以

$$\prod_{k=1}^{N}(z - e^{2\pi i \frac{k}{N+1}}) = z^N + z^{N-1} + \cdots + z + 1.$$

取 $z = 1$，便得到(13)式最后一个等式．因此由(12)式估计得到

$$\max_{|z|=1} P(z) \leqslant (m+1)2^{-N}2^{m+n}(N+1)^{-1} < 1,$$

而这与(10)式相矛盾，于是(9)式得证．

最后由(5)，(6)，(7)，(9)推出

$$\lceil PQ \rceil^2 \geqslant \frac{1}{N+1}\int_0^1 |P(e^{2\pi i\varphi})Q(e^{2\pi i\varphi})|^2 d\varphi$$

$$\geqslant \frac{1}{(N+1)(2N+1)} \max_{|z|=1} |P(z)Q(z)|^2$$

$$> \frac{1}{(N+1)(2N+1)2^{4N}} \max_{|z|=1} |P(z)|^2 \max_{|z|=1} |Q(z)|^2$$

$$\geqslant 2^{-6N}\int_0^1 |P(e^{2\pi i\varphi})|^2 d\varphi \cdot \int_0^1 |Q(e^{2\pi i\varphi})|^2 d\varphi$$

$$\geqslant 2^{-6N} \lceil P \rceil^2 \lceil Q \rceil^2.$$

因而得到 (ii) 中左边的不等式．(ii) 中右边的不等式是不难验证的．故引理得证．

习　　题

1. 证明，如果 K 是复代数数域，并且 α 是复数但不属于 K，那么存在无穷多个 $\beta \in K$ 适合

$$|\alpha - \beta| < c \max(1, |\alpha|^2) H(\beta)^{-1},$$

式中 c 为与域 K 有关的常数．

第七章 度 量 定 理

在第一章中曾经证明了：不等式

$$\|q\alpha\| < c_0 q^{-1}, \tag{1}$$

当

$$c_0 = \frac{1}{\sqrt{5}}$$

时，对所有无理数 α 有无穷多解 $q \in \mathbf{Z}$。但当常数 c_0 小于

$$\frac{1}{\sqrt{5}}$$

时，此结论不真。此时，去掉与

$$\frac{1}{2}\left(\sqrt{5}-1\right)$$

等价的数，则结论成立。换句话说，只有可数多个 α，使(1)式当

$$c_0 < \frac{1}{\sqrt{5}}$$

只有有限多个解。从测度论的观点来看这个结果，由于可数集的测度(指 Lebesgue 测度，下同)为零。因此对几乎所有的 α，不等式(1)当

$$c_0 \leqslant \frac{1}{\sqrt{5}}$$

时有无穷多解 $q \in \mathbf{Z}$。进一步研究可以知道，不等式(1)(其中常数 $c_0 > 0$) 对几乎所有的 α 有无穷多解 $q \in \mathbf{Z}$。这一类命题具有"度量性"特征，我们统称为"度量性结果"或"度量定理"，这是本章的主题。

我们将围绕 Хинчин 定理(§ 7.1 定理 1)展开讨论，但是我们

不打算采用 Хинчин 的连分数方法，这里介绍的方法可以使我们处理更为广泛的一类逼近问题。§7.1—7.4 中研究单个实数的逼近，§7.5 讨论联立逼近。§7.6 讨论非齐次逼近。在 §7.7 中给出 **Schmidt** 的渐近丢番图逼近结果。

§7.1 Хинчин 定理

定理 1 (Хинчин, 1924)[50] 设 $\psi(x)$ 是正自变量 x 的正连续函数，$x\psi(x)$ 是非增函数 ($x>0$)，那么，若对某个 $c>0$，积分

$$\int_0^{\infty}\psi(x)dx \tag{1}$$

发散，则对几乎所有 $\alpha\in\mathbf{R}$，不等式

$$\|q\alpha\|<\psi(q) \tag{2}$$

有无穷多个解 $q\in\mathbf{N}$；若积分(1)收敛，则对几乎所有 $\alpha\in\mathbf{R}$，不等式(1)只有有限多个解 $q\in\mathbf{N}$。

如果把用“积分”叙述的条件换以用“级数”表达的条件，那么有下列定理。

定理 2 (Хинчин, 1924)[50] 设 $\psi(q)$ 是正整数变量 q 的单调降函数，满足

$$0\leqslant\psi(q)\leqslant\frac{1}{2},$$

则当级数

$$\sum_{q=1}^{\infty}\psi(q)$$

发散时，对几乎所有的 $\alpha\in\mathbf{R}$，不等式(2)有无穷多个解 $q\in\mathbf{N}$；当级数

$$\sum_{q=1}^{\infty}\psi(q)$$

收敛时，对几乎所有的 $\alpha\in\mathbf{R}$，不等式(2)只有有限多个解 $q\in\mathbf{N}$。

Хинчин 应用连分数给出了定理 1 的证明（见[52]或[126]）。这里我们将用另外的方法来证明它。我们首先作出几点注记。

注 1 我们分别用命题的"发散性部分"和命题的"收敛性部分"来表示上面两个定理的第一部分和第二部分.

注 2 当 $x\psi(x)$ $(x>0)$ 非增时,函数

$$\psi(x)=\frac{1}{x}(x\psi(x))$$

也非增. 因此积分(1)与级数

$$\sum_{q=1}^{\infty}\psi(q)$$

同时收敛或发散. 而由下面的引理 2 以及§ 7.3 的注可知, 定理 2 中的限制

$$\psi(q)\leqslant\frac{1}{2},$$

无论对于"收敛性部分"还是对于"发散性部分", 实际上都可以去掉,因此定理 1 可以由定理 2 推出,我们只证明定理 2 .

注 3 定理 2 的收敛性部分容易由下述的引理 1 和引理 2 得到,而发散性部分可以由 § 7.2 定理 2 推出.

引理 1 (Borel-Cantor) 设 A_1, A_2, $\cdots$ 是 $\mathbf{R}^n$ 中可测集的无穷序列,并且

$$\sum_{q=1}^{\infty}|A_q|<\infty,\tag{3}$$

这里 $|A|$ 表示集合的 Lebesgue 测度, 则由属于无穷多个 A_q 的那些实数组 $(r_1,\cdots,r_n)$ 所构成的集合的测度为零.

证明 用 K_0 表示引理中所说的集合,那么

$$K_0\subseteq\bigcup_{q=p}^{\infty}A_q,\quad p=1,2,\cdots.$$

由(3)可知,当 p 充分大时, $|K_0|$ 可以任意小,故得引理.

引理 2 若 $\psi(q)$ 是正整数变量 q 的正函数,且级数

$$\sum_{q=1}^{\infty}\psi(q)$$

收敛，则对几乎所有的 $\alpha \in \in \mathbb{R}$，不等式(2)只有有限多个解 $q \in \mathbb{N}$.

证明 对 $q = 1,2,\cdots$，定义集合

$A_q = \{\alpha | \alpha \in [0,1)$ 且对于给定的 $q \in \mathbb{Z}$，满足(2)$\}$，

将(2)式写成

$$\left|\alpha - \frac{a}{q}\right| < \frac{\psi(q)}{q} \ (a \in \mathbb{Z},\ q \in \mathbb{N}). \tag{4}$$

当 q 固定，a 适合不等式

$$-\psi(q) < a < \psi(q) + q.$$

对于给定的 q 及某个满足(4)的 a，有

$$\begin{cases} \dfrac{a}{q} - \dfrac{\psi(q)}{q} < \alpha < \dfrac{a}{q} + \dfrac{\psi(q)}{q}, \\ 0 < \alpha < 1. \end{cases}$$

因此 α 落在一个长度

$$\ll \frac{\psi(q)}{q}$$

的区间中，这里“$\ll$”中有关常数与 a,q 无关. 注意(4)式，对可能的 a 求和，可得

$$|A_q| \ll (\psi(q)+q)\frac{\psi(q)}{q} = \left(\frac{\psi(q)}{q} + 1\right)\psi(q).$$

注意到级数

$$\sum_{q=1}^{\infty} \psi(q)$$

收敛，所以

$$|A_q| \ll \psi(q),\ q = 1,2,\cdots.$$

由此式及引理 1 可知，使(4)式有无穷多个解 $a \in \mathbb{Z}$, $q \in \mathbb{N}$ 的 α $(0 < \alpha < 1)$，其测度为零.

最后，注意整个实轴可以划分为可数多个小区间 $[m, m+1)$ $(m \in \mathbb{Z})$. 而对于每个 $\alpha \in [m, m+1)$，它可以表为 $\alpha = \alpha' + m$, $0 < \alpha' < 1$. 并且不等式(2)可写为

$$\|(\alpha' + m)q\| = \|\alpha' q\| < \psi(q).$$

因此集合

$A_q^{(m)} = \{\alpha | \alpha \in [m, m+1)$，且对给定的 $q \in \mathbb{Z}$ 满足(2)$\}$

的测度也为零．因为可数个零测度集之并的测度也为零．故得引理．

注 4 由引理 2 可知，只须假定

$$\sum_{q=1}^{\infty} \psi(q)$$

是正项收敛级数，即可保证定理 2 的"收敛性部分"成立．

§7.2 Duffin-Schaeffer 定理

定理 1 (Duffin-Schaeffer, 1941)[35] 设 $\psi(q)$ $(q = 1, 2, \cdots)$是任意不超过 1/2 的非负实数序列，并且级数

$$\sum_{q=1}^{\infty} \psi(q) \tag{1}$$

发散，存在无穷多个自然数 Q 适合

$$\sum_{q \leqslant Q} \psi(q) < C_1 \sum_{q \leqslant Q} \psi(q) \frac{\varphi(q)}{q}, \tag{2}$$

式中 C_1 是正常数，$\varphi(q)$ 是 Euler 函数，那么对几乎所有的 $\alpha \in \mathbf{R}$，不等式

$$\|q\alpha\| = |q\alpha - p| < \psi(q) \tag{3}$$

有无穷多组解 $(p, q) \in \mathbf{N}^2$，且 $(p, q) = 1$．

我们将在 §7.3 中给出该定理的证明．现在作为它的推论给出下面的定理 2．显然，§ 7.1 定理 2 的"发散性部分"是下面定理 2 的一个特例．

定理 2 设 $\psi(q)$ $(q = 1, 2, \cdots)$ 是任意不超过 $\frac{1}{2}$ 的非负实数序列，且级数 (1) 发散．又设存在常数 γ，$0 \leqslant \gamma \leqslant 1$，使 $q^{\gamma}\psi(q)$ 非增，那么对几乎所有的 $\alpha \in \mathbf{R}$，不等式(2)有无穷多组解

$(p, q) \in \mathbf{N}^2$，且 $(p,q)=1$.

定理 2 的证明依赖于下列几个引理.

引理 1 存在绝对常数 $C_2>0$，使对任何 $Q\in \mathbf{N}$，有

$$\sum_{q\leqslant Q}\varphi(q)=C_2Q^2+O(Q\log Q).$$

证明 以 $\mu(n)$ 表示 Möbius 函数,易知

$$\sum_{d\mid n}\mu(d)=\begin{cases}1, & \text{当 } n=1,\\ 0, & \text{当 } n\neq 1\end{cases}$$

(参见[10],§ 6.3 定理1). 于是

$$\sum_{q\leqslant Q}\varphi(q)=\sum_{q\leqslant Q}\sum_{\substack{p\leqslant q\\ (p,q)=1}}1=\sum_{1\leqslant p\leqslant q\leqslant Q}\sum_{d\mid (p,q)}\mu(d)$$

(记 $p=dp_1$, $q=dq_1$)

$$=\sum_{d\leqslant Q}\mu(d)\sum_{p_1\leqslant q_1\leqslant Qd^{-1}}1$$

$$=\sum_{d\leqslant Q}\mu(d)\frac{1}{2}\left(\left[\frac{Q}{d}\right]+1\right)\left[\frac{Q}{d}\right]$$

$$=\frac{1}{2}Q^2\sum_{d\leqslant Q}\frac{\mu(d)}{d^2}+O\left(Q\sum_{d\leqslant Q}\frac{|\mu(d)|}{d}\right).$$

因为

$$\sum_{d\leqslant Q}\frac{\mu(d)}{d^2}=\frac{6}{\pi^2}+O(Q^{-1}),$$

$$\sum_{d\leqslant Q}\frac{|\mu(d)|}{d}=O(\log Q),$$

(参见[10],§ 8.7 习题 1,或[13]§ 3.7)故引理得证.

引理 2 设 $0\leqslant \gamma\leqslant 1$,则

$$\sum_{q\leqslant Q}\frac{\varphi(q)}{q^{1+\gamma}}\gg\begin{cases}Q^{1-\gamma}, & \text{当 } \gamma<1,\\ \log Q, & \text{当 } \gamma=1.\end{cases}$$

证明 由 Abel 变换,并注意引理 1, 可知

$$\sum_{q\leqslant Q}\frac{\varphi(q)}{q^{1+\gamma}}=\sum_{k\leqslant Q-1}\left(\sum_{q\leqslant k}\varphi(q)\right)\left(\frac{1}{k^{1+\gamma}}-\frac{1}{(k+1)^{1+\gamma}}\right)$$

$$
\begin{aligned}
&+\sum_{q\leqslant Q}\varphi(q)\cdot\frac{1}{Q^{1+\gamma}}-(\gamma+1)\sum_{k\leqslant Q-1}\Big(\sum_{q\leqslant k}\varphi(q)\Big)\\
&\times\int_{k+1}^{k}\frac{dx}{x^{\gamma+2}}+\sum_{q\leqslant Q}\varphi(q)\cdot\frac{1}{Q^{1+\gamma}}\\
\gg&\sum_{k\leqslant Q-1}\Big(\sum_{q\leqslant k}\varphi(q)\Big)\frac{1}{(k+1)^{\gamma+2}}+\sum_{q\leqslant Q}\varphi(q)\cdot\frac{1}{Q^{1+\gamma}}\\
-&\sum_{k\leqslant Q-1}(C_2k^2+O(k\log k))\frac{1}{(k+1)^{\gamma+2}}\\
&+(C_2Q^2+O(Q\log Q))\frac{1}{Q^{1+\gamma}}-C_2\sum_{k\leqslant Q-1}\frac{k^2}{(k+1)^{\gamma+2}}\\
&+O\Big(\sum_{k\leqslant Q-1}\frac{k\log k}{(k+1)^{\gamma+2}}\Big)+C_2Q^{1-\gamma}+O\Big(\frac{\log Q}{Q^{\gamma}}\Big).
\end{aligned}
$$

于是当 $\gamma<1$ 时,有

$$\sum_{q\leqslant Q}\frac{\varphi(q)}{q^{1+\gamma}}\gg Q^{1-\gamma}.$$

而当 $\gamma=1$ 时,有

$$
\begin{aligned}
\sum_{q\leqslant Q}\frac{\varphi(q)}{q^{1+\gamma}}&-C_2\sum_{k\leqslant Q-1}\frac{k^2}{(k+1)^3}\\
&+O\Big(\sum_{k\leqslant Q-1}\frac{k\log k}{(k+1)^3}\Big)+C_2+O\Big(\frac{\log Q}{Q}\Big)\\
&\gg\sum_{k\leqslant Q}\frac{1}{k}+C_2+O(1)+o(1)\gg\log Q.
\end{aligned}
$$

于是引理证完.

定理 2 的证明 只须验证不等式(2)成立. 我们把(2)式的右边写成

$$\sum_{q\leqslant Q}q^{\gamma}\psi(q)\frac{\varphi(q)}{q^{1+\gamma}}.$$

因为 $q^{\gamma}\psi(q)$ 非增,所以由 Abel 变换可知

$$\sum_{q\leqslant Q}\psi(q)\frac{\varphi(q)}{q}=\sum_{k\leqslant Q-1}\Big(\sum_{q\leqslant k}\frac{\varphi(q)}{q^{1+\gamma}}\Big)(k^{\gamma}\psi(k)-(k$$

$$+1)^{\gamma}\psi(k+1))+\sum_{q\leqslant Q}\frac{\psi(q)}{q^{1+\gamma}}Q^{\gamma}\psi(Q) \tag{4}$$

根据引理 2，当 $\gamma<1$ 时，

$$\begin{aligned}
(4)\text{式右边} \gg & \sum_{k\leqslant Q-1} k^{1-\gamma}(k^{\gamma}\psi(k)-(k+1)^{\gamma}\psi(k \\
& +1))+Q^{1-\gamma}Q^{\gamma}\psi(Q) \\
& =\sum_{k\leqslant Q-1}\left(k\psi(k)-k\left(\frac{k+1}{k}\right)^{\gamma}\psi(k+1)\right) \\
& +Q\psi(Q)=\psi(1)+\sum_{k\leqslant Q-1}\left[(k+1)\right. \\
& \left.-k\left(\frac{k+1}{k}\right)^{\gamma}\right]\psi(k+1).
\end{aligned}$$

注意

$$\begin{aligned}
(k+1)-k\left(\frac{k+1}{k}\right)^{\gamma} &= \frac{k(k+1)}{k^{\gamma}}\left(\frac{1}{k^{1-\gamma}}-\frac{1}{(k+1)^{1-\gamma}}\right) \\
&\gg \frac{k(k+1)}{k^{\gamma}}\frac{1}{(k+1)^{2-\gamma}}=\left(\frac{k}{k+1}\right)^{1-\gamma}\gg 1,
\end{aligned}$$

得知

$$(4)\text{式右边} \gg \sum_{k\leqslant Q}\psi(k).$$

而当 $\gamma=1$ 时，

$$\begin{aligned}
(4)\text{式右边} \gg & \sum_{k\leqslant Q-1}\log k(k\psi(k)-(k+1)\psi(k+1)) \\
& +\log Q-Q\psi(Q) \\
& =\sum_{k\leqslant Q-1}((k+1)\log(k+1)-(k \\
& +1)\log k)\psi(k+1) \\
& =\sum_{k\leqslant Q-1}\log\left(1+\frac{1}{k}\right)^{k+1}\cdot\psi(k+1) \\
& \gg \sum_{k\leqslant Q}\psi(k).
\end{aligned}$$

所以定理 1 中的各条件都成立。故定理 2 得证。

§7.3 Duffin-Schaeffer 定理的证明

由 $\|q\alpha\|$ 的周期性，不妨设 $\alpha\in[0, 1)$，我们可把 §7.2 的不等式(2)改写为

$$\left|\alpha-\frac{a}{q}\right|<\frac{\psi(q)}{q},\ (a,q)\in\mathbf{N}^2,\ (a,q)=1. \tag{1}$$

我们要在 §7.2 定理 1 的假设下证明，对几乎所有的 $\alpha\in[0, 1)$，(1)有无穷多组解。

首先回忆测度论中的某些结果，令 Ω 是某个具有有限测度 μ 的抽象空间，μ 定义在 Ω 的可测子集的 σ-代数 $\mathbf{A}$ 上。我们只考虑 Ω 含在 n 维立方体 $\mathbf{E}^n$ 中的情形，这里 μ 是 Lebesgue 测度. 有时记测度 $\mu(A)=|A|$。

引理 1 设 $(\Omega, \mathbf{A}, \mu)$ 是一个测度空间，已知集合序列 $A_q\in\mathbf{A}$，那么，若

$$\sum_{q=1}^{\infty}\mu(A_q)=\infty, \tag{2}$$

则由落在无穷多个集合 A_q 中的点所形成的集 A 测度

$$\mu(A)\geqslant\varlimsup_{Q\to\infty}\frac{\left(\sum\limits_{q=1}^{Q}\mu(A_q)\right)^2}{\sum\limits_{p,q=1}^{Q}\mu(A_p\cap A_q)}. \tag{3}$$

证明 对任何一对整数 m, $n\,(1\leqslant m\leqslant n)$，记

$$A_m^n=\bigcup_{m\leqslant q\leqslant n}A_q,\ A_m=A_m^\infty=\bigcup_{q\geqslant m}A_q.$$

于是 $A_m^n\subseteq A_m$, $A=\lim\limits_{m\to\infty}A_m$，并且

$$\mu(A)=\lim_{m\to\infty}\mu(A_m)\geqslant\lim_{m\to\infty}(\lim_{n\to\infty}\mu(A_m^n)). \tag{4}$$

设 $\omega\in\Omega$，用 $N_m^n(\omega)$ 表示含有 ω 的集合 $A_q(m\leqslant q\leqslant n)$

的个数，用 χ_q 表示 A_q 的特征函数，则有

$$N_m^n(\omega)=\sum_{m\leqslant q\leqslant n}\chi_q(\omega),\tag{5}$$

所以 $N_m^n(\omega)$ 是 μ 可测函数，由 Cauchy-Schwarz 不等式

$$\left(\int_\Omega N_m^n(\omega)d\mu\right)^2=\left(\int_{A_m^n}N_m^n(\omega)d\mu\right)^2$$

$$\leqslant\int_{A_m^n}d\mu\cdot\int_{A_m^n}(N_m^n(\omega))^2d\mu$$

$$=\mu(A_m^n)\cdot\int_\Omega(N_m^n(\omega))^2d\mu.$$

于是

$$\mu(A_m^n)\geqslant\frac{\left(\int_\Omega N_m^n(\omega)\,d\mu\right)^2}{\int_\Omega(N_m^n(\omega))^2d\mu}.\tag{6}$$

由(5)式

$$\int_\Omega N_m^n(\omega)d\mu=\sum_{m\leqslant q\leqslant n}\int_\Omega\chi_q(\omega)d\mu=\sum_{m\leqslant q\leqslant n}\mu(A_q),$$

$$\int_\Omega(N_m^n(\omega))^2d\mu=\sum_{m\leqslant p,q\leqslant n}\int_\Omega\chi_p(\omega)\chi_q(\omega)d\mu$$

$$=\sum_{m\leqslant p,q\leqslant n}\mu(A_p\cap A_q).$$

所以由(6)式得

$$\mu(A_m^n)\geqslant\frac{\left(\sum_{m\leqslant q\leqslant n}\mu(A_q)\right)^2}{\sum_{m\leqslant p,q\leqslant n}\mu(A_p\cap A_q)}.\tag{7}$$

由(2)式可知，当 m 固定，

$$\sum_{m\leqslant q\leqslant n}\mu(A_q) = \sum_{1\leqslant q\leqslant n}\mu(A_q) + O(1),$$

$$\sum_{m\leqslant p,q\leqslant n}\mu(A_p\cap A_q) = \sum_{1\leqslant p,q\leqslant n}\mu(A_p\cap A_q) + O\Big(\sum_{1\leqslant q\leqslant n}\mu(A_q)\Big).$$

又因 $A_m^n\subseteq\Omega$, $\mu(\Omega)<\infty$, 所以由(7)式可知,对固定的 m,

$$\sum_{m\leqslant p,q\leqslant n}\mu(A_p\cap A_q)\geqslant\frac{1}{\mu(\Omega)}\Big(\sum_{m\leqslant q\leqslant n}\mu(A_q)\Big)^2$$

$$\sim\frac{1}{\mu(\Omega)}\Big(\sum_{1\leqslant q\leqslant n}\mu(A_q)\Big)^2(n\to\infty)$$

(最后一步用到(2)式). 由此可得

$$\begin{cases}\displaystyle\sum_{m\leqslant q\leqslant n}\mu(A_q)\sim\sum_{1\leqslant q\leqslant n}\mu(A_q)\ (n\to\infty),\\ \displaystyle\sum_{m\leqslant p,q\leqslant n}\mu(A_p\cap A_q)\sim\sum_{1\leqslant p,q\leqslant n}\mu(A_p\cap A_q)\quad(n\to\infty).\end{cases}\tag{8}$$

于是由(7),(8)得到

$$\lim_{n\to\infty}\mu(A_m^n)\geqslant\overline{\lim_{n\to\infty}}\frac{\Big(\sum_{m\leqslant q\leqslant n}\mu(A_q)\Big)^2}{\sum_{m\leqslant p,q\leqslant n}\mu(A_p\cap A_q)}$$

$$=\overline{\lim_{n\to\infty}}\frac{\Big(\sum_{1\leqslant q\leqslant n}\mu(A_q)\Big)^2}{\sum_{1\leqslant p,q\leqslant n}\mu(A_p\cap A_q)}.$$

由此式和(4)式得到(3)式. 故引理得证.

注 1 由证明可知,在引理 1 的假定下,对任何固定的 m,有

$$\mu(A)\geqslant\overline{\lim_{Q\to\infty}}\frac{\Big(\sum_{q=m}^{Q}\mu(A_q)\Big)^2}{\sum_{m\leqslant p,q\leqslant Q}\mu(A_p\cap A_q)}.\tag{9}$$

引理 2 设 $I_1, I_2, \cdots$ 是区间序列，$|I_k| \to 0 (k \to \infty)$. $A_1, A_2, \cdots$ 是可测集序列，$A_k \subseteq I_k, k = 1,2,\cdots$，且存在某个 $\delta > 0$，使得

$$|A_k| \geqslant \delta |I_k|, k = 1,2,\cdots, \tag{10}$$

那么由落在无穷多个 I_k 中的点组成的集合与由落在无穷多个 A_k 中的点组成的集合是等测度的.

证明 设

$$J = \bigcap_{l=1}^{\infty} \bigcup_{k=l}^{\infty} I_k, \ B_l = \bigcup_{k=l}^{\infty} A_k, \ D_k = J \backslash B_k, \ J' = \bigcap_{k=1}^{\infty} B_k.$$

我们要证明 $|J| = |J'|$.

因为 $J \supseteq J'$, $J \backslash J' = \bigcup\limits_{k=1}^{\infty} (J \backslash B_k)$，所以只须证明

$$|D_k| = |J \backslash B_k| = 0, k = 1,2,\cdots.$$

用反证法．设某个 l 适合 $|D_l| > 0$．因为 $D_1, D_2, \cdots$ 是递升集合序列，$|D_k| > 0$, $k \geqslant l$，所以根据 Lebesgue 定理(例如参看陈建功，实函数论，科学出版社，北京，1958，第 201 页和第 229 页定理 3)，D_l 含有全密点 x_0．因为 $x_0 \in J$，所以对无穷多个 k, $x_0 \in I_k$．但 $|I_k| \to 0 (k \to \infty)$，因此由全密点定义，对于这些 k

$$|D_k \cap I_k| \sim |I_k| \ (k \to \infty). \tag{11}$$

另一方面，当 $k \geqslant l$ 时，D_k 与 A_k 不相交，所以 $D_k \cap I_k$ 与 A_k 不相交，它们都是区间 I_k 的子集，因此由(10)式得

$$|I_k| \geqslant |A_k| + |D_k \cap I_k| \geqslant \delta |I_k| + |D_k \cap I_k|,$$

$$|D_k \cap I_k| \leqslant (1 - \delta) |I_k| (k \geqslant l).$$

这与(11)式相矛盾，故引理得证.

引理 3 设 $q \geqslant 2$ 及 s 是任意一对整数，作区间 $[0, 1)$ 到自身的变换

$$T: x \longmapsto qx + \frac{s}{q} (\mathrm{mod} 1),$$

那么变换 T 之下的任何不变子集 $A \subseteq [0, 1)$ (即 $TA = A$)的测

度或者为零，或者为1（换句话说，T是偏历的）.

证明 因为A是变换T之下的不变子集，所以它在变换

$$T^n: x \longmapsto q^n x + \frac{s}{q} \pmod 1$$

（n 为自然数）之下也是不变的.用χ表示A的特征函数，则

$$\chi(x) \leqslant \chi\left(q^n x + \frac{s}{q}\right),$$

上式右边

$$q^n x + \frac{s}{q}$$

理解为 mod1.

设 $|A| > 0$，只须证 $|A| = 1$. 由假设可知，A含有全密点x_0. 取以 x_0 为中心，长为 q^{-n} 的区间 I_n，则

$$|A \cap I_n| \leqslant \int_{I_n} \chi(x) dx \leqslant \int_{I_n} \chi\left(q^n x + \frac{s}{q}\right) dx$$

$$= \frac{1}{q^n} \int_0^1 \chi(x) dx = |I_n||A|.$$

根据全密点的定义可知，$|A \cap I_n| \sim |I_n|$ $(n \to \infty)$. 所以 $|A| = 1$. 故引理得证.

注 2 这个引理有如下较为直观的证明：习知，几乎所有实数是正规数(参见本书§8.7定理2). 如果 $|A| > 0$，那么存在A的全密点 x_0，也是正规数. 因为A是不变子集，所以数

$$q^n x_0 + \frac{s}{q} \pmod 1 \in A,$$

并且还是A的全密点. 但由正规数的充分必要条件(§8.7定理1)可知，

$$q^n x_0 + \frac{s}{q} \pmod 1$$

在$[0,1)$上一致分布，所以 $|A| = |[0,1)| = 1$.

引理 4 (Gallagher, 1961)[43] 设 $\psi(q)(q = 1,2,\cdots)$

是任意非负实数序列，则在区间[0,1)中，使不等式(1)有无穷多组解 (a,q) 的实数组成的集合 A 的测度或为零，或为 1。

证明 首先，可以认为

$$\psi(q) < q^{\varepsilon_0},\ q = 1,2,\cdots,\text{其中 } 0 < \varepsilon_0 < 1. \tag{12}$$

事实上，我们来证明，如果存在无穷序列 $q_k \in \mathrm{N}$ 适合

$$\psi(q_k) \geqslant q_k^{\varepsilon_0},$$

那么对于任何 α，相应于每个 q_k，存在 $a_k \in \mathrm{N}$ 适合

$$\left|\alpha - \frac{a_k}{q_k}\right| < \frac{\psi(q_k)}{q_k},\ (a_k, q_k) = 1.$$

为此，令

$$\Phi_q(x) = \sum_{\substack{a < x \\ (a,q)=1}} 1,$$

根据 Möbius 函数 $\mu(n)$ 的性质，则有

$$\begin{aligned}
\Phi_q(x) &= \sum_{a < x} \sum_{d \mid (a,q)} \mu(d) = \sum_{d \mid q} \mu(d) \sum_{a < \frac{x}{d}} 1 \\
&= \sum_{d \mid q} \mu(d) \left[\frac{x}{d}\right] = \sum_{d \mid q} \mu(d) \frac{x}{d} \\
&\quad + O\left(\sum_{d \mid q}{}^{*} |\mu(d)|\right) = x \sum_{d \mid q} \frac{\mu(d)}{d} \\
&\quad + O\left(\sum_{d \mid q}{}^{*} 1\right),
\end{aligned}$$

这里 $\sum\limits_{d \mid q}{}^{*}$ 表示对无平方因子的 d 求和。注意，若用 $\nu(q)$ 表示 q 的不同的素因子的个数，则 q 的不同的无平方因子的因数个数为 $2^{\nu(q)}$，所以

$$\begin{aligned}
\Phi_q(x) &= x \sum_{d \mid q} \frac{\mu(d)}{d} + O(2^{\nu(q)}) \\
&= x \frac{\varphi(q)}{q} + O(q^{\varepsilon}),
\end{aligned}$$

式中 ε 为任意大于零的实数。但是对于充分大的 q，有 $\varphi(q)>q^{1-\varepsilon}$（例如，由[10]，§5.9 定理 3 可以推出这个结果），所以在长为 q^{ε_0} 的区间中，与 q 互素的整数的个数为

$$q^{\varepsilon_0}\frac{\varphi(q)}{q}+O(q^{\varepsilon})>\frac{1}{2}q^{\varepsilon_0-\varepsilon}>1\quad(\text{当 }\varepsilon<\varepsilon_0).$$

这正是上面所要证的.

其次取素数 p 和整数 $n\geqslant 1$，考虑 α 的下列形式的逼近

$$\left|\alpha-\frac{a}{q}\right|<\frac{\psi(q)}{q}p^{n-1},\ (a,q)=1.\tag{13}$$

分别用 $A(p^n)$，$B(p^n)$ 表示这种 α 的集合：α 满足无穷多个(13)型的不等式，但分别附加条件 $p\nmid q$ 和 $p\| q$。因为 p^{n-1} 是 n 的增函数，所以，若 $\alpha\in A(p^n)$，则 $\alpha\in A(p^{n+1})$。因此 $A(p^n)$ 和 $B(p^n)$ 都随 n 增长而不降。还易见。若 $\alpha\in A(p)$，则 $\alpha\in A$。所以有 $A(p)$，$B(p)\subseteq A$。

若 $\alpha\in A(p)$，则有

$$-\frac{\psi(q)}{q}+\frac{a}{q}<\alpha<\frac{a}{q}+\frac{\psi(q)}{q}.$$

将 α 所在的这个区间记作 $A_{p,q}$，若 $\alpha\in A(p^n)$，则有

$$-\frac{\psi(q)}{q}p^{n-1}+\frac{a}{q}<\alpha<\frac{a}{q}+\frac{\psi(q)}{q}p^{n-1}.$$

将这个区间记作 $I_{p,q}^{(n)}$。由(12)式可知

$$|I_{p,q}^{(n)}|=2\frac{\psi(q)}{q}p^{n-1}<2p^{n-1}q^{-1+\varepsilon_0}\to 0(q\to\infty),$$

并且对任意 $n\geqslant 1$，

$$A_{p,q}\subseteq I_{p,q}^{(n)},\ |A_{p,q}|=p^{-(n-1)}|I_{p,q}^{(n)}|.$$

因此根据引理 2，有

$$|A(p)|=|A(p^n)|,n=1,2,\cdots.$$

记

$$A^*(p)=\bigcup_{n=1}^{\infty}A(p^n),$$

则有
$$|A^*(p)| = \lim_{n\to\infty}|A(p^n)| = |A(p)|. \tag{14}$$
如果 α 满足(13)式且 $p\nmid q$，则由(13)式两边乘以 p，可得
$$\left|\alpha p - \frac{pa}{q}\right| < \frac{\psi(q)}{q}p^n,\ (pa,q)=1,$$
所以 $\alpha p \in A(p^{n+1})$ (mod1). 也就是说，变换
$$x \longmapsto px \pmod 1$$
把 $A(p^n)$ 变为 $A(p^{n+1})$，从而 $A^*(p)$ 变为自身. 故由引理 3 及(14)式可知 $|A(p)|=0$ 或 1. 类似地，考虑变换
$$x \longmapsto px + \frac{1}{p} \pmod 1,$$
可以证明 $|B(p)|=0$ 或 1.

因为 $A(p)$，$B(p)\subseteq A$，所以，若对某个素数 p，$A(p)$ 和 $B(p)$ 中有一个测度为正，则由上面论述可知，$|A(p)|$，$|B(p)|$ 中有一个为 1. 从而 $|A|=1$，于是对此情形引理 4 得证.

最后考虑下列情形：设对任何素数 p
$$|A(p)| = |B(p)| = 0. \tag{15}$$
又用 $C(p)$ 表示以下 α 所组成的集合：存在无穷多个 a，q 适合不等式
$$\left|\alpha - \frac{a}{q}\right| < \frac{\psi(q)}{q},\ (a,q)=1,\ p^2|q. \tag{16}$$
则 $C(p)\subseteq A$，且 $A(p)$，$B(p)$，$C(p)$ 互不相交. 显然
$$A = A(p)\cup B(p)\cup C(p).$$
因此由(13)式可知
$$|A| = |C(p)|，对一切素数\ p.$$
若 α 满足(16)式，则
$$\left|\alpha \pm \frac{1}{p} - \frac{a\pm\frac{q}{p}}{q}\right| < \frac{\psi(q)}{q},\ \left(a\pm\frac{q}{p},q\right)=1.$$
因此，若 $\alpha\in C(p)$，则

$$\alpha+\frac{s}{p}\ (\bmod 1)\in C(p),$$

这里 s 为任意整数．因此对每个长为 $\frac{1}{p}$ 的区间 $I(p)$，有

$$|C(p)\cap I(p)|=\frac{1}{p}|C(p)|=|C(p)||I(p)|.$$

又因 A 与 $C(p)$ 相差一个零测度集，所以

$$|A\cap I(p)|=|A||I(p)|,\text{对一切素数}p. \tag{17}$$

现设 $|A|>0$．取 A 的一个全密点，并作出以它为中心，长为 $\frac{1}{p}$ 的区间序列 $I(p)$（p 为一切素数）．由全密点的定义得

$$|A\cap I(p)|\sim|I(p)|\quad(p\to\infty).$$

由此式及(17)式可知 $|A|=1$．因此在(15)的情形下，也得引理．故引理 4 证完．

现在来证明 Duffin-Schaeffer 定理．

对于 $q\in\mathbb{N}$，定义集合

$A_q=\{\alpha|\alpha\in[0,1),\alpha$ 满足不等式(1)，且 $0<a<q\}$．

注意，若 (a,q) 和 (a',q) 都适合(1)式，相应地，由(1)式所定义的 α 的区间的中心距离是

$$\left|\frac{a}{q}-\frac{a'}{q}\right|\geqslant\frac{1}{q}.$$

而每个区间的长是 $2\frac{\psi(q)}{q}$．因为 $\psi(q)\leqslant\frac{1}{2}$，所以由

$$\left|\alpha-\frac{a}{q}\right|<\frac{\psi(q)}{q}\text{ 和 }\left|\alpha-\frac{a'}{q}\right|<\frac{\psi(q)}{q}$$

所定义的区间是互不相交的．又因为满足 $(a,q)=1$ 的 $a<q$ 的个数是 $\varphi(q)$，所以得到

$$|A_q|=2\frac{\psi(q)\varphi(q)}{q}. \tag{18}$$

现在来估计 $|A_q\cap A_{q_1}|$ $(q_1<q)$．因为当 $\alpha\in A_q\cap A_{q_1}$ 时，

下列二式同时成立:

$$\left|\alpha-\frac{a}{q}\right|<\frac{\phi(q)}{q},\ 0<a<q,\ (a,q)=1,$$

$$\left|\alpha-\frac{a_1}{q_1}\right|<\frac{\phi(q_1)}{q_1},\ 0<a_1q_1,\ (a_1,q_1)=1.$$

因此

$$\left|\frac{a}{q}-\frac{a_1}{q_1}\right|<\left|\alpha-\frac{a}{q}\right|+\left|\alpha-\frac{a_1}{q_1}\right|<\frac{\phi(q)}{q}+\frac{\phi(q_1)}{q_1}.$$

于是

$$|A_q\cap A_{q_1}|\leqslant 2\min\left(\frac{\phi(q)}{q},\ \frac{\phi(q_1)}{q_1}\right)N(q,q_1), \tag{19}$$

式中 $N(q,q_1)$ 表示满足下列条件的整数对 $(a,\ a_1)$ 的对数:

$$\left|\frac{a}{q}-\frac{a_1}{q_1}\right|<\frac{\phi(q)}{q}+\frac{\phi(q_1)}{q_1}, \tag{20}$$

$$(a,q)=(a_1,q_1)=1,0<a<q,0<a_1<q_1. \tag{21}$$

注意,对于满足(21)式的整数对 (a,a_1),若对某个整数 t,有

$$aq_1-a_1q=t, \tag{22}$$

则 $d=(q,q_1)|t$。令 $q_1=dq_1',\ q=dq',\ t=dt'$,则

$$aq_1'-a_1q'=t',\ (q',q_1')=1.$$

如果 $a',\ a_1'$ 也满足(22)式,那么有

$$(a-a')q_1'=(a_1-a_1')q'.$$

于是 $q'|(a-a'),q_1'|(a_1-a_1')$。从而

$$a=a'+kq',\ a_1=a_1'+kq_1'\ (k\ 为整数). \tag{23}$$

但因为 $a,a'\in(0,q)$,所以得到

$$|a-a'|=|k|q'<q=dq'.$$

因此 $|k|<d$。由(23)可知,对于给定的 t,适合(22)式的 a 的值至多是 $2d-1$ 个。从而适合(22)式的数对 $(a,\ a_1)$ 至多有 $2d-1$ 对。

我们将(20)式改写为

$$|aq_1-a_1q|=|t|<q_1\phi(q)+q\phi(q_1).$$

只须考虑能被 d 整除的 t 值，显然共有

$$2\left[\frac{q_1\psi(q)+q\psi(q_1)}{d}\right]$$

个．于是得知满足 (20),(21) 的整数对 (a,a_1) 的对数 $N(q,q_1)$ 不超过

$$2\left[\frac{q_1\psi(q)+q\psi(q_1)}{d}\right](2d-1)<4(q_1\psi(q)+q\psi(q_1)).$$

由此式及(19)式得

$$|A_q\cap A_{q_1}|\leqslant 16\psi(q)\psi(q_1). \tag{24}$$

最后，由(18),(24)二式可得

$$\begin{aligned}\sum_{q,q_1\leqslant Q}|A_q\cap A_{q_1}| &= \left(\sum_{q_1<q\leqslant Q}+\sum_{q<q_1\leqslant Q}+\sum_{q=q_1\leqslant Q}\right)A_q\cap A_{q_1}\\ &= 2\sum_{q_1<q\leqslant Q}|A_q\cap A_{q_1}|+\sum_{q\leqslant Q}|A_q|\\ &\leqslant 32\sum_{q_1<q\leqslant Q}\psi(q)\psi(q_1)+2\sum_{q\leqslant Q}\frac{\psi(q)\varphi(q)}{q}\\ &< 17\Big(\sum_{q\leqslant Q}\psi(q)\Big)^2 \ (\text{当 } Q \text{ 充分大}).\end{aligned}$$

在这里用到级数

$$\sum_{q=1}^{\infty}\psi(q)=\infty,$$

从而有

$$\sum_{q\leqslant Q}\psi(q)=O\left(\Big(\sum_{q\leqslant Q}\psi(q)\Big)^2\right).$$

根据(18)式和 § 7.2 中的(1)式，有

$$\begin{aligned}\sum_{q,q_1\leqslant Q}|A_q\cap A_{q_1}| &< 17C_1^2\left(\sum_{q\leqslant Q}\frac{\psi(q)\varphi(q)}{q}\right)^2\\ &= 17C_1^2\left(\frac{1}{2}\sum_{q\leqslant Q}|A_q|\right)^2\end{aligned}$$

$$< 5C_1^2\Big(\sum_{q\leqslant Q}|A_q|\Big)^2.$$

再注意§7.2 (1)式以及级数 $\sum_{q=1}^{\infty}\psi(q)$ 发散性，可知引理1的条件在此成立，所以对于由属于无穷多个集合 A_q 的 α 组成的集合 A，有

$$|A| > (5C_1^2)^{-1} > 0.$$

根据引理4可知 $|A| = 1$。这表明对几乎所有的 $\alpha\in[0,1)$，不等式(1)有无穷多解。因此可推出§7.2 定理1成立，故定理1证完。

注3 §7.2 定理1中的限制

$$“\psi(q)\leqslant\frac{1}{2}”$$

实际上可以去掉。由此可知，§7.2 定理2中也可不必作此限制。于是§7.1 定理2的限制

$$“0\leqslant\psi(q)\leqslant\frac{1}{2}”$$

对于“发散性部分”也是多余的。

事实上，如果有无穷数列 $\{q_k\}$ 适合

$$\psi(q_k) < \frac{1}{2},$$

那么上面的论证对这些 q_k 仍然适用。所以可设

$$\psi(q)\geqslant\frac{1}{2}\ (\text{当 } q > q_0).$$

注意，若令 $\psi_1(q) = C < \frac{1}{2}$（$C$ 为常数），则当 α 适合

$$\left|\alpha-\frac{a}{q}\right| < \frac{\psi_1(q)}{q},\ (a,q) = 1 \tag{25}$$

时，也必适合

$$\left|\alpha-\frac{a}{q}\right| < \frac{\psi(q)}{q},\ (a,q) = 1.$$

因此，只须证明对几乎所有的 α,(25)式有无穷多解。这归结到原来定理的情形。为此应验证，存在常数 C_1，使对无穷多个 Q，有

$$\sum_{q<Q}\psi_1(q)<C_1\sum_{q\leqslant Q}\psi_1(q)\frac{\varphi(q)}{q}. \tag{26}$$

由于

$$\sum_{n<x}\varphi_1(n)=\frac{3}{\pi^2}x^2+O(x\log x)$$

(例如参见[13],§3 定理 7)，根据 Abel 求和得到

$$\begin{aligned}\sum_{q<Q}\psi_1(q)\frac{\varphi(q)}{q}&=C\sum_{q\leqslant Q}\frac{\varphi(q)}{q}\\&=C\sum_{k=1}^{Q-1}\Big(\sum_{q<k}\varphi(q)\Big)\Big(\frac{1}{k}-\frac{1}{k+1}\Big)\\&\quad+C\sum_{q\leqslant Q}\varphi(q)\frac{1}{Q}\geqslant C'\sum_{k=1}^{Q-1}k^2\frac{1}{k(k+1)}+C''Q^2\frac{1}{Q}\\&\geqslant C'''Q=C'''C^{-1}\sum_{q<Q}\psi_1(q).\end{aligned}$$

令 $C_1=CC'''^{-1}$，则得(26)式。

§7.4 Duffin-Schaeffer 猜想

由 §7.1 注 4 可知，级数

$$\sum_{q=1}^{\infty}\psi(q)$$

的收敛性可保证不等式

$$\|q\alpha\|<\psi(q) \tag{1}$$

对于几乎所有的 $\alpha\in\mathbf{R}$，只有有限多个解 $q\in\mathbf{N}$。但是，由 §7.2 定理 1 的证明可知，级数 $\sum\limits_{q=1}^{\infty}\psi(q)$ 的发散性看来还不足以保证对几乎所有的 $\alpha\in\mathbf{R}$，(1)式有无穷多个解。事实上，我们有下列结果

定理1 (Duffin-Schaeffer, 1941)[35] 存在非负数列 $\psi(q)$ $(q=1,2,\cdots)$，适合 $\sum_{q=1}^{\infty}\psi(q)$ 发散，但对几乎所有的 $\alpha\in\mathbf{R}$，不等式(1)只有有限多个解 $q\in\mathbf{N}$。

证明 因为无穷乘积

$$\prod_{p}\left(1+\frac{1}{p}\right)\ (p\text{取遍一切素数})$$

发散，所以存在自然数的无穷数列 $N_1,N_2,\cdots$ 适合下列条件：

$$\begin{cases}(N_i,N_j)=1\ (i\neq j),\\ N_i\ \text{无平方因子},\\ \prod_{p\mid N_i}\left(1+\dfrac{1}{p}\right)>2^i+1,i=1,2,\cdots.\end{cases}\tag{2}$$

定义函数

$$\psi(q)=\begin{cases}2^{-i-1}\cdot\dfrac{q}{N_i},\text{当}\ q\mid N_i,\ q>1,\\ 0\qquad\qquad,\text{当}\ q\nmid N_i,\text{或}\ q=1.\end{cases}\tag{3}$$

用 $A_q(q>1)$ 表示区间 $(0,1)$ 中的下列子区间的并：

$$\left(0,\frac{\psi(q)}{q}\right),\ \left(\frac{p}{q}-\frac{\psi(q)}{q},\ \frac{p}{q}+\frac{\psi(q)}{q}\right),p=1,2,\cdots,q-1,$$

$$\left(1-\frac{\psi(q)}{q},1\right),$$

容易看出，$|A_q|$ 等于这些区间长度之和，即

$$\begin{aligned}|A_q|&=\frac{\psi(q)}{q}+(q-1)\cdot2\frac{\psi(q)}{q}+\frac{\psi(q)}{q}\\&=2\psi(q)=2^{-i}\frac{q}{N_i},\end{aligned}\tag{4}$$

其中 q 是 N_i 的一个因子，$q>1$。

对于任何 i，如果 $q>1$，$q\mid N_i$，那么由(3)式可知

$$\frac{\psi(q)}{q}=\frac{\psi(N_i)}{N_i}=\frac{2^{-i-1}}{N_i},$$

即 A_q，A_{N_i} 的组成区间长度相等，并且它们首末两个区间分别重合．又因为若记 $N_i=qq'$，则

$$\left\{\frac{p}{N_i}\middle| p=q',2q',\cdots,(q-1)q'\right\}$$

$$=\left\{\frac{p}{q}\middle| p=1,2,\cdots,q-1\right\},$$

这表明 A_q 的组成区间(首末区间除外)的中心分别是 A_{N_i} 的某些组成区间的中心．因此 A_q 的组成区间都是 A_{N_i} 的组成区间．于是

$$A_q\subseteq A_{N_i},\ \bigcup_{\substack{q\mid N_i\\ q>1}} A_q\subseteq A_{N_i}.$$

但是，显然有 $\bigcup_{\substack{q\mid N_i\\ q>1}} A_q\supseteq A_{N_i}$．因此

$$\bigcup_{\substack{q\mid N_i\\ q>1}} A_q=A_{N_i},\ i=1,2,\cdots.$$

从而由(4)式可知

$$\left|\bigcup_{\substack{q\mid N_i\\ q>1}} A_q\right|=|A_{N_i}|=2^{-i}. \tag{5}$$

我们令

$A=\{\alpha\mid\alpha\in(0,1)$，有无穷多对 $p,q\in\mathrm{N}$ 适合(1)$\}$，

则对任何 $k\geqslant 1$，

$$A\subseteq\bigcup_{i=k}^{\infty}\bigcup_{\substack{q\mid N_i\\ q>1}} A_q.$$

由(5)式得

$$|A|\leqslant\sum_{i=k}^{\infty}\left|\bigcup_{\substack{q\mid N_i\\ q>1}} A_q\right|=2^{-k+1}.$$

所以 $|A|=0$．

另一方面，根据(3)式，有

$$\sum_{q=1}^{\infty}\psi(q)=\sum_{i=1}^{\infty}2^{-i-1}\cdot\frac{1}{N_i}\sum_{\substack{q\mid N_i\\ q>1}} q.$$

但由(2)式，有

$$\frac{1}{N_i}\sum_{\substack{q\mid N_i\\ q>1}} q = \frac{1}{N_i}\prod_{p\mid N_i}(1+p)-\frac{1}{N_i}$$

$$>\prod_{p\mid N_i}\left(1+\frac{1}{p}\right)-1\geqslant 2^i,$$

所以

$$\sum_{q=1}^{\infty}\psi(q)=\infty.$$

于是定理得证.

注意，在上面所构造的例子中，§7.2(1)式右边的级数此时成为

$$\sum_{q=1}^{\infty}\psi(q)\frac{\varphi(q)}{q}=\sum_{i=1}^{\infty}2^{-i-1}\frac{1}{N_i}\sum_{\substack{q\mid N_i\\ q>1}}\varphi(q)$$

$$=\sum_{i=1}^{\infty}2^{-i-1}\frac{N_i-1}{N_i}<1,$$

这里用到 Euler 公式

$$\sum_{q\mid N}\varphi(q)=N.$$

由此可见那里的不等式(1)在此不成立. 这表明，为了保证对几乎所有的 $\alpha\in\mathrm{R}$，不等式(1)有无穷多个解，级数

$$\sum_{q=1}^{\infty}\psi(q)\frac{\varphi(q)}{q}\tag{6}$$

的性状比 $\sum_{q=1}^{\infty}\psi(q)$ 更重要.

Duffin-Schaeffer 首先提出一个猜想(参见[35])，为了使对几乎所有的 $\alpha\in\mathrm{R}$，不等式(1)有无穷多个解 $q\in\mathrm{N}$ 的充分必要条件是级数(6)发散. 但这个猜想至今未被证明. 关于这个猜想，可

进一步参考文献[9],[76],[97],[98],[100].

§7.5 联立逼近的度量定理

现在我们把 §7.1 和 §7.2 的结果推广到联立逼近的情形.

定理 1 (Хинчин, 1926)[52] 设 $n \geqslant 1$ 为自然数, $\psi(x)$ 是正整数变量 x 的正连续函数,并且 $x\psi^n(x)$ 当 $x \to \infty$ 时单调趋于零,那么若对某个常数 $C > 0$, 积分

$$\int_0^{\infty} \psi^n(x)\,dx \tag{1}$$

发散,则对几乎所有的 $(\alpha_1, \cdots, \alpha_n) \in \mathbf{R}^n$, 不等式

$$\max_{1 \leqslant i \leqslant n} \|q\alpha_i\| < \psi(q) \tag{2}$$

有无穷多个解 $q \in \mathbf{N}$;而当积分(1)收敛时,对几乎所有的$(\alpha_1, \cdots, \alpha_n) \in \mathbf{R}^n$, 不等式(2)只有有限多个解 $q \in \mathbf{N}$.

类似于 §7.1 定理2,将关于积分(1)的条件换成关于级数

$$\sum_{q=1}^{\infty} \psi^n(q)$$

的条件,则有下列定理.

定理 2 (Хинчин, 1926)[52] 设 $n \geqslant 1$. $\psi(q)$ 是正整数变量 q 的单调降函数, $0 \leqslant \psi(q) \leqslant \frac{1}{2}$,则当级数

$$\sum_{q=1}^{\infty} \psi^n(q)$$

发散时,对几乎所有的 $(\alpha_1, \cdots, \alpha_n) \in \mathbf{R}^n$, 不等式(2)有无穷多个解 $q \in \mathbf{N}$; 当级数

$$\sum_{q=1}^{\infty} \psi^n(q)$$

收敛时,对几乎所有的 $(\alpha_1, \cdots, \alpha_n) \in \mathbf{R}^n$, 不等式(2)只有有限多个解 $q \in \mathbf{N}$.

对于上面两个定理的“收敛性部分”，容易由 Borel-Cantor 引理(§ 7.1 引理 1)推出，证法与 § 7.1 定理 2 类似，证明留给读者.特别可知，对于定理 2，对其“收敛性部分”不必假定 $\psi(q)$ 的单调性和条件 $\psi(q)\leqslant\frac{1}{2}$.

我们还容易看出，定理 1 的“发散性部分”可以由定理 2 的“发散性部分”推出来. 下面我们给出定理 2 “发散性部分”的证明概要，细节留待读者补出.

我们首先把 § 7.2 定理 1 推广到联立逼近的情形，即证明下面的.

定理 3 (Duffin-Schaeffer) 设 $\psi(q)(q=1,2,\cdots)$是不超过 $\frac{1}{2}$ 的任意非负实数序列，级数

$$\sum_{q=1}^{\infty}\psi^{n}(q) \tag{3}$$

发散，且存在无穷多个自然数 Q 适合

$$\sum_{q\leqslant Q}\psi^{n}(q)<C_1\sum_{q\leqslant Q}\psi^{n}(q)\left(\frac{\varphi(q)}{q}\right)^{n}, \tag{4}$$

其中 $C_1>0$ 是常数，则对几乎所有的 $(\alpha_1,\cdots,\alpha_n)\in\mathbb{R}^n$，不等式(2)有无穷多个解 $q\in\mathbb{N}$.

证明 对 $q\in\mathbb{N}$，令集合

$$A_q=A_q^{(1)}\times\cdots\times A_q^{(n)},$$

其中

$$A_q^{(i)}=\{\alpha_i\,|\,\alpha_i\in[0,1),\text{且对 } q \text{ 和某个 } a_i\in\mathbb{N} \text{ 适合 } |q\alpha_i-a_i|<\psi(q),(a_i,q)=1,0<a_i<q\}.$$

根据 §7.3(18)式得

$$|A_q|=|A_q^{(1)}|\cdots|A_q^{(n)}|=\left(2\psi(q)\frac{\varphi(q)}{q}\right)^{n}.$$

于是

$$\sum_{q \leqslant Q} |A_q| = 2^n \sum_{q \leqslant Q} \psi^n(q) \left(\frac{\varphi(q)}{q}\right)^n. \tag{5}$$

再由 §7.3(24)式可知,对于 $q_1 < q$, 有

$$|A_q \cap A_{q_1}| = |A_q^{(1)} \cap A_{q_1}^{(1)}| \cdots |A_q^{(n)} \cap A_{q_1}^{(n)}| \leqslant (16\psi(q)\psi(q_1))^n.$$

因此当 Q 充分大时,有

$$\sum_{q, q_1 \leqslant Q} |A_q \cap A_{q_1}| < 2(16)^n \Big(\sum_{q \leqslant Q} \psi^n(q)\Big)^2.$$

由此式及(4),(5)二式可得

$$\sum_{q, q_1 \leqslant Q} |A_q \cap A_{q_1}| < 2 \cdot 4^n C_1^2 \Big(\sum_{q \leqslant Q} |A_q|\Big)^2.$$

根据 § 7.3 引理 1,由属于无穷多个 A_q 的那些点所组成的集合 A 的测度

$$|A| \geqslant (2 \cdot 4^n C_1^2)^{-1}.$$

应用 § 7.3 引理 4 的 n 维类似(由读者写出并证明),可以完成定理 3 的证明.

为证明定理 2 的"发散性部分",需要下面几个引理.

引理 1 对任何自然数 N,

$$\sum_{k \leqslant N} \sum_{p \mid k} \frac{1}{p} < C_2 N, \tag{6}$$

式中 p 表示素数, $C_2 > 0$ 是一个常数.

证明

$$\sum_{k \leqslant N} \sum_{p \mid k} \frac{1}{p} \leqslant \sum_{p \leqslant N} \frac{1}{p} \cdot \frac{N}{p} < C_2 N \text{ (证完)}.$$

引理 2 设 C_2 是(6)式中所示的常数,则对任何整数 $M > 0$ 和任何适合

$$0 < \delta < \frac{e^{-C_2}}{\zeta(2)}$$

的常数 δ, 满足不等式

$$k \leqslant M,$$

$$\frac{\varphi(k)}{k} \geqslant \delta \tag{7}$$

的整数 k 的个数不少于 βM，其中

$$\beta = 1 + \frac{C_2}{\log(\delta\zeta(2))}, \tag{8}$$

$$\zeta(2) = \sum_{n=1}^{\infty} \frac{1}{n^2} = \frac{\pi^2}{6}.$$

证明 我们用记号

$$\mathcal{N}\{k \leqslant M; \cdots\}$$

表示具有性质"…"的不超过M的整数 k 的个数. 由(6)式可知，对任何 $\tau > 0$，有

$$\mathcal{N}\left\{k \leqslant M;\ \sum_{p \mid k} \frac{1}{p} > \tau\right\} < \frac{C_2}{\tau} M.$$

因为

$$\log \prod_{p \mid k} \left(1 + \frac{1}{p}\right) < \sum_{p \mid k} \frac{1}{p},$$

所以对任何 $T > 1$，有

$$\mathcal{N}\left\{k \leqslant M;\ \prod_{p \mid k} \left(1 + \frac{1}{p}\right) > T\right\} < \frac{C_2}{\log T} M.$$

又因为

$$\prod_{p \mid k} \left(1 - \frac{1}{p}\right)^{-1} \prod_{p \mid k} \left(1 + \frac{1}{p}\right)^{-1} = \prod_{p \mid k} \left(1 - \frac{1}{p^2}\right)$$

$$\leqslant \prod_{p} \left(1 - \frac{1}{p^2}\right)^{-1} = \zeta(2),$$

所以

$$\frac{k}{\varphi(k)} = \prod_{p \mid k} \left(1 - \frac{1}{p}\right)^{-1} \leqslant \zeta(2) \prod_{p \mid k} \left(1 + \frac{1}{p}\right).$$

于是

$$\mathcal{N}\left\{k \leqslant M;\ \frac{k}{\varphi(k)} > T\zeta(2)\right\} < \frac{C_2}{\log T} M.$$

记 $\delta^{-1} = T\zeta(2)$，则

$$\mathcal{N}\left\{k \leqslant M;\ \frac{\varphi(k)}{k} < \delta\right\} < \frac{C_2 M}{\log \dfrac{1}{\delta\zeta(2)}},$$

因此

$$\mathcal{N}\left\{k \leqslant M;\ \frac{\varphi(k)}{k} \geqslant \delta\right\} \geqslant \beta M,$$

其中 β 如(8)式所示．故引理得证．

引理 3　存在某个常数 $\delta_1 > 0$，使对任何 $Q \in \mathrm{N}$，有

$$\sum_{q<Q}\left(\frac{\varphi(q)}{q}\right)^n \geqslant \delta_1 Q. \tag{9}$$

证明　令

$$\delta_1 = \delta^n \beta,\ \delta = \frac{e^{-C_2}}{2\zeta(2)}.$$

由引理 2 立即推出引理 3．证完．

定理 2“发散性部分”的证明． 因 $\psi(q)$ 单调递降，所以由 Abel 变换及(9)式可知，条件(4)成立．根据定理 3 便得结论．证完．

§7.6　非齐次逼近的度量定理

定理 1　设 $n \geqslant 1$，$\psi(q)$ 是正整数变量 q 的函数，适合

$$0 \leqslant \psi(q) \leqslant \frac{1}{2},$$

则当 $\sum\limits_{q=1}^{\infty} \psi^n(q)$ 发散时，对几乎所有的 $(\alpha_1, \cdots, \alpha_n; \beta_1, \cdots, \beta_n) \in \mathrm{R}^{2n}$，不等式

$$\max_{1 \leqslant i \leqslant n} \|q\alpha_i - \beta_i\| < \psi(q) \tag{1}$$

有无穷多个解 $q \in \mathrm{N}$；当 $\sum\limits_{q=1}^{\infty} \psi^n(q)$ 收敛时，对几乎所有的 $(\alpha_1,$

$\cdots,\alpha_n;\beta_1,\cdots,\beta_n)\in \mathbf{R}^{2n}$，不等式(1)只有有限多个解 $q\in \mathbf{N}$.

注 1 这个命题与齐次情形不同，这里不要求 $\psi(q)$ 的单调性.

注 2 这个定理不蕴含齐次情形，因为 $(\alpha_1,\cdots,\alpha_n;0,\cdots,0)$ 可以构成零测度集.

我们只对 $n=1$ 的情形来证明定理 1，$n>1$ 的情形留给读者.

定理 1 的"收敛性部分"可由下面引理推出.

引理 1 对于给定的 $\beta\in \mathbf{R}$，若

$$\sum_{q=1}^{\infty}\psi(q)$$

收敛，且

$$0\leqslant\psi(q)\leqslant\frac{1}{2},$$

则对几乎所有的 $\alpha\in \mathbf{R}$，不等式

$$\|q\alpha-\beta\|<\psi(q)$$

只有有限多个解 $q\in \mathbf{N}$.

证明 与 §7.1 引理 2 类似，细节留给读者完成.

为证明定理 1 的"发散性部分"，先给出几个预备性引理.

引理 2 (Pòlya-Zugmond) 设函数 $f(x,y)$ 在单位正方形

$$\mathscr{C}:0\leqslant x<1,\ 0\leqslant y<1$$

上非负可积，且平方可积. 令

$$M_1=\iint_{\mathscr{C}} f(x,y)dxdy,\ M_2=\left(\iint_{\mathscr{C}} f^2(x,y)dxdy\right)^{\frac{1}{2}}.$$

若 $M_1\geqslant aM_2$，$0\leqslant b\leqslant a$，则使 $f(x,y)\geqslant bM_2$ 的点 (x,y) 所组成的集合 $\mathscr{C}$ 有测度

$$|\mathscr{C}|\geqslant(a-b)^2.$$

证明 根据 Cauchy-Schwarz 不等式，有

$$\left(\iint_{\mathscr{C}} f(x,y)dxdy\right)^2\leqslant\left(\iint_{\mathscr{C}}dxdy\right)\left(\iint_{\mathscr{C}}f^2(x,y)dxdy\right)$$

$$\leqslant |\mathscr{C}| \iint_{\mathscr{C}} f^2(x,y)dxdy - |\mathscr{C}| M_2^2. \tag{2}$$

当 $(x, y) \in \mathscr{C} \backslash \mathscr{C}$ 时，$f(x, y) \leqslant bM_2$，并注意 $M_1 \geqslant aM_2$，所以有

$$\iint_{\mathscr{C}} f(x,y)\, dxdy = \iint_{\mathscr{C} \backslash (\mathscr{C} \backslash \mathscr{C})} f(x,y)dxdy$$

$$= \left(\iint_{\mathscr{C}} - \iint_{\mathscr{C} \backslash \mathscr{C}}\right) f(x,y)dxdy > M_1 - bM_2$$

$$\geqslant (a-b)M_2. \tag{3}$$

由(2)，(3)二式可知，

$$|\mathscr{C}| M_2^2 \geqslant \left(\iint_{\mathscr{C}} f(x,y)dxdy\right)^2 \geqslant ((a-b)M_2)^2.$$

于是

$$|\mathscr{C}| \geqslant (a-b)^2.$$

故引理得证。

引理 3 设 $\delta(x)$ 是周期为 1 的实函数，则对任何实数 α 和非零整数 q，有

$$\int_0^1 \delta(qx+\alpha)dx = \int_0^1 \delta(x)dx.$$

证明 显然。

对 $q \in \mathbf{N}$，我们令

$$\delta_q(x) = \begin{cases} 1, & \text{当 } \|x\| < \psi(q), \\ 0, & \text{其他}. \end{cases}$$

易见 $\delta_q(x)$ 是周期为 1 的偶函数，且 $\delta_q^2(x) = \delta_q(x)$。进一步还有

引理 4 (i) $\int_0^1 \delta_q(x)dx = 2\psi(q)$.

(ii) $\int_0^1 \int_0^1 \delta_q(q\theta - \alpha)d\theta d\alpha = 2\psi(q)$.

(iii) $\int_0^1 \int_0^1 \delta_q(q\theta - \alpha)\delta_r(r\theta - \alpha)\, d\theta d\alpha = \begin{cases} 4\psi(q)\psi(r), & \text{当} q \neq r, \\ 2\psi(q), & \text{当 } q = r. \end{cases}$

证明 根据引理 3,有

$$\int_0^1\int_0^1 \delta_q(q\theta-\alpha)d\theta d\alpha=\int_0^1\left(\int_0^1 \delta_q(x)dx\right)d\alpha.$$

当 $0\leqslant x<1$ 时,$\|x\|<\psi(q)$ 当且仅当 $0\leqslant x<\psi(q)$ 或 $1-\psi(q)\leqslant x<1$. 这时才有 $\delta_q(x)=1$; 否则 $\delta_q(x)=0$. 所以得到

$$\int_0^1 \delta_q(x)dx=\int_0^{\psi(q)}dx+\int_{1-\psi(q)}^1 dx=2\psi(q),$$

$$\int_0^1\int_0^1 \delta_q(q\theta-\alpha)d\theta d\alpha=\int_0^1 2\psi(q)d\alpha=2\psi(q).$$

这分别是 (i) 和 (ii).

令 $\alpha'=\alpha-q\theta$, 记 $s=r-q$, 且由周期性可以假定 $0\leqslant\alpha'<1$, 则得

$$\begin{aligned}&\int_0^1\int_0^1 \delta_q(q\theta-\alpha)\delta_r(r\theta-\alpha)d\theta d\alpha\\&=\int_0^1\int_0^1 \delta_q(-\alpha')\delta_r(s\theta-\alpha')d\theta d\alpha'.\end{aligned}\tag{4}$$

若 $q\neq r$, 则 $s\neq 0$. 根据引理 3,

$$\begin{aligned}(4)\text{ 式右边}&=\int_0^1 \delta_q(-\alpha')\left(\int_0^1 \delta_r(s\theta-\alpha')d\theta\right)d\alpha'\\&=\int_0^1 \delta_q(-\alpha')\left(\int_0^1 \delta_r(x)dx\right)d\alpha'\\&=\int_0^1 \delta_q(-\alpha')2\psi(r)d\alpha'\\&=2\psi(r)\int_0^1 \delta_q(-\alpha')d\alpha'\\&=2\psi(r)\cdot 2\psi(q)=4\psi(r)\psi(q).\end{aligned}$$

当 $q=r$ 时,则 $s=0$, 从而

$$\begin{aligned}(4)\text{ 式右边}&=\int_0^1\int_0^1 \delta_q^2(-\alpha')d\theta d\alpha'\\&=\int_0^1\int_0^1 \delta_q(-\alpha')d\theta d\alpha'=2\psi(q).\end{aligned}$$

于是得到 (iii). 故引理证完.

定理 1“发散性部分”的证明 令 $\Delta_Q(\theta,\alpha)$ 是不等式

$$\|q\theta - \alpha\| < \psi(q), \quad 0 < q \leqslant Q$$

的整数解 q 的个数,并记

$$M_1(Q) = \int_0^1\int_0^1 \Delta_Q(\theta,\alpha)d\theta d\alpha,$$

$$M_2(Q) = \left(\int_0^1\int_0^1 \Delta_Q^2(\theta,\alpha)d\theta d\alpha\right)^{\frac{1}{2}}.$$

根据 Cauchy-Schwarz 不等式,有

$$M_1(Q) \leqslant M_2(Q). \tag{5}$$

显然得到

$$\Delta_Q(\theta,\alpha) = \sum_{q\leqslant Q} \delta_q(q\theta - \alpha). \tag{6}$$

还记

$$\Psi(Q) = \sum_{q\leqslant Q} \psi(q).$$

由假设可知

$$\Psi(Q) \to \infty \quad (Q \to \infty). \tag{7}$$

首先我们证明,对充分小的 $\varepsilon > 0$, 当 Q 充分大时,有

$$2\Psi(Q) = M_1(Q) \geqslant (1-\varepsilon)M_2(Q). \tag{8}$$

事实上,由(6)式和引理 4(ii),有

$$M_1(Q) = \int_0^1\int_0^1 \Delta_Q(\theta, d)d\theta d\alpha = \sum_{q\leqslant Q}\int_0^1\int_0^1 \delta_q(q\vartheta - \alpha)d\theta d\alpha$$

$$= \sum_{q\leqslant Q} 2\psi(q) = 2\Psi(Q).$$

而由引理 4(iii),

$$M_2^2(Q) = \int_0^1\int_0^1 \Delta_Q^2(\theta,\alpha)d\theta d\alpha$$

$$= \sum_{q,r\leqslant Q}\int_0^1\int_0^1 \delta_q(q\theta - \alpha)\delta_r(r\theta - \alpha)d\theta d\alpha$$

$$= \left(\sum_{\substack{q,r\leqslant Q\\ q\neq r}} + \sum_{q=r\leqslant Q}\right)\int_0^1\int_0^1 \delta_q(q\theta - \alpha)\delta_r(r\theta - \alpha)d\theta d\alpha$$

$$= 4\sum_{\substack{q,r\leqslant Q\\ q\neq r}}\psi(q)\psi(r) + 2\sum_{q\leqslant Q}\psi(q)$$

$$\leqslant 4\Psi^2(Q) + 2\Psi(Q).$$

由此式和(7)式可知，当 $\varepsilon > 0$ 充分小时，对充分大的 Q，有

$$M_2^2(Q) \leqslant (1-\varepsilon)^{-2}4\Psi^2(Q).$$

于是

$$M_2(Q) \leqslant (1-\varepsilon)^{-1}\cdot 2\Psi(Q).$$

因此(8)式得证.

在引理 2 中，取 $f(\theta,\alpha) = \Delta_Q(\theta,\alpha)$，$a = 1-\varepsilon, b = \varepsilon$. 由(8)式可知，引理 2 的条件在此被满足. 因此不等式

$$\Delta_Q(\theta,\alpha) \geqslant \varepsilon M_2(Q) \geqslant \varepsilon M_1(Q) - 2\varepsilon\Psi(Q)$$

(第二个不等式是根据(5)式)在含于正方形 $0 \leqslant \theta$，$\alpha \leqslant 1$ 中的某个测度不小于 $(1-2\varepsilon)^2 \geqslant 1-4\varepsilon$ 的集合$\mathscr{S}$上成立. 但是 $\Delta_Q(\theta,\alpha)$是 Q 的增函数，所以当 $Q\to\infty$ 时，在$\mathscr{S}$上有

$$\Delta_Q(\theta,\alpha) \to \infty,$$

也就是说，除去一个测度小于 4ε 的集合外，处处有 $\Delta_Q(\theta,\alpha) \to 0(Q\to\infty)$. 因为 ε 可以任意小，所以定理得证.

§7.7 解数的渐近表达式

本节中约定 $\log a$ 当 $a < e$ 时表示 1.

定理 1 (Schmidt, 1960)[84] 设 n,h 是自然数，$\psi_1(q),\cdots,\psi_n(q)$ 是正整数 q 的非负函数，记

$$\psi(q) = \sum_{i=1}^{n}\psi_i(q), \tag{1}$$

$$\Psi(h) = \sum_{q=1}^{h}\psi(q), \tag{2}$$

$$\Omega(h) = \sum_{q=1}^{h}\frac{\psi(q)}{q}. \tag{3}$$

用 $N(h;\alpha_1,\cdots,\alpha_n)$ 表示适合不等式组

$$0 \leqslant q\alpha_i - p_i < \psi_i(q),\ i = 1,\cdots,n, \tag{4}$$
$$q \in \mathbb{N},\ p_1,\cdots,p_n \in \mathbb{Z}$$

的 $q(1 \leqslant q \leqslant h)$ 的个数. 如果函数(1)单调递减,则对几乎所有的 $(\alpha_1,\cdots,\alpha_n) \in \mathbb{R}^n$, 有

$$N(h;\alpha_1,\cdots,\alpha_n) = \Psi(h) + O(\Psi^{\frac{1}{2}}(h)\Omega^{\frac{1}{2}}(h)\log^{2+\varepsilon}\Psi(h)). \tag{5}$$

为证明定理1,我们不妨假设 $0 \leqslant \alpha_1,\cdots,\alpha_n < 1$, 首先证明几个引理.

设 q, k 是正整数. 用 $\Phi(k,q)$ 表示适合

$$(x,q) \leqslant k,$$
$$0 \leqslant x < q$$

的整数 x 的个数,则我们有

引理 1 若 $n \geqslant 1$, 则

$$\sum_{q=1}^{Q} \frac{\Phi^n(k,q)}{q^n} = Q + O\left(\frac{Q}{k} + \log k \log Q\right). \tag{6}$$

证明 先设 $n = 1$. 显然

$$\Phi(k,q) = \sum_{\substack{w|q\\ w\leqslant k}} \varphi\left(\frac{q}{w}\right),$$

式中 $\varphi(x)$ 是 Euler 函数. 因为

$$\varphi(x) = x\sum_{y|x}\frac{\mu(y)}{y},$$

所以得到

$$\begin{aligned}\sum_{q=1}^{Q}\frac{\Phi(k,q)}{q} &= \sum_{q=1}^{Q}\frac{1}{q}\sum_{\substack{w|q\\ w\leqslant k}}\frac{q}{w}\sum_{y|\frac{q}{w}}\frac{\mu(y)}{y}\\ &= \sum_{w=1}^{\min(k,Q)}\frac{1}{w}\sum_{y=1}^{[\frac{Q}{w}]}\frac{\mu(y)}{y}\sum_{q=1}^{[\frac{Q}{yw}]}1\\ &= Q\sum_{w=1}^{\min(k,Q)}\frac{1}{w^2}\sum_{y=1}^{[\frac{Q}{w}]}\frac{\mu(y)}{y^2} + O(\log k\log Q)\end{aligned}$$

$$
\begin{aligned}
&= Q \sum_{w=1}^{\min(k,Q)} \frac{1}{w^2}\left(\frac{1}{\zeta(2)} + O\left(\frac{w}{Q}\right)\right) \\
&\quad + O(\log k \log Q) \\
&= Q + O\left(\frac{Q}{k} + \log k \log Q\right).
\end{aligned} \tag{7}
$$

当 $n > 1$ 时,容易计算

$$
\begin{aligned}
Q - \sum_{q=1}^{Q} \frac{\Phi^n(k,q)}{q^n} &= \sum_{q=1}^{Q} \frac{q^n - \Phi^n(k,q)}{q^n} \\
&\leqslant n \sum_{q=1}^{Q} \frac{(q - \Phi(k,q))q^{n-1}}{q^n} \\
&= n\left(Q - \sum_{q=1}^{Q} \frac{\Phi(k,q)}{q}\right).
\end{aligned}
$$

因而由(7)式可知(6)式成立,故引理得证.

引理 2 若 $n \geqslant 1$, 则

$$
\sum_{q=1}^{Q} \frac{\phi(q)\Phi^n(k,q)}{q^n} = \Phi(Q) + O\left(\frac{\Psi(Q)}{k} + \Omega(Q)\log k\right). \tag{8}
$$

证明 令

$$
\Pi(k,r) = \begin{cases} \displaystyle\sum_{q=1}^{r} \frac{\Phi^n(k,q)}{q^n}, & \text{当 } r > 1, \\ 0, & \text{当 } r = 1. \end{cases}
$$

根据引理 1, 有

$$
\Pi(k,r) = r + O\left(\frac{r}{k} + \log k \log r\right). \tag{9}
$$

由 Abel 分部求和公式可得

$$
\begin{aligned}
\sum_{q=1}^{Q} \frac{\phi(q)\Phi^n(k,q)}{q^n} &= \sum_{q=1}^{Q} \phi(q)(\Pi(k,q) - \Pi(k,q-1)) \\
&= \sum_{q=1}^{Q-1} \Pi(k,q)(\phi(q) - \phi(q+1)) + \Pi(k,Q)\phi(Q)
\end{aligned} \tag{10}
$$

$$
=\sum_{q=1}^{Q-1} q(\psi(q)-\psi(q+1))+Q\psi(Q)+R(k,Q)
$$

$$
=\Phi(Q)+R(k,Q),
$$

其中(根据(9)式)

$$
\begin{aligned}
R(k,Q)= & O\left(\sum_{q=1}^{Q-1}\left(\frac{q}{k}+\log k \log q\right)(\psi(q)-\psi(q+1))\right. \\
& +O\left(\frac{Q}{k}+\log k \log Q\right) \psi(Q) \qquad (11) \\
= & O\left(\frac{\Psi(Q)}{k}+\log k \sum_{q=2}^{Q} \psi(q)(\log q\right. \\
& \left.-\log (q-1))+\log k \psi(1)\right).
\end{aligned}
$$

但是由于

$$
\begin{aligned}
& \sum_{q=2}^{Q} \psi(q)(\log q-\log (q-1)) \\
= & O\left(\sum_{q=2}^{Q} \psi(q) \log \left(1+\frac{1}{q-1}\right)\right)=O(\Omega(Q)). \qquad (12)
\end{aligned}
$$

所以由(10),(11),(12)式得(8)式,故引理证完.

现在引进另一些记号. 令

$$
\beta(q,\alpha)=\begin{cases}1, & \text{当 } 0 \leqslant \alpha<\psi(q), \\ 0, & \text{其他},\end{cases}
$$

$$
\gamma(q,\alpha)=\sum_{p \in Z} \beta(q, q\alpha-p),
$$

$$
\gamma(k,q,\alpha)=\sum_{\substack{p \\ (p,q) \leqslant k}} \beta(q, q\alpha-p),
$$

$$
I(q)=\int_0^1 \gamma(q,\alpha) d_\alpha,
$$

$$
I(k;q)=\int_0^1 \gamma(k,q,\alpha) d\alpha,
$$

$$
I(k;q,r)=\int_0^1 \gamma(k,q,\alpha) \gamma(k,\gamma,\alpha) d\alpha,
$$

$$\Psi(u,v)=\sum_{q=u+1}^{v}\phi(q).$$

显然

$$N(v,\alpha)=\sum_{q=1}^{v}\gamma(q,\alpha),$$

我们还令

$$N(k;u,v;\alpha)=\sum_{q=u+1}^{v}\gamma(k,q,\alpha).$$

引理 3 我们有

$$I(q)=\phi(q);\ I(k;q)=\phi(q)\Phi(k,q)/q, \tag{13}$$

$$I(k;q,r)\leqslant\phi(q)\phi(r)+A(k;q,r)\phi(q)/q, \tag{14}$$

式中 $A(k;q,r)$ 是下列方程解 (p,s) 的组数:

$$qs-rp=0,\ 0\leqslant p<q,$$
$$(p,q)\leqslant k,\ (s,r)\leqslant k.$$

证明 显然有 $I(q)=\phi(q)$. 注意

$$\begin{aligned}I(k,q)&=\sum_{\substack{p\\(p,q)\leqslant k}}\int_0^1\beta(q,q\alpha-p)d\alpha\\&=\frac{\Phi(k,q)}{q}\int_{-\infty}^{\infty}\beta(q,\alpha)d\alpha\\&=\frac{\Phi(k,q)\phi(q)}{q},\end{aligned}$$

因此(13)式成立. 下面来证(14)式.

$$\begin{aligned}I(k;q,r)&=\sum_{\substack{p,(p,q)\leqslant k\\s,(s,r)\leqslant k}}\int_0^1\beta(q,q\alpha-p)\beta(r,r\alpha-s)d\alpha\\&=I_0(k;q,r)+I_1(k;q,r),\end{aligned}$$

其中 I_0 由适合 $qs-rp\neq 0$ 的那些加项组成,因为

$$I_0(k;q,r)\leqslant\sum_{\substack{p,s\\qs-rp\neq0}}\int_0^1\beta(q,q\alpha-p)\beta(r,r\alpha-s)d\alpha$$

(15)

$$=\sum_{\substack{p,s\\ qs-rp\neq 0}}\int_{-\frac{p}{q}}^{1-\frac{p}{q}}\beta(q,q\alpha')\beta\left(r,\ r\alpha'-\frac{qs-rp}{q}\right)d\alpha'.$$

我们记 $d=(q,r)$，$q=q'd$，$r=r'd$，$qs-rp=hd$，则 $q's-r'p=h$，其中 $(q',r')=1$，于是对于给定的 h，$p\equiv h(\bmod q')$ 且 $0<p<q\alpha<q$. 所以 p 的值不超过

$$\frac{q}{q'}=d.$$

因此

$$I_0(k;q,r)\leqslant d\sum_{h\neq 0}\int_{-\infty}^{\infty}\beta(q,q\alpha')\beta\left(r,\ r\alpha'-\frac{hd}{q}\right)d\alpha'.$$

注意积分

$$\int_{-\infty}^{\infty}\beta(q,q\alpha')\,\beta\left(r,\ r\alpha'-\frac{\lambda d}{q}\right)d\alpha'$$

当 $\lambda\geqslant 0$ 时单调下降，当 $\lambda\leqslant 0$ 时单调上升，所以

$$I_0(k;q,r)\leqslant d\int_{-\infty}^{\infty}\int_{-\infty}^{\infty}\beta(q,\ q\alpha')\beta\left(r,\ r\alpha'-\frac{\lambda d}{q}\right)d\alpha'd\lambda.$$

容易算出右边积分等于 $\phi(q)\phi(r)$，因此

$$I_0(k;q,r)\leqslant\phi(q)\phi(r).\tag{16}$$

类似于(15)式，可以得到

$$\begin{aligned}I_1(k;q,r)&=\sum_{\substack{p,(p,q)\leqslant k\\ s,(s,r)\leqslant k\\ qs-rp=0}}\int_{-\frac{p}{q}}^{1-\frac{p}{q}}\beta(q,q\alpha')\beta(r,r\alpha')d\alpha'\\ &\leqslant\frac{A(k;q,r)\phi(q)}{q}.\end{aligned}\tag{17}$$

由(16)，(17)二式可得(14)，故引理证完。

引理 4 我们有

$$\int_0^1 N(v,\alpha)d\alpha=\Psi(v),$$

$$\int_0^1 N(k;u,v;\alpha)\,d\alpha = \sum_{q=u+1}^{v} \frac{\phi(q)\Phi(k,q)}{q},$$

$$\int_0^1 N^2(k;u,v;\alpha)\,d\alpha = \Psi^2(u,v) + 2\sum_{q=u+1}^{v} \phi(q)d_k(q),$$

式中 $d_k(q)$ 是 q 的不超过 k 的因子的个数。

证明 前两式容易从(13)式推出．现在证明第三式．由(14)式可知，

$$\int_0^1 N^2(k;u,v;\alpha)\,d\alpha \leqslant \Psi^2(u,v) + 2\sum_{u<r\leqslant q\leqslant v} \frac{A(k;q,r)\phi(q)}{q}.$$

这里

$$\sum_{r=1}^{q} A(k;q,r)$$

等于下列方程解 (r,p,s) 的组数：

$$qs - rp = 0,\ 0 \leqslant p < q,\ 1 \leqslant r \leqslant q,$$
$$(p,q) \leqslant k,\ (s,r) \leqslant k.$$

我们用下式定义 a,b：

$$\frac{a}{b} = \frac{p}{q} = \frac{s}{r},(a,b) = 1.$$

于是 $b|q$ 且 $(p,q) \leqslant k$．因此 b 的可能个数是 $d_k(q)$，又当 b 给定时，a 的可能个数是 $\varphi(b) \leqslant b$，r 的可能个数是 $\frac{q}{b}$．因此

$$\sum_{r=1}^{q} A(k;q,r) \leqslant qd_k(q),$$

并且

$$\sum_{u<r\leqslant q\leqslant v} \frac{A(k;q,r)\phi(q)}{q} \leqslant \sum_{q=u+1}^{v} \phi(q)d_k(q).$$

于是第三式得证，故引理证完。

最后再引进一些特殊的区间和点集。

对 $h \geqslant 0$，令

$$\omega(h)=\begin{cases}[\Psi(h)\Omega(h)], & \text{当 } h\geqslant 1,\\ 0, & \text{当 } h=0,\end{cases}$$

则 $\omega(h)$ 是单调递增趋于无穷的整数序列。令

$$S\ =\{\omega(h)\mid h\geqslant 0\},$$
$$S'=\{h\mid h=0, h>0 \text{ 适合 } \omega(h-1)<\omega(h)\},$$
$$S''=\{h\mid h\geqslant 0 \text{ 适合 } \omega(h)<\omega(h+1)\}.$$

对于固定的自然数 t，我们把形如

$$(u2^t+v_1, (u+1)2^t+v_2]$$

的区间称为 t 阶区间，其中 $v_1<2^t$，v_1，v_2 分别是使 $u2^t+v_1\in S$，$(u+1)2^t+v_2\in S$ 的最小非负整数(当然可能对于某些 u，t，v_1 不存在)。我们令

$$L_s=\{(u,v)\mid u, v\in S', (\omega(u), \omega(v)] \text{ 是一个阶数为某个 } t \text{ 的区间，且 } \omega(v)\leqslant 2^s\}.$$

从现在起，我们恒设

$$k=2^s. \tag{18}$$

令 $h^*=h^*(s)$ 是使 $\omega(h^*)\leqslant 2^s$ 的最大整数。

引理5 每个区间 $(0,x]$ $(x\in S)$ 可表为并集 $\bigcup_i I_i$，这里 I_i 是其阶两两不相等的一些区间。

证明 用二进制表示 x:

$$x=\sum_{i=0}^{w} t_i 2^i,$$

式中 $t_i=0$ 或 1，且 $t_w=1$。显然存在一个 w 阶区间 $(0, j_1]$ 且 $j_1\leqslant x$。如果 $j_1=x$，则引理已得证。不然，可设

$$j_1=\sum_{i=0}^{w} t_i^{(2)} 2^i,$$

则 $t_w^{(2)}=t_w=1$，且存在一个最大整数 w_2 使得

$$t_{w_2}^{(2)}<t_{w_2}.$$

因此,存在一个 w_2 阶区间 $(j_1,j_2]$,且 $j_2\leqslant x$. 如果 $j_2=x$, 则 $(0,x]=(0,j_1]\cup(j_1,j_2]$. 不然,可设

$$j_2=\sum_{i=0}^{w} t_i^{(3)}2^i,\quad t_w^{(3)}=t_w=1,\cdots,t_{w_2}^{(3)}=t_{w_2}=1.$$

于是存在最大整数 $w_3(w_3<w_2)$, 使 $t_{w_3}^{(3)}<t_{w_3}$, 然后又可仿上推证. 因为 $j_1<j_2<\cdots$, 故可最终达到 $j_f=x$. 于是 $(0,x]=(0,j_1)\cup\cdots\cup(j_{f-1},j_f]$, 这些组成区间的阶是 $w>w_2>\cdots>w_f>0$. 故引理证完.

引理 6 我们有

$$0\leqslant\int_0^1(N(h^*,\alpha)-N(k;0,h^*;\alpha))d\alpha=O(s2^{\frac{s}{2}}),\qquad(19)$$

$$\sum_{(u,v)\in L_s}\int_0^1(N(k;u,v;d)-\Psi(u,v))^2d\alpha=O(s^22^s).\qquad(20)$$

证明 根据引理 4 前二式和引理 2 可知,

$$\int_0^1(N(h^*,\alpha)-N(k;0,h^*;\alpha))d\alpha$$

$$=\Psi(h^*)-\sum_{q=1}^{h^*}\frac{\phi(q)\Phi(k,q)}{q}$$

$$=O\left(\frac{\Phi(h^*)}{k}+\Omega(h^*)\log k\right).$$

因为$\Omega(h^*)=O(2^{\frac{s}{2}})$,所以(19)式得证.

仍根据引理 4 可知,(20)式左边每个加项不超过

$$2\sum_{q=u+1}^{v}\phi(q)d_k(q)+2\Psi(u,v)\Bigg(\Psi(u,v)$$

$$-\sum_{q=u+1}^{v}\frac{\phi(q)\Phi(k,q)}{q}\Bigg).$$

首先对(20)左边的这些项求和: $(u,v)\in L_s$ 且 $(w(u),w(v)]$ 是一个固定阶 t 的区间,将此和记作 σ_t. 因为显然 t 阶区间恰好覆盖整个正实轴,所以

$$\sigma_k \leqslant 2 \sum_{q=1}^{h^*} \phi(q) d_k(q) + 2\Psi(h^*)\left(\Psi(h^*) - \sum_{q=1}^{h^*} \frac{\phi(q)\Phi(k,q)}{q}\right).$$

因为

$$\sum_{q=1}^{h^*} \phi(q) d_k(q) \leqslant 2^s \sum_{t=1}^{k} \frac{1}{t} = O(2^s \log k),$$

所以根据引理 2 可知，

$$\sigma_t \leqslant O(2^s \log k) + O\left(\frac{\Psi^2(h^*)}{k} + \Psi(h^*)\Omega(h^*)\log k\right) = O(s2^s).$$

由此式并注意 L_s 的定义，可得

$$\sum_{t \leqslant s} \sigma_t = O(s^2 2^s),$$

即(20)式成立．故引理证完．

引理 7 存在$[0,1)$的子集无穷序列 $\sigma_1, \sigma_2, \cdots$，其测度

$$\mu_s = |\sigma_s| = O(s^{-1-\varepsilon}),\ s = 1, 2, \cdots,$$

且对任何适合 $\omega(h) \leqslant 2^s$ 的 $h \in S'$ 和任何 $\alpha \notin \sigma_s (0 \leqslant \alpha < 1)$，有

$$N(h, \alpha) = \Psi(h) + O(2^{\frac{s}{2}} s^{2+\varepsilon}), \tag{21}$$

其中 $\varepsilon > 0$ 充分小．

证明 定义 σ_s 为所有这种 α 组成的集合：$0 \leqslant \alpha < 1$ 且下列两个不等式不能同时成立，

$$0 \leqslant N(h^*, \alpha) - N(k;\ 0,\ h^*; \alpha) \leqslant s^{2+\varepsilon} 2^{\frac{s}{2}}, \tag{22}$$

$$\sum_{(u,v) \in L_s} (N(k; u, v; \alpha) - \Psi(u, v))^2 \leqslant s^{3+\varepsilon} 2^s. \tag{23}$$

设 σ_{s1} 是(22)式不成立的点集，σ_{s2} 是(23)式不成立的点集，则 $\sigma_s = \sigma_{s1} \cup \sigma_{s2}$．那么由(19)式可知，

$$I_1 = \int_{\sigma_{s1}} (N(h^*, \alpha) - N(k; 0, h^*; \alpha)) d\alpha = O(s 2^{\frac{s}{2}}),$$

还有

$$I_1 \geqslant |\sigma_{s1}| s^{2+\varepsilon} 2^{\frac{s}{2}},$$

所以

$$|\sigma_{s1}| = O(s^{-1-\varepsilon}).$$

类似地，

$$|\sigma_{s2}| = O(s^{-1-\varepsilon}).$$

因此得知

$$\mu_s = O(s^{-1-\varepsilon}).$$

现设 $h \leqslant h^*$ （于是有 $\omega(h) \leqslant 2^s$），$h \in S'$，则根据引理 5 可知，$(0, \omega(h)]$ 是至多 s 个区间 $(\omega(\omega), \omega(v)]$ 的并，其中 $(u, v) \in L_s$，而

$$N(k;0,h;\alpha) - \Psi(h) = \Sigma(N(k;u,v;\alpha) - \Psi(u,v)), \quad (24)$$

上式右边至多对 s 对 $(u,v) \in L_s$ 求和. 又设 $0 \leqslant \alpha < 1$，$\alpha \notin \sigma_s$，则(22)，(23)式成立，于是由(23)，(24)式并用 Cauchy-Schwarz 不等式可得

$$(N(k;0,h;\alpha) - \Psi(h))^2 \leqslant s^{4+\varepsilon} 2^s.$$

由此式和(22)式可知(21)式成立，故引理证完.

定理 1 的证明 首先考虑 $n = 1$ 的情形. 因为级数 $\Sigma s^{-1-\varepsilon}$ 收敛，所以根据 §7.1 引理 1 可知，对几乎所有的 $\alpha(0 \leqslant \alpha < 1)$，存在 $s_0 = s_0(\alpha)$，使当 $s \geqslant s_0$ 时，$\alpha \notin \sigma_s$. 考虑其中任意一个 α，与之对应的标号是 s_0，取 h 充分大使 $\omega(h) \geqslant 2^{s_0}$，再选取 s 适合 $2^{s-1} \leqslant \omega(h) < 2^s$.

设 $h \in S'$. 根据引理 7 可知，

$$\begin{aligned} N(h,\alpha) &= \Psi(h) + O(2^{\frac{s}{2}} s^{2+\varepsilon}) \\ &= \Psi(h) + O(\Psi^{\frac{1}{2}}(h)\Omega^{\frac{1}{2}}(h)\log^{2+\varepsilon}\Psi(h)). \end{aligned}$$

因此，对于 $h \in S'$ 定理成立，同样可证对于 $h \in S''$ 定理也成立.

因为对于任何 h，存在 h', h''，适合 $h' \in S'$，$h'' \in S''$ 以及

$$\omega(h') = \omega(h) = \omega(h''),$$

$$|\Psi(h)\Omega(h) - \Psi(h')\Omega(h')| \leqslant 1.$$

所以

$$|\Psi(h)-\Psi(h')|\leqslant \Omega(h)^{-1}\leqslant \Omega(1)^{-1}=\psi(1)^{-1}.$$

类似地，将 h' 换为 h''，上式也成立. 因为

$$N(h',\alpha)\leqslant N(h,\alpha)\leqslant N(h'',\alpha),$$

所以得到所要的 $N(h,\alpha)$ 的估计式. 于是对于 $n=1$ 定理得证.

其次讨论 $n\geqslant 2$ 的情形. 证法与上面论述类似，我们定义

$$\beta(q,\alpha_1,\cdots,\alpha_n)=\begin{cases}1, 当 0\leqslant \alpha_i<\psi_i(q), i=1,\cdots,n,\\ 0, 其他,\end{cases}$$

$$\gamma(q,\alpha_1,\cdots,\alpha_n)=\sum_{p_1,\cdots,p_n}\beta(q,q\alpha_1-p_1,\cdots,q\alpha_n-p_n),$$

$$\gamma(k;q,\alpha_1,\cdots,\alpha_n)=\sum_{\substack{p_i,(p_i,q)\leqslant k\\ 1\leqslant i\leqslant n}}\beta(q,q\alpha_1-p_1,\cdots,q\alpha_n-p_n),$$

而且相应地，$I(q)$，$I(k,q)$，$I(k;q,r)$ 由 n 重积分给出. 为了估计

$$I(k;q,r)=\sum_{\substack{p_i,(p_i,q)\leqslant k\\ s_i,(s_i,q)\leqslant k\\ 1\leqslant i\leqslant n}}\int_0^1\cdots\int_0^1\beta(q,q\alpha_1-p_1,\cdots,q\alpha_n-p_n).$$

$$\cdot\beta(r,r\alpha_1-s_1,\cdots,r\alpha_n-s_n)d\alpha_1\cdots d\alpha_n$$

的上界，可将它分拆为 $n+1$ 个部分：

$$I(k;q,r)=I_0+I_1+\cdots+I_n,$$

其中 I_j 由恰好有 j 个下标 $i_1,\cdots,i_j$ 适合 $qs_i-rp_i=0$ 的那些项组成，仿上面可以求出

$$I_0(k;q,r)\leqslant \psi(q)\psi(r),$$

$$I_j(k;q,r)\leqslant \frac{c^{(j)}A^j(k;q,r)\psi(q)}{q^j}$$

$$\leqslant \frac{c^{(j)}A(k;q,r)}{q}.$$

而其余的论证与 $n=1$ 的情形完全类似，所有证明细节留给读者完成，故定理 1 证完.

关于定理 1 的推广可参见文献 [2]，其他类似有关结果请见 [12]，[34]，[43]，[44]，[57]，[112]，[122] 等文献.

习　　题

1. 试证，对几乎所有的 $\alpha\in\mathbb{R}$，不等式

$$\|q\alpha\|<(q\log q)^{-1}$$

有无穷多个解 $q\in\mathbb{N}$；而几乎没有 $\alpha\in\mathbb{R}$，使

$$\|q\alpha\|<(q\log^2 q)^{-1}$$

有无穷多个解 $q\in\mathbb{N}$.

2. 设 $q_1,q_2,\cdots$是无穷自然数列，$\psi(q)$ 是自然数 q 的不超过 $\frac{1}{2}$ 的非负实函数，级数 $\sum\limits_{k=1}^{\infty}\psi(q_k)$ 发散，并且存在无穷多个 $Q\in\mathbb{N}$，使

$$\sum_{q_k\leqslant Q}\psi(q_k)<C_1\sum_{q_k\leqslant Q}\frac{\psi(q_k)\varphi(q_k)}{q_k},$$

其中 C_1 是一个正常数，则对几乎所有的 $\alpha\in\mathbb{R}$，有无穷多个 k 使不等式

$$\|q_k\alpha\|=|q_k\alpha-p|<\psi(q_k),$$
$$p>0,\ (p,q_k)=1$$

成立.

3. 设 $q_1,q_2,\cdots$是任意自然数无穷递增序列，并且对所有 $M\in\mathbb{N}$，

$$\sum_{k\leqslant M}\sum_{p|q_k}\frac{1}{p}<C_2M,\tag{1}$$

其中 p 是素数，C_2 是常数，那么对于区间

$$0<\delta<\frac{e^{-C_2}}{\zeta(2)}$$

中的任何 δ，及任何自然数 M，满足不等式

$$k\leqslant M\ 且\ \frac{\varphi(q_k)}{q_k}\geqslant\delta$$

的整数 k 的个数不少于 βM，其中

$$\beta=1+\frac{C_2}{\log(8\zeta(2))}.$$

4. 设 $q_1, q_2, \cdots$ 如上题，且有性质(1)，又设 $\{\lambda_k\}$ 是非负递增序列，$\sum_{k=1}^{\infty} \lambda_k$ 发散，那么对几乎所有的 $\alpha \in \mathbb{R}$，有无穷多个 k，使

$$|q_k\alpha - p| < \lambda_k, \quad p \in \mathbb{N}, \quad (q_k, p) = 1$$

成立。

5. 证明 § 7.5 定理 1 和 2 的"收敛性部分"。

6. 给出 § 7.5 定理 3 的证明细节。

7. 给出 § 7.5 定理 2"发散性部分"的证明细节。

8. 证明 § 7.6 引理 1。

9. 证明 § 7.6 定理1"发散性部分"的 $n > 1$ 的情形。

10. 给出 § 7.7 定理 1 的 $n \geqslant 2$ 的情形的证明细节。

11. 设 $n \geqslant 1$，$m \geqslant 1$ 是自然数，$\varepsilon > 0$ 任意，记 $\vec{\alpha} = (\alpha_1, \cdots, \alpha_m) \in \mathbb{R}^m$，$\vec{q} = (q_1, \cdots, q_m) \in \mathbb{Z}^m$，

$$d(\vec{q}) = \sum_{\substack{d \mid q_i \\ 1 \leqslant i \leqslant m}} 1.$$

用 $\vec{q} \cdot \vec{\alpha}$ 表示向量内积，用 $|\vec{q}| \leqslant h$ 表示 $\max(q_1, \cdots, q_m) \leqslant h$。设 $\psi_1(\vec{q}), \cdots, \psi_n(\vec{q})$ 是 n 个有界非负函数。令

$$\psi(\vec{q}) = \prod_{i=1}^{n} \psi_i(\vec{q}),$$

$$\Psi(h) = \sum_{|\vec{q}| \leqslant h} \psi(\vec{q}),$$

$$\chi(h) = \sum_{|\vec{q}| \leqslant h} \psi(\vec{q}) d(\vec{q}),$$

并且 $N(h; \vec{\theta}_1, \cdots, \vec{\theta}_n)$ 表示不等式组

$$0 \leqslant \vec{q} \cdot \vec{\theta}_i - p_i < \psi_i(\vec{q}), \quad i = 1, \cdots, n$$

的解 $(\vec{q}, p_1, \cdots, p_n)$ 的组数，其中 $|\vec{q}| \leqslant h$，$p_i \in \mathbb{Z}(1 \leqslant i \leqslant n)$。求证，对几乎所有的 $(\vec{\theta}_1, \cdots, \vec{\theta}_n) \in \mathbb{R}^{mn}$，有

$$N(h; \vec{\theta}_1, \cdots, \vec{\theta}_n) = \Psi(h) + O(\chi^{\frac{1}{2}}(h) \log^{\frac{3}{2}+\varepsilon} \chi(h)).$$

第八章　序列的一致分布

由 § 3.1 定理 1 我们知道，当 $\alpha \notin \mathbf{Q}, \beta$ 已知，存在 $q \in \mathbf{Z}$ 使 $\|q\alpha - \beta\|$ 充分小．由此可知，$\{q\alpha\}$ 当 q 充分大时可以任意接近区间[0,1)中的任意一个给定的实数 β（这里{　}表示分数部分），或者说 $\{q\alpha\}$ 在[0,1]中是处处稠密的．实际上，我们还可进一步得到下列重要的性质：对任何 $a < b$，满足 $a \leqslant \{q\alpha\} < b$，$1 \leqslant q \leqslant Q$ 的 q 的个数与 q 的总数 Q 的比渐近地与区间 $[a, b)$ 长度相等．这表明$\{q\alpha\}$在[0，1]中是"均匀"地分布的．我们把这种序列称为"一致分布"数列．它不仅是数论中的一个重要课题，而且在概率论中也是重要的．近数十年来，它被应用到数值分析中，产生很多深刻而有用的结果(参见文献[11]和[107])．

本章的目的是介绍一致分布序列的基本知识．§§ 8.1—8.3 研究一维情形，§§8.4—8.5 处理多维情形．§8.6 介绍"偏差"概念．这可使一致分布序列的研究由"定性"发展到"定量"．而这在某些应用中是很重要的．最后 § 8.7 中，简明地介绍了正规数的概念和性质．

§ 8.1　一维一致分布（mod 1）序列

用 ω 表示一个实数列 $x_1, x_2, \cdots$．对自然数 N，及 $I = [0, 1]$的任一子集 E，我们用 $A(E;N;\omega)$ 表示 $x_1, \cdots, x_N$ 中使 $\{x_n\} \in E$ 的项的个数(这里{　}表示分数部分)．在不引起混淆时，把它简记为 $A(E;N)$．

定义 1　如果实数列 ω 对于任何区间 $[a, b) \subseteq I(0 \leqslant a < b \leqslant 1)$ 总有

$$\lim_{N\to\infty}\frac{A([a,b);N;\omega)}{N}=b-a, \tag{1}$$

则称 ω 为一致分布 (mod1) (简记为 u.d.mod1).

注意,(1)式右边是区间 $[a, b)$ 的长度. 如果用 $\chi_{[a,b)}$ 表示区间 $[a,b)$ 的特征函数,那么(1)式等价于

$$\lim_{N\to\infty}\frac{1}{N}\sum_{n=1}^{N}\chi_{[a,b)}(\{x_n\})=\int_0^1\chi_{[a,b)}(x)dx. \tag{2}$$

这个事实向我们建议出下列重要的数列一致分布 (mod 1) 判别法则:

定理 1 (Weyl, 1914)[108] 实数列 ω 一致分布 (mod 1) 当且仅当对于任何定义在[0,1]上的连续函数 $f(x)$,有

$$\lim_{N\to\infty}\frac{1}{N}\sum_{n=1}^{N}f(\{x_n\})=\int_0^1 f(x)\,dx. \tag{3}$$

证明 必要性. 设 $\omega=(x_n)_{n=1}^{\infty}$ 一致分布(mod 1). 首先我们证明对于任何一个阶梯函数 $f_0(x)$,(3) 式成立. 事实上,设 $0=a_0<a_1<\cdots<a_s=1$. 用 $\chi_{[a_i,a_{i+1})}$ 表示 $[a_i, a_{i+1})$ 的特征函数,于是阶梯函数可以表为

$$f_0(x)=\sum_{i=0}^{s-1}c_i\chi_{[a_i,a_{i+1})}(x),$$

式中 c_i 是一些常数. 由(2)式可知,

$$\begin{aligned}&\lim_{N\to\infty}\frac{1}{N}\sum_{n=1}^{\infty}f_0(\{x_n\})\\&=\sum_{i=0}^{s-1}c_i\lim_{N\to\infty}\frac{1}{N}\sum_{n=1}^{N}\chi_{[a_i,a_{i+1})}(\{x_n\})\\&=\sum_{i=0}^{s-1}c_i\int_0^1\chi_{[a_i,a_{i+1})}(x)dx\\&=\int_0^1\left(\sum_{i=0}^{s-1}c_i\chi_{[a_i,a_{i+1})}(x)\right)dx\end{aligned}$$

$$=\int_0^1 f_0(x)dx,$$

即得结论.

其次,对任何一个[0, 1]上的连续函数, 由 Riemann 积分的性质可知,对任何 $\varepsilon>0$,存在两个阶梯函数 $f_1(x)$ 和 $f_2(x)$,满足

$$f_1(x)\leqslant f(x)\leqslant f_2(x)\quad(\text{当 } x\in[0,1]),$$

和

$$\int_0^1(f_2(x)-f_1(x))dx\leqslant\varepsilon.$$

于是容易算出

$$\begin{aligned}\int_0^1 f(x)dx-\varepsilon&\leqslant\int_0^1 f_1(x)dx\\&=\lim_{N\to\infty}\frac{1}{N}\sum_{n=1}^N f_1(\{x_n\})\\&\leqslant\varliminf_{N\to\infty}\frac{1}{N}\sum_{n=1}^N f(\{x_n\})\\&\leqslant\varlimsup_{N\to\infty}\frac{1}{N}\sum_{n=1}^N f(\{x_n\})\\&\leqslant\lim_{N\to\infty}\frac{1}{N}\sum_{n=1}^N f_2(\{x_n\})\\&=\int_0^1 f_2(x)dx\leqslant\int_0^1 f(x)dx+\varepsilon.\end{aligned}$$

由于 ε 可以任意小,所以(3)式成立.

充分性. 设 $\omega=(x_n)_{n=1}^\infty$ 对任何[0,1]上的连续实函数 $f(x)$ 适合(3)式. 现在来证明对任何 $[a,b)\subseteq[0,1]$ $(0\leqslant a<b\leqslant 1)$,$\omega$ 适合(1)式. 对任何 $\varepsilon>0$,显然存在两个连续函数 $g_1(x)$, $g_2(x)$ 适合下列条件:

$$g_1(x)\leqslant\chi_{[a,b)}(x)\leqslant g_2(x),$$

和

$$\int_0^1(g_2(x)-g_1(x))dx\leqslant\varepsilon.$$

于是有

$$
\begin{aligned}
b-a-\varepsilon &\leqslant \int_0^1 g_2(x)dx-\varepsilon \leqslant \int_0^1 g_1(x)dx \\
&= \lim_{N\to\infty}\frac{1}{N}\sum_{n=1}^{N} g_1(\{x_n\}) \\
&\leqslant \varliminf_{N\to\infty}\frac{1}{N}\, A([a,b);N;\omega) \\
&\leqslant \lim_{N\to\infty}\frac{1}{N}\, A([a,b);N;\omega) \\
&\leqslant \varlimsup_{N\to\infty}\frac{1}{N}\, A([a,b);N;\omega) \\
&\leqslant \lim_{N\to\infty}\frac{1}{N}\sum_{n=1}^{N} g_2(\{x_n\}) \\
&= \int_0^1 g_2(x)dx \leqslant \int_0^1 g_1(x)dx+\varepsilon \leqslant b-a+\varepsilon.
\end{aligned}
$$

因为 ε 可以任意小,所以得到(1)式,即 ω 一致分布 (mod 1). 故定理证完.

推论 1 实数列 $\omega=(x_n)_{n=1}^{\infty}$ 一致分布 (mod 1) 当且仅当对[0,1]上每个 Riemann 可积函数 $f(x)$,(3)式成立.

证明 必要性的证法与定理 1 的必要性证法相同. 由于连续函数一定是 Riemann 可积,所以充分性是定理 1 (充分性部分)的直接推论.

推论 2 实数列 $\omega=(x_n)_{n=1}^{\infty}$ 一致分布 (mod 1) 当且仅当对每个 $\mathbf{R}$ 上的复值连续且周期为 1 的函数 $f(x)$ 有

$$
\lim_{N\to\infty}\frac{1}{N}\sum_{n=1}^{N} f(x_n)=\int_0^1 f(x)\,dx. \tag{4}
$$

证明 将定理 1 应用于 $f(x)$ 的实部和虚部,并且注意,由周期性可知 $f(\{x\})=f(x)$,所以得到必要性部分,对于充分性部分,只须将证明定理 1 的充分性部分所作的推理应用于实连续周期函数 $f(x)$, 特别, 取 $g_1(x)$, $g_2(x)$ 适合附加条件 $g_1(0)=g_1(1)$, $g_2(0)=g_2(1)$,即可. 证完.

下面给出几个一致分布序列的例子.

例 1 若 $\alpha\in\mathbf{Q}$,则序列 $(n\alpha)_{n=1}^{\infty}$ 不是一致分布 (mod 1)的.

事实上,若 $\alpha\in\mathbf{Z}$,则 $\{n\alpha\}=0$ $(n=1,2,\cdots)$, 所以结论显然成立. 现设 $\alpha=\frac{p}{q},(p,q)=1,\ q>1$,则 $\{nq\alpha\}=0(n=1,2,\cdots)$,所以对任何区间 $[a,b)$ $(0<a<b\leqslant1)$,

$$A([a,b);sq;\omega)\leqslant sq-s.$$

于是

$$\lim_{s\to\infty}\frac{A([a,b);sq;\omega)}{sq}\leqslant\frac{q-1}{q}.$$

如果我们取 $b-a>\frac{q-1}{q}$,那么 ω 不能满足(1)式. 故得结论.

例 2 数列 ω

$$\frac{0}{1},\ \frac{0}{2},\ \frac{1}{2},\ \frac{0}{3},\ \frac{1}{3},\ \frac{2}{3},\cdots,\frac{0}{k},\ \frac{1}{k},\cdots,\frac{k-1}{k},\cdots$$

是一致分布 (mod 1) 的.

我们来验证,对任何$[0,1]$上的连续函数 $f(x)$, 数列 ω 满足等式(3). 对任意 N,显然存在 k 适合

$$\frac{k(k+1)}{2}\leqslant N<\frac{(k+1)(k+2)}{2}. \tag{5}$$

于是有

$$\begin{aligned}\sum_{n=1}^{N}f(\{x_n\})&=\sum_{n=1}^{N}f(x_n)\\&=f\left(\frac{0}{1}\right)+\left(f\left(\frac{0}{2}\right)+f\left(\frac{1}{2}\right)\right)+\cdots\\&\quad+\left(f\left(\frac{0}{k}\right)+f\left(\frac{1}{k}\right)+\cdots+f\left(\frac{k-1}{k}\right)\right)\\&\quad+\left(f\left(\frac{0}{k+1}\right)+\cdots+f\left(\frac{\tau}{k+1}\right)\right),\end{aligned}$$

式中 $\tau<k$. 因为 $f(x)$ 是连续函数,所以由(5)式可知

$$\frac{1}{N}\left|f\left(\frac{0}{k+1}\right)+f\left(\frac{1}{k+1}\right)+\cdots+f\left(\frac{\tau}{k+1}\right)\right|$$

$$\leqslant \frac{\tau}{N}\max_{0\leqslant x\leqslant 1}|f(x)| < \frac{k}{N}\max_{0\leqslant x\leqslant 1}|f(x)| \to 0 \ (N\to\infty). \quad (6)$$

又因为

$$\lim_{k\to\infty}\frac{1}{k}\left(f\left(\frac{0}{k}\right)+f\left(\frac{1}{k}\right)+\cdots+f\left(\frac{k-1}{k}\right)\right)=\int_0^1 f(x)dx$$

所以根据 Stolz 定理(例如参见，Г.М. 菲赫金哥尔茨，微积分学教程，第一卷第一分册(§33)，第二版，人民教育出版社，1978.）有

$$\left\{f\left(\frac{0}{1}\right)+\left(f\left(\frac{0}{2}\right)+f\left(\frac{1}{2}\right)\right)+\cdots+\left(f\left(\frac{0}{k}\right)+f\left(\frac{1}{k}\right)\right.\right.$$

$$\left.\left.+\cdots+f\left(\frac{k-1}{k}\right)\right)\right\}\Big/(1+2+\cdots+k)$$

$$\to\int_0^1 f(x)dx \ (k\to\infty). \quad (7)$$

再注意，由(5)式，

$$\frac{1+2+\cdots+k}{N}=\frac{k(k+1)}{2N}\leqslant 1$$

$$\leqslant\frac{1+2+\cdots+k}{N}+\frac{k+1}{N},$$

所以有

$$\lim_{N\to\infty}\frac{1+2+\cdots+k}{N}=1, \quad (8)$$

由(6)，(7)，(8)式立即得到(3)式．故得结论．

§8.2 Weyl 判别法则

在实际应用中，上节的判别法未必总是容易的．下面的判别法在不少情况下相当方便．

定理 1 (Weyl 判别法则)[108,109] 实数列 $\omega=(x_n)_{n=1}^{\infty}$ 一致分布 (mod 1) 当且仅当对所有非零整数 h，有

$$\lim_{N\to\infty}\frac{1}{N}\sum_{n=1}^{N}e^{2\pi ihx_n}=0. \tag{1}$$

定理的必要性部分可以由§8.1推论2得到. 为证充分性,先给出下面引理.

引理1 对任何 $\varepsilon>0$,存在数 $E=E(\varepsilon)$,具有下列性质:对任何 $\alpha,\beta(0\leqslant\alpha<\beta\leqslant1)$,有以1为周期的函数 $f_-(z),f_+(z)$,它有二阶连续导数,而且

(i) $0\leqslant f_-(z)\leqslant1$, $0\leqslant f_+(z)\leqslant1$.

(ii) $f_+(z)=1$, 当 $\alpha\leqslant z<\beta$.

$f_-(z)=0$, 当 $0\leqslant z<\alpha$ 和 $\beta\leqslant z<1$.

(iii) $\int_0^1 f_+(z)dz\leqslant\beta-\alpha+\varepsilon$, $\int_0^1 f_-(z)dz\geqslant\beta-\alpha-\varepsilon$.

(iv) $|f''_+(z)|\leqslant E$, $|f''_-(z)|\leqslant E$, 对一切 z.

证明 如果 $\beta-\alpha\leqslant\varepsilon$,则取 $f_-(z)=0$, 它具有所要的一切性质. 所以不妨假定 $\beta>\alpha+\varepsilon$. 显然,存在定义在[0,1]上的二次可微函数 $g(x)$,具有下列性质

$$\begin{cases}g(0)=g'(0)=g''(0)=0,g(1)=1,g'(1)=g''(1)=0,\\ 0\leqslant g(x)\leqslant1\quad(0\leqslant x\leqslant1).\end{cases}$$

(例如,令

$$g(x)=\begin{cases}8x^3-8x^4,\ \text{当}0\leqslant x\leqslant\frac{1}{2},\\ 1-8(1-x)^3+8(1-x)^4,\text{当}\ \frac{1}{2}\leqslant x\leqslant1\end{cases}$$

即合所需.)现令

$$f_-(z)=\begin{cases}0, & \text{当}0\leqslant z<\alpha,\\ g(2\varepsilon^{-1}(z-\alpha)), & \text{当}\ \alpha\leqslant z<\alpha+\frac{\varepsilon}{2},\\ 1, & \text{当}\ \alpha+\frac{\varepsilon}{2}\leqslant z<\beta-\frac{\varepsilon}{2},\\ g(2\varepsilon^{-1}(\beta-z)), & \text{当}\ \beta-\frac{\varepsilon}{2}\leqslant z<\beta,\\ 0, & \text{当}\ \beta\leqslant z\leqslant1.\end{cases}$$

显然 $f_-(z)$ 二阶可微，并且

$$|f''_-(z)| \leqslant 4\varepsilon^{-2} \max_{0\leqslant x\leqslant 1}|g''(x)| = E(\varepsilon),$$

其中 $E(\varepsilon)$ 与 α,β 无关. 所以 (i),(ii),(iv) 成立. 又由

$$\int_0^1 f_-(z)\,dz \geqslant \int_{\alpha+\frac{\varepsilon}{2}}^{\beta-\frac{\varepsilon}{2}} dz = \beta-\alpha-\varepsilon,$$

可知 (iii) 成立.

类似地，我们令

$$f_+(z) = \begin{cases} 0, & \text{当 } 0\leqslant z<\alpha-\dfrac{\varepsilon}{2}, \\ g(2\varepsilon^{-1}(\alpha-z)), & \text{当 } \alpha-\dfrac{\varepsilon}{2}\leqslant z<\alpha, \\ 1, & \text{当 } \alpha\leqslant z<\beta, \\ g(2\varepsilon^{-1}(z-\beta)), & \text{当 } \beta\leqslant z<\beta+\dfrac{\varepsilon}{2}, \\ 0, & \text{当 } \beta+\dfrac{\varepsilon}{2}\leqslant z\leqslant 1. \end{cases}$$

它也具有所要的一切性质. 故引理证完.

推论 1 有 Fourier 展开式

$$f_+(z) = \sum_{-\infty<t<+\infty} c_t^+ e^{2\pi t z i}, \tag{2}$$

$$f_-(z) = \sum_{-\infty<t<+\infty} c_t^- e^{2\pi t z i}, \tag{3}$$

其中系数满足不等式

$$c_0^- \geqslant \beta-\alpha-\varepsilon,\quad c_0^+ \leqslant \beta-\alpha+\varepsilon, \tag{4}$$

$$|c_t^\pm| \leqslant t^{-2}M\ (t\neq 0), \tag{5}$$

这里 $M = M(\varepsilon)$ 是与 α,β 无关的常数.

证明 根据引理 1 (iii), (iv) 可知 Fourier 展开式 (2) 和 (3). 由

$$c_0^\pm = \int_0^1 f_\pm(z)\,dz$$

和引理 1(iii) 可得(4)式。当 $t \neq 0$ 时，由两次分部积分得到

$$c_t^{\pm} = \int_0^1 f_{\pm}(z) e^{-2\pi t z i} dz$$

$$= -\frac{1}{4\pi^2 t^2} \int_0^1 f''_{\pm}(z) e^{-2\pi t z i} dz,$$

从而(5)式成立。故推论得证。

定理 1 充分性部分的证明 设 $\varepsilon > 0$ 任意小。对任何 $[\alpha, \beta)$ $(0 \leqslant \alpha < \beta \leqslant 1)$，按引理 1 构造辅助函数 $f_{\pm}(z)$。根据引理 1(i)，(ii) 可知，

$$\sum_{n=1}^{N} f_{-}(\{x_n\}) \leqslant A([\alpha,\beta); N; \omega) \leqslant \sum_{n=1}^{N} f_{+}(\{x_n\}).$$

由此式和(2)，(3)二式可得

$$A([\alpha,\beta); N; \omega) \leqslant \sum_{-\infty < t < +\infty} c_t^{+} \sum_{n=1}^{N} e^{2\pi t x_n i}$$

$$\leqslant N(\beta - \alpha + \varepsilon) + \sum_{t \neq 0} t^{-2} M \left| \sum_{n=1}^{N} e^{2\pi t x_n i} \right|,$$

$$A([\alpha,\beta); N; \omega) \geqslant \sum_{-\infty < t < +\infty} c_t^{-} \sum_{n=1}^{N} e^{2\pi t x_n i}$$

$$\geqslant N(\beta - \alpha - \varepsilon) - \sum_{t \neq 0} t^{-2} M \left| \sum_{n=1}^{N} e^{2\pi t x_n i} \right|.$$

因此

$$\left| \frac{A([\alpha,\beta); N; \omega)}{N} - (\beta - \alpha) \right|$$

$$\leqslant \varepsilon + \frac{M}{N} \sum_{t \neq 0} t^{-2} \left| \sum_{n=1}^{N} e^{2\pi t x_n i} \right|. \tag{6}$$

因为 $\sum_{t} t^{-2} < \infty$，所以 T 充分大时可使

$$M \sum_{t > T} t^{-2} < \varepsilon.$$

于是

$$\frac{M}{N}\sum_{|t|>T}t^{-2}\left|\sum_{n=1}^{N}e^{2\pi t x_n i}\right|<2\varepsilon. \tag{7}$$

固定 ε 和 T. 由命题条件可知(1)式成立. 所以对一切 $0<|t|\leqslant T$,当 $N\geqslant N_0(\varepsilon)$ 时,有

$$\left|\frac{1}{N}\sum_{n=1}^{N}e^{2\pi t x_n i}\right|<(TM)^{-1}\varepsilon. \tag{8}$$

于是根据(6),(7),(8)式可知,当 $N\geqslant N_0(\varepsilon)$ 时,

$$\left|\frac{A([\alpha,\beta);N;\omega)}{N}-(\beta-\alpha)\right|$$

$$\leqslant\varepsilon+\frac{M}{N}\left(\sum_{|t|>T}+\sum_{0<|t|\leqslant T}\right)t^{-2}\left|\sum_{n=1}^{N}e^{2\pi t x_n i}\right|$$

$$\leqslant\varepsilon+2\varepsilon+M(TM)^{-1}\varepsilon\sum_{0<|t|\leqslant T}1=5\varepsilon.$$

因此得到

$$\lim_{N\to\infty}\frac{A([\alpha,\beta);N;\omega)}{N}=\beta-\alpha.$$

也就是说,$\omega=(x_n)_{n=1}^{\infty}$ 一致分布 (mod 1). 故定理证完.

现在给出几个简单的例子.

例 1 设 $\alpha\notin\mathbb{Q}$,则 $\omega=(n\alpha)_{n=1}^{\infty}$ 一致分布 (mod 1). (请与§8.1 例 1 比较)

事实上,对任何非零整数 h,有

$$\left|\frac{1}{N}\sum_{n=1}^{N}e^{2\pi h n\alpha i}\right|=\frac{|e^{2\pi hN\alpha i}-1|}{N|e^{2\pi h\alpha i}-1|}\leqslant\frac{1}{N|\sin\pi h\alpha|},$$

所以

$$\lim_{N\to\infty}\frac{1}{N}\sum_{n=1}^{N}e^{2\pi h n\alpha i}=0.$$

根据定理 1,则得结论.

例 2 $\omega=(\log n)_{n=1}^{\infty}$ 不是一致分布 (mod 1).

事实上，根据 Euler 求和公式(例如参见，华罗庚，高等数学引论，第一卷第一分册，第十章 § 14 定理 1，科学出版社，1963)，令

$$F(t)=e^{2\pi i\log t},$$

则有

$$\sum_{n=1}^{N}F(n)=\int_{1}^{N}F(t)dt+\frac{1}{2}(F(1)+F(N))$$

$$+\int_{1}^{N}\left(\{t\}-\frac{1}{2}\right)F'(t)dt.$$

两边除以N后，右边第一项等于

$$\frac{Ne^{2\pi i\log N}-1}{N(2\pi i+1)}.$$

当$N\to\infty$时，它没有极限；右边第二项趋于零；右边第三项

$$\frac{1}{N}\left|\int_{1}^{N}\left(\{t\}-\frac{1}{2}\right)F'(t)dt\right|\leqslant\frac{\pi}{N}\int_{1}^{N}\frac{dt}{t}\to 0(N\to\infty).$$

因此当 $h=1$ 时 $\omega=(\log n)_{n=1}^{\infty}$ 已不满足(1)式. 故得结论.

§ 8.3 van der Corput 定理

作为 Weyl 判别法则的一个应用，我们来证明下面的命题.

定理 1 (van der Corput, 1931)[103] 设 $\omega=(x_n)_{n=1}^{\infty}$ 是一个实数列. 如果对任何自然数 t，数列 $\omega'=(x_{n+t}-x_n)_{n=1}^{\infty}$ 都一致分布 (mod 1)，那么ω 也一致分布 (mod 1).

注 1 命题中的条件对于ω一致分布 (mod 1) 是充分而不必要的. 例如，若 $\alpha\notin Q$，则由 § 8.2 例 1 知道，$\omega=(n\alpha)_{n=1}^{\infty}$ 一致分布 (mod 1)，但序列

$$\omega'=((n+t)\alpha-n\alpha)_{n=1}^{\infty}=(t\alpha)_{n=1}^{\infty}$$

显然不一致分布 (mod 1).

为证定理 1，先证下面引理.

引理 1 (van der Corput 不等式) 设 $u_1,\cdots,u_N$ 为任意实数或复数，又设 $1\leqslant H\leqslant N$，则有不等式

$$H^2\left|\sum_{n=1}^{N}u_n\right|^2\leqslant H(H+N-1)\sum_{n=1}^{N}|u_n|^2+2(H+N-1)$$
$$\times\sum_{t=1}^{H-1}(H-t)\mathrm{Re}\left(\sum_{n=1}^{N-t}\bar{u}_n u_{n+t}\right). \qquad (1)$$

证明 我们扩大 u_n 的定义范围：当 $n\leqslant 0$ 或 $n>N$时定义 $u_n=0$。于是

$$H\sum_{n=1}^{N}u_n=H\sum_{r<n\leqslant N+r}u_{n-r}=\sum_{0\leqslant r<H}\sum_{r<n\leqslant N+r}u_{n-r}$$
$$=\sum_{0\leqslant r<H}\sum_{0<p<N+H}u_{p-r}$$
$$=\sum_{0<p<N+H}\sum_{0\leqslant r<H}u_{p-r}.$$

根据 Cauchy-Schwarz 不等式，

$$H^2\left|\sum_{n=1}^{N}u_n\right|^2=\left|\sum_{0<p<N+H}\left(1\cdot\sum_{0\leqslant r<H}u_{p-r}\right)\right|^2$$
$$\leqslant\sum_{0<p<N+H}1^2\cdot\sum_{0<p<N+H}\left|\sum_{0\leqslant r<H}u_{p-r}\right|^2$$
$$=(H+N-1)\sum_{0<p<N+H}\left|\sum_{0\leqslant r<H}u_{p-r}\right|^2. \qquad (2)$$

注意到

$$\sum_{0<p<N+H}\left|\sum_{0\leqslant r<H}u_{p-r}\right|^2=\sum_{0<p<N+H}\sum_{0\leqslant r,s<H}u_{p-r}\bar{u}_{p-s}$$
$$=\sum_{0\leqslant r,s<H}\sum_{0<p<N+H}u_{p-r}\bar{u}_{p-s}=\sum_{0\leqslant r,s<H}U_{rs}$$
$$=\sum_{0\leqslant r=s<H}U_{rs}+\sum_{0\leqslant r<s<H}U_{rs}+\sum_{0\leqslant s<r<H}U_{rs}$$
$$=\Sigma_1+\Sigma_2+\Sigma_3\ (\text{定义}),$$

式中

$$U_{rs}=\sum_{0<p<N+H}u_{p-r}\bar{u}_{p-s}.$$

首先,估计 $\sum_1$. 对每组满足 $0 \leqslant r = s < H$ 的 (r,s),有

$$U_{rs} = \sum_{0<p<N+H} |u_{p-r}|^2 = \sum_{r<p\leqslant r+N} |u_{p-r}|^2$$

$$= \sum_{0<n\leqslant N} |u_n|^2 \text{ (令 } n = p - r).$$

此值与 r 无关. 又因为满足 $0 \leqslant r = s < H$ 的 (r, s) 的组数是 H,所以得到

$$\sum\nolimits_1 = H \sum_{0<n\leqslant N} |u_n|^2. \tag{3}$$

其次,估计 $\sum_2$. 把满足 $0 \leqslant r < s < H$ 的 (r,s) 按对角线方式排列:

$$\begin{array}{l} (0,1),(1,2),\cdots,(r<s,s-r=1); \\ (0,2),(1,3),\cdots,(r<s,s-r=2); \\ \cdots\cdots\cdots; \qquad (0,H-1). \end{array}$$

则得

$$\sum\nolimits_2 = \sum_{0<t<H} \sum_{s-r=t} U_{rs}.$$

对固定的 $t(0 < t < H)$,满足 $s - r = t$ 的 (r,s),有

$$U_{rs} = \sum_{\substack{0<p<N+H \\ (s-r=t)}} u_{p-r}\bar{u}_{p-s}.$$

因为当 $r < p < r + N$ 时 u_{p-r} 才出现; 当 $s < p < s + N$ 时 $\bar{u}_{p-s}$ 才出现, 所以当 $s < p < r + N$时才可能出现 $u_{p-r}\bar{u}_{p-s}$, 于是

$$U_{rs} = \sum_{\substack{s<p<r+N \\ (s-r=t)}} u_{p-r}\bar{u}_{p-s}$$

$$= \sum_{0<n<N-t} u_{n+t}\bar{u}_n \text{ (令} n = p - s).$$

由此可见, 凡满足 $s - r = t$ 的 U_{rs} 都有相同的值. 由于适合 $s - r = t$ 的(r,s) 恰为

$$(0,t),(1,t+1),\cdots,(H-1-t,H-1),$$

共有$H-t$组,所以有

$$\sum\nolimits_2=\sum_{0<t<H}\sum_{s-r=t}U_{rs}$$

$$=\sum_{0<t<H}(H-t)\sum_{0<n<N-t}u_{n+t}\bar{u}_n. \qquad (4)$$

最后,类似地可以估计 $\sum_3$.

$$\sum\nolimits_3=\sum_{0<t<H}(H-t)\sum_{0<n<N-t}u_n\bar{u}_{n+t}. \qquad (5)$$

由(3),(4),(5)式可得

$$\sum_{0<p<N+H}\left|\sum_{0\leqslant r<H}u_{p-r}\right|^2=\sum\nolimits_1+\sum\nolimits_2+\sum\nolimits_3$$

$$=H\sum_{0<n\leqslant N}|u_n|^2+\sum_{0<t<H}(H-t)$$

$$\times\left(\sum_{0<n<N-t}(u_{n+t}\bar{u}_n+\bar{u}_{n+t}u_n)\right).$$

注意 $z+\bar{z}=2\mathrm{Re}z$,由(2)式便得(1)式。故引理证完。

定理 1 的证明 设 $\omega'=(x_{n+t}-x_n)_{n=1}^{\infty}$ 对任何整数 t 一致分布 (mod 1)。根据 Weyl 判别法则(§8.2 定理1)可知,对任何非零整数 h,有

$$\lim_{N\to\infty}\frac{1}{N}\sum_{n=1}^{N}e^{2\pi h(x_{n+t}-x_n)i}=0. \qquad (6)$$

在引理 1 中,令 $u_n=e^{2\pi hx_ni}$,并取 $0<H<N$,有

$$\left|\frac{1}{N}\sum_{n=1}^{N}e^{2\pi hx_ni}\right|^2$$

$$\leqslant\frac{H(H+N-1)}{H^2N^2}\sum_{1\leqslant n\leqslant N}|e^{2\pi hx_ni}|^2+\frac{2(H+N-1)}{H^2N^2}$$

$$\times\sum_{0<t<H}(H-t)\mathrm{Re}\left(\sum_{1\leqslant n\leqslant N-t}e^{-2\pi hx_ni}e^{2\pi hx_{n+t}i}\right)$$

$$=\frac{H+N-1}{HN}+2\sum_{0<t<H}\frac{H-t}{H}\cdot\frac{H+N-1}{H}$$

$$\cdot \frac{N-t}{N^2} \operatorname{Re}\left(\frac{1}{N-t} \sum_{1 \leqslant n \leqslant N-t} e^{2\pi h(x_{n+t}-x_n)i}\right).$$

对任何固定的正整数 H,由上式和(6)式可知,

$$\overline{\lim_{N\to\infty}}\left|\frac{1}{N}\sum_{n=1}^{N} e^{2\pi h x_n i}\right|^2 \leqslant \frac{1}{H}.$$

因为 H 可以任意大,所以得到

$$\lim_{N\to\infty}\frac{1}{N}\sum_{n=1}^{N} e^{2\pi h x_n i} = 0, \text{对一切整数 } h \neq 0.$$

根据 Weyl 判别法则可知,$\omega = (x_n)_{n=1}^{\infty}$ 一致分布 (mod 1).故定理证完.

现在给出定理 1 的一个应用.

定理 2 设

$$P(x) = \alpha_m x^m + \alpha_{m-1}x^{m-1} + \cdots + \alpha_0, m \geqslant 1$$

是实系数多项式,并且系数 $\alpha_1, \cdots, \alpha_m$ 中至少有一个是无理数,则 $\omega = (P(n))_{n=1}^{\infty}$ 一致分布 (mod 1).

注 2 容易看出(注意本章习题 1),本定理是 § 8.2 例 1 的推广.

证明 当 $m = 1$ 时,就是 § 8.2 例1,命题已成立.所以设多项式次数 $m \geqslant 2$. 又设 m 次多项式 $P(x)$ 的无理系数项的最高次数为 $r(1 \leqslant r \leqslant m)$. 我们对 r 用数学归纳法.

当 $r = 1$ 时,即 $\alpha_m, \cdots, \alpha_2 \in \mathbb{Q}$, $\alpha_1 \notin \mathbb{Q}$. 令 D 是系数 $\alpha_2, \cdots, \alpha_m$ 的分母的最小公倍数,又记 $p(x) = \alpha_m x^m + \cdots + \alpha_2 x^2$, 则

$$P(x) = p(x) + \alpha_1 x + \alpha_0,$$

并且当 $k \geqslant 0, d \geqslant 1$ 是整数时,有

$$\{p(Dk + d)\} = \{p(d)\}. \tag{7}$$

于是对每个非零整数h,

$$\frac{1}{N}\sum_{n=1}^{N} e^{2\pi h P(n) i}$$

$$= \frac{1}{N}\sum_{d=1}^{D}\sum_{k=0}^{[\frac{N}{D}]-1} e^{2\pi h(p(Dk+d)+\alpha_1(Dk+d)+\alpha_0)i}$$

$$+\frac{1}{N}\sum_{n=[\frac{N}{D}]D+1}^{N} e^{2\pi hP(n)i}=\sum\nolimits_1+\sum\nolimits_2 \quad (\text{定义}).$$

由(7)式可知，

$$\sum\nolimits_1=\left(\sum_{d=1}^{D} e^{2\pi h(p(d)+\alpha_1 d+\alpha_0)i}\right)\left(\frac{1}{N}\sum_{k=0}^{[\frac{N}{D}]-1} e^{2\pi h\alpha_1 Dki}\right).$$

因为 $\alpha_1\notin Q$，根据 § 8.2 例 1 可知 $(\alpha_1 Dk)_{k=0}^{\infty}$ 一致分布（mod1），所以

$$\sum\nolimits_1\to 0 \quad (N\to\infty).$$

又可看出 $|\sum\nolimits_2|<\frac{D}{N}\to 0\ (N\to\infty)$. 因此对一切非零整数$h$，有

$$\lim_{N\to\infty}\frac{1}{N}\sum_{n=1}^{N} e^{2\pi hP(n)i}=0.$$

根据 Weyl 判别法则可知 $(P(n))_{n=1}^{\infty}$ 一致分布（mod 1）.

现设 $m\geqslant q>1$，并且假定命题对无理系数项最高次数不超过q的情形已成立。假设 $P(x)$ 是m次多项式，其无理系数项最高次数为 q，那么对任何非零整数 h，多项式

$$P_h(x)=P(x+h)-P(x)$$

中无理系数项的最高次数为 $q-1$. 由归纳假设，$(P_h(n))_{n=1}^{\infty}$一致分布（mod 1）. 根据定理 1 可知 $(P(n))_{n=1}^{\infty}$ 一致分布（mod 1）. 于是完成归纳步骤，定理得证.

§ 8.4 多维一致分布（mod 1）序列

这一节里将把以前的结果推广到多维情形.

设 $s\geqslant 2$ 是一个整数. 若 $\vec{a}=(a_1,\cdots,a_s)$ 和 $\vec{b}=(b_1,\cdots,b_s)\in \mathbf{R}^s$，且 $a_j<b_j(a_j\leqslant b_j)$，$j=1,\cdots,s$，则记作 $\vec{a}<\vec{b}(\vec{a}\leqslant\vec{b})$. 用 $[\vec{a},\vec{b})$ 表示集合 $\{\vec{x}\,|\,\vec{x}\in\mathbf{R}^s,\vec{a}\leqslant\vec{x}<\vec{b}\}$. 类似地定义 $[\vec{a},\vec{b}]$. 又记 $\vec{0}=(0,\cdots,0)$ 和 $\vec{1}=(1,\cdots,1)\in\mathbf{R}^s$. 用 I^s 表示$[\vec{0},\vec{1})$

这称为 s 维单位立方体. 对于 $\vec{x}=(x_1,\cdots,x_s)\in\mathrm{R}^s$,定义其整数部分是 $[\vec{x}]=([x_1],\cdots,[x_s])$ 和分数部分 $\{\vec{x}\}=(\{x_1\},\cdots,\{x_s\})$.

设 $\vec{\omega}=(\vec{x}_n)_{n=1}^{\infty}$ 是 R^s 中的向量序列. 对于 I^s 的任何子集 E,用 $A(E;N;\vec{\omega})$(有时简写为 $A(E;N)$)表示 $\vec{\omega}$ 中的矢量 $\vec{x}_1,\cdots,\vec{x}_N$ 使得 $\{\vec{x}_n\}\in E$ 的向量个数.

定义 1 如果 R^s 中向量序列 $\vec{\omega}=(\vec{x}_n)_{n=1}^{\infty}$ 对任何 $[\vec{a},\vec{b})\in I^s$,有

$$\lim_{N\to\infty}\frac{A([\vec{a},\vec{b});N)}{N}=\prod_{j=1}^{s}(b_j-a_j), \tag{1}$$

那么称 $\vec{\omega}$ 一致分布 (mod 1).

注意到(1)式右边是集合 $[\vec{a},\vec{b})$ 的 s 维体积(s 维测度),所以与 § 8.1 类似,我们有下列判别方法.

定理 1 R^s 中的序列 $\vec{\omega}=(\vec{x}_n)_{n=1}^{\infty}$ 一致分布 (mod 1) 当且仅当对每个$[\vec{0},\vec{1}]$上的复值连续函数 $f(\vec{x})$,有

$$\lim_{N\to\infty}\frac{1}{N}\sum_{n=1}^{\infty}f(\{\vec{x}_n\})=\int_{[\vec{0},\vec{1}]}f(\vec{x})\,d\vec{x}.$$

对于 § 8.1 的推论 1 和 2,也有相应的 s 维推广. 我们将它们留给读者.

Weyl 判别法则的 s 维推广是

定理 2 (Weyl 判别法则) R^s 中序列 $\vec{\omega}=(\vec{x}_n)_{n=1}^{\infty}$ 一致分布 (mod 1) 当且仅当对每个 $\vec{h}\in\mathrm{Z}^s,\vec{h}\neq\vec{0}$,有

$$\lim_{N\to\infty}\frac{1}{N}\sum_{n=1}^{N}e^{2\pi(\vec{h}\cdot\vec{x}_n)i}=0,$$

式中 $\vec{h}\cdot\vec{x}_n$ 表示矢量内积.

以上所有命题的证法都与一维情形类似,故省略.

由定理 2 和 § 8.2 定理 1 可以直接推出

定理 3 R^s 中序列 $\vec{\omega}=(\vec{x}_n)_{n=1}^{\infty}$ 一致分布 (mod 1)当且仅当对任何 $\vec{h}\in\mathrm{Z}^s$, $\vec{h}\neq\vec{0}$, 一维实序列 $\omega=(\vec{h}\cdot\vec{x}_n)_{n=1}^{\infty}$ 一致分布

(mod 1).

现在给出两个例子.

例1 设 $\vec{\alpha}=(\alpha_1,\cdots,\alpha_s)\in\mathbb{R}^s$, $1,\alpha_1,\cdots,\alpha_s$ 是 Q 线性无关的,则 $\vec{\omega}=(n\vec{\alpha})_{n=1}^{\infty}$ 一致分布 (mod1).

事实上,由 $1,\alpha_1,\cdots,\alpha_s$ 是 Q 线性无关可知,对任何 $\vec{h}\in\mathbb{Z}^s$, $\vec{h}\neq\vec{0}$ 有 $\vec{h}\cdot\vec{\alpha}\notin\mathbb{Q}$. 所以由 § 8.2 例 1 可知, 一维序列 $\omega=(n\vec{h}\cdot\vec{\alpha})_{n=1}^{\infty}$ 一致分布 (mod1). 于是根据定理 3 得出结论 (本例是 §8.2 例 1 的 s 维推广).

例2 设 $\vec{\alpha}=(\alpha_1,\cdots,\alpha_s)\in\mathbb{R}^s$,如果 $1,\alpha_1,\cdots,\alpha_s$ 是 Q 线性相关,那么 $\mathbb{R}^s$ 中序列 $\vec{\omega}=(n\vec{\alpha})_{n=1}^{\infty}$ 不一致分布 (mod 1).

事实上, 因为 $1,\alpha_1,\cdots,\alpha_s$ Q 线性相关, 所以存在 $\vec{h}=(h_1,\cdots,h_s)\in\mathbb{Z}^s$, $\vec{h}\neq\vec{0}$,使得

$$\vec{h}\cdot\vec{\alpha}=h_1\alpha_1+\cdots+h_s\alpha_s\in\mathbb{Z}.$$

于是由 § 8.1 例 1 可知,一维序列 $\omega=(\vec{h}\cdot n\vec{\alpha})_{n=1}^{\infty}=(n\vec{h}\cdot\vec{\alpha})_{n=1}^{\infty}$ 不一致分布(mod 1). 再根据定理 3 可知 $\vec{\omega}=(n\vec{\alpha})_{n=1}^{\infty}$ 不一致分布 (mod 1).

最后, 由定理 3 和 § 8.3 定理 2 可以得到 § 8.3 定理 2 的 s 维推广. 即

定理 4 令 $\vec{P}(x)=(P_1(x),\cdots,P_s(x))$, 其中 $P_1(x),\cdots,P_s(x)$ 是实系数多项式,并且对每个 $\vec{h}=(h_1,\cdots,h_s)\in\mathbb{Z}^s$, $\vec{h}\neq\vec{0}$, 多项式

$$\vec{h}\cdot\vec{P}(x)=h_1P_1(x)+\cdots+h_sP_s(x)$$

至少有一个非常数项的系数不属于 Q,那么 $\vec{\omega}=(\vec{P}(n))_{n=1}^{\infty}$ 一致分布 (mod 1).

§ 8.5 线性型的一致分布 (mod 1)

我们现在将上节给出的一致分布 (mod1) 的定义加以拓广.

设 T 是 $\mathbb{N}^m(m\geqslant 1)$ 的某个无穷子集. 我们考察 $\mathbb{R}^s$ 中的序列 $\vec{\omega}=(\vec{x}_{\vec{n}})(\vec{n}\in T)$, 它的每个元素的下标是某个向量 $\vec{n}=(n_1,$

$\cdots,n_m)\in T$. 又设 $\vec{N}=(N_1,\cdots,N_m)\in\mathrm{N}^m$, 记 $|\vec{N}|=N_1\cdots N_m$. 对于集合 $E\subseteq I^s$,用 $A(E;\vec{N};\vec{\omega})$ (有时简记为 $A(E;\vec{N})$) 表示集合

$$\vec{x}_{\vec{n}}(\vec{n}\leqslant\vec{N})$$

中适合 $\{\vec{x}_{\vec{n}}\}\in E$ 的元素的个数.

定义 1 如果 R^s 中的序列 $\vec{\omega}=(\vec{x}_{\vec{n}})(\vec{n}\in T)$ 对于任何 $[\vec{a},\vec{b})\subseteq I^s$,有

$$\lim_{|\vec{N}|\to\infty}\frac{A([\vec{a},\vec{b});\vec{N})}{|\vec{N}|}=\prod_{j=1}^{s}(b_j-a_j),$$

这里 $|\vec{N}|\to\infty$ 表示 $N_1,\cdots,N_m$ 各自独立地趋于无穷,即 $\min\limits_{1\leqslant i\leqslant m}N_i\to\infty$,那么称 $\vec{\omega}$ 一致分布 (mod 1).

显然,如果取 $m=1,T=\mathrm{N}$,那么这个定义便是 §8.4 中的定义 1.

同样,我们可以将 Weyl 判别法则推广为

定理 1 (Weyl 判别法则) R^s中序列 $\vec{\omega}=(\vec{x}_{\vec{n}})(\vec{n}\in T)$ 一致分布 (mod 1) 当且仅当对任何 $\vec{0}\in\mathrm{Z}^s,\vec{h}\neq\vec{0}$,有

$$\lim_{|\vec{N}|\to\infty}\frac{1}{|\vec{N}|}\sum_{\vec{n}\leqslant\vec{N}}e^{2\pi\vec{h}\cdot\vec{x}_{\vec{n}}i}=0.$$

它的证法与 §8.4 定理 1 类似, 所以证明省略. 现在给出线性型的一致分布 (mod 1) 定理.

定理 2 设 $L_1(\vec{x}),\cdots,L_s(\vec{x})$ 是变量 $\vec{x}=(x_1,\cdots,x_m)$ 的齐次线性型,并且具有性质: 若整向量 $\vec{u}=(u_1,\cdots,u_s)$ 使 $u_1L_1(\vec{x})+\cdots+u_sL_s(\vec{x})$ 是 $\vec{x}$ 的整系数线性型, 则必 $\vec{u}=\vec{0}$, 那么序列

$$\vec{z}_{\vec{n}}=(L_1(\vec{n}),\cdots,L_s(\vec{n}))\ (\vec{n}\in\mathrm{N}^m)$$

一致分布 (mod1).

证明 记线性型

$$L_j(\vec{x})=\vec{\alpha}_j\cdot\vec{x}=\alpha_{j1}x_1+\cdots+\alpha_{jm}x_m,$$

式中 $\vec{\alpha}_j=(\alpha_{j1},\cdots,\alpha_{jm})\in\mathrm{R}^m$. 又设 $\vec{N}=(N_1,\cdots,N_m)$ 和 $\vec{n}=(n_1,\cdots,n_m)\in\mathrm{N}^m$,对任何 $\vec{h}=(h_1,\cdots,h_s)\in\mathrm{Z}^s,\vec{h}\neq\vec{0}$, 有

$$\frac{1}{|\vec{N}|}\sum_{\vec{n}\leqslant\vec{N}} e^{2\pi(\vec{h}\cdot\vec{x}_{\vec{n}})i}$$

$$=\frac{1}{N_1\cdots N_m}\sum_{\vec{n}\leqslant\vec{N}} e^{2\pi(h_1\vec{n}\cdot\vec{\sigma}_1+\cdots+h_s\vec{n}\cdot\vec{\sigma}_s)i}$$

$$=\frac{1}{N_1\cdots N_m}\sum_{\vec{n}\leqslant\vec{N}} e^{2\pi(n_1\vec{h}\cdot\vec{\beta}_1+\cdots+n_m\vec{h}\cdot\vec{\beta}_m)i},$$

式中 $\vec{\beta}_j=(\alpha_{1j},\cdots,\alpha_{sj})$, $j=1,\cdots,m$. 由假设条件可知，对 $\vec{h}\in\mathbf{Z}^s$, $\vec{h}\neq\vec{0}$, 有 $\vec{h}\cdot\vec{\beta}_j\notin\mathbf{Z}$ $(1\leqslant j\leqslant m)$,于是由上式可得

$$\left|\frac{1}{|\vec{N}|}\sum_{\vec{n}\leqslant\vec{N}} e^{2\pi\vec{h}\cdot\vec{x}_{\vec{n}}i}\right|$$

$$=\prod_{j=1}^{m}\left(\frac{1}{N_j}\left|\sum_{n_j=1}^{N_j} e^{2\pi n_j(\vec{h}\cdot\vec{\beta}_j)i}\right|\right)$$

$$\leqslant\prod_{j=1}^{m}\frac{2}{N_j\left|1-e^{2\pi(\vec{h}\cdot\vec{\beta}_j)i}\right|}\to 0\ (当\ |\vec{N}|\to\infty).$$

因此根据定理 1 可知 $(\vec{z}_{\vec{n}})(\vec{n}\in\mathbf{N}^m)$ 一致分布 (mod 1). 故定理证完.

注 1 如果取 $m=1$, $L_i(x)=\alpha_i x, i=1,\cdots,s$, 且 $1,\alpha_1,\cdots,\alpha_s$ Q 线性无关,那么就得到 §8.4 例 1.

§8.6 偏差估计

设 $s\geqslant 1,\vec{\omega}=(\vec{x}_n)_{n=1}^{\infty}$ 是 $\mathbf{R}^s$ 中的实数序列.

定义 1 我们称

$$D_N(\vec{\omega})=\sup_{\substack{\vec{\alpha}<\vec{\beta}\\ \vec{\alpha},\vec{\beta}\in[\vec{0},\vec{1}]}}\left|\frac{A([\vec{\alpha},\vec{\beta});N;\vec{\omega})}{N}-\prod_{j=1}^{s}(\beta_j-\alpha_j)\right| \quad (1)$$

为 s 维序列 $\vec{\omega}$ 的偏差.

特别,当 $s=1$ 时,可得实数列 $\omega=(x_n)_{n=1}^{\infty}$ 的偏差

$$D_N(\omega)=\sup_{0\leqslant\alpha<\beta\leqslant 1}\left|\frac{A([\alpha,\beta);N;\omega)}{N}-(\beta-\alpha)\right|.$$

更一般些，可以对形如 $\vec{\omega}=(\vec{x}_{\vec{n}})(\vec{n}\in T)$，（这里 T 是 $\mathbf{N}^\infty$ 的一个无穷子集）的序列来定义偏差．我们将此留给读者．

由一致分布（mod 1）定义易知

定理 1 $\mathbf{R}^s$ 中序列 $\vec{\omega}=(\vec{x}_n)_{n=1}^\infty$ 一致分布（mod 1）当且仅当 $\lim\limits_{N\to\infty}D_N(\vec{\omega})=0$.

因为(1)式右边两个表达式都是不超过 1 的正数，所以得到

定理 2 对任何 $\vec{\omega}$，有 $0<D_N(\vec{\omega})\leqslant 1$.

对于 $\mathbf{R}^s$ 中任何序列 $\vec{\omega}=(\vec{x}_n)_{n=1}^\infty$，我们令集合

$$\Lambda_n(\vec{\omega})=\{\vec{z}\mid\vec{z}=\vec{x}_n+\vec{h},\vec{h}\text{ 遍历 }\mathbf{Z}^s\},n=1,2,\cdots.$$

又对任何的 $\vec{\alpha},\vec{\beta}\in\mathbf{R}^s$（未必 $\in[\vec{0},\vec{1}]$），$\vec{\alpha}\leqslant\vec{\beta}$，用 $A^*([\vec{\alpha},\vec{\beta});N;\vec{\omega})$ 表示 $\Lambda_n(\vec{\omega})$ $(1\leqslant n\leqslant N)$ 中属于 $[\vec{\alpha},\vec{\beta})$ 的元素的个数．显然，对任何 $\vec{h}\in\mathbf{Z}^s$，

$$A^*([\vec{\alpha}+\vec{h},\vec{\beta}+\vec{h});N;\vec{\omega})=A^*([\vec{\alpha},\vec{\beta});N;\vec{\omega}).\tag{2}$$

并且当 $\vec{\alpha},\vec{\beta}\in[\vec{0},\vec{1}]$ 时，有

$$A^*([\vec{\alpha},\vec{\beta});N;\vec{\omega})=A([\vec{\alpha},\vec{\beta});N;\vec{\omega}).\tag{3}$$

我们还令

$$D_N^*(\vec{\omega})=\sup_{\substack{\vec{0}\leqslant\vec{\beta}-\vec{\alpha}\leqslant\vec{1}\\ \vec{\alpha}\in\mathbf{R}^s}}\left|\frac{A^*([\vec{\alpha},\vec{\beta});N;\vec{\omega})}{N}-\prod_{j=1}^{s}(\beta_j-\alpha_j)\right|,\tag{4}$$

注意，由(2)式，(4)式右边取 sup 可以只限于 $\vec{\alpha}\in I^s$.

定理 3 对任何 $\vec{\omega}$，有

$$D_N(\vec{\omega})\leqslant D_N^*(\vec{\omega})\leqslant 2^sD_N(\vec{\omega}).\tag{5}$$

证明 由 $D_N(\vec{\omega})$ 和 $D_N^*(\vec{\omega})$ 的定义可知，(5)式左边不等式成立．现在来证明右边的不等式．为简单起见，我们把 $A^*([\vec{\alpha},\vec{\beta});N;\vec{\omega})$ 写成 $A^*(\vec{\alpha},\vec{\beta})$．对于每个区域

$$\vec{\alpha}\leqslant\vec{x}<\vec{\beta}\ (\vec{0}\leqslant\vec{\alpha}<\vec{1},\vec{\beta}-\vec{\alpha}\leqslant\vec{1}),$$

都可以分划为 2^s 个形为

$$\vec{\alpha}^{(\nu)}\leqslant\vec{x}<\vec{\beta}^{(\nu)},\nu=1,\cdots,2^s$$

的小区域，其中 $\vec{\alpha}^{(\nu)}$，$\vec{\beta}^{(\nu)}$ 的诸分量 $\alpha_j^{(\nu)}$，$\beta_j^{(\nu)}$ 适合下列不等式之一：

$$0 \leqslant \alpha_j^{(\nu)} < \beta_j^{(\nu)} \leqslant 1 \text{ 或 } 1 \leqslant \alpha_j^{(\nu)} < \beta_j^{(\nu)} \leqslant 2. \tag{6}$$

并且有

$$A^*(\vec{\alpha},\vec{\beta}) = \sum_{\nu=1}^{2^s} A^*(\vec{\alpha}^{(\nu)},\vec{\beta}^{(\nu)})$$

和

$$\prod_{j=1}^{s}(\beta_j - \alpha_j) = \sum_{\nu=1}^{2^s}\prod_{j=1}^{s}(\beta_j^{(\nu)} - \alpha_j^{(\nu)}).$$

因此得到

$$\begin{aligned}
&\left|\frac{1}{N}A^*(\vec{\alpha},\vec{\beta}) - \prod_{j=1}^{s}(\beta_j - \alpha_j)\right| \\
&= \left|\frac{1}{N}\sum_{\nu=1}^{2^s} A^*(\vec{\alpha}^{(\nu)},\vec{\beta}^{(\nu)}) - \sum_{\nu=1}^{2^s}\sum_{j=1}^{s}(\beta_j^{(\nu)} - \alpha_j^{(\nu)})\right| \\
&\leqslant \sum_{\nu=1}^{2^s}\left|\frac{1}{N}A^*(\vec{\alpha}^{(\nu)},\vec{\beta}^{(\nu)}) - \prod_{j=1}^{s}(\beta_j^{(\nu)} - \alpha_j^{(\nu)})\right|.
\end{aligned} \tag{7}$$

如果对于某个 ν,(6)中第一式成立,那么(7)式中相应的加项不会超过 $D_N(\vec{\omega})$ (根据 $D_N(\vec{\omega})$ 的定义);如果(6)中第二式成立,那么由(2),(3)式可知,(7)式中相应的加项也不会超过 $D_N(\vec{\omega})$. 因此 $D_N^*(\vec{\omega}) \leqslant 2^s D_N(\vec{\omega})$. 故定理证完.

推论 1 $\mathbb{R}^s$ 中序列 $\vec{\omega} = (x_n)_{n=1}^{\infty}$ 一致分布 (mod 1) 当且仅当 $D_N^*(\vec{\omega}) \to 0 (N \to \infty)$.

定理 4 对 $\mathbb{R}^s$ 中任何 $\vec{\omega} = (\vec{x}_n)_{n=1}^{\infty}$ 和任何 $\vec{\gamma} \in \mathbb{R}^s$, $\vec{\gamma} > \vec{0}$ (未必 $\vec{\gamma} \leqslant \vec{1}$),有

$$\int_{[\vec{0},\vec{1})} A^*([\vec{\alpha},\vec{\alpha}+\vec{\gamma});N;\vec{\omega})d\vec{\alpha} = N\prod_{j=1}^{s}\gamma_j. \tag{8}$$

证明 用 $f_n(\vec{\alpha},\vec{\gamma})$ 表示 $\Lambda_n(\vec{\omega})$ 中满足

$$\vec{\alpha} \leqslant \vec{x} < \vec{\alpha} + \vec{\gamma}$$

的向量 $\vec{x}$ 的个数,那么

$$A^*([\vec{\alpha},\vec{\alpha}+\vec{\gamma});N;\vec{\omega}) = \sum_{n=1}^{N} f_n(\vec{\alpha},\vec{\gamma}). \tag{9}$$

再令

$$\varphi_n(\vec{\beta},\vec{\gamma})=\begin{cases}1, & 当\ \vec{x}_n-\vec{\gamma}<\vec{\beta}\leqslant\vec{x}_n,\\ 0, & 其他,\end{cases}$$

那么

$$f_n(\vec{\alpha},\vec{\gamma})=\sum_{\vec{h}\in Z^s}\varphi_n(\vec{\alpha}-\vec{h},\vec{\gamma}).$$

于是得到

$$\int_{[\vec{0},\vec{1})}f_n(\vec{\alpha},\vec{\gamma})d\vec{\alpha}=\sum_{\vec{h}\in Z^s}\int_{[\vec{0},\vec{1})}\varphi_n(\vec{\alpha}-\vec{h},\vec{\gamma})d\vec{\alpha}$$

$$=\sum_{h_2\in Z}\cdots\sum_{h_s\in Z}\underset{\substack{0\leqslant\alpha_j<1\\ j\neq 1}}{\int\cdots\int}\left(\sum_{h_1\in Z}\int_0^1\varphi_n(\alpha_1-h_1,\cdots,\vec{\gamma})d\alpha_1\right)d\alpha_2\cdots d\alpha_s$$

$$=\sum_{h_2\in Z}\cdots\sum_{h_s\in Z}\underset{\substack{0\leqslant\alpha_j<1\\ j\neq 1}}{\int\cdots\int}\left(\int_{-\infty}^{\infty}\varphi_n(\alpha_1,\alpha_2-h_2,\cdots,\vec{\gamma})\,d\alpha_1\right)$$

$$\times\,d\alpha_2\cdots d\alpha_s=\cdots=\underset{\substack{-\infty<\alpha_j<+\infty\\ 1\leqslant j\leqslant s}}{\int\cdots\int}\varphi_n(\vec{\alpha},\vec{\gamma})d\alpha_1,\cdots d\alpha_s$$

$$=\prod_{j=1}^{s}\gamma_j.$$

由此式和(9)式可得(8)式. 故定理得证.

有关偏差的估计问题，在高维积分的近似计算等问题中很重要,请参看文献[11],[54],[72],[115].

§8.7 正 规 数

设 $\alpha\in R$,b 是一个不等于 1 的自然数，则 α 有唯一的 b 进表达式

$$\alpha=[\alpha]+\sum_{n=1}^{\infty}\frac{a_n}{b^n}=[\alpha].a_1a_2\cdots a_n\cdots,\tag{1}$$

其中“数字” a_n 是整数，适合 $0\leqslant a_n<b(n\geqslant 1)$,并且对无穷多个 $n,a_n<b-1$。 设 a 是 b 进制的一个数字（或以 b 为底的数字），即 $0\leqslant a<b$, $a\in Z$, 又设 N 是一个正整数， 我们用

$A_b(a;N;\alpha)$ 表示 α 表达式(1)中，$a_n(1\leqslant n\leqslant N)$ 中适合 $a_n=a$ 的个数. 在不引起混淆时，把 $A_b(a;N;\alpha)$ 简记为 $A_b(a;N)$. 更一般些，设 $B_k=b_1b_2\cdots b_k$ 是长为 k 的"数字段"，$k\geqslant 1$. 我们用 $A_b(B_k;N;\alpha)$ 表示在表达式(1)的数字段 $a_1a_2\cdots a_N$ 中，B_k 出现的次数(有时把 $A_b(B_k;N;\alpha)$ 简记为 $A_b(B_k;N)$. 例如，在十进制中，若 $\alpha=3.21087288219\cdots$，则 $A_{10}(2;5;\alpha)=1$，$A_{10}(2;10;\alpha)=3$，$A_{10}(21;10;\alpha)=2$.

定义 1 如果数 α 适合

$$\lim_{N\to\infty}\frac{A_b(a;N)}{N}=\frac{1}{b}\quad(\text{当}a=0,1,\cdots,b-1),\tag{2}$$

则称 α 为 b 进制简单正规数(或以 b 为底的简单正规数). 如果 α 适合

$$\lim_{N\to\infty}\frac{A_b(B_k;N)}{N}=\frac{1}{b^k}\ (\text{对所有 }k\geqslant 1,\text{和所有 }B_k),\tag{3}$$

则称 α 为 b 进正规数(或以 b 为底的正规数).

显然 b 进制正规数必为 b 进制简单正规数. 但反过来一般不成立. 例如，在 2 进制中，$\alpha=0.010101\cdots$ 是简单正规数，但不是正规数，因为数字段"11"在 α 表达式中从不出现.

定义 2 如果 α 在所有 b 进制中($b\geqslant 2$)都是正规数，则称 α 为绝对正规数.

定理 1 数 α 是 b 进制正规数当且仅当序列 $\omega=(b^n\alpha)_{n=0}^{\infty}$ 一致分布 (mod 1).

证明 设 α 有 b 进制表达式 (1). 考虑任意一个长为 k 的数字段 $B_k=b_1b_2\cdots b_k(k\geqslant 1)$，那么(1)式中某个数字段 $a_ma_{m+1}\cdots a_{m+k-1}(m\geqslant 1)$ 与 B_k 恒等当且仅当

$$\alpha=[\alpha]+\sum_{n=1}^{m-1}\frac{a_n}{b^n}+\frac{b_1}{b^m}+\cdots+\frac{b_k}{b^{m+k-1}}+\sum_{n=m+k}^{\infty}\frac{a_n}{b^n}.$$

于是

$$\{b^{m-1}\alpha\}=\frac{b_1b^{k-1}+\cdots+b_k}{b^k}+\sum_{n=k+1}^{\infty}\frac{a_{n+m-1}}{b^n}.$$

记

$$\alpha=\frac{b_1b^{k-1}+\cdots+b_k}{b^k},\ \beta=\frac{b_1b^{k-1}+\cdots+b_k+1}{b^k},\quad (4)$$

则

$$\{b^{m-1}\alpha\}\in[\alpha,\beta).$$

因此

$$A_b(B_k;N;\alpha)=A([\alpha,\beta);N-k+1;\omega)\quad (5)$$

(上式右边记号含义如 § 8.1 所述)。

如果 $\omega=(b^n\alpha)_{n=0}^{\infty}$ 一致分布 (mod 1),则由(5)式和 §8.1 定义 1 可得

$$\lim_{N\to\infty}\frac{A_b(B_k;N;\alpha)}{N}=\lim_{N\to\infty}\frac{A([\alpha,\beta);N-k+1;\omega)}{N-k+1}\cdot\frac{N-k+1}{N}$$

$$=\beta-\alpha=\frac{1}{b^k}.$$

因为 $B_k(k\geqslant 1)$ 是任意一个长为 k 的数字段,所以可知 α 是 b 进制正规数。

反过来,如果 α 是 b 进制正规数,则由(5)式和定义 2 可知

$$\lim_{N\to\infty}\frac{A([\alpha,\beta;N;\omega)}{N}=\lim_{N\to\infty}\frac{A_b(B_k;N+k-1)}{N+k-1}$$

$$\cdot\frac{N+k-1}{N}=\frac{1}{b^k}=\beta-\alpha.\quad (6)$$

此式对任何 $B_k(k\geqslant 1)$ 成立,所以对任何 $[\alpha,\beta)$ 成立,其中 α, β 是形如(4)式的有理数. 现设 E 是 $[0,1]$ 的任意一个半开子区间,$\varepsilon>0$ 充分小,则可选取 $J_1=[\alpha_1,\beta_1)$,$J_2=[\alpha_2,\beta_2)$,(α_i,β_i) $(i=1,2)$ 是形如 (4)式的有理数组,使 $J_1\subseteq E\subseteq J_2$,且 $|E|-\varepsilon<\beta_1-\alpha_1<\beta_2-\alpha_2<|E|+\varepsilon$ (这里 $|E|$ 表示区间 E 的长度). 于是由(6)式可知,当 N 充分大时,

$$\frac{A(E;N;\omega)}{N}\geqslant\frac{A([\alpha_1,\beta_1);N;\omega)}{N}>(\beta_1-\alpha_1)-\varepsilon>|E|-2\varepsilon.$$

类似地,有

$$\frac{A(E;N;\omega)}{N}<|E|+2\varepsilon.$$

因此得

$$\lim_{N\to\infty}\frac{A(E;N;\omega)}{N}=|E|.$$

所以 ω 一致分布(mod 1). 故定理得证.

定理 2 设 $b\geqslant 2$. 几乎所有的实数是 b 进制正规数.

这个定理是定理 1 和下列引理的直接推论.

引理 1 设 $(a_n)_{n=1}^{\infty}$ 是由不同整数组成的数列, 则对几乎所有的实数 α,序列 $\omega=(a_n\alpha)_{n=1}^{\infty}$ 一致分布 (mod 1).

注 1 作为特殊情况,当 $a_n=n$ $(n=1,2,\cdots)$ 时, 这个引理可以由 §8.1 例 1 和 §8.2 例 1 推出来.

证明 只须证明对几乎所有 $\alpha\in[0,1)$,$\omega=(a_n\alpha)_{n=1}^{\infty}$ 一致分布 (mod 1). 事实上,若 $y\in[k,k+1)$ 且 $(a_ny)_{n=1}^{\infty}$ 不一致分布 (mod 1),则由于 $y-k\in[0,1)$, 和 $\{a_n(y-k)\}=\{a_ny\}$ 可知 $(a_n(y-k))_{n=1}^{\infty}$ 也不一致分布 (mod1). 如果[0,1)中使 $(a_n\alpha)_{n=1}^{\infty}$ 不一致分布 (mod 1) 的 α 构成零测度集, 那么上述的 y 也构成 $[k,k+1)$ 中的零测度集. 因为可数多个零测度集的并也是零测度的,所以得出引理中的结论.

对固定的非零整数 h, 令

$$S(N,\alpha)=\frac{1}{N}\sum_{n=1}^{N}e^{2\pi ha_n\alpha i}(N\geqslant 1,0\leqslant\alpha<1),$$

则

$$|S(N,\alpha)|^2=S(N,\alpha)\overline{S(N,\alpha)}=\frac{1}{N^2}\sum_{m,n=1}^{N}e^{2\pi h(a_m-a_n)\alpha i},$$

于是

$$\int_0^1|S(N,\alpha)|^2d\alpha=\frac{1}{N^2}\sum_{m,n=1}^{N}\int_0^1e^{2\pi h(a_m-a_n)\alpha i}d\alpha=\frac{1}{N} \tag{7}$$

(这是因为双重求和中只当 $m=n$ 时积分等于 1 ,其余各项积分都为零). 由(7)式可得

$$\sum_{N=1}^{\infty}\int_0^1 |S(N^2,\alpha)|^2 d\alpha = \sum_{N=1}^{\infty}\frac{1}{N^2} < \infty.$$

根据 Fatou 定理(例如参见 И.П. 纳唐松,实变函数论,高等教育出版社,北京,1958)可知

$$\int_0^1 \sum_{N=1}^{\infty} |S(N^2,\alpha)|^2 d\alpha < \infty.$$

从而对几乎所有的 $\alpha\in[0,1)$,有

$$\sum_{N=1}^{\infty} |S(N^2,\alpha)|^2 < \infty.$$

所以对几乎所有的 $\alpha\in[0,1)$,

$$\lim_{N\to\infty} S(N^2,\alpha) = 0.$$

对于给定的 $N\geqslant 1$,存在正整数 m 适合 $m^2\leqslant N<(m+1)^2$,所以

$$|S(N,\alpha)| \leqslant |S(m^2,\alpha)| + \frac{2m}{N} \leqslant |S(m^2,\alpha)| + \frac{2}{\sqrt{N}}.$$

因此,对几乎所有的 $\alpha\in[0,1)$,

$$\lim_{N\to\infty} S(N,\alpha) = 0.$$

例外集合(即上式不成立的那些 α 构成的集合)一般与整数 h 有关,记为 E_h,那么 $|E_h|=0$。因为 $\bigcup\limits_{h\in\mathbf{Z},h\neq 0} E_h$ 是零测度集,所以对几乎所有的 $\alpha\in[0,1)$,有

$$\lim_{N\to\infty}\frac{1}{N}\sum_{n=1}^{N} e^{2\pi h a_n \alpha i} = 0 \ (对一切\ h\in\mathbf{Z}, h\neq 0).$$

因此对几乎所有的 $\alpha\in[0,1)$,序列 $(a_n\alpha)_{n=1}^{\infty}$ 一致分布 (mod 1)。故引理得证。

定理 3 几乎所有的实数 α 是绝对正规数.

证明 对任一整数 $b\geqslant 2$,用 E_b 表示非 b 进制正规数集合.根据定理 2 可知,$|E_b|=0$。因为 $\bigcup\limits_{b=2}^{\infty} E_b$ 是一个零测度集,故定

理得证.

最后我们给出一个有名的正规数的例子.

定理 4 在小数点后连续按递增顺序写出所有十进位数所得到的十进小数

$$\alpha = 0.123456789101112\cdots$$

是十进制正规数.

定理 4 的证明我们略去，可参见文献[73]. 它的进一步推广可见文献[6],[25].

由定理 4 和定理 2 可得

推论 1 下列数列一致分布(mod 1):

0.123456789101112···,

0.2345678910111213···,

0.345678910111121314···,

0.4567891011112131415···,

··················.

习　　题

1. 若 $(x_n)_{n=1}^{\infty}$ 一致分布 (mod1), $\alpha \in \mathbb{R}$, 则 $(x_n+\alpha)_{n=1}^{\infty}$ 也一致分布 (mod 1).

2. 若 $(x_n)_{n=1}^{\infty}$ 一致分布 (mod 1), $(y_n)_{n=1}^{\infty}$ 适合 $\lim\limits_{n\to\infty}(x_n-y_n)=\alpha$($\alpha$ 为实常数), 则 $(y_n)_{n=1}^{\infty}$ 也一致分布 (mod 1).

3. 若 $(x_n)_{n=1}^{\infty}$, $(y_n)_{n=1}^{\infty}$ 都一致分布 (mod 1), 则序列 $x_1, y_1, x_2, y_2, \cdots, x_n, y_n, \cdots$ 也一致分布 (mod 1).

4. 序列 $\omega=(x_n)_{n=1}^{\infty}$ 一致分布 (mod 1) 当且仅当对任何 c, $0\leqslant c\leqslant 1$, 有

$$\lim_{N\to\infty}\frac{1}{N}A([0,c);N;\omega)=c.$$

5. 设 $(x_n)_{n=1}^{\infty}$ 是 $[0,1)$ 中的数列, 对于区间 $[a,b)\subset[0,1]$, 及 $N\geqslant 1$, 用 $S([a,b);N)$ 表示 $x_n(1\leqslant n\leqslant N)$ 中属于 $[a,b)$ 的元素之和, 则 $(x_n)_{n=1}^{\infty}$ 一致分布 (mod1) 当且仅当对任何 $[a,$

$b)\subset[0,1]$,有

$$\lim_{N\to\infty}\frac{S([a,b);N)}{N}=\frac{1}{2}(b^2-a^2).$$

6. 求证序列 $(ne)_{n=1}^{\infty}$ (e 为自然对数的底)一致分布(mod 1),但序列 $(n!e)_{n=1}^{\infty}$ 不是一致分布 (mod 1).

7. 判断下列各序列中哪些一致分布 (mod 1):

(i) $(hx_n)_{n=1}^{\infty}$,其中 h 为一固定的非零整数,$(x_n)_{n=1}^{\infty}$ 一致分布(mod1).

(ii) $(m\alpha)(m=0,1,-1,2,-2,\cdots,k,-k,\cdots)$,其中 α 是无理数.

(iii) $(\sin n)_{n=1}^{\infty}$.

(iv) $(c\log n)_{n=1}^{\infty}$,其中 c 为常数.

(v) $(n\log n)_{n=1}^{\infty}$.

8. 设 $(x_n)_{n=1}^{\infty}$ 是实数列,Q 为自然数,如果 Q 个序列 $(x_{Qn+q})_{n=1}^{\infty}$ $(q=0,1,\cdots,Q-1)$ 都一致分布 (mod 1),则 $(x_n)_{n=1}^{\infty}$ 也一致分布 (mod 1).

9. 设 $(F_n)_{n=1}^{\infty}$ 是 Fibonacci 序列,即它适合 $F_1=F_2=1$,$F_n=F_{n-1}+F_{n-2}(n\geqslant 3)$,则 $(\log F_n)_{n=1}^{\infty}$ 一致分布 (mod 1).

10. §8.3 定理 2 中,当一切系数 $a_j(j\geqslant 0)$ 都属于 $\mathbf{Q}$ 时,结论是否成立?

11. $2x^{20}+7x^4y^2<y^4-y+1<2x^{20}+x^{10}y-2x^2y^2$ 有无穷多组正整数解 (x,y)(应用 §8.3 定理2).

12. 给出 § 8.4 定理 1 和 2 的证明.

13. 设 $\alpha_1,\cdots,\alpha_s$ 是无理数,则

$$((\alpha_1n^s,\alpha_2n^{s-1},\cdots,\alpha_sn))_{n=1}^{\infty}$$

在 $\mathbf{R}^s$ 中一致分布 (mod 1).

14. 设 $p(x)$ 是次数为 $s\geqslant 1$ 的多项式,首项系数为无理数,则

$$((p(n),p(n+1),\cdots,p(n+s-1)))_{n=1}^{\infty}$$

在 $\mathbf{R}^s$ 中一致分布 (mod 1).

15. 设 $\omega_x=(x_n)_{n=1}^{\infty}$,$\omega_y=(y_n)_{n=1}^{\infty}$ 是 $[0,1)$ 中两个序列,

$(\varepsilon_n)_{n=1}^{\infty}$ 是非负数列，适合 $|x_n - y_n| \leqslant \varepsilon_n$ $(n = 1,2,\cdots)$，则对任何 $\varepsilon \geqslant 0$，有

$$|D_N(\omega_x) - D_N(\omega_y)| \leqslant 2\varepsilon + \frac{\overline{N}(\varepsilon)}{N},$$

其中 $\overline{N}(\varepsilon)$ 表示 $\varepsilon_n(1 \leqslant n \leqslant N)$ 中适合 $\varepsilon_n > \varepsilon$ 的元素个数.

16. 数 α 是 b 进制正规数当且仅当 $b^j\alpha$ 是 b^j 进制简单正规数 $(j = 0,1,2,\cdots)$.

17. 把 § 8.7 引理 1 推广到多维情形，即证明：设 $(a_n)_{n=1}^{\infty}$ 是由不同整数构成的数列，则对几乎所有的 $(\alpha_1,\cdots,\alpha_s) \in \mathbb{R}^s$，序列

$$((a_n\alpha_1,\cdots,a_n\alpha_s))_{n=1}^{\infty}$$

一致分布 (mod 1).

进一步讨论下列命题是否成立：

设 $(a_n^{(j)})_{n=1}^{\infty}(j = 1,\cdots,s)$ 是 s 个数列，均由不同整数构成，则对几乎所有的 $(\alpha_1,\cdots,\alpha_s) \in \mathbb{R}^s$，序列

$$((a_n^{(1)}\alpha_1,\cdots,a_n^{(s)}\alpha_s))_{n=1}^{\infty}$$

一致分布(mod 1).

第九章　p-adic 丢番图逼近

本章将简单地介绍 p-adic 数域上的丢番图逼近的主要定理．首先建立不同于实数的有关 p-adic 数的概念，介绍 Archimedes 赋值与非 Archimedes 赋值的一些基本性质．接着，分别从存在性和构造性两方面给出用有理数逼近一般 p-adic 数的定理的证明．进一步，用两种不同的方法证明了关于 p-adic 代数整数、一般 p-adic 代数数的有理逼近定理，即 Liouville 定理的 p-adic 类似．通过比较，读者可以了解研究 p-adic 丢番图逼近的基本方法． 本章还叙述了代数数有理逼近的著名的 Thue-Siegel-Roth 定理以及代数数联立有理逼近的著名的 Thue-Siegel-Roth-Schmidt 定理的 p-adic 类似．本章还将介绍几种 p-adic 连分数算法，这将在 p-adic 丢番图逼近及 p-adic 超越数论中起着重要的作用．最后还介绍了用有界次数的代数数逼近 p-adic 数的问题．对于代数数的各种高的定义、联系作了简明的介绍．

§9.1　代数方程的 p-adic 解

众所周知，有理数域上的二次方程

$$x^2-7=0$$

在有理数域中无解，但在实数域中有两个解 $x=\pm\sqrt{7}$；而方程

$$x^2+1=0$$

在实数域中无解，但在复数域中有两个解 $x=\pm i$，这里 $i=\sqrt{-1}$．这些方程是否还存在其他形式的解呢？ 这一节里我们将解决这个问题．一般地，考虑 n 次代数方程

$$a_0x^n+a_1x^{n-1}+\cdots+a_n=0 \tag{1}$$

$$(a_0 \neq 0, a_1, \cdots, a_n \in \mathbf{Z})$$

的其他形式解的求法. 首先将方程(1)变形为

$$(a_0x)^n + a_1(a_0x)^{n-1} + \cdots + a_{n-1}a_0^{n-2}(a_0x) + a_na_0^{n-1} = 0.$$

于是不失一般性,我们将讨论方程

$$f(x) = x^n + a_1x^{n-1} + \cdots + a_n = 0. \tag{2}$$

设

$$f'(x) = nx^{n-1} + (n-1)a_1x^{n-2} + \cdots + a_{n-1}$$

为 $f(x)$ 的形式导数. 又设 p 为一固定素数. 我们从解同余方程

$$f(x) \equiv 0 \pmod{p} \tag{3}$$

出发. 若方程(3)有一解 $x_0 = c_0, 0 \leqslant c_0 \leqslant p-1$, 并且满足

$$f'(c_0) \not\equiv 0 \pmod{p}.$$

则令 $x = c_0 + py$,继续讨论同余方程

$$f(c_0 + py) \equiv 0 \pmod{p^2}, 0 \leqslant y \leqslant p-1.$$

也就是解同余方程

$$f(c_0) + pyf'(c_0) \equiv 0 \pmod{p^2},$$

即解

$$\frac{f(c_0)}{p} + f'(c_0)y \equiv 0 \pmod{p}, 0 \leqslant y \leqslant p-1. \tag{4}$$

显然,由同余方程(4)可以唯一地解出 y,命之 c_1,于是

$$x_1 = c_0 + c_1p (0 \leqslant c_0 \leqslant p-1, 0 \leqslant c_1 \leqslant p-1)$$

是同余方程

$$f(x) \equiv 0 \pmod{p^2}$$

的解. 一般地,如果

$$x = x_{l-1} = c_0 + c_1p + c_2p^2 + \cdots + c_{l-1}p^{l-1},$$
$$0 \leqslant c_\nu \leqslant p-1, \nu \geqslant 0$$

是同余方程

$$f(x) \equiv 0 \pmod{p^l}$$

的解,且适合

$$f'(x_{l-1}) \not\equiv 0 \pmod{p}.$$

那么令 $x = x_{l-1} + p^ly$,并考虑方程

$$f(x_{l-1}+p^l y)\equiv 0 \pmod{p^{l+1}}, 0\leqslant y\leqslant p-1,$$

即

$$\frac{f(x_{l-1})}{p^l}+f'(x_{l-1})y\equiv 0 \pmod{p}, 0\leqslant y\leqslant p-1.$$

该同余方程有唯一解 y,记作 c_l,则

$$x_l = c_0 + c_1 p + c_2 p^2 + \cdots + c_{l-1}p^{l-1} + c_l p^l$$

是同余方程

$$f(x)\equiv 0 \pmod{p^{l+1}}$$

的解。

这种过程继续进行下去,便得到 p 幂级数

$$c_0 + c_1 p + c_2 p^2 + \cdots + c_l p^l + \cdots, 0\leqslant c_\nu \leqslant p-1.$$

简记为

$$c_0.\ c_1 c_2 \cdots c_l \cdots,$$

这就是方程(2)的 p-adic 解。

例如,求方程

$$x^2-7=0$$

的3- adic 解。

求解如下:设 $f(x)=x^2-7$,则 $f'(x)=2x$. 由同余方程

$$x^2-7\equiv 0 \pmod{3}$$

开始。显然 $x=1$ 和 $x=2$ 是它的两个解。首先考虑 $x=1$ 的情形。由一般求解步骤可知

$$x_0=c_0=1, f(1)=-6, f'(1)=2\not\equiv 0 \pmod{3}.$$

由(4)式得

$$\frac{-6}{3}+2y\equiv 0 \pmod{3}, 0\leqslant y\leqslant 2,$$

由此解出 $y=1$,令 $c_1=1$,所以

$$x_1 = 1 + 1\cdot p = 1 + 3 = 4$$

是 $x^2-7\equiv 0 \pmod{3^2}$ 的解。计算出

$$f(x_1)=4^2-7=9, f'(x_1)=2\cdot 4=8.$$

解同余方程

$$\frac{9}{3^2} + 8y \equiv 0 \pmod{3}, 0 \leqslant y \leqslant 2$$

得 $y = 1$。令 $c_2 = 1$,则

$$x_2 = 1 + 1 \cdot 3 + 1 \cdot 3^2 = 13,$$

$$f(x_2) = 13^2 - 7 = 162, f'(x_2) = 2 \cdot 13 = 26.$$

解同余方程

$$\frac{162}{3^3} + 26y \equiv 0 \pmod{3}, 0 \leqslant y \leqslant 2$$

得 $y = 0$。令 $c_3 = 0$,则

$$x_3 = 1 + 1 \cdot 3 + 1 \cdot 3^2 + 0 \cdot 3^3 = 13,$$

$$f(x_3) = 162, \quad f'(x_3) = 26.$$

解同余方程

$$\frac{162}{3^4} + 26y \equiv 0 \pmod{3}, 0 \leqslant y \leqslant 2$$

得 $y = 2$。令 $c_4 = 2$,则

$$x_4 = 1 + 1 \cdot 3 + 1 \cdot 3^2 + 0 \cdot 3^3 + 2 \cdot 3^4$$

是方程

$$x^2 - 7 \equiv 0 \pmod{3^5}$$

的解。一直做下去就得到方程 $x^2 - 7 = 0$ 的一个 3-adic 解为

$$x = 1.11020021120222102121012\cdots.$$

从另一个起始值 2 出发,便得到方程 $x^2 - 7 = 0$ 的另一个 3-adic 解,即 x 的共轭解

$$\bar{x} = 2.11202201102000120101210\cdots.$$

用上述方法我们能够求出方程

$$x^2 + 1 = 0$$

的两个 5-adic 解是

$$x = 2.12134230322041324043 40\cdots,$$

$$\bar{x} = 3.32310214122403120401 04\cdots.$$

在这里,我们只是给出代数方程的 p-adic 解的具体解法,没有讨论解的存在性和收敛性。例如,方程 $x^2 + 1 = 0$ 就没有

3-adic 解．那么，它的解是什么形式呢？这个问题将在 §9.3 中讨论．下一节我们考虑收敛性问题．

§ 9.2　p-adic 赋值与 p-adic 数域

显然，上节得到的代数方程的 p-adic 解无论在实数域上还是在复数域上都是不收敛的，也就是说，这些解在普通绝对值（称为 Archimedes 赋值）下是发散的，但在另一类赋值（将称为非 Archimedes 赋值）下是收敛的．

定义 1　设 a, b 为有理数，对任意有理数存在有理数值的函数 ϕ，具有下列性质：

(i) $\phi(a) \geqslant 0$，其中等式成立当且仅当　$a = 0$．

(ii) $\phi(ab) = \phi(a)\phi(b), a, b \in Q$．

(iii) $\phi(a+b) \leqslant \phi(a) + \phi(b), a, b \in Q$．

则称 ϕ 为有理数域 Q 上的一个赋值．

若有一个正整数 $n_0 > 1$ 使得 $\phi(n_0) > 1$，则该赋值 ϕ 称为 Archimedes 赋值；否则，即对所有正整数 n 常有 $\phi(n) \leqslant 1$，称该赋值为非 Archimedes 赋值．

因此，通常的绝对值 $\phi(a) = |a|$，是 Archimedes 赋值．

现在设 p 是一固定素数，则任一非零有理数 a 可唯一地表为

$$a = \frac{r}{s} p^n, s > 0, (r, s) = 1, p \nmid rs, n \text{ 为整数}.$$

我们令

$$\phi(a) = \begin{cases} p^{-n}, & a \neq 0, \\ 0, & a = 0. \end{cases}$$

则该赋值 ϕ 称为有理数域 Q 上的 p-adic 赋值，记作 $\phi(a) = |a|_p$．它是非 Archimedes 赋值．

对于一般的非 Archimedes 赋值，我们有

定理 1　设 ϕ 是非 Archimedes 赋值，则除具有性质 (i)，(ii)，(iii) 外，还满足更强的不等式：

(iii′) $\phi(a+b)\leqslant \max(\phi(a),\phi(b)), a,b\in \mathbf{Q}$.

并且若 $\phi(a)\neq\phi(b)$，则有

(iii″) $\phi(a+b)=\max(\phi(a),\phi(b))$.

反过来，如果一个赋值 ϕ 满足不等式 (iii′)，则 ϕ 是非 Archimedes 赋值。

证明 由二项式定理，并根据非 Archimedes 赋值的定义可知，对任意正整数 n 有

$$\phi((a+b)^n)\leqslant \phi(a)^n+\phi(a)^{n-1}\phi(b)+\cdots+\phi(a)\phi(b)^{n-1}+\phi(b)^n\leqslant (n+1)\max\times(\phi(a),\phi(b))^n,$$

于是得到

$$\phi(a+b)\leqslant \sqrt[n]{n+1}\max(\phi(a),\phi(b)).$$

令 $n\to\infty$，则得性质 (iii′).

若 $\phi(a)\neq\phi(b)$，不妨假定 $\phi(b)<\phi(a)$. 由性质 (iii′) 可知 $\phi(a+b)\leqslant\phi(a)$. 如果 $\phi(a+b)<\phi(a)$，则由 (iii′) 得

$$\phi(a)=\phi((a+b)-b)\leqslant \max(\phi(a+b),\phi(b))<\phi(a),$$

这是不可能的，所以

$$\phi(a+b)=\phi(a)=\max(\phi(a),\phi(b)).$$

反过来，如果一个赋值 ϕ 具有性质 (iii′)，则对任意正整数 n，有

$$\phi(n)=\phi(1+1+\cdots+1)\leqslant\phi(1)=1.$$

根据定义，ϕ 是一个非 Archimedes 赋值，故定理得证。

定理 2（乘积公式） 设 $a\in\mathbf{Q}, a\neq 0$，则

$$|a|\prod_p |a|_p=1,$$

这里 $\prod_p$ 表示乘积取遍全体素数。

证明 有理数 $a\neq 0$，可表为

$$a = \pm \prod_p p^{n_p}, n_p \text{ 为整数},$$

这里 n_p 是 a 相对于素数 p 的幂次，可正可负，也可为零。这种表法是唯一的。所以有

$$|a|_p = p^{-n_p}, \quad |a| = \prod_p p^{n_p}.$$

由此立即得出乘积公式。

定义 2 设 ϕ 为一赋值，$\{a_n\}_{n=1}^{\infty}$ 为一有理数序列。如果对任意实数 $\varepsilon > 0$，都有正整数 N 使得当 $m, n > N$ 时，$\phi(a_m - a_n) < \varepsilon$，则称 $\{a_n\}$ 为 Cauchy 序列。

定义 3 如果对任意实数 $\varepsilon > 0$，都存在正整数 N，使得当 $n > N$ 时，$\phi(a_n) < \varepsilon$，则称 $\{a_n\}$ 为零序列。所有零序列构成的集合，记作 $\{\bar{0}\}$。

定义 4 如果存在有理数 a，使得 $\{a_n - a\}$ 为一零序列，则称 $\{a_n\}$ 有 ϕ 极限 a，记作

$$\phi\text{-}\lim_{n\to\infty} a_n = a.$$

定义 5 如果两个 Cauchy 序列 $\{a_n\}$ 和 $\{b_n\}$ 之差 $\{a_n - b_n\}$ 为一零序列，则称这两个序列同余，记作

$$\{a_n\} \equiv \{b_n\} \pmod{\{\bar{0}\}}.$$

这是一个等价关系，可以记作 $\{a_n\} \sim \{b_n\}$。利用这个等价关系，可将所有 Cauchy 序列分成等价类（或称为同余类）。也就是说，属于同一类的 Cauchy 序列都同余，属于不同类的 Cauchy 序列不同余。每一类中任选一个序列 $\{a_n\}$ 为代表，这一同余类记作 $\{\bar{a}_n\}$。而且我们定义 $\{\bar{a}_n\}$ 就是这一同余类中每个 Cauchy 序列 $\{a_n\}$ 的 ϕ 极限，即

$$\phi\text{-}\lim_{n\to\infty} a_n = \{\bar{a}_n\}.$$

定义 6 在两个同余类 $\{\bar{a}_n\}$ 和 $\{\bar{b}_n\}$ 中各取代表 $\{a_n\}$ 和 $\{b_n\}$。我们定义同余类之间的运算如下：

$$\{\bar{a}_n\} \pm \{\bar{b}_n\} = \{\overline{a_n \pm b_n}\},$$

$$\{\bar{a}_n\}\cdot\{\bar{b}_n\}=\{\overline{a_n\cdot b_n}\},$$

$$\{\bar{a}_n\}\{\bar{b}_n\}^{-1}=\{\overline{a_nb_n^{-1}}\},\{\bar{b}_n\}\neq\{\bar{0}\}.$$

容易证明,所有同余类构成的集合在上述运算之下是封闭的.这个集合称为有理数域 Q 的ϕ扩张. 每一类称为这个ϕ扩张中的一个"数". 由于 Q 中任一 Cauchy 序列 $\{a_n\}$ 的ϕ极限 $\{\bar{a}_n\}$ 不一定再是有理数,而以有理数为ϕ极限的 Cauchy 序列构成的同余类全体与有理数域 Q 一一对应,所以有理数域Q的 ϕ 扩张是比 Q 更大的数系.

例如,若取 $\phi(a)=|a|$ (即普通绝对值), 则 Q 的ϕ扩张,就是我们所熟悉的实数域 R. 若取 $\phi(a)=|a|_p$ (即 p-adic 赋值),则 Q 的ϕ扩张称为 p-adic 数域,记作 Q_p. 作为一个子域,Q 可嵌入实数域 R,同样也可嵌入 p-adic 数域 Q_p.

下面我们还要考虑赋值的扩张.

定义 7 定义同余类 $\{\bar{a}_n\}$ 的赋值如下:

$$\phi(\{\bar{a}_n\})=\lim_{n\to\infty}\phi(a_n).$$

现在用 $\alpha,\beta,\gamma,\cdots$,表示$\phi$扩张中的"数". 容易验证, $\phi(\alpha)$ 满足赋值的一切基本性质:

(i) $\phi(\alpha)\geqslant 0,\phi(\alpha)=0$ 当且仅当 $\alpha=\{\bar{0}\}$.

(ii) $\phi(\alpha\beta)=\phi(\alpha)\phi(\beta)$.

(iii) $\phi(\alpha+\beta)\leqslant\phi(\alpha)+\phi(\beta)$.

类似地,我们可以定义ϕ扩张中的 Cauchy 序列, 零序列, ϕ 极限等等. 于是我们得到

定理 3 有理数域 Q 的ϕ扩张是完备的, 即ϕ扩张中任意 Cauchy 序列 $\{\alpha_l\}$ 在ϕ扩张中都有ϕ极限.

证明 假定 $\{\alpha_l\}$ 是一个 Cauchy 序列,设 α_l 是有理数序列 $\{a_n^{(l)}\}$ 的ϕ极限,即

$$\alpha_l=\phi\text{-}\lim_{n\to\infty}a_n^{(l)}.$$

因此,对一个固定的 l,存在 $N=N(l)$ 使得当 $n\geqslant N(l)$ 时

$$\phi(\alpha_l - a_n^{(l)}) \leqslant \frac{1}{l}. \tag{1}$$

于是

$$\phi(a_{N(l)}^{(l)} - a_{N(l')}^{(l')}) \leqslant \phi(a_{N(l)}^{(l)} - \alpha_l) + \phi(\alpha_l - \alpha_{l'}) + \phi(a_{N(l')}^{(l')} - \alpha_{l'})$$
$$\leqslant \frac{1}{l} + \phi(\alpha_l - \alpha_{l'}) + \frac{1}{l'}.$$

因为 $\{\alpha_l\}$ 是 Cauchy 序列，对任意 $\varepsilon > 0$，存在 $M = M(\varepsilon)$，使得当 $l, l' > M$时，有

$$\frac{1}{l} < \frac{\varepsilon}{4},\ \frac{1}{l'} < \frac{\varepsilon}{4},\ \phi(\alpha_l - \alpha_{l'}) < \frac{\varepsilon}{2}.$$

所以得到

$$\phi(a_{N(l)}^{(l)} - a_{N(l')}^{(l')}) < \varepsilon.$$

因此，$\{a_{N(l)}^{(l)}\}$ 是有理数 Cauchy 序列，它必ϕ收敛于ϕ扩张中的一个数 α，即

$$\phi\text{-}\lim_{l\to\infty} a_{N(l)}^{(l)} = \alpha. \tag{2}$$

最后，由

$$\phi(\alpha_l - \alpha) \leqslant \phi(\alpha_l - a_{N(l)}^{(l)}) + \phi(\alpha - a_{N(l)}^{(l)})$$

和(1)，(2)两式可知

$$\phi\text{-}\lim_{l\to\infty} \alpha_l = \alpha.$$

于是定理得证.

根据这个定理我们知道，p-adic 数域 Q_p 与实数域 R 一样，是完备的. 但是 Q_p 与 R 有很多不同之处. 例如，如果 $\{\alpha_n\}$ 是适合 $\lim\limits_{n\to\infty} \alpha_n = 0$ 的 Q_p 中一个序列，则级数 $\sum\limits_{n=1}^{\infty} \alpha_n$ p-adic 收敛. 事实上，设 $s_n = \alpha_1 + \cdots + \alpha_n$，$m < n$，则

$$|s_m - s_n|_p = |\alpha_n + \cdots + \alpha_{m+1}|_p \leqslant \max_{m+1\leqslant i\leqslant n} |\alpha_i|_p \to 0.$$

所以 $\{s_n\}$ 是 Q_p 中的一个 Cauchy 序列，因为 Q_p 是完备的，$\{s_n\}$ 必有 p-adic 极限，即 $\sum\limits_{n=1}^{\infty} \alpha_n$ 是 p-adic 收敛的. 然而在实

数域 R 中，只从条件 $\lim\limits_{n\to\infty}\alpha_n = 0$ 是不可能推出 $\sum\limits_{n=1}^{\infty}\alpha_n$ 收敛的。

在上节求代数方程的 p-adic 解时，所得到的 p 幂级数，实际上就是 Q_p 中的数。现在我们来讨论 p-adic 数域 Q_p 中一般数的表示法。

假定 $\alpha\in Q_p$。如果 $\alpha=\{\bar{0}\}$，则 $|\alpha|_p=0$。如果 $\alpha\neq\{\bar{0}\}$，则有一个有理数 Cauchy 序列 $\{a_l^*\}\ \phi$ 收敛于 α，则当 l 充分大时，$|a_l^*-\alpha|_p$ 可以充分小。因为 $|\alpha|_p\neq 0$，所以对于充分大的 l，有

$$|a_l^*|_p=|\alpha+(a_l^*-\alpha)|_p=\max(|\alpha|_p,\ |a_l^*-\alpha|_p)=|\alpha|_p.$$

根据有理数 p-adic 赋值的定义，这里我们可以假定

$$|\alpha|_p=\begin{cases}p^{-n},\ n\text{ 为整数},\ \alpha\neq\{\bar{0}\},\\ 0,\ \alpha=\{\bar{0}\}.\end{cases}$$

令 $\beta=\dfrac{\alpha}{p^n}$，则 $|\beta|_p=\dfrac{p^{-n}}{|p|_p^n}=1$。因此存在有理数 Cauchy 序列 $\{c_l\}$ 使得 $\beta=\phi\text{-}\lim\limits_{l\to\infty}c_l$。所以存在 $N>0$ 使得

$$|\beta-c_l|_p<1,\ l\geqslant N. \tag{3}$$

于是

$$\begin{aligned}|c_N|_p&=|\beta+(c_N-\beta)|_p=\max(|\beta|_p,\ |c_N-\beta|_p)\\&=|\beta|_p=1.\end{aligned}$$

记 $c_N=b_n=\dfrac{e_n}{d_n}$，这里 e_n,d_n 为整数。由于 $|b_n|_p=1$，可知 $(e_n,p)=(d_n,p)=1$。于是存在整数 x,y 使得

$$xd_n+yp=1. \tag{4}$$

令 $a_n'=e_nx$，则 a_n' 为整数，并且

$$\alpha=\beta p^n=a_n'p^n+(\beta-a_n')p^n=a_n'p^n+\gamma_1,$$

其中 $\gamma_1=(\beta-a_n')p^n$。由于(3)，(4)两式，可以推出

$$\begin{aligned}|\beta-a_n'|_p&=|(\beta-b_n)+(b_n-a_n')|_p\\&\leqslant\max\left(|\beta-c_N|_p,\left|\frac{e_n}{d_n}-e_nx\right|_p\right)\end{aligned}$$

$$= \max(|\beta - c_N|_p, |1 - xd_n|_p) < 1.$$

因此 $|\gamma_1|_p < p^{-n}$. 设 $|\gamma_1|_p = p^{-m}$, $m > n$. 用同样的方法处理 γ_1,并继续 k 步得到

$$\alpha = a'_n p^n + a'_{n+1} p^{n+1} + \cdots + a'_{n+k-1} p^{n+k-1} + \gamma_k,$$

其中 a'_i 为整数,且 $|a'_i|_p = 1$, 或 $a'_i = 0$, $|\gamma_k|_p \leqslant p^{-n-k}$. 我们还可以进一步限制

$$a_n \equiv a'_n \pmod p, \quad 0 \leqslant a_n \leqslant p - 1. \tag{5}$$

继续这样做下去,我们就证明了定理 4.

定理 4 Q_p 中每个 p-adic 数 α 可以唯一地表示成 p 幂级数

$$\alpha = \sum_{i=n}^{\infty} a_i p^i,$$

其中 a_i 为整数, 适合 $0 \leqslant a_i \leqslant p - 1$, n 是适合 $|\alpha|_p = p^{-n}$ 的整数.

如果用类似的方法,用限制

$$a_n \equiv a'_n \pmod p, -\frac{p-1}{2} \leqslant a_n \leqslant \frac{p-1}{2} \tag{5'}$$

代替(5)式,便可得到

定理 4′ Q_p 中每个 p-adic 数 α 可以唯一地表示成 p 幂级数

$$\alpha = \sum_{i=n}^{\infty} a_i p^i$$

其中 a_i 为适合 $-\frac{p-1}{2} \leqslant a_i \leqslant \frac{p-1}{2}$ 的整数, n 为适合

$$|\alpha|_p = p^{-n}$$

的整数.

为方便起见,记

$$a_i = \begin{cases} a_i, & a_i \geqslant 0, \\ |\bar{a}_i|, & a_i < 0, \end{cases}$$

并记 $\alpha = a_n a_{n+1} \cdots a_{-1} a_0 . a_1 a_2 a_3 \cdots$.

例如, $x^2 - 6 = 0$ 的 5-adic 解,按定理 4 可表成

$$x = 1.30421231330332322243314 0\cdots,$$

按定理 4′ 可表成

$$x=1.\bar{2}1\bar{1}\bar{2}22\bar{2}2\bar{2}\bar{1}1\bar{2}\bar{1}\bar{2}\bar{1}\bar{2}\bar{2}\bar{2}0\bar{1}\bar{1}2\bar{1}1\cdots.$$

进一步我们还有

定理 5 p-adic 数 α 可表成周期 p 幂级数的充分必要条件是 $\alpha\in\mathbf{Q}$.

证明 我们只须对定理 4 给出的 p 幂级数加以证明.

必要性. 为方便起见,把 α 的 p 幂级数表成形式

$$\alpha=p^n(a_0+a_1p+a_2p^2+\cdots),\ 0\leqslant a_i\leqslant p-1. \tag{6}$$

假定表达式(6)是周期的,即存在整数 $k\geqslant 0$, $m\geqslant 1$ 使得

$$\alpha=p^n(A+p^kB+p^{k+m}B+p^{k+2m}B+\cdots),$$

式中

$$A=a_0+a_1p+\cdots+a_{k-1}p^{k-1},$$
$$B=a_k+a_{k+1}p+\cdots+a_{k+m-1}p^{m-1}.$$

那么

$$\begin{aligned}\alpha p^{-n}-A&=p^kB+p^{k+m}B+p^{k+2m}B+\cdots\\&=p^kB(1+p^m+p^{2m}+\cdots).\end{aligned}$$

因为

$$1+p^m+p^{2m}+\cdots+p^{tm}=\frac{1-p^{(t+1)m}}{1-p^m},$$

$$\left|\frac{1}{1-p^m}-\frac{1-p^{(t+1)m}}{1-p^m}\right|_p=p^{-(t+1)m}\to 0,\quad t\to\infty,$$

所以

$$1+p^m+p^{2m}+\cdots=\frac{1}{1-p^m}.$$

于是得到

$$\alpha p^{-n}=A+p^kB\frac{1}{1-p^m},$$

即

$$\alpha=p^nA+p^{k+n}B\frac{1}{1-p^m}\in\mathbf{Q}.$$

充分性. 首先假定

$$\alpha = \frac{r}{s},\ |\alpha| < 1, (r,s) = 1,\ s > 0,\ r < 0,\ p \nmid s. \tag{7}$$

设 p 的指数 $(\bmod\ s)$ 为 k,即 k 是适合

$$p^k \equiv 1 \pmod{s}$$

的最小正整数. 令 $1 - p^k = ms\ (m < 0)$,则

$$\alpha = \frac{r}{s} = \frac{mr}{1 - p^k}.$$

由于 $|\alpha| < 1$,所以正整数 mr 可表为

$$mr = a_0 + a_1 p + \cdots + a_{k-1} p^{k-1},\ 0 \leqslant a_i \leqslant p - 1.$$

于是

$$\begin{aligned}\alpha &= (a_0 + a_1 p + \cdots + a_{k-1} p^{k-1})(1 + p^k + p^{2k} + \cdots) \\ &= (a_0 + a_1 p + \cdots + a_{k-1} p^{k-1}) \\ &\quad + p^k(a_0 + a_1 p + \cdots + a_{k-1} p^{k-1}) + \cdots,\end{aligned}$$

这表明 α 可表成周期的 p 幂级数.

其次,对于任意正有理数 α,可设 $\alpha = \frac{a}{b}$, $(a,b) = 1$, $p^m \| b$, $m > 0$, 则

$$\alpha p^m = a_0 + a_1 p + \cdots + a_l p^l + \frac{r}{s},\ 0 \leqslant a_i \leqslant p - 1,$$

其中 $\frac{r}{s}$ 或为零,或满足条件(7). 因此 α 可表为周期 p 幂级数.

最后,如果 α 是负有理数,则 $-\alpha$ 可表成周期 p 幂级数. 而数零可表成

$$0 = p + (p - 1)p + (p - 1)p^2 + \cdots,$$

所以 $\alpha = 0 - (-\alpha)$ 必为周期 p 幂级数. 故定理得证.

定义 8 有理整数的 p-adic 极限称为 p-adic 整数. p-adic 整数的全体记作 $\mathbf{Z}_p$.

p-adic 整数 α 可表成 p 幂级数

$$\alpha = a_0 + a_1 p + a_2 p^2 + \cdots,$$

$$0 \leqslant a_i \leqslant p - 1 \text{ 或 } -\frac{p-1}{2} \leqslant a_i \leqslant \frac{p-1}{2}.$$

显然我们可以证明 $\alpha\in \mathbf{Z}_p$ 当且仅当 $|\alpha|_p\leqslant 1$.

§9.3 Hensel 引理与 p-adic 数域 $\mathbf{Q}_p$ 的二次扩张

引理 1 (Hensel, 1918)[47] 若 $f(x)$ 是一个整系数多项式，且

$$f(x)\equiv g_1(x)h_1(x) \pmod p,$$

式中 $g_1(x)$ 和 $h_1(x)$ 为互素多项式 $\pmod p$，则在 $\mathbf{Q}_p[x]$ 中存在两个多项式 $g(x)\equiv g_1(x), h(x)\equiv h_1(x) \pmod p$ 使得

$$f(x)=g(x)h(x).$$

证明 令 $g_l(x)$ 和 $h_l(x)$ 为二多项式，适合

$$g_l(x)\equiv g_1(x), h_l(x)\equiv h_1(x) \pmod{p^l}$$

和

$$f(x)\equiv g_l(x)h_l(x) \pmod{p^l}.$$

显然 $g_l(x)$ 和 $h_l(x)$ 互素 $\pmod p$. 因此有两个多项式 $\phi(x)$ 和 $\psi(x)$ 使得

$$\phi(x)h_l(x)+\psi(x)g_l(x)\equiv 1 \pmod p. \tag{1}$$

令

$$\frac{f(x)-g_l(x)h_l(x)}{p^l}=t(x), \tag{2}$$

$$g_{l+1}(x)=g_l(x)+p^l\phi(x)t(x),$$
$$h_{l+1}(x)=h_l(x)+p^l\psi(x)t(x),$$

则

$$g_{l+1}(x)h_{l+1}(x)=g_l(x)h_l(x)+p^l(\phi(x)h_l(x)+\psi(x)g_l(x))t(x).$$

所以

$$\begin{aligned}f(x)&-g_{l+1}(x)h_{l+1}(x)\\&=f(x)-g_l(x)h_l(x)-p^l(\phi(x)h_l(x)+\psi(x)g_l(x))t(x)\\&=p^lt(x)(1-\phi(x)h_l(x)-\psi(x)g_l(x))\equiv 0\\&\qquad\qquad\pmod{p^{l+1}}.\end{aligned}$$

由(2)式可知 $t(x)$ 的次数不超过 $f(x)$ 的次数。再由(1)式看出，$(\phi(x)h_l(x)+\phi(x)g_l(x))t(x)$ 的次数不超过 $f(x)$ 的次数。所以 $g_{l+1}(x)h_{l+1}(x)$ 的次数不超过 $f(x)$ 的次数。由于 $g_l(x)$ 和 $h_l(x)$ 的系数都 ϕ 收敛，且收敛于 $g(x)$ 和 $h(x)$。故得引理。

由此引理可得下列推论。

推论 1 如果

$$f(x)=a_0+a_1x+\cdots+a_nx^n$$

是 $Q_p[x]$ 中不可约多项式，则

$$\lceil f\rceil_p=\max(|a_0|_p,|a_1|_p,\cdots,|a_n|_p)=\max(|a_0|_p,|a_n|_p).$$

证明 如果上述结论不成立，则存在正整数 r，适合 $0<r<n$ 且

$$|a_r|_p=\lceil f\rceil_p.$$

于是

$$f(x)=a_r\left(\frac{a_0}{a_r}+\frac{a_1}{a_r}x+\cdots+x^r+\frac{a_{r+1}}{a_r}x^{r+1}+\cdots\right.$$

$$\left.+\frac{a_n}{a_r}x^n\right)=a_rg(x).$$

显然有

$$\left|\frac{a_i}{a_r}\right|_p<1,i\geqslant r+1,$$

并且 $g(x)$ 是不可约的。但是

$$g(x)\equiv\left(\frac{a_0}{a_r}+\frac{a_1}{a_r}x+\cdots+x^r\right)\cdot 1\pmod p.$$

根据 Hensel 引理可知，$g(x)$ 可以分解成 Q_p 上的一个 r 次因子与一个 $n-r$ 次因子之积。由于 $f(x)$ 在 Q_p 上是不可约的，故得矛盾。于是推论得证。

注 1 这里的 Hensel 引理是对一个未定元的多项式给出的. M. Lauer 把这个引理推广到多元多项式的情形，参考文献[59]。

现在我们考虑 Q_p 上的二次不可约方程。例如，方程

$$x^2 - p = 0$$

在 Q_p 中没有根。这是因为，根据 p-adic 赋值的定义，任意 p-adic 数的 p-adic 赋值是 p 的整数幂，这个数的平方的 p-adic 赋值一定是一个 p 的整数幂的平方，不可能是 p^{-1}. 象有理数域的普通代数扩张一样，我们可以在 Q_p 上添加一个 Q_p 上某个二次不可约方程的根而得到 Q_p 的二次扩张. 不失一般性，可以假定方程具有形式

$$x^2 - d = 0, \tag{3}$$

其中 $d \in Q_p, d \neq 0$，它不是一个完全平方数(即不是一个 p-adic 数的平方). 显然方程(3)在 Q_p 中是不可解的. 我们用 $\sqrt{d}$ 表示(3)的形式解. 则 Q_p 的二次扩张可以表示成

$$K_p = Q_p(\sqrt{d}).$$

K_p 的元素 ξ 可以写成形式

$$\xi = a + bj,\ \text{这里}\ j = \sqrt{d}, a, b \in Q_p.$$

容易验证，K_p 中元素的和、差、积、商满足下列公式：如果 $\xi' = a' + b'j$ 为 K_p 中另一元素，则

$$\xi \pm \xi' = (a \pm a') + (b \pm b')j,$$

$$\xi\xi' = (aa' + dbb') + (ab' + ba')j,$$

$$\frac{\xi}{\xi'} = \frac{(aa' - dbb') + (a'b - ab')j}{a'^2 - db'^2} \quad (\xi' \neq 0).$$

我们用

$$\xi = a - bj$$

表示数 $\xi = a + bj$ 的共轭数，于是 ξ 的范数与迹分别为

$$N(\xi) = \xi\xi = a^2 - db^2, S(\xi) = \xi + \xi = 2a.$$

设 d 和 $d' \in Q_p$ 是两个不同的非零 p-adic 数，并且也不是完全平方数. 那么

$$Q_p(\sqrt{d}) = Q_p(\sqrt{d'})$$

当且仅当 $\frac{d}{d'}$ 是一个完全平方数.

下面给出一个 p-adic 数Δ是否是一个完全平方数的判别准则.

引理 2 (Mahler, 1981)[68] 设 $\Delta\in Q_p$, 适合

$$|\Delta-1|_p\leqslant\begin{cases}\dfrac{1}{8}, & p=2,\\ \dfrac{1}{p}, & p\geqslant 3,\end{cases}$$

则Δ是一个完全平方数.

证明 我们可以断言，存在一个形式幂级数

$f(x)=c_0+c_1x+c_2x^2+\cdots$,其中 $c_0=1, c_i\in Q, i\geqslant 1$

使其平方

$$f(x)^2=1+2c_1x+\sum_{m=2}^{\infty}\left(\sum_{k=0}^{m}c_kc_{m-k}\right)x^m$$

只包含前两项,即

$$f(x)^2=1+x.$$

事实上,我们先取

$$c_1=\frac{1}{2},$$

然后再由递归公式

$$\sum_{k=0}^{m}c_kc_{m-k}=0$$

即

$$c_m=-\frac{1}{2}\sum_{k=1}^{m-1}c_kc_{m-k},\quad m\geqslant 2 \tag{4}$$

来确定出系数 $c_2,c_3,\cdots$. 显然由(4)式看出 c_m 属于 $Q, m\geqslant 2$.

当 $p=2$ 时,用数学归纳法可以证明

$$|c_m|_2\leqslant 2^{2m-1}, m=1,2,\cdots. \tag{5}$$

事实上,$m=1$ 时,(5)式显然正确. 假定(5)对于所有下标 k 不超过$m-1$ 的 c_k 都成立. 由(4)可知

$$|c_m|_2\leqslant 2\max_{1\leqslant k\leqslant m-1}2^{2k-1}\cdot 2^{2(m-k)-1}=2^{2m-1}.$$

于是下标 $k=m$ 时(5)式也成立．当 $p\geqslant 3$ 时，显然用数学归纳法可以证明

$$|c_m|_p\leqslant 1, m=1,2,\cdots. \tag{6}$$

现在我们考虑 $f(x)$ 的部分和

$$f_n(x)=1+c_1x+c_2x^2+\cdots+c_nx^n,\ n=1,2,\cdots,$$

它的平方为

$$f_n(x)^2=1+x+\sum_{m=n+1}^{2n}c_{mn}x^m. \tag{7}$$

根据(4)式可知，(7)式右边不含 $x^2,x^3,\cdots,x^n$ 各项，(7)式中

$$c_{mn}=\sum_{k=m-n}^{n}c_kc_{m-k}.$$

因此，由(5)和(6)两式得到

$$|c_{mn}|_p\leqslant\begin{cases}\max\limits_{m-n\leqslant k\leqslant n}2^{2k-1}2^{2(m-k)-1}\leqslant 2^{2m-2}, p=2,\\ 1,\ p\geqslant 3.\end{cases} \tag{8}$$

现设 $x\in Q_p$ 适合

$$|x|_p\leqslant\begin{cases}\dfrac{1}{8},\ p=2,\\[2mm] \dfrac{1}{p},\ p\geqslant 3.\end{cases}$$

由(5)，(6)两式看出，当 $m\to\infty$ 时

$$0\leqslant|c_mx^m|_p\leqslant\begin{cases}2^{(2m-1)-3m}=2^{-m-1}\to 0,\ p=2,\\ p^{-m}\to 0, \qquad p\geqslant 3.\end{cases}$$

因此，对于 $p=2$ 和 $p\geqslant 3$ 两种情形，当 $n\to\infty$ 时

$$p\text{-adic}\lim_{n\to\infty}f_n(x)=1+\sum_{n=1}^{\infty}c_nx^n=f(x)$$

存在．其次，根据(8)式，当 $n\to\infty$ 时

$$0\leqslant\left|\sum_{m=n+1}^{2n}c_{mn}x^m\right|_p\leqslant\begin{cases}\max\limits_{n+1\leqslant m\leqslant 2n}2^{2m-2}\cdot 2^{-3m}\leqslant 2^{-n-3}\to 0, p=2,\\ \max\limits_{n+1\leqslant m\leqslant 2n}1\cdot p^{-m}\leqslant p^{-n-1}\to 0, \qquad p\geqslant 3.\end{cases}$$

根据(7)式，对于 $p=2$ 和 $p\geqslant 3$ 两种情形都有

$$f(x)^2 = 1 + x.$$

最后,令 $x = \Delta - 1$,代入上式则有

$$(f(\Delta - 1))^2 = \Delta.$$

故引理得证.

注 2 关于 $\mathbf{Q}_p$ 的二次扩张及进一步结果，参看文献[68].

§9.4 用有理数逼近 p-adic 数

不失一般性,本节考虑 p-adic 整数的有理逼近. 我们有

定理 1 设 $\xi \in \mathbf{Z}_p$,则对任意实数 $X \geqslant p$, 存在有理整数 $Q > 0$ 和 P 及只依赖于 p 的常数 $c(p)$ 满足不等式

$$\begin{cases} |Q\xi - P|_p \leqslant c(p)X^{-2}, \\ \max(Q, |P|) \leqslant X. \end{cases}$$

存在性证明 (Schneider, 1970)[93] 设 m 为大于零的任意有理整数. 设 x, y 为适合

$$0 \leqslant x \leqslant p^m, 0 \leqslant y \leqslant p^m$$

的有理整数. 显然有 $(p^m + 1)^2$ 个有理整数对 (x, y),并且

$$x - y\xi = \sum_{\nu=0}^{\infty} d_\nu p^\nu, 0 \leqslant d_\nu \leqslant p - 1, \nu \geqslant 0. \tag{1}$$

为 p-adic 整数. 我们只须考虑前 $2m$ 个系数 $d_0, d_1, \cdots, d_{2m-1}$, 它们有 p^{2m} 组可能值. 根据抽屉原理, 至少有两组不同的有理整数对 (x_1, y_1) 和 (x_2, y_2) 使得(1) 式 p 幂级数具有相同的前 $2m$ 项系数,不妨假定 $y_1 > y_2$. 于是

$$(x_2 - y_2\xi) - (x_1 - y_1\xi) = (y_1 - y_2)\xi - (x_1 - x_2)$$

的 p 幂级数的前 $2m$ 项系数全为零. 令 $Q = y_1 - y_2$ (显然 $Q > 0$), $P = x_1 - x_2$,则 Q, P 都为有理整数,且

$$Q\xi - P = \sum_{\nu=2m}^{\infty} d_\nu p^\nu.$$

于是得到不等式组

$$\begin{cases}|Q\xi - P|_p \leqslant p^{-2m} \\ 0 < Q \leqslant p^m, |P| \leqslant p^m.\end{cases} \tag{2}$$

如果 X 为任意正实数，则存在自然数 m 适合

$$p^m \leqslant X < p^{m+1}.$$

因此，不等式组(2)可改写为

$$\begin{cases}|Q\xi - P|_p \leqslant p^2X^{-2} = c(p)X^{-2}, \\ Q \leqslant X, |P| \leqslant X,\end{cases}$$

即

$$\begin{cases}|Q\xi - P|_p \leqslant c(p)X^{-2}, \\ \max(Q, |P|) \leqslant X.\end{cases}$$

故得结论。

构造性证明 (Mahler, 1961)[66] 设 p-adic 整数

$$\xi = \sum_{\nu=0}^{\infty} b_\nu p^\nu,$$

令

$$B_m = \sum_{\nu=0}^{m-1} b_\nu p^\nu,$$

则 B_m 为有理整数，且满足

$$0 \leqslant B_m \leqslant (p-1)(1 + p + p^2 + \cdots + p^{m-1})$$
$$= p^m - 1 < p^m, \tag{3}$$

$$|\xi - B_m| \leqslant p^{-m}. \tag{4}$$

首先指出，如果 P, Q 为有理整数，则

$$|Q\xi - P|_p \leqslant p^{-m} \text{ 当且仅当 } |QB_m - P|_p \leqslant p^{-m}. \tag{5}$$

实际上，由于 $|Q|_p \leqslant 1$ 和(4)式，我们有

$$\begin{aligned}|QB_m - P|_p &= |(Q\xi - P) - Q(\xi - B_m)|_p \\ &\leqslant \max(|Q\xi - P|_p, |\xi - B_m|_p) \\ &\leqslant \max(|Q\xi - P|_p, p^{-m})\end{aligned}$$

和

$$\begin{aligned}|Q\xi - P|_p &= |(QB_m - P) + Q(\xi - B_m)|_p \\ &\leqslant \max(|QB_m - P|_p, |\xi - B_m|_p)\end{aligned}$$

$$\leqslant \max(|QB_m - P|_p, p^{-m}),$$

所以(5)式正确.

由于

$$|QB_m - P|_p \leqslant p^{-m} \text{ 当且仅当 } QB_m - P \equiv 0 \pmod{p^m},$$

则存在另一有理整数 R 满足

$$QB_m - P = p^m R,$$

即

$$Q\frac{B_m}{p_m} - R = \frac{P}{p^m}. \tag{6}$$

我们只须考虑满足

$$0 \leqslant |P| \leqslant p^m - 1, 0 < Q \leqslant p^m - 1 \tag{7}$$

的那些整数解. 如果不然,可以从 P, Q 中分别减去 p^m 的适当倍数,然后将 R 再作适当的改变,便可得到一组新解满足不等式组(7).

P,Q,R 具体求法如下:

令

$$\alpha_0^{(m)} = \frac{B_m}{p^m}.$$

由(3)式可知, $0 \leqslant \alpha_0^{(m)} < 1$. 因此它可以展成实数域中的有限简单连分数

$$\alpha_0^{(m)} = [0, a_1^{(m)}, a_2^{(m)}, \cdots, a_{N_m}^{(m)}].$$

为简便起见,略去上标 (m),写成

$$\alpha_0 = [0, a_1, a_2, \cdots, a_{N_m}], \tag{8}$$

这里 $a_1, a_2, \cdots, a_{N_m}. N_m$都是自然数。令

$$\frac{p_k}{q_k}, \quad k = -1, 0, 1, 2, \cdots, N_m$$

是连分数(8)的渐近分数. 由第一章的连分数性质可知

$$q_k p_{k-1} - q_{k-1} p_k = (-1)^k,$$

则 $(q_k, p_k) = 1$. 令

$$P_k = q_k B_m - p^m p_k, \quad k = -1, 0, 1, \cdots, N_m, \tag{9}$$

所以 (P_k, q_k) 必是 p^m 的因子(或 1). 由定义显然有

$$q_{-1}=0,\ 0<q_k\leqslant p^m,\ k=0,1,\cdots,N_m,$$

$\dfrac{p_{N_m}}{q_{N_m}}$ 是既约分数,并且

$$\frac{B_m}{p^m}=\frac{p_{N_m}}{q_{N_m}}. \tag{10}$$

设 α_k 表示 α_0 的第 k 个完全商,则

$$a_k\leqslant\alpha_k<a_k+1.$$

由递推公式 $q_k=a_kq_{k-1}+q_{k-2}$ 可得

$$q_k\leqslant q_{k-1}\alpha_k+q_{k-2}<q_{k-1}(a_k+1)+q_{k-2}<q_k+q_{k-1}\leqslant 2q_k. \tag{11}$$

由连分数性质

$$\alpha_0-\frac{p_k}{q_k}=\frac{(-1)^k}{q_k(q_k\alpha_{k+1}+q_{k-1})},\ k=0,1,2,\cdots,N_m-1,$$

可知

$$\frac{B_m}{p^m}-\frac{p_k}{q_k}=\frac{(-1)^k}{q_k(q_k\alpha_{k+1}+q_{k-1})},\ k=0,\ 1,2,\cdots,N_m-1.$$

由(9)式推出

$$P_k=\frac{(-1)^kp^m}{q_k\alpha_{k+1}+q_{k-1}},\ k=0,1,2,\cdots,\ N_m-1.$$

由(11)式可得

$$\frac{p^m}{2q_{k+1}}<|P_k|\leqslant\frac{p^m}{q_{k+1}},\quad k=0,1,2,\cdots,N_m-1. \tag{12}$$

由(9)式得

$$|q_kB_m-P_k|_p\leqslant p^{-m}$$

由(5)式可知

$$|q_k\xi-p_k|_p\leqslant p^{-m}.$$

最后分两种情形讨论.

1. 如果 $q_{N_m}\geqslant p^{m/2}$,则由于 $1=q_0<q_1<\cdots<q_{N_m}$, 可以选择一个下标 k_0 使得 $0\leqslant k_0\leqslant N_m-1$,满足

$$q_{k_0} < p^{\frac{m}{2}} \leqslant q_{k_0+1}.$$

于是由(12)有

$$|P_{k_0}| \leqslant \frac{p^m}{q_{k_0+1}} \leqslant p^{\frac{m}{2}}.$$

因此 q_{k_0}, P_{k_0} 满足不等式

$$0 < \max(q_{k_0}, |P_{k_0}|) \leqslant p^{\frac{m}{2}}. \qquad (13)$$

2. 如果 $q_{N_m} < p^{\frac{m}{2}}$,则由(10)式可知

$$d = (B_m, p^m) > p^{\frac{m}{2}}.$$

由(9)式看出 $d | P_k$,由(12)式可知 $|P_k| \neq 0$. 所以得到

$$|p_k| \geqslant d > p^{\frac{m}{2}}, k = 0,1,2,\cdots,N_m - 1.$$

在这种情形下,不能得到不等式(13). 但由于(10)式有

$$q_{N_m} B_m = p^m p_{N_m}.$$

这时令 $P_{N_m} = 0$,则有

$$|q_{N_m} B_m - P_{N_m}|_p = |q_{N_m} B_m|_p \leqslant p^{-m}.$$

根据(5)式得到

$$|q_{N_m}\xi - P_{N_m}|_p \leqslant p^{-m}.$$

并且我们还有

$$0 < \max(q_{N_m}, |P_{N_m}|) \leqslant p^{\frac{m}{2}}.$$

综上所述,可以得出结论: 对于每个自然数 m, 存在正整数 Q 和整数 P, 满足不等式组

$$\begin{cases} |Q\xi - P|_p \leqslant p^{-m}, \\ \max(Q, |P|) \leqslant p^{\frac{m}{2}}. \end{cases}$$

故定理得证.

例 1 考虑代数方程 $x^2 + 1 = 0$ 的 5-adic 解

$$\xi = 2.121342303220413240434 0\cdots$$

的有理逼近.

显然我们有

$B_1 = 2.0$, $B_2 = 2.1$, $B_3 = 2.12$, $B_4 = 2.121$, $B_5 = 2.1213$
$B_6 = 2.12134, \cdots$

因此 $\alpha_0^{(1)} = 20.0$, $\alpha_0^{(2)} = 210.0$, $\alpha_0^{(3)} = 2120.0$, $\alpha_0^{(4)} = 21210.0$, $\alpha_0^{(5)} = 212130.0$, $\alpha_0^{(6)} = 2121340.0, \cdots$

这些有理数的连分数展开分别为

$\alpha_0^{(1)}=[0,2.0,\ 2.0]$,

$\alpha_0^{(2)}=[0,\ 3.0,\ 1.0,\ 1.0,\ 3.0]$,

$\alpha_0^{(3)}=[0,\ 2.0,\ 0.1,\ 0.1,2.0]$,

$\alpha_0^{(4)}=[0,\ 3.0,\ 2.0,\ 3.0,\ 3.0,\ 2.0,\ 3.0]$,

$\alpha_0^{(5)}=[0,\ 1.0,\ 1.0,\ 1.0,\ 2.2,\ 1.0,\ 1.0,\ 2.2,\ 1.0,\ 2.0]$,

$\alpha_0^{(6)}=[0,\ 1.0,\ 3.2,\ 1.0,\ 1.0,\ 1.0,\ 2.0,\ 2.0,\ 1.0,\ 1.0,\ 1.0,\ 4.2],\cdots$

于是得到

$$|2.0\xi+1.0|_5\leqslant 5^{-1},\ |4.0\xi-3.0|_5\leqslant 5^{-2},$$
$$|1.2\xi-2.0|_5\leqslant 5^{-3},\ |4.4\xi+2.1|_5\leqslant 5^{-4},$$
$$|1.31\xi+3.21|_5\leqslant 5^{-5},\ |2.34\xi-4.31|_5\leqslant 5^{-6},\cdots.$$

§ 9.5 p-adic 连分数

1970 年 Th. Schneider[93]发展了 K.Mahler[66] 的 p-adic 连分数算法，引进 p-adic 半正规连分数算法．设 $\xi\in\mathbf{Q}_p,\xi\neq 0$，则

$$\xi=\cfrac{a_0}{b_0+\cfrac{a_1}{b_1+\cfrac{a_2}{b_2+\ddots+\cfrac{a_n}{b_n+\ddots}}}}=\begin{bmatrix}a_0,a_1,a_2,\cdots,a_n,\cdots\\ b_0,b_1,b_2,\cdots,b_n,\cdots\end{bmatrix},$$

其中 $a_n=p^{\alpha_n}$，$\alpha_n\in\mathbf{N}$，$b_n\in\mathbf{N}$，$1\leqslant b_n\leqslant p-1$，$n\in\mathbf{N}$．并且

$a_0=p^{\alpha_0}\geqslant 1$，$\alpha_0\geqslant 0$，$1\leqslant b_0\leqslant p-1$，当 $\xi\in\mathbf{Z}_p$，

$a_0=1$，$b_0=0$，其他情形．

类似于这个算法，J.Browkin[22]和王连祥[4,106]先后分别给出两种形式的简单连分数算法．这里仅介绍后一种算法．

令 $\xi\in\mathbf{Q}_p$，其 p 幂级数为

$$\xi = b_{-\alpha}p^{-\alpha} + \cdots + b_{-1}p^{-1} + b_0 + b_1 p + b_2 p^2 + \cdots$$
$$= b_{-\alpha}\cdots b_{-1}b_0 \cdot b_1 b_2 \cdots,$$

式中 $\alpha \geqslant 0$, $0 \leqslant b_i \leqslant p-1$, $i \geqslant -\alpha$. 记

$$a_0 = b_{-\alpha}\cdots b_{-1}b_0.0 = [\xi]$$

这称为p-adic 数ξ的整数部分. 显然 $0 \leqslant a_0 < p$. 把ξ写成形式

$$\xi = a_0 + \frac{1}{\xi_1},$$

其中 $|\xi_1|_p \geqslant p$. 又记 $a_1 = [\xi_1]$,则 $0 < a < p$. 并有

$$\xi_1 = a_1 + \frac{1}{\xi_2},\ 其中\ |\xi_1|_p = |a_1|_p = p^{\alpha_1},\ |\xi_2|_p \geqslant p.$$

只要 $\xi_\nu \neq a_\nu$,我们可以继续进行下去. 一般地,我们得到

$$\xi_\nu = a_\nu + \frac{1}{\xi_{\nu+1}},\ |\xi_\nu|_p = |a_\nu|_p = p^{\alpha_\nu},\ \alpha_\nu \in \mathbf{N},$$
$$0 < a_\nu < p,\ \nu \in \mathbf{N}. \tag{1}$$

因此ξ的表达式可以写成形式

$$\xi = a_0 + \cfrac{1}{a_1 + \cfrac{1}{a_2 + \ddots + a_{n-1} + \cfrac{1}{\xi_n}}}$$
$$= [a_0, a_1, a_2, \cdots, a_{n-1}, \xi_n],$$

其中 $a_\nu = [\xi_\nu]$,适合 $0 \leqslant a_0 < p$, $0 < a_\nu < p$, $\nu \in \mathbf{N}$.

如果上述过程在某一步中止,也就是说,对于某 $\nu = n$, $\xi_n = a_n$,则

$$\xi = [a_0, a_1, a_2, \cdots, a_n]$$

称为有限 p-adic 简单连分数. 不然,我们得到

$$\xi = [a_0, a_1, a_2, \cdots, a_n, \cdots], \tag{2}$$

它称为无限 p-adic 简单连分数. 对于这种情形, 如果存在整数 $k \geqslant 0$, $m \geqslant 1$ 使得 $a_{n+m} = a_n$, $n \geqslant k$,则(2)式称为周期长为m的周期 p-adic 简单连分数,并且(2)式可简记作

$$\xi = [a_0, \ a_1, \cdots, a_{k-1}, \overline{a_k, a_{k+1}, \cdots, a_{k+m-1}}]. \tag{3}$$

如果 $k=0$，则称(3)式为纯周期 p-adic 简单连分数。

例如，由于

$$-\frac{1}{p} = p - \frac{1}{p} + \frac{1}{-p^{-1}},$$

我们有

$$-\frac{1}{p} = [\overline{p - p^{-1}}]. \tag{4}$$

这是周期长为 1 的纯周期 p-adic 简单连分数。

根据 p-adic 数的 p-幂级数表示是唯一的，我们知道，它的 p-adic 简单连分数的展开式也一定是唯一的。p-adic 简单连分数在 p-adic 赋值下的收敛性将在后面证明。

Browkin 定义的 p-adic 简单连分数，与上述过程类似，唯一的区别在于，p-adic 数 ξ 的 p 幂级数的系数满足

$$-\frac{p-1}{2} \leqslant b_\nu \leqslant \frac{p-1}{2},$$

并且 p-adic 连分数的不完全商满足 $-\frac{p-1}{2} \leqslant a_\nu \leqslant \frac{p-1}{2}$.

定理 1 $\xi \in Q_p$ 是有理数(即 $\xi \in Q$) 的充分必要条件是它的 p-adic 简单连分数展开式或者是有限的，或者是周期的，其周期为 $p - p^{-1}$.

证明 由(4)式可知，充分性是显然的. 只须证明必要性. 设 $\xi \in Q_p$ 并写成形式

$$\xi = \frac{x_0}{p^{\alpha_0} x_1},$$

其中 α_0, x_0, x_1 都是有理整数，并满足 $(x_0, p) = 1, (x_1, p) = 1$. x_0 和 x_1 不一定互素. 如果 $x_0 = x_1$，且 $\alpha_0 \geqslant 0$，则 $\xi = [a_0] = \frac{1}{p^{\alpha_0}}$. 若 $\alpha_0 < 0$，则 $\xi = [0, \ p^{\alpha_0}]$. 这都是有限 p-adic 连分数. 当 $x_0 = -x_1$ 时，我们注意

$$-1 = (p-1) + (p-1)p + (p-1)p^2 + \cdots,$$

根据(4)式得到

$$\xi = -\frac{1}{p^{\alpha_0}} = (p-1)p^{-\alpha_0} + (p-1)p^{-\alpha_0+1} + \cdots$$

$$+ (p-1) + (p-1)p + (p-1)p^2 + \cdots.$$

当 $\alpha_0 \geqslant 0$ 时，有

$$\xi = a_0 + p(p-1)(1 + p + p^2 + \cdots) = a_0 + \frac{1}{-p^{-1}}$$

$$= [a_0, \overline{p - p^{-1}}],$$

这里 $a_0 = (p-1)p^{-\alpha_0} + (p-1)\ p^{-\alpha_0+1} + \cdots + (p-1)$. 当 $\alpha_0 < 0$ 时，有

$$\xi = [0, a_1, \overline{p - p^{-1}}],$$

其中 $a_1 = (p-1)p^{\alpha_0} + (p-1)p^{\alpha_0+1} + \cdots + (p-1)$. 上面的 p-adic 简单连分数都是周期的，其周期为 $p - p^{-1}$.

当 $|x_0| \neq |x_1|$ 时，则 ξ 有唯一的 p-adic 简单连分数展开式

$$\xi = \frac{x_0}{p^{\alpha_0}x_1} = [a_0,\ a_1,\ a_2, \cdots].$$

根据(1)式我们看出，$|\xi - a_0|_p = p^{-\alpha_1}$，其中 $\alpha_1 \geqslant 1$. 另一方面，$\xi^{-a_0} \in Q$，所以有且只有一个有理整数 $x_2 \neq 0$，适合 $(x_2,\ p) = 1$，使得

$$\xi - a_0 = \frac{p^{\alpha_1}x_2}{x_1} = \frac{1}{\xi_1}, \text{这里 } \xi_1 = \frac{x_1}{p^{\alpha_1}x_2},$$

我们可以同 ξ 一样地处理有理数 ξ_1，并继续如此进行下去. 一般地，对 $n \geqslant 1$ 存在非零有理整数 x_{n-1}, x_n, x_{n+1} 满足等式

$$\frac{x_{n+1}}{p^{\alpha_{n-1}}x_n} - a_{n-1} = \frac{p^{\alpha_n}x_{n+1}}{x_n},\ n \geqslant 1. \tag{5}$$

如果有一个下标 n_0 满足 $x_{n_0-1} = x_{n_0}$，则 ξ 可展成有限 p-adic 简单连分数. 如果 $x_{n_0-1} = -x_{n_0}$，则可重复上面的论证而得到 $a_n = p - p^{-1}$, $n \geqslant n_0$. 如果不然，对于所有 $n \geqslant 1$，我们有 $|x_{n-1}| \neq$

$|x_n|$. 记

$$A_n = p^{\alpha_n} a_n, \quad n \geqslant 1. \tag{6}$$

显然 A_n 是有理整数,满足 $0 < A_n < p^{\alpha_n+1} - 1$. 因此由(5),(6)二式我们看出,

$$|x_{n+1}| = \left|\frac{x_{n-1} - A_{n-1}x_n}{p^{\alpha_{n-1}+\alpha_n}}\right| \leqslant \frac{|x_{n-1}| + (p^{\alpha_{n-1}+1} - 1)|x_n|}{p^{\alpha_{n-1}+\alpha_n}}$$

$$< \max(|x_{n-1}|, |x_n|).$$

于是一定存在一个自然数 n_1,使得对所有 $n \geqslant n_1$,有 $|x_n| = 1$. 这可推出 $x_{n-1} = x_n$ 或 $x_{n-1} = -x_n$. 这就完成了定理 1 的证明.

定理 2 设 $\xi = [a_0, a_1, a_2, \cdots, a_n, \cdots]$,又设

$$\frac{P_n}{Q_n} = \frac{p_n}{q_n} = [a_0, a_1, \cdots, a_n],$$

其中 $P_n, Q_n \in \mathbf{Z}$,且 $(P_n, Q_n) = 1$.

称 $\frac{P_n}{Q_n}$ 为 ξ 的 p-adic 简单连分数的第 n 个渐近分数. 那么 P_n 和 Q_n 中至少有一个与 p 互素,并且

$$|Q_n\xi - P_n|_p = c(a_0)|a_1\cdots a_n|_p^{-1}|a_{n+1}|_p^{-1},$$

其中

$$c(a_0) = \begin{cases} |a_0|_p^{-1}, & \text{当 } a_0 \neq 0, \\ 1, & \text{当 } a_0 = 0. \end{cases} \tag{7}$$

证明 容易看出,

$$|q_n|_p = |a_1\cdots a_n|_p, \quad n \geqslant 1. \tag{8}$$

实际上, $|q_1|_p = |a_1|_p$, $|q_2|_p = |a_2a_1 + 1|_p = \max(|a_1a_2|_p, 1) = |a_1a_2|_p$. 由归纳法,我们假定对于 $k \leqslant n-1$,有 $|q_k|_p = |a_1\cdots a_k|_p$. 由(1)式及连分数性质

$$|q_n|_p = |a_nq_{n-1} + q_{n-2}|_p = \max(|a_n|_p|q_{n-1}|_p, |q_{n-2}|_p)$$
$$= |a_n|_p|q_{n-1}|_p = |a_1\cdots a_{n-1}a_n|_p.$$

于是完成归纳步骤. 类似地,我们还可证明

$$|p_n|_p = |a_0|_p|a_1\cdots a_n|_p, \quad n \geqslant 1, \text{ 当 } a_0 \neq 0,$$
$$|p_1|_p = 1, \quad |p_n|_p = |a_2\cdots a_n|_p, \quad n \geqslant 2, \text{ 当 } a_0 = 0.$$

因此我们得到

$$\left|\frac{p_n}{q_n}\right|_p=\begin{cases}|a_0|_p, & \text{当 } a_0\neq 0,\\ |a_1|_p^{-1}, & \text{当 } a_0=0.\end{cases}$$

对于 $n\geqslant 1$,记

$$M_n=\max\left(|p_n|_p,\ |q_n|_p\right),$$
$$P'_n=p_nM_n,\quad Q'_n=q_nM_n,$$
$$A_n=p_n|p_n|_p,\quad B_n=q_n|q_n|_p,$$

$$\frac{P_n}{Q_n}=\frac{P'_n}{Q'_n},\text{其中 } P_n,\ Q_n\in \mathbf{Z} \text{ 且 } (P_n,Q_n)=1.$$

因此我们有

$$P'_n=A_n,\quad Q'_n=|a_0|_pB_n,\quad \text{当 } a_0\neq 0,$$
$$P'_n=|a_1|_pA_n,\quad Q'_n=B_n,\quad \text{当 } a_0=0.$$

显然 A_n, B_n, P'_n, Q'_n, P_n, Q_n 都是自然数，并且 $(A_n,p)=(B_n,p)=1$. 因此 P'_n, Q'_n 中至少有一个不能被 p 整除. 由此推出

$$|Q_n|_p=|Q'_n|_p=c(a_0)=\begin{cases}|a_0|_p^{-1}, & \text{当 } a_0\neq 0,\\ 1, & \text{当 } a_0=0.\end{cases} \tag{9}$$

另一方面,根据连分数的性质

$$\xi-\frac{p_n}{q_n}=\frac{(-1)^n}{q_n(\xi_{n+1}q_n+q_{n-1})}$$

可知,

$$\left|\xi-\frac{p_n}{q_n}\right|_p=|q_n|_p^{-1}|\xi_{n+1}q_n+q_{n-1}|_p^{-1}=|a_{n+1}|_p^{-1}|q_n|_p^{-2}. \tag{10}$$

最后根据(7)—(10),我们得到

$$|Q_n\xi-P_n|_p=|Q_n|_p\left|\xi-\frac{P_n}{Q_n}\right|_p=|Q'_n|_p\left|\xi-\frac{P'_n}{Q'_n}\right|_p$$
$$=|Q'_n|_p\left|\xi-\frac{p_n}{q_n}\right|_p=c(a_0)|a_1\cdots a_n|_p^{-2}|a_{n+1}|_p^{-1}.$$

故定理得证.

注 1 根据定理2,容易证明 p-adic 简单连分数的收敛性.

注 2　对于实数域上简单连分数的周期性定理（即 § 1.4 定理 1,2,3)的 p-adic 类似，利用上述定义的 p-adic 连分数算法是不能得到的. B.M.M. de Weger[32]在 p-adic 数的有理逼近格概念之下得到了 Lagrange 定理的 p-adic 类似. 王连祥[105]对于特征为 p(p 为奇素数）的有限域上的形式 Laurent 级数域的元素定义了简单连分数算法，从而得到了 Lagrange 定理等结果的类似.

注 3　用 p-adic 连分数算法，可以研究 p-adic 数的代数无关性及超越性. 关于这方面的结果可参看文献[4],[23],[106].

§ 9.6　用有理数逼近 p-adic 代数数

设 $\xi \in \mathbf{Q}_p$. 如果 ξ 满足 Q 上代数方程，则 ξ 称为 p-adic 代数数. 否则称为 p-adic 超越数. 设 ξ 是一个 p-adic 代数数，它的极小多项式为

$$f(x) = a_0x^n + a_1x^{n-1} + \cdots + a_n,$$

其中 $a_0 \neq 0$, $a_i \in \mathbf{Z}$, $i = 0,1,\cdots,n, n \in \mathbf{N}$.

称 ξ 为 n 次代数数，并称

$$a = \max\ (|a_0|, |a_1|, \cdots, |a_n|)$$

为代数数 ξ 的高，记

$$L(f) = |a_0| + |a_1| + \cdots + |a_n|.$$

定理 1 (Liouville 定理的 p-adic 类似)　设 ξ 是 n 次 p-adic 代数数 ($n \geqslant 2$)，则对所有 $Q \neq 0$, $P \in \mathbf{Z}$，有

$$|Q\xi - P|_p \geqslant c(\xi)\max(|P|, |Q|)^{-n},$$

式中 $c(\xi)$ 是只与 ξ 有关的常数.

更一般地，我们还有

定理 2 (Mahler, 1961)[66]　设 ξ 是 n 次 p-adic 代数数，$F(x)$ 是任意整系数多项式，其次数不超过 m，其高为 A（即 $F(x)$ 的系数绝对值的最大值），则

$$F(\xi) = 0 \text{ 或 } |F(\xi)|_p \geqslant c(m,\xi)A^{-n},$$

式中

$$c(m,\xi)=((m+1)^{\frac{n}{2}}(n+1)^{\frac{m}{2}}a^m\max(|\xi|_p^{n-1},\ 1))^{-1},$$

其中 a 为 ξ 的高.

证明 设 ξ 的极小多项式为

$$f(x)=a_0x^n+a_1x^{n-1}+\cdots+a_{n-1}x+a_n,\ a_0\neq 0,\ a_i\in\mathbf{Z}.$$

又设

$$F(x)=A_0x^m+A_1x^{m-1}+\cdots+A_{m-1}x+A_m,\ A_i\in\mathbf{Z}.$$

首先考虑 $A_0\neq 0$ 且 $(F(x),f(x))=1$ 的情形。因此 $f(x)$ 和 $F(x)$ 的结式不为零,即

$$R=\begin{vmatrix} a_0 & a_1 & \cdots\cdots & a_n & \cdots & 0 \\ 0 & a_0 & a_1 & \cdots\cdots & a_n & 0 \\ \vdots & \ddots & & & \ddots & \vdots \\ 0 & \cdots & a_0 & a_1 & \cdots\cdots\ a_{n-1} & a_n \\ A_0 & A_1 & \cdots & A_m & & 0 \\ 0 & A_0 & A_1 & \cdots\cdots & A_m & 0 \\ \vdots & \ddots & & & \ddots & \vdots \\ 0 & \cdots\cdots & A_0 & A_1 & \cdots A_{m-1} & A_m \end{vmatrix}\begin{matrix}\left.\begin{matrix}\\ \\ \\ \\ \end{matrix}\right\} m\text{行} \\ \left.\begin{matrix}\\ \\ \\ \\ \end{matrix}\right\} n\text{行}\end{matrix}\neq 0. \tag{1}$$

根据 Hadamard 不等式可知

$$1\leqslant |R|\leqslant (m+1)^{\frac{n}{2}}(n+1)^{\frac{m}{2}}a^mA^n. \tag{2}$$

设

$$g(x)=\begin{vmatrix} a_0 & a_1 & \cdots\cdots & a_n & \cdots & 0 & x^{m-1} \\ 0 & a_0 & \cdots & a_n & \cdots & 0 & x^{m-2} \\ \vdots & \ddots & \cdots & & \ddots & \vdots & \vdots \\ & & & & & a_n & x \\ 0 & 0 & \cdots & a_0 & \cdots\cdots & a_{n-1} & 1 \\ A_0 & A_1 & \cdots & A_m & \cdots & 0 & 0 \\ 0 & A_0 & \cdots & A_m & & 0 & 0 \\ \vdots & \ddots & & & \ddots & \vdots & \vdots \\ & & A_0 & \cdots & & A_m & 0 \\ 0 & \cdots & A_0 & \cdots\cdots & & A_{m-1} & 0 \end{vmatrix},$$

$$
G(x)=\begin{vmatrix}
a_0 & a_1 & \cdots\cdots & a_n & \cdots & 0 & 0 \\
0 & a_0 & \cdots\cdots & a_n & \cdots & 0 & 0 \\
\vdots & \vdots & \ddots & & \ddots & \vdots & \vdots \\
0 & 0 & \cdots & a_0 & \cdots\cdots & a_n & 0 \\
0 & 0 & \cdots & a_0 & \cdots\cdots & a_{n-1} & 0 \\
A_0 & A_1 & \cdots\cdots & A_m & \cdots & 0 & x^{n-1} \\
0 & A_0 & \cdots\cdots & A_m & \cdots & 0 & x^{n-2} \\
\vdots & \vdots & \ddots & & \ddots & \vdots & \vdots \\
0 & 0 & \cdots & A_0 & \cdots\cdots & A_m & x \\
0 & 0 & \cdots & A_0 & \cdots & A_{m-1} & 1
\end{vmatrix}.
$$

把(1)式中行列式前 $m+n-1$ 各列分别乘以

$$
x^{m+n-1},\ x^{m+n-2},\cdots,\ x^2,x
$$

加到最后一列上，则新的最后一列为

$$
\begin{pmatrix}
x^{m-1}f(x) \\ x^{m-2}f(x) \\ \vdots \\ xf(x) \\ f(x) \\ x^{n-1}F(x) \\ x^{n-2}F(x) \\ \vdots \\ xF(x) \\ F(x)
\end{pmatrix}
=
\begin{pmatrix}
x^{m-1}f(x) \\ x^{m-2}f(x) \\ \vdots \\ xf(x) \\ f(x) \\ 0 \\ 0 \\ \vdots \\ 0 \\ 0
\end{pmatrix}
+
\begin{pmatrix}
0 \\ 0 \\ \vdots \\ 0 \\ 0 \\ x^{n-1}F(x) \\ x^{n-2}F(x) \\ \vdots \\ xF(x) \\ F(x)
\end{pmatrix}
$$

由此推出

$$
R=f(x)g(x)+F(x)G(x). \tag{3}
$$

令 $x=\xi$，则由(3)式得到

$$
R=F(\xi)G(\xi),
$$

因此

$$|F(\xi)|_p = \left|\frac{R}{G(\xi)}\right|_p. \tag{4}$$

由于 $G(x)$ 是次数不超过 $n-1$ 的整系数多项式，所以

$$|G(\xi)|_p \leqslant \max(|\xi|_p^{n-1}, |\xi|_p^{n-2}, \cdots, |\xi|_p, 1) = \max(|\xi|_p^{n-1}, 1). \tag{5}$$

由(2)式和乘积公式可知

$$|R|_p \geqslant |R|^{-1} \geqslant ((m+1)^{\frac{n}{2}}(n+1)^{\frac{m}{2}}a^m A^n)^{-1}. \tag{6}$$

于是由(4),(5),(6)式推出

$$|F(\xi)|_p \geqslant c(m,\xi)A^{-n}, \tag{7}$$

式中

$$c(m, \xi) = ((m+1)^{\frac{n}{2}}(n+1)^{\frac{m}{2}}a^m \max(|\xi|_p^{n-1}, 1))^{-1}. \tag{8}$$

显然 $c(m, \xi)$ 与 A 无关.

最后，如果 $\deg F(x) = m' \leqslant m$，则由(8)式推出 $c(m', \xi) \geqslant c(m, \xi)$. 如果 $F(\xi) \neq 0$，则推出 $(F(x), f(x)) = 1$. 用同样的论证可以证明(7)式成立. 故定理得证.

注 1 由定理 2，取 $F(x)$ 为一次整系数多项式(即 $m=1$，$A=\max(|P|, |Q|)$)，又取

$$c(\xi) = (2^{\frac{n}{2}}(n+1)^{\frac{1}{2}}a\max(|\xi|_p^{n-1}, 1))^{-1},$$

便直接推出定理 1.

注 2 当 ξ 是 p-adic 整数时，$|\xi|_p \leqslant 1$. 这时定理 1 中的常数 $c(\xi) = (2^{\frac{n}{2}}(n+1)^{\frac{1}{2}}a)^{-1}$. 对于多个 p-adic 整数的讨论见下面定理.

定理 3 (Bundschuh and Wallisser, 1976)[23] 设 $\xi_1, \cdots, \xi_m \in \mathbf{Z}_p$，$f \in \mathbf{Z}[x_1, \cdots, x_m]$ 是 $\xi_1, \cdots, \xi_m$ 所满足的极小多项式，满足 $\deg_{x_\nu} f = n_\nu \geqslant 2$，$\nu = 1, \cdots, m$. 则对所有 $Q \neq 0$，$P_1, \cdots, P_m \in \mathbf{Z}$，有不等式组

$$|Q\xi_{k+1} - P_{k+1}|_p \geqslant (2M)^{-(n_1+\cdots+n_m)}L(f)^{-1}\prod_{\nu=1}^{m}|Q\xi_\nu - P_\nu|_p^{n_\nu},$$

$$k = 0, 1, \cdots, m-1,$$

式中 $M=\max(|Q|,|P_1|,\cdots,|P_m|)$，$L(f)$ 是多项式 f 的所有系数绝对值之和。

为证明这个定理，我们先证明下面引理。

引理 1 设 $f\in\mathbf{Z}[x_1,\cdots,x_m]$，$f\neq 0$，$\deg_{x_\nu}f=n_\nu$，$\nu=1,\cdots,m$。又设 $\xi_1,\cdots,\xi_m\in\mathbf{Z}_p$。假 $Q\neq 0$，$P_1,\cdots,P_m\in\mathbf{Z}$ 满足

$$|Q\xi_{k+1}-P_{k+1}|_p<|f_0|_p\prod_{\nu=1}^{k}|Q\xi_\nu-P_\nu|_p^{n_\nu},$$
$$k=0,1,\cdots,m-1,\tag{9}$$

那么

$$|f(\xi_1,\cdots,\xi_m)|_p\geqslant|f_0|_p|Q|_p^{-(n_1+\cdots+n_m)}\times\prod_{\nu=1}^{m}|Q\xi_\nu-P_\nu|_p^{n_\nu},\tag{10}$$

式中 $f_0\in\mathbf{Z}$，$f_0\neq 0$，与 $f,Q,P_1,\cdots,P_m$ 有关，并有明显下界

$$|f_0|_p\geqslant(2M)^{-(n_1+\cdots+n_m)}L(f)^{-1}.\tag{11}$$

证明 设 Q，$P_1,\cdots,P_m$ 满足(9)式。并设

$$f(x_1,\cdots,x_m)=\sum_{i_1=0}^{n_1}\cdots\sum_{i_m=0}^{n_m}a(i_1,\cdots,i_m)x_1^{i_1}\cdots x_m^{i_m}.$$

现在归纳定义 $2m+1$ 个不恒为零的整系数多项式 f_m，$g_m,\cdots,f_1,g_1,f_0$ 如下。首先令

$$f_m(x_1,\cdots,x_m)=Q^{n_1+\cdots+n_m}f\left(\frac{x_1}{Q},\cdots,\frac{x_m}{Q}\right).\tag{12}$$

现在假定对于一个 $k(1\leqslant k\leqslant m)$ 已经定义了 $f_k(x_1,\cdots,x_k)$。设

$$(x_k-P_k)^{e_k}\|f_k(x_1,\cdots,x_k).$$

则我们定义

$$g_k(x_1,\cdots,x_k)=(x_k-P_k)^{-e_k}f_k(x_1,\cdots,x_k)=\sum_{i_1=0}^{n_1}\cdots\sum_{i_k=0}^{n_k}b^{(k)}(i_1,\cdots,i_k)x_1^{i_1}\cdots x_k^{i_k}\tag{13}$$

和

$$f_{k-1}(x_1, \cdots, x_{k-1}) = g_k(x_1, \cdots, x_{k-1}, P_k), \qquad (14)$$

而 f_0 就是引理中叙述的常数.

设 $\varepsilon_\nu = Q\xi_\nu - P_\nu$, $\nu = 1, \cdots, m$. 首先用数学归纳法证明

$$|f_k(P_1 + \varepsilon_1, \cdots, P_k + \varepsilon_k)|_p \geqslant |f_0|_p \prod_{\nu=1}^{k} |\varepsilon_\nu|_p^{n_\nu},$$

$$k = 0, 1, \cdots, m. \qquad (15)$$

事实上,当 $k = 0$ 时,(15)式显然正确. 假定对于 $k - 1(k \leqslant m)$ (15)式成立,现在来证明对于 k(15) 式也成立. 令

$$D_k = g_k(P_1 + \varepsilon_1, \cdots, P_k + \varepsilon_k) - f_{k-1}(P_1 + \varepsilon_1, \cdots, P_{k-1} + \varepsilon_{k-1}),$$

则由(13)和(14)二式推出

$$D_k = \varepsilon_k \sum_{i_1=0}^{n_1} \cdots \sum_{i_{k-1}=0}^{n_{k-1}} (P_1 + \varepsilon_1)^{i_1} \cdots (P_{k-1} + \varepsilon_{k-1})^{i_{k-1}} \cdot \sum_{i_k=0}^{n_k} b^{(k)}(i_1, \cdots, i_k)\{(P_k + \varepsilon_k)^{i_k-1} + \cdots + P_k^{i_k-1}\}. \qquad (16)$$

因为 $b^{(k)}(i_1, \cdots, i_k)$, $P_k \in \mathbf{Z}$, 并由于 $\xi_\nu \in \mathbf{Z}_p$, 从而

$$|P_\nu + \varepsilon_\nu|_p = |Q\xi_\nu|_p \leqslant |\xi_\nu|_p \leqslant 1, \quad \nu = 1, \cdots, m.$$

所以由(9)和(16)二式得到

$$|D_k|_p \leqslant |\varepsilon_k|_p = |Q\xi_k - P_k|_p < |f_0|_p \prod_{\nu=1}^{k-1} |\varepsilon_\nu|_p^{n_\nu}. \qquad (17)$$

根据归纳假设,即(15)式对于 $k - 1$ 成立,则由(17)式得到

$$|D_k|_p < |f_{k-1}(P_1 + \varepsilon_1, \cdots, P_{k-1} + \varepsilon_{k-1})|_p. \qquad (18)$$

由此得出

$$|g_k(P_1 + \varepsilon_1, \cdots, P_k + \varepsilon_k)|_p = |f_{k-1}(P_1 + \varepsilon_1, \cdots, P_{k-1} + \varepsilon_{k-1})|_p.$$

事实上,如果不然,有

$$|g_k(P_1 + \varepsilon_1, \cdots, P_k + \varepsilon_k)|_p \neq |f_{k-1}(P_1 + \varepsilon_1, \cdots, P_{k-1} + \varepsilon_{k-1})|_p,$$

则

$$|f_{k-1}(P_1+\varepsilon_1,\cdots,P_{k-1}+\varepsilon_{k-1})|_p$$
$$\leqslant \max(|g_k(P_1+\varepsilon_1,\cdots,P_k+\varepsilon_k)|_p,|f_{k-1}(P_1+\varepsilon_1,\cdots,P_{k-1}+\varepsilon_{k-1})|_p)=|D_k|_p,$$

这与(18)式相矛盾. 由(13)式及归纳假设可知

$$|f_k(P_1+\varepsilon_1,\cdots,P_k+\varepsilon_k)|_p=|\varepsilon_k|_p^{e_k}|g_k(P_1+\varepsilon_1,\cdots,P_k+\varepsilon_k)|_p=|\varepsilon_k|_p^{e_k}|f_{k-1}(P_1+\varepsilon_1,\cdots,P_{k-1}+\varepsilon_{k-1})|_p$$
$$\geqslant|\varepsilon_k|_p^{e_k}|f_0|_p\prod_{\nu=1}^{k-1}\cdot|\varepsilon_\nu|_p^{n_\nu}.$$

上式表明对于 k(15) 式也成立,只须注意 $0\leqslant e_k\leqslant n_k$ 和 $|\varepsilon_k|_p\leqslant 1$。

在(15)式中,取 $k=m$。由 $P_\nu+\varepsilon_\nu=Q\xi_\nu$,及(12)式得到

$$|Q^{n_1+\cdots+n_m}f(\xi_1,\cdots,\xi_m)|_p=|f_m(Q\xi_1,\cdots,Q\xi_m)|_p\geqslant|f_0|_p\prod_{\nu=1}^{m}|\varepsilon_\nu|_p^{n_\nu}.$$

于是(10)式得证。

最后,我们验证 (11) 式正确. 由于 $f_0\in\mathbf{Z}$, $f_0\neq 0$, 根据乘积公式有 $|f_0|_p\geqslant|f_0|^{-1}$,所以我们只须估计 $|f_0|$ 的上界. 为此,首先用数学归纳法证明

$$f_0=\frac{1}{e_1!\cdots e_k!}\left(\frac{\partial}{\partial x_1}\right)^{e_1}\cdots\left(\frac{\partial}{\partial x_k}\right)^{e_k}f_k(x_1,\cdots,x_k)|_{x_1=P_1,\cdots,x_k=P_k},\quad k=0,1,\cdots,m. \tag{19}$$

事实上,当 $k=0$ 时 (19) 式显然成立. 假定对于 $k-1$ ($k\leqslant m$) (19) 式成立. 因此由(14)式有

$$f_0=\frac{1}{e_1!\cdots e_{k-1}!}\left(\frac{\partial}{\partial x_1}\right)^{e_1}\cdots\left(\frac{\partial}{\partial x_{k-1}}\right)^{e_{k-1}}\times g_k(x_1,\cdots,x_{k-1},P_k)|_{x_1=P_1,\cdots,x_{k-1}=P_{k-1}}. \tag{20}$$

由(13)式可知

$$\left(\frac{\partial}{\partial x_k}\right)^{e_k} f_k(x_1,\cdots,x_k)=e_k!g_k(x_1,\cdots,x_k)$$

$$+(x_k-P_k)\phi(x_1,\cdots,x_k),$$

其中ϕ是一个多项式。所以

$$g_k(x_1,\cdots,x_{k-1},P_k)=\frac{1}{e_k!}\left(\frac{\partial}{\partial x_k}\right)^{e_k} f_k(x_1,\cdots,x_k)|_{x_k=P_k}.$$

将此式代入(20)式，则表明(19)式对于k也正确。

现在在(19)式中取 $k=m$。由(12)式得到

$$f_0=\frac{Q^{n_1+\cdots+n_m}}{e_1!\cdots e_m!}\left(\frac{\partial}{\partial x_1}\right)^{e_1}\cdots\left(\frac{\partial}{\partial x_m}\right)^{e_m} f\left(\frac{x_1}{Q},\cdots,\frac{x_m}{Q}\right)\Bigg|_{x_1=P_1,\cdots,x_m=P_m}$$

$$=Q^{n_1+\cdots+n_m}\sum_{i_1=0}^{n_1}\cdots\sum_{i_m=0}^{n_m}a(i_1,\cdots,i_m)Q^{-(i_1+\cdots+i_m)}\prod_{\nu=1}^{m}\left(\frac{1}{e_\nu!}\right.$$

$$\left.\times\left(\frac{\partial}{\partial x_\nu}\right)^{e_\nu} x_\nu^{i_\nu}|_{x_\nu=P_\nu}\right)=Q^{n_1+\cdots+n_m}\sum_{i_1=e_1}^{n_1}\cdots\sum_{i_m=e_m}^{n_m}a(i_1,\cdots,i_m)$$

$$\times Q^{-(i_1+\cdots+i_m)}\prod_{\nu=1}^{m}\left(\binom{i_\nu}{e_\nu}P_\nu^{i_\nu-e_\nu}\right).$$

由此推出

$$|f_0|\leqslant(2M)^{n_1+\cdots+n_m}L(f).$$

于是引理得证。

定理 3 的证明 用反证法。假定 $\xi_1,\cdots,\xi_m\in\mathbb{Z}_p$，对于 $Q\neq 0$，$P_1,\cdots,P_m\in\mathbb{Z}$ 满足

$$|Q\xi_{k+1}-P_{k+1}|_p<(2M)^{-(n_1+\cdots+n_m)}L(f)^{-1}$$

$$\times\prod_{\nu=1}^{k}|Q\xi_\nu-P_\nu|_p^{n_\nu},k=0,1,\cdots,m-1.$$

由(11)式可知

$$|Q\xi_{k+1}-P_{k+1}|_p<|f_0|_p\prod_{\nu=1}^{k}|Q\xi_\nu-P_\nu|_p^{n_\nu},$$

$$k=0,1,\cdots,m-1.$$

因此,(9)式被满足.根据引理 1,我们得到

$$|f(\xi_1,\cdots,\xi_m)|_p \geqslant |f_0|_p|Q|_p^{-(n_1+\cdots+n_m)}\prod_{\nu=1}^{m}|Q\xi_\nu - P_\nu|_p^{n_\nu}.$$

注意 $n_\nu \geqslant 2$,所以 $|Q\xi_\nu - P_\nu|_p > 0$, $\nu = 1,\cdots,m$. 因此$f(\xi_1,\cdots,\xi_m) \neq 0$. 这与 f 是 $\xi_1,\cdots,\xi_m$ 的极小多项式相矛盾. 于是定理证完.

注 3 在定理 3 中取 $m = 1$, 得到 Liouville 定理的 p-adic 类似: $\xi \in \mathbf{Z}_p$,而常数

$$c(\xi) = 2^{-n}L(f)^{-1}.$$

显然,这个常数小于注 2 中指出的常数 $c(\xi)$.

§9.7 几个著名丢番图逼近定理的 p-adic 类似

在这一节里, 我们将不加证明地叙述几个著名的逼近定理的 p-adic 类似.

定理 1 (Thue-Siegel-Roth 定理的 p-adic 类似, Ridout 1958)[78] 假定方程

$$a_0x^n + a_1x^{n-1} + \cdots + a_n = 0,\ a_0 \neq 0,\ a_i \in \mathbf{Z},$$
$$i = 0,1,\cdots,n,n \geqslant 2$$

具有实根 α, 在 $\mathbf{Q}_{p_1}$ 中有一根 $\xi_1,\cdots$, 在 $\mathbf{Q}_{p_t}$ 中有一根 ξ_{p_t}, 这里 $p_1,\cdots,p_t$ 为不同素数. 那么对于任意实数 $\varepsilon > 0$, 不等式

$$\min\left(1,\left|\alpha - \frac{P}{Q}\right|\right)\prod_{\nu=1}^{t}\min(1,|Q\xi_\nu - P|_{p_\nu})$$
$$\leqslant \max(|P|,|Q|)^{-2-\varepsilon}$$

只有有限组整解 $P,Q \in \mathbf{Z}$ 适合 $(P,Q) = 1$.

定理 2 (Thue-Siegel-Roth-Schmidt 定理的 p-adic 类似, Schlickewei, 1976)[81,82] 假定 $S_0, S_1,\cdots, S_{m+1}$ 是不同的素数有限集合, $\alpha_1,\cdots,\alpha_m$ 是实代数数, $\xi_1^{(p)},\cdots,\xi_m^{(p)}$ 是 p-adic 代数数,这里 $p \in S_0$. 那么对于任意实数 $\varepsilon > 0$, 不等式

$$0<\left|\sum_{\nu=1}^{m}\alpha_\nu x_\nu+x_{m+1}\right|\prod_{p\in S_0}\left|\sum_{\nu=1}^{m}\xi_\nu^{(p)}x_\nu+x_{m+1}\right|_p$$

$$<\sum_{\nu=1}^{m+1}\prod_{p\in S_\nu}|x_\nu|_p|x_1\cdots x_m|<(\max_{1\leqslant\nu\leqslant m+1}|x_\nu|)^{-\varepsilon}$$

只有有限组非零整解 $(x_1,\cdots,x_m,x_{m+1})\in \mathbf{Z}^{m+1}$。

如果补充假定：数 1，$\alpha_1,\cdots,\alpha_m$ 在 Q 上线性无关，并且对所有 $p\in S_0$，数 1，$\xi_1^{(p)},\cdots,\xi_m^{(p)}$ 在 Q 上线性无关。那么对于任意 $\varepsilon>0$，不等式

$$\prod_{\nu=1}^{m}\min\left(1,\left|\alpha_\nu-\frac{x_\nu}{x_{m+1}}\right|\right)\prod_{p\in S}\min\left(1,\left|\xi_\nu^{(p)}-\frac{x_\nu}{x_{m+1}}\right|_p\right)$$

$$<\prod_{\nu=1}^{m+1}\prod_{p\in S_\nu}|x_\nu|_p<(\max_{1\leqslant\nu\leqslant m+1}|x_\nu|)^{-m-1-\varepsilon}$$

只有有限组非零整解 $(x_1,\cdots,x_m,x_{m+1})\in \mathbf{Z}^{m+1}$。

注 1 显然在定理 2 中取 $m=1$，便得定理 1。

定理 3 (Wirsing 定理的 p-adic 类似，Morrison，1978)[71] 设 $\xi\in \mathbf{Q}_p$，$\omega\geqslant n+1$。假定不等式

$$|x_0\xi^n+x_1\xi^{n-1}+\cdots+x_n|_p\leqslant C(\max_{0\leqslant\nu\leqslant n}|x_\nu|)^{-\omega},$$

其中 C 是只与 ξ,n,p 有关的常数

有无限多组整解 $(x_0,x_1,\cdots,x_n)\in \mathbf{Z}^{n+1}$，那么存在无限多个次数不超过 n 的代数数 α，满足不等式

$$|\xi-\alpha|_p\leqslant DH(\alpha)^{-\omega^*},$$

式中

$$\omega^*=\max\left(\omega-n+1,\min\left(n,\frac{\omega+2}{2}\right)\right),$$

D 是与 C 有关的常数。

推论 1 设 $\xi\in \mathbf{Q}_p$。假设 ξ 不是次数不超过 n 的代数数。那么不等式

$$|\xi-\alpha|_p\leqslant cH(\alpha)^{-\frac{n+3}{2}}$$

有无限多个代数解 α，这里 α 的次数不超过 n，$H(\alpha)$ 为 α 的高，C 为只与 ξ, n, p 有关的常数。

在定理 3 中取 $\omega = n + 1$，定理的条件被满足，于是由定理 3 得到推论 1。

附录　代数数的绝对高与代数数域上的赋值

关于代数数的高(普通高)、域高、Mahler 度量、Mahler 域度量等概念已经在第六章的附录中介绍过。

现在我们讨论代数数域 K 上的赋值，并定义代数数的绝对高。

k 次代数数 θ 的 Archimedes 赋值是由 θ 的 n 个域共轭 $\theta^{(1)}, \cdots, \theta^{(n)}$ 的绝对值给出。由于两个共轭复数的绝对值相等，所以只须从两个共轭复数中取出一个即可。即

$$\phi_i(\theta) = |\theta^{(i)}|, \quad i = 1, \cdots, r + s.$$

因此，共有 $r + s$ 个 Archimedes 赋值。

为定义非 Archimedes 赋值，设 $\mathbf{C}_p$ 是 $\mathbf{Q}_p$ 的完备代数闭包。设 ξ 的极小多项式 $F(x)$ 在 $\mathbf{Q}_p$ 上分解成不可约因子之积

$$F(x) = F_1(x) \cdots F_t(x),$$

其中 $F_\nu(x)$ 的次数 n_ν 称为 ξ 的局部次数。显然有 $n_1 + \cdots + n_t = n$。设 ξ_ν 是 $\mathbf{Q}_p$ 上不可约多项式 $F_\nu(x)$ 在 $\mathbf{C}_p$ 中的一个根。$\xi_{\nu 1} = \xi_\nu, \xi_{\nu 2}, \cdots, \xi_{\nu n_\nu}$ 是 ξ_ν 的相对于 $\mathbf{Q}_p(\xi_\nu)$ 的域共轭，$\nu = 1, \cdots, t$。记 $K_\nu = \mathbf{Q}_p(\xi_\nu)$。我们作 K 到 K_ν 的同构，即把 K 中的代数数 $\theta = g(\xi)$ 映射成

$$\Theta_\nu = g(\xi_\nu), \quad \nu = 1, \cdots, t$$

(显然 Θ_ν 属于 K_ν)。那么对于固定的素数 p，θ 的非 Archimedes 赋值为

$$\phi_\nu(\theta) = \sqrt[n_\nu]{|N_{K_\nu/\mathbf{Q}_p}(\Theta_\nu)|_p}, \quad \nu = 1, 2, \cdots, t,$$

其中 n_ν 是 $F_\nu(x)$ 的次数，$N_{K_\nu/\mathbf{Q}_p}(\Theta_\nu)$ 是元素 Θ_ν 相对于域 K_ν 的范数(当然属于 $\mathbf{Q}_p$)，这里的 $|\,|_p$ 是 p-adic 数域 $\mathbf{Q}_p$ 上的p-adic

赋值.因此,对于固定的素数 p,θ 共有 t 个非 Archimedes 赋值,当 p 取遍所有素数,就得到K的全部的非 Archimedes 赋值.

我们给出位 (place) 的概念. K的每个赋值对应于K的一个位 v. 把全部位构成的集合, 记作 V. Archimedes 赋值所对应的位称为无限位 v,记作 $v|\infty$,全部无限位的集合记作 V_∞. K的非 Archimedes 赋值所对应的位称为有限位 v, 如果对应的赋值是 p-adic 赋值,则记作 $v|p$. 全部有限位的集合记作 V_0. 对于K的每个位 v, 记 $n_v=[K_v:Q_v]$. 现在定义 v-adic 赋值$|\,|_v$规范如下:

(i) 若 $v|\infty$ 且 v 是实的,则 $|\theta|_v=|\theta|$.

(ii) 若 $v|\infty$ 且 v 是复的,则 $|\theta|_v=|\theta|^2$,这里$|\,|$表示 R或 C 中普通绝对值.

(iii) 若 $v|p$,则 $|\theta|_v=(\phi_v(\theta))^{n_v}$.

称

$$h(\theta)=\prod_{v\in V}\max(1,|\theta|_v)$$

为 θ 的绝对高.

代数数 θ 的绝对高与 Mahler 度量及域 Mahler 度量具有下列关系.

引理 1 (Bertrand, 1978)[16] 设K是 n 次代数数域, θ 是K中 k 次代数数,则

$$h(\theta)=M(\theta)^{\frac{n}{k}}=M_K(\theta).$$

证明 我们只须对于 $K=Q(\theta)$ 的情况加以证明. 假定 θ 的极小多项式

$$F(x)=a_0x^n+a_1x^{n-1}+\cdots+a_n$$

在 Q_p 上可以分解成 t 个不可约因子,即

$$F(x)=a_0F_1(x)\cdots F_t(x),$$

其中 $F_1(x)$, $\cdots$, $F_t(x)$ 都是首项系项为 1 的 $Q_p[x]$ 中的多项式. 又设 $\theta_{\nu1}=\theta_\nu$, $\cdots$, $\theta_{\nu n_\nu}$ 是多项式 $F_\nu(x)$ 在 C_p 中的根, $\nu=1,\cdots,t$.

如果 $\Theta_v=\theta_{v1}$ 是 K_v 中的代数整数，则它所对应的多项式 $F_v(x)$ 必属于 $\mathbf{Z}_p[x]$. 于是 $\overline{|F_v|}_p=1$；如果 Θ_v 不是 K_v 中的代数整数，根据 Hensel 引理的推论（§ 9.3 推论 1），则有

$$\begin{aligned}\overline{|F_v|}_p&=\max(1,|N_{K_v/\mathbb{Q}_p}(\theta_v)|_p)\\&=\max(1,|N_{K_v/\mathbb{Q}_p}(\Theta_v)|_p)\\&=\max(1,\phi_v(\theta)^{n_v})\\&=\max(1,|\theta|_v),\quad v\mid p.\end{aligned}$$

因此得到

$$\overline{|F_v|}_p=\max(1,|\theta|_v),v\mid p.$$

由 $\theta_{11},\cdots,\theta_{1n_1},\cdots,\theta_{t1},\cdots,\theta_{tn_t}$ 的初等对称多项式容易验证

$$\overline{|F|}_p=|a_0|_p\prod_{v=1}^{t}\overline{|F_v|}_p.$$

另一方面，因为 $(a_0,a_1,\cdots,a_n)=1$，所以至少有一个 $r(0\leqslant r\leqslant n)$ 使得 $(a_r,p)=1$，所以 $\overline{|F|}_p=1$. 于是得到

$$1=\prod_p|a_0|_p\prod_{v\in V}\max(1,|\theta|_v).$$

上式两边乘以 $|a_0|\prod_{v\in V_\infty}\max(1,|\theta|_v)$，根据乘积公式 $\prod_{v\in V}|a_0|_v=1$，最后得到

$$|a_0|\prod_{v\in V_\infty}\max(1,|\theta|_v)=\prod_{v\in V}\max(1,|\theta|_v).$$

由定义立即得到

$$M(\theta)=h(\theta).$$

故引理得证.

引理 2（代数数乘积公式） 设 $\theta\in K$，$\theta\neq 0$，则有

$$\prod_{v\in V}|\theta|_v=1.$$

根据初等对称多项式定理容易证明这个引理，证明留给读者.

习 题

1. 验证二次方程 $x^2+x+1=0$ 的两个 7-adic 解（p 幂级

数系数 b_ν 适合 $0 \leqslant b_\nu \leqslant p-1$)分别为

$$x = 2.4630262434452121461 13\cdots,$$

$$\bar{x} = 4.2036404232214545 2055\cdots.$$

2. 验证二次方程 $25x^2 - 6 = 0$ 的两个 5-adic 解（p 幂级数系数 b_ν 适合 $-\frac{p-1}{2} \leqslant b_\nu \leqslant \frac{p-1}{2}$）分别为

$$x = 1\bar{2}.1\bar{1}\bar{2}2\bar{2}2\bar{2}2\bar{2}\bar{1}1\bar{2}\bar{1}\bar{2}\bar{1}\bar{2}\bar{2}\bar{2}0\bar{1}\bar{1}2\bar{1}1\cdots,$$

$$\bar{x} = \bar{1}2.\bar{1}12\bar{2}\bar{2}2\bar{2}21\bar{1}212122201 1\bar{2}1\bar{1}\bar{1}\cdots.$$

3. 验证二次方程 $x^2 + 1 = 0$ 的 5-adic 解（p 幂级数系数 b_ν 适合 $0 \leqslant b_\nu \leqslant p-1$）的 5-adic 简单连分数展开式为

$$x = [2.0, 13.0, 30.0, 332.0, 12.0, 12.0, 22.0, 30.0, 12.0, 44.0, 13.0, \cdots],$$

$$\bar{x} = [3.0, 20.0, 12.0, 30.0, 332.0, 12.0, 12.0, 22.0, 30.0, 12.0, 44.0, 13.0, \cdots].$$

而另一类 5-adic 简单连分数

$$\left(p \text{ 幂级数系数 } b_\nu \text{适合} -\frac{p-1}{2} \leqslant b_\nu \leqslant \frac{p-1}{2}\right)$$

是周期的，即

$$x = [2.0, 1\bar{2}.0, \overline{21.0, 12.0, \bar{2}1.0, \bar{2}\bar{1}\bar{2}.0, 21.0, 12.0}],$$

$$\bar{x} = [\bar{2}.0, \bar{1}2.0, \overline{\bar{2}\bar{1}.0, \bar{1}\bar{2}.0, 2\bar{1}.0, 212.0, 21.0, \bar{1}\bar{2}.0}].$$

4. 验证二次方程 $x^2 - 19 = 0$ 的 5-adic 解的 5-adic 简单连分数展开式为

$$\begin{aligned} x &= 2.2010111\bar{2}\bar{1}222\bar{1}210\bar{2}1\bar{2}22\cdots \\ &= [2.0, \bar{2}\bar{2}.0, \bar{1}1.0, \bar{2}2.0, 10.0, 220.0, 2\bar{2}01.0, 22.0, 1022.0, \\ &\qquad \bar{2}1.0, \bar{2}2.0, \bar{2}2.0, \cdots], \end{aligned}$$

$$\begin{aligned} \bar{x} &= \bar{2}.\bar{2}0\bar{1}0\bar{1}\bar{1}\bar{1}21\bar{2}\bar{2}\bar{2}1\bar{2}\bar{1}02\bar{1}2\bar{2}\cdots \\ &= [\bar{2}.0, 22.0, 1\bar{1}.0, 2\bar{2}.0, \bar{1}0.0, \bar{2}\bar{2}0.0, \bar{2}20\bar{1}.0, \bar{2}\bar{2}.0, \bar{1}0\bar{2}\bar{2}.0, \\ &\qquad 2\bar{1}.0, 22.0, \cdots]. \end{aligned}$$

5. 证明每个有理数的 p-adic 简单连分数展开式

$$\left(p\ \text{幂级数系数}\ b_v\ \text{适合} -\frac{p-1}{2} \leqslant b_v \leqslant \frac{p-1}{2}\right)$$

是有限的。

6. 设 $\xi \in \mathrm{Q}_p$，其连分数展开式为 $\xi = [a_0, a_1, a_2, \cdots]$，又设

$$\frac{p_n}{q_n} = [a_0, a_1, \cdots, a_n],$$

则

$$|\xi|_p = \left|\frac{p_n}{q_n}\right|_p, n \geqslant 0.$$

7. 设 $\xi \in \mathrm{Q}_p$。如果对任意实数 $\varepsilon > 0$，不等式

$$|Q\xi - P|_p \leqslant \max(|P|, |Q|)^{-2-\varepsilon}$$

有无限多组整解 P, Q，适合 $(P, Q) = 1$，那么 ξ 是 p-adic 超越数。

8. 证明本章附录引理 2。

各 章 关 系 图

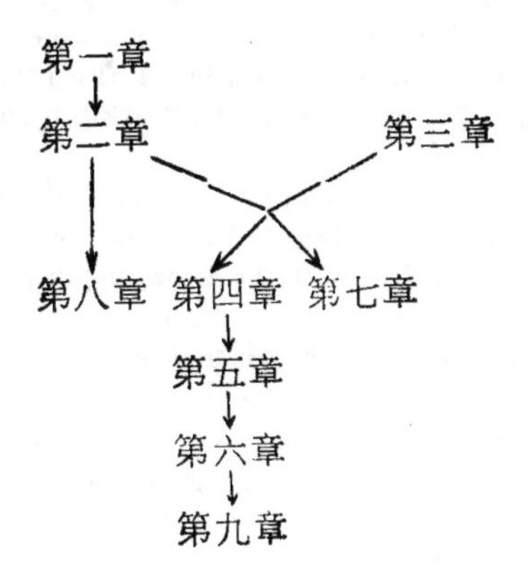

参 考 文 献

[1] 王元，王连祥，丢番图逼近论在中国，中国数学评论，1(1986)，No. 1, 160—171.
Wang Yuan and Wang Lianxiang, Diophantine approximations in China, Review of Chinese Mathematics, 1(1986), No. 1, 160—171(英文版).

[2] 王元，于坤瑞，丢番图逼近论中某些度量定理的注记，数学年刊，2(1981)，No. 1, 1—12.
Wang Yuan and Yu Kunrui, A note on some metrical theorems in diophantine approximation, IHES/M297, 1979.

[3] 王元，于坤瑞，朱尧辰，一个关于线性型转换定理的注记，数学学报，22(1979)，237—240.

[4] 王连祥，*p*-adic 连分数(I)，中国科学，A辑，(1985)，No. 5, 424—431；(II)，中国科学，A辑，(1985)，No. 7, 581—586.
Wang Lianxiang. p-adic continued fractions (I), Scientia Sinica, Series A, 28 (1985), No. 10, 1009—1017; (II), Scientia Sinica, Series A, 28(1985), No. 10 1018—1023 (英文版).

[5] 朱尧辰，线性型转换定理的另一证明，数学研究与应用，(1979)，No. 6, 94—103.

[6] 朱尧辰，正规数的构造，数学学报，24(1981)，No. 4, 508—515.

[7] 朱尧辰，关于线性型的转换定理，四川大学学报，自然科学版 26(1989/1990)，专辑，44—48

[8] 朱尧辰，关于 Mahler-Cassels 线性型转换定理，中国科学技术大学研究生院学报，2(1985)，No.2, 95—100.

[9] 朱尧辰，王连祥，徐广善，关于一类级数的超越性—— Schmidt 定理的一个应用，科学通报，25(1980)，No. 2, 49—53.
Zhu Yaochen, Wang Lianxiang and Xu Guangshan, On the transcendence of a class of series—An application of W. M. Schmidt's theorem, Kexue Tongbao, Sinica, 25(1980), No. 1, 1—6 (英文版).

[10] 华罗庚，数论导引，科学出版社，北京，第1版，1957；第5次印刷，1979.
Hua Lookeng, Introduction to number theory, Springer-Verlag, Berlin, New York, 1982 (英文版).

[11] 华罗庚，王元，数论在近似分析中的应用，纯粹数学与应用数学专著第1号，科学出版社，北京，1978.
Hua Lookeng and Wang Yuan, Applications of number theory to numerical analysis, Springer-Verlag, Berlin, New York, 1981(英文版).

[12] Adams W. W. Simultaneous asymptotic diophantine approximations, Mathematika, 14 (1967), No. 2, 173—180.

[13] Apostol Tom M., Introduction to analytic number theory, Springer-Verlag, New York, Heidelberg, Berlin, 1976.

[14] Apostol Tom M., Modular functions and Dirichlet series in number

theory, Springer-Verlag, New York, Heidelberg, Berlin, 1976.

[15] Bambah R. P. and Woods A. C., On a theorem of Dyson, J. Number Theory, **6** (1974), No. 6, 422—433.

[16] Bertrand D., Approximations diophantiennes p-adiques sur les courbes elliptiques admettant une multiplication complexe, Compositio Math., **37** (1978), 21—50.

[17] Birch B. J., Another transference theorems of gemetry of numbers, Proc. Camb. Phil. Soc., **53** (1957), 269—272.

[18] Blichfeldt H. F., A new principle in the geometry of numbers with some applications, Trans. Nmer. Math. Soc., **15** (1914), 227—235.

[19] Bombieri E. and Vaaler J., On Siegel's Lemma, Invent. Math., **73** (1983), 11—32.

[20] Borel L., Contribution à l'analyse arithmétique du continu, J. Math. Pures Appl., **9** (1903), No. 5, 329—375.

[21] Borel E., Sur l'approximation des nombres par des nombres rationnels, C. R. Acad Sci. Paris, **136** (1903), 1054—1055.

[22] Browkin J., Continued fractions in local fields (I), Demonstratio Mathematica, **11** (1978), No. 1, 67—82.

[23] Bundschuh P. and Wallisser R., Algebraische Unabhängigkeit p-adische Zahlen, Math. Ann., **221** (1976), 243—249.

[24] Cassels J. W. S., An introduction to diophantine approximation, Cambridge Tracts 45, Cambridge Univrsity Press, 1957.
Касселс Дж. В., Введение в теорию Диофантовых приближений М., Изд. Иностр. лит., 1961. (俄译本)

[25] Champernowne D. G., The construction of decimals normal in the scale of ten, J. London Math. Soc., **8** (1933), 254—260.

[26] Cijouw P. L., Transcendence measures, Akademisch Proefschrift, Amsterdam, 1972.

[27] Cusick T. W., Dirichlet's diophantine approximation theorem, Bull. Austral. Math. Soc., **16** (1977), No. 2, 219—224.

[28] Davenport H., Note on a result of Siegel, Acta Arith., **2**(1937), 262—265.

[29] Davenport H., A simple proof of Remak's theorem on the product of three linear forms, J. London Math. Soc., **14**(1939), 47—51

[30] Davenport H. and Schmidt W. M., Approximation to real numbers by quadratic irrationals, Acta Arith., **13**(1967), 169—176.

[31] Davenport H. and Schmidt W. M., Approximation to real numbers by algebraic integers, Acta Arith., **15**(1969), 393—416.

[32] De Weger B. M. M., Approximation lattices of p-adic numbers, J. Number Theory, **24**(1986), 70—88.

[33] Dirichlet L. G. P., Verallgemeinerung eines Satzes aus der Lehre von den Kettenbrüchen nebst einigen Auwendungen auf die Theorie der Zahlen, S. B. Preuss, Akad. Wiss., 1842, 93—95.

[34] Dodson M. M., Rynne B. P. and Vickers A. G., Khintchine-type-theorems

on manifolds, Acta Arith., **57** (1991), No. 2, 115—130.

[35] Duffin R. J. and Schaeffer A. C., Khintichine's problem in metric diophanine approximation, Duke Math. J., 8(1941), 243—255.

[36] Dyson F. J., On simultaneous diophantine approximations, Proc. London Math. Soc., **49**(1947), No. 2, 409—420.

[37] Dyson F. J., The approximation to algebraic numbers by rationals, Acta Math, Acad. Sci. Hung., **79**(1947), 225—240.

[38] Dyson F. J., On the product of four non-homogeneous linear forms, Ann. Math., **49**(1948), No. 1, 82—109.

[39] Erdös P., On the distribution of the convergents of almost all real numbers, J. Number Theory, **2**(1970), No. 4, 425—441.

[40] Euler L., De fractionibus continuis, Commentarii Acad. Sci. Imperiali Petropolitanae 9, 1737.

[41] Fløner E., Generalization of the general diophantine approximation theorem of Kronecker, Math. Scand., **68**(1991), 148—160.

[42] Gallagher P. X., Approximation by reduced fraction, J. Math. Soc. Japan, **13**(1961), 342—345.

[43] Gallagher P. X., Metric simultaneous diophantine approximation, J. London Math. Soc., **37**(1962), No. 4, 387—390.

[44] Gallagher P.X., Metric simulaneous diophantine approximations, Mathematika, **12**(1965), No. 2, 124—127.

[45] Galois E., Démonstration dùn théorèm sur les fractions continues périodiques, Annales de Mathématiques pures et appliuées, **19**(1828—1829).

[46] Hardy G. H. and Wright E. M., An introduction to the theory of numbers, 5-th ed., Oxford University Press, 1981.

[47] Hensel K., Eine neue Theorie der algebraischen Zahlen, Math. Z., **2** (1918), 433—452.

[48] Hurwitz A., Über die angenäherte Darstellung der Irrationalzahlen durch rationale Brüche, Math. Ann., **39**(1891), 279—284.

[49] Jarnik V., Eine Bemerkung zum Übertragungssatz, Bulgar, Akad. Nauk Izv. Mat. Inst. (Българска Академияна науките изв. мат ИПСТ.), 3(1959), No. 2, 169—175.

[50] Khintchine A. Ya., Einige Sätze über Kettenbrüche, mit Anwendungen auf die Theorie der diophantischen Approximation, Math. Ann., **92** (1924), 115—125.

[51] Khintchine A. Ya., Über eine Klasse linearer diophantischer Approximationen, Rend. Cire. Mat. Palermo, **50**(1926), 170—195.

[52] Khintchine A. Ya., Zur metrischen Theorie der diophantischen Approximationen, Math. Z., **24**(1926), 706—714.

[53] Koksma J. F., Diophantische Approximationen, Springer-Verlag Berlin, Heidelberg, New York, 1974 (reprint).

[54] Kuipers L. and Niederreiter H., Uniform distribution of sequences, John Wiley & Sons, New York, London, Sydney, Toronto, 1974.

[55] Lagrange J. L., Additions au méoire sur la résolution des équations numériques, Mém. Berl., **24**(1770).

[56] Lang S., Roport on diophantine approximations, Bull. de la Soc. Math de Francc, 93(1965), 117—192.

[57] Lang S., Introduction to diophantine approximations, Addison-Wesley Pub. Co., Reading, Mass., Palo Alto, London, Don Mills, Ontario, 1966.

[58] Largmavr F., On Dirichlet's approximation theorem, Monatsh. Math., **90**(1980), No. 3, 229—232.

[59] Lauer M., Generalized p-adic constructions, SIAM J. Compt., **12** (1983), No. 2, 395—410.

[60] Legendre A. M., Zahlentheorie, Deutsch von Maser, 2 Aufl., Leipzig, 1893.

[61] LeVeque W. J., Topics in number theory, Addison-Wesley Pub. Co., Reading, Mass., London, Don Mills, Ontario, 1955.

[62] Liouville J., Sur des classes très-étendues de quantités dont la irrationelles algébriques, C. R. Acad. Sci. Paris, **18**(1844), 883—885, and 910—911.

[63] Mahler K., Zur Approximation der Exponentialfunktion und der Logarithmus (I), J. reine und angw. Math., **166**(1932), 118—136.

[64] Mahler K., Ein Übertragungsprinzip für lineare Ungleichungen, Čas. Pěst. Mat., **68** (1939), 85—92.

[65] Mahler K., On compound convex bodies (I), Proc. London Math. Soc., **3**(1955), No. 5, 358—379.

[66] Mahler K., Lectures on diophantine approximations, University of Notre Dame, 1961.

[67] Mahler K., An application of Jensen's formula to polynomials, Mathematika, **7**(1960), 98—100.

[68] Mahler K., p-adic numbers and their functions, 2nd ed., Cambridge University Press, Cambridge, London, New York, New Rochelle, Melbouren, Sydney, 1981.

[69] Minkowski H., Geometrie der Zahlen, Teubner: Leipzig, Berlin, 1896.

[70] Minkowski H., Diophantische Approximationen, Teubner: Leipzig, Berlin, 1907.

[71] Morrison J. F., Approximation of p-adic numbers by algebraic numbers of bounded degree, J. Number Theory, **10**(1978), 334—350.

[72] Niederreiter H., Quasi-Monte Carlo methods and pseudorandom numbers, Bull. Amer. Math. Soc., **84**(1978), No. 6, 957—1041.

[73] Niven I., Irtational numbers, The Mathematical Association of America, Quinn & Boden Company, Inc., Rahway, New York, 1956.

[74] Niven I., Diophantine approximations, Interscience Publishers, John Wiley & Sons, Inc., New York, London, 1963.

[75] Perron O., Die Lehre von den Kettenbrüchen, 3rd ed., Stuttgart, 1954, 1957.

[76] Pollington A. D. and Vanghan R. C., The k-dimensional Duffin and Schaeffer conjecture, Mathematika, 37(1990), 190--200.

[77] Rema R., Verallgemeinerung eines Minkowskischen Satzes, Math., Z., 17(1923), 1—34; 18(1923), 173—200.

[78] Ridout D., The p-adic generalization of the Thue-Siegel-Roth theorem, Mathematika, 5(1958), Prat 1, No. 9, 40—48.

[79] Robert T. F., Zum Approximationssatz von Dirichlet, Monatsh. Math., 38 (1979), No. 4, 331—333.

[80] Roth K. F., Rational approximations to algebraic numbers, Mathematika. 2(1955), 1—20.

[81] Schlickewei H. P., Die p-adische Verallgemeinerung des Satzes von Thue-Siegel-Roth-Schmidt, J. reine und angew. Math., 288(1976), 86—105.

[82] Schlickewei H. P., Linearformen mit algebraischen Koeffizienten, Manusctipta Math., 18(1976), 147—185.

[83] Schlickewei H. P., The number of subspaces occurring in and p-adic subspace theorem in diophantine approximation, J. reine und angew.

[84] Schmidt W. M., A. metrical theorem in diophantine approximation, Canad. J. Math., 12(1960), No. 4, 619—631.

[85] Schmidt W. M., Simultaneous approximation to algebraic numbers by rationals, Acta Math., 125(1970), 189—201.

[86] Schmidt W. M., Linear forms with algebraic coefficients (I), J. Number Theory, 3(1971), 253—277.

[87] Schmidt W. M., Linear formen mit algebralscben Koeffizienten (II), Math. Ann. 191(1971), 1—20.

[88] Schmidt W. M., Simultaneous approximation to algebraic numbers by elements of a number field, Monatsh. Math., 79(1975), 55—66.

[89] Schmidt W. M., Diophantinc approximation, Lecture Notes in Math. 785. Springer-Verlag, Berlin, Heidelberg, New York, 1980.

[90] Schmidt W. M., and Wang Yuan, A note on a transference theorem of linear forms, Scientia Sinica, 22(1979), 276—280.

[91] Schmidt W. M., The subspace theorem in diophantine approximation, Compositio Math., 69(1989), 121—173.

[92] Schmidt W. M., Diophantine approximations and diophantine equations, Lecture Notes in Math. 1467, Springer-Verlag, Berlin, Heidelberg, New York, 1991.

[93] Schneider Th., Über p-adische Kettenbrüche, Symposia Math., 4(1970), 181—189.

[94] Siegel C. L., Approximation algebraischer Zahlen, Math. Z., 10(1921), 173—213.

[95] Siegel C. L., Neuer Beweis des Satzes von Minkowski über lineare Formen, Math. Ann., 87(1922), 36—38.

[96] Siegel C. L., Über einige Anwendungen diophantischer Approximationen, Abh. der Preuss, Akad. der Wissenschaften, Phys-Math. Kl.,

1929, No. 1.

[97] Strauch O., Duffin-Schaeffer conjecture and some new types of real sequences, Acta Math., Univ. Comen., (1982), No. 40—41, 233—245.

[98] Strauch O., Some new criterions for sequences which satisfy Duffin-Schaeffer conjecture (I), (II), (III), Acta Math., Univ. Comen. (1983), No. 42—43, 87—95; (1984), No. 44—45, 55—65; (1986), No. 48—49, 37—50.

[99] Thue A., Über Annäherungswerte algebraischer Zahlen, J. reine und angew. Math., **135**(1909), 284—305.

[100] Vaaler J. D., On the metric theory of diophantine approximation, Pacific J. Math., **76**(1978), No. 2, 527—539.

[101] Vaaler J. D., and Van der Poorten A. J., Bounds for solutions of systems of linear equations, Bull. Austral. Math. Soc., **25**(1982), 125—132.

[102] Vahlen K. Th., Über Näherungswerte und Kettenbrüche, J. reine und angew. Math., **115**(1895), 221—233.

[103] Van der Corput J. G., Diophantische Unglcichungen (1), Gleichveilung modulo Eins, Acta Math., Stockh., **56**(1931), 373—456.

[104] Wacdschmidt M., Nombrres transcendants, Lecture Notes in Math. 402, Springer-Uertag, Berlin, Heiclelberg, 1974.

[105] Wang Lianxiang, On an analogue of Lagrange's theorem, Report in the Meeting on Diophantine Approximation, Oberwolfach, 1986.

[106] Wang Lianxiang, Algebraic independence of p-adic continued iractions, Report in the Durham Symposium on Transcendental Number Theory, 1986.

[107] Wang Yuan, Yang Chung-chun and Pan Chengbiao (Eds.), Number theory and its applications in China, Contemporary Math. 77 Amer. Math. Society, Providence, Rhode Island, 1988.

[108] Weyl H., Über ein Problem aus dem Gebiete der diophantischen Approximationen, Nachr. Ges. Wiss. Göttingen, Mathphys. Kl., 1914, 234—244.

[109] Weyl H., Über die Gleichverteilung von Zahlen mod. Eins, Math. Ann., **77**(1916), 313—352.

[110] Wirsing E., Approximation mit algebraischen Zahlen beschränkten Grades, J. reine und angew. Math., **206**(1961), 67—77.

[111] Zhu Yaochen and JiangYuncai, A remark on the Mahler's and Gelfond's transference theorems of linear forms, J. of Math. Res. and Expo., 11(1991) No. 4 261—264.

[112] Берник, В. И. Ю. В. Мельничук, Диофантовы приближения и размерность Хаусдорфа. «Наука и Техника», Минск, 1988.

[113] Гельфонд, А. О. Приближения алгебраических чисел рациоальны ми, Успени Математических НаУк, **3**(1948), No. 3(25), 156—157.

[114] Гельфонд, А. О. Трансцендентные и алгебраические числа, Госте·

хиздат, Москва, 1952.

[115] Коробов, Н. М. Теоретикочисловые методы в приближенном анализе, Государственное Издательство Физико-Математической Литературы, Москва, 1963.

[116] Мухсинов, Х. Х. Уточнение оценок арифметического минимума произведения неоднородных линейных форм для больших размерностей, Зап. Науч. Семинаров Ленингр. Отд. Мат. Ин-та АНСССР, **106**(1981), 82—103.

[117] Мухсинов, Х. Х. Об оценках в неоднородной гипотезе Минковского для малых размерностей, Зап. Науч. Семинаров Ленингр. Отд. Мат. Ин-та АНСССР, **106**(1981), 104—133.

[118] Нарзуллаев, Х. Н. Б. Ф. Скубенко, Уточнение оценки арифметического минимума произведения неоднородных линейных форм к неоднородной гипотезе Минковского, Зап. Науч. Семинаров Ленингр. Отд. Мат. Ин-та АНСССР, **82**(1979), 88—94, 166.

[119] Скубенко, Б. Ф. К гипотезе Минковского для $n=5$, Труды Матем. Инст. И. М. Стеклова, **142**(1970), 240—253; Доклады Академии Наук СССР, **205**(1972), No. 6, 1304—1305.

[120] Скубенко, Б. Ф. К гипотезе Минковского при больших и, Труты Матем. Инст. И. М. Стеклова, **148**(1978), 218—224.

[121] Скубенко, Б. Ф. О произведении n линейных форм от n переменных, Труты Матем. Ин-та АН СССР, **158**(1981), 175—179.

[122] Спринджук, В. Г. Метрическая теория диофантовых прибрижений, Главная Редакция Физико-Матема-тической Литературы, Издательства «Наука», Москва, 1977.

[123] Sprindzuk, V. G. Metric theory of diophantine approximations, V. H. Win ston & sous, Washington, D. C.,1979. (英译本)

[124] Спринджук, В. Г. Достижения и проблемы теории диофантовых приближений, Успехи Математических Наук, **35**(1980), No. 4(214)3—68.

[125] Тамарин, И. А. Об общих теоремах переноса А. Я. Хинчина, Вестн. Моск. Униве. (1951), No. 12, 13—20.

[126] Фельдман, Н. И. Приближения алгебраических чисел, Издательство Московского Университета, Москва, 1981.

[127] Хинчин, А. Я. Цепные дроби, Издание второе, Государственное Издательство Технико-Теоретической Литературы, Москва, 1949. Издание третье, Государственное Издательство Физико-Математической Литературы, Москва, 1961.

辛钦，连分数(刘诗俊，刘绍越译)，上海科技出版社，1965.(中译本)

A. Ya. Khintchine, Continued fractions, P. Noordhoff, Groningen, The Netherlands, 1963. (英译本)

A. Ya. Khiantchin, Continued fractions, University of Chicago Press, Chicago, 1964. (英译本)

《现代数学基础丛书》已出版书目

1　数理逻辑基础(上册)　1981.1　胡世华　陆钟万　著
2　数理逻辑基础(下册)　1982.8　胡世华　陆钟万　著
3　紧黎曼曲面引论　1981.3　伍鸿熙　吕以辇　陈志华　著
4　组合论(上册)　1981.10　柯　召　魏万迪　著
5　组合论(下册)　1987.12　魏万迪　著
6　数理统计引论　1981.11　陈希孺　著
7　多元统计分析引论　1982.6　张尧庭　方开泰　著
8　有限群构造(上册)　1982.11　张远达　著
9　有限群构造(下册)　1982.12　张远达　著
10　测度论基础　1983.9　朱成熹　著
11　分析概率论　1984.4　胡迪鹤　著
12　微分方程定性理论　1985.5　张芷芬　丁同仁　黄文灶　董镇喜　著
13　傅里叶积分算子理论及其应用　1985.9　仇庆久　陈恕行　是嘉鸿　刘景麟　蒋鲁敏　编
14　辛几何引论　1986.3　J.柯歇尔　邹异明　著
15　概率论基础和随机过程　1986.6　王寿仁　编著
16　算子代数　1986.6　李炳仁　著
17　线性偏微分算子引论(上册)　1986.8　齐民友　编著
18　线性偏微分算子引论(下册)　1992.1　齐民友　徐超江　编著
19　实用微分几何引论　1986.11　苏步青　华宣积　忻元龙　著
20　微分动力系统原理　1987.2　张筑生　著
21　线性代数群表示导论(上册)　1987.2　曹锡华　王建磐　著
22　模型论基础　1987.8　王世强　著
23　递归论　1987.11　莫绍揆　著
24　拟共形映射及其在黎曼曲面论中的应用　1988.1　李　忠　著
25　代数体函数与常微分方程　1988.2　何育赞　萧修治　著
26　同调代数　1988.2　周伯壎　著
27　近代调和分析方法及其应用　1988.6　韩永生　著
28　带有时滞的动力系统的稳定性　1989.10　秦元勋　刘永清　王　联　郑祖庥　著
29　代数拓扑与示性类　1989.11　[丹麦] I. 马德森　著
30　非线性发展方程　1989.12　李大潜　陈韵梅　著

31　仿微分算子引论　1990.2　陈恕行　仇庆久　李成章　编
32　公理集合论导引　1991.1　张锦文　著
33　解析数论基础　1991.2　潘承洞　潘承彪　著
34　二阶椭圆型方程与椭圆型方程组　1991.4　陈亚浙　吴兰成　著
35　黎曼曲面　1991.4　吕以辇　张学莲　著
36　复变函数逼近论　1992.3　沈燮昌　著
37　Banach 代数　1992.11　李炳仁　著
38　随机点过程及其应用　1992.12　邓永录　梁之舜　著
39　丢番图逼近引论　1993.4　朱尧辰　王连祥　著
40　线性整数规划的数学基础　1995.2　马仲蕃　著
41　单复变函数论中的几个论题　1995.8　庄圻泰　杨重骏　何育赞　闻国椿　著
42　复解析动力系统　1995.10　吕以辇　著
43　组合矩阵论(第二版)　2005.1　柳柏濂　著
44　Banach 空间中的非线性逼近理论　1997.5　徐士英　李　冲　杨文善　著
45　实分析导论　1998.2　丁传松　李秉彝　布　伦　著
46　对称性分岔理论基础　1998.3　唐　云　著
47　Gel'fond-Baker 方法在丢番图方程中的应用　1998.10　乐茂华　著
48　随机模型的密度演化方法　1999.6　史定华　著
49　非线性偏微分复方程　1999.6　闻国椿　著
50　复合算子理论　1999.8　徐宪民　著
51　离散鞅及其应用　1999.9　史及民　编著
52　惯性流形与近似惯性流形　2000.1　戴正德　郭柏灵　著
53　数学规划导论　2000.6　徐增堃　著
54　拓扑空间中的反例　2000.6　汪　林　杨富春　编著
55　序半群引论　2001.1　谢祥云　著
56　动力系统的定性与分支理论　2001.2　罗定军　张　祥　董梅芳　著
57　随机分析学基础(第二版)　2001.3　黄志远　著
58　非线性动力系统分析引论　2001.9　盛昭瀚　马军海　著
59　高斯过程的样本轨道性质　2001.11　林正炎　陆传荣　张立新　著
60　光滑映射的奇点理论　2002.1　李养成　著
61　动力系统的周期解与分支理论　2002.4　韩茂安　著
62　神经动力学模型方法和应用　2002.4　阮　炯　顾凡及　蔡志杰　编著
63　同调论——代数拓扑之一　2002.7　沈信耀　著
64　金兹堡-朗道方程　2002.8　郭柏灵　黄海洋　蒋慕容　著

65 排队论基础 2002.10 孙荣恒 李建平 著
66 算子代数上线性映射引论 2002.12 侯晋川 崔建莲 著
67 微分方法中的变分方法 2003.2 陆文端 著
68 周期小波及其应用 2003.3 彭思龙 李登峰 谌秋辉 著
69 集值分析 2003.8 李 雷 吴从炘 著
70 强偏差定理与分析方法 2003.8 刘 文 著
71 椭圆与抛物型方程引论 2003.9 伍卓群 尹景学 王春朋 著
72 有限典型群子空间轨道生成的格(第二版) 2003.10 万哲先 霍元极 著
73 调和分析及其在偏微分方程中的应用(第二版) 2004.3 苗长兴 著
74 稳定性和单纯性理论 2004.6 史念东 著
75 发展方程数值计算方法 2004.6 黄明游 编著
76 传染病动力学的数学建模与研究 2004.8 马知恩 周义仓 王稳地 靳 祯 著
77 模李超代数 2004.9 张永正 刘文德 著
78 巴拿赫空间中算子广义逆理论及其应用 2005.1 王玉文 著
79 巴拿赫空间结构和算子理想 2005.3 钟怀杰 著
80 脉冲微分系统引论 2005.3 傅希林 闫宝强 刘衍胜 著
81 代数学中的 Frobenius 结构 2005.7 汪明义 著
82 生存数据统计分析 2005.12 王启华 著
83 数理逻辑引论与归结原理(第二版) 2006.3 王国俊 著
84 数据包络分析 2006.3 魏权龄 著
85 代数群引论 2006.9 黎景辉 陈志杰 赵春来 著
86 矩阵结合方案 2006.9 王仰贤 霍元极 麻常利 著
87 椭圆曲线公钥密码导引 2006.10 祝跃飞 张亚娟 著
88 椭圆与超椭圆曲线公钥密码的理论与实现 2006.12 王学理 裴定一 著
89 散乱数据拟合的模型、方法和理论 2007.1 吴宗敏 著
90 非线性演化方程的稳定性与分歧 2007.4 马 天 汪宁宏 著
91 正规族理论及其应用 2007.4 顾永兴 庞学诚 方明亮 著
92 组合网络理论 2007.5 徐俊明 著
93 矩阵的半张量积:理论与应用 2007.5 程代展 齐洪胜 著
94 鞅与 Banach 空间几何学 2007.5 刘培德 著
95 非线性常微分方程边值问题 2007.6 葛渭高 著
96 戴维-斯特瓦尔松方程 2007.5 戴正德 蒋慕蓉 李栋龙 著
97 广义哈密顿系统理论及其应用 2007.7 李继彬 赵晓华 刘正荣 著
98 Adams 谱序列和球面稳定同伦群 2007.7 林金坤 著

99 矩阵理论及其应用 2007.8 陈公宁 编著
100 集值随机过程引论 2007.8 张文修 李寿梅 汪振鹏 高 勇 著
101 偏微分方程的调和分析方法 2008.1 苗长兴 张 波 著
102 拓扑动力系统概论 2008.1 叶向东 黄 文 邵 松 著
103 线性微分方程的非线性扰动(第二版) 2008.3 徐登洲 马如云 著
104 数组合地图论(第二版) 2008.3 刘彦佩 著
105 半群的 S-系理论(第二版) 2008.3 刘仲奎 乔虎生 著
106 巴拿赫空间引论(第二版) 2008.4 定光桂 著
107 拓扑空间论(第二版) 2008.4 高国士 著
108 非经典数理逻辑与近似推理(第二版) 2008.5 王国俊 著
109 非参数蒙特卡罗检验及其应用 2008.8 朱力行 许王莉 著
110 Camassa-Holm 方程 2008.8 郭柏灵 田立新 杨灵娥 殷朝阳 著
111 环与代数(第二版) 2009.1 刘绍学 郭晋云 朱 彬 韩 阳 著
112 泛函微分方程的相空间理论及应用 2009.4 王 克 范 猛 著
113 概率论基础(第二版) 2009.8 严士健 王隽骧 刘秀芳 著
114 自相似集的结构 2010.1 周作领 瞿成勤 朱智伟 著
115 现代统计研究基础 2010.3 王启华 史宁中 耿 直 主编
116 图的可嵌入性理论(第二版) 2010.3 刘彦佩 著
117 非线性波动方程的现代方法(第二版) 2010.4 苗长兴 著
118 算子代数与非交换 L_p 空间引论 2010.5 许全华 吐尔德别克 陈泽乾 著
119 非线性椭圆型方程 2010.7 王明新 著
120 流形拓扑学 2010.8 马 天 著
121 局部域上的调和分析与分形分析及其应用 2011. 4 苏维宜 著
122 Zakharov 方程及其孤立波解 2011. 6 郭柏灵 甘在会 张景军 著
123 反应扩散方程引论(第二版) 2011. 9 叶其孝 李正元 王明新 吴雅萍 著
124 代数模型论引论 2011. 10 史念东 著
125 拓扑动力系统——从拓扑方法到遍历理论方法 2011. 12 周作领 尹建东 许绍元 著
126 Littlewood-Paley 理论及其在流体动力学方程中的应用 2012. 3 苗长兴 吴家宏 章志飞 著
127 有约束条件的统计推断及其应用 2012. 3 王金德 著
128 混沌、Mel′nikov 方法及新发展 2012. 6 李继彬 陈凤娟 著
129 现代统计模型 2012. 6 薛留根 著
130 金融数学引论 2012. 7 严加安 著
131 零过多数据的统计分析及其应用 2013. 1 解锋昌 韦博成 林金官 著

132 分形分析引论 2013.6 胡家信 著

133 索伯列夫空间导论 2013.8 陈国旺 编著

134 广义估计方程估计方程 2013.8 周 勇 著

135 统计质量控制图理论与方法 2013.8 王兆军 邹长亮 李忠华 著

136 有限群初步 2014.1 徐明曜 著

137 拓扑群引论(第二版) 2014.3 黎景辉 冯绪宁 著

138 现代非参数统计 2015.1 薛留根 著